2025 代ゼミ
代々木ゼミナール編

大学入学共通テスト

実戦問題集

理科基礎

[物理/化学/生物/地学]

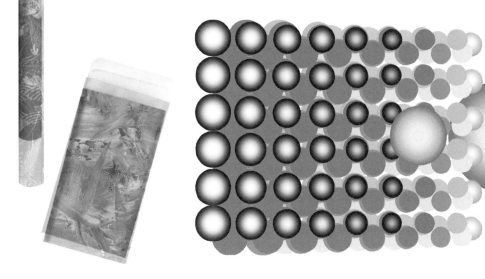

代々木ライブラリー

はじめに

　この問題集は,大学入学共通テスト（以下,「共通テスト」と略）対策用として,これまでに実施された共通テスト本試験,追試験,2022年に公表された令和7年度共通テスト試作問題などを分析し,これらの出題傾向に基づいて作成したものです。作成には,これまで多くの共通テスト系模試やテキストなどを作成してきた代々木ゼミナール教材研究センターのスタッフが当たり,良問を精選して編集しました。

　共通テストは,「高等学校の段階における基礎的な学習の達成の程度を判定し,大学教育を受けるために必要な能力について把握する」ことを目的に実施されています。出題に当たっては,高等学校において「主体的・対話的で深い学び」を通して育成することとされている「深い理解を伴った知識の質を問う問題や,知識・技術を活用し思考力,判断力,表現力等を発揮して解くことが求められる問題を重視する。その際,言語能力,情報活用能力,問題発見・解決能力等を,教科等横断的に育成することとされていることについても留意する」と公表されています（大学入試センター「大学入学共通テスト問題作成方針」による）。

　また,「知識・技術や思考力・判断力・表現力等を適切に評価できるよう,出題科目の特性に応じた学習の過程を重視し,問題の構成や場面設定等を工夫する。例えば,社会や日常の中から課題を発見し解決方法を構想する場面,資料やデータ等を基に考察する場面などを問題作成に効果的に取り入れる」とされています。

　過去のセンター試験・共通テストの傾向に加えて,思考力・判断力・表現力を重視した出題,社会生活や日常生活に関する問題発見型の出題,さらに複数の資料やデータを関連づける出題が今後も増加すると予想されます。そのような問題に適切に対処するには,同傾向の問題に幅広く触れ,時間配分をも意識して,実践的な演習を積むことが不可欠です。

　本問題集の徹底的な学習,攻略によって,皆さんが見事志望校に合格されることを心より願っています。

代々木ゼミナール教材研究センター

特色と利用法

1. 共通テスト対策の決定版

① 代々木ゼミナール教材研究センターのスタッフが良問を厳選

これまで実施された代々木ゼミナールの共通テスト向け模擬試験やテスト，テキストなどから，本番で出題が予想され，実戦力養成に役立つ良問を厳選して収録しています。また一部の科目では新課程入試に対応するよう新規作成問題を収録しています。

② 詳しい解答・解説付き

2. 共通テストと同一形式

出題形式，難易度，時間，体裁など，本番に準じたものになっています（一部，模試実施時の形式のものがあります）。実戦練習を積み重ねることによって，マークミスなどの不注意な誤りを防ぎ，持てる力を 100%発揮するためのコツが習得できます。

3. 詳しい解答・解説により実力アップ

各回ともにポイントを踏まえた詳しい解説がついています。弱点分野の補強，知識・考え方の整理・確認など，本番突破のための実戦的な学力を養成できます。

4. 効果的な利用法

本書を最も効果的に活用するために，以下の3点を必ず励行してください。

① 制限時間を厳守し，本番に臨むつもりで真剣に取り組むこと

② 自己採点をして，学力のチェックを行うこと

③ 解答・解説をじっくり読んで，弱点補強，知識や考え方の整理に努めること

5. 共通テスト本試験問題と解答・解説を収録

2024年1月に実施された「共通テスト本試験」の問題と解答・解説を収録しています。これらも参考にして，出題傾向と対策のマスターに役立ててください。

CONTENTS

物理基礎

大学入学 共通テスト "出題傾向と対策"

(1) 出題傾向

　　2021 年度から開始された大学入学共通テストは，2020 年度以前のセンター試験と同様に，大問数は 3 題であり，第 1 問は小問集合の形で，2021，2022 年度の第 2 問は A，B に分割されて出題された（センター試験では，第 3 問も A，B に分割されていた）。2023 と 2024 年度（本試験）の第 2 問は A，B の分割はなく，第 3 問と同様に一つながりの問題であった。第 1 問の小問集合は「物理基礎」全範囲からの出題の場合が多く，2021，2022 年度の第 2 問の A，B の分割ではそれぞれ異なる題材からの出題であった。形式，内容ともこれまでのセンター試験を概ね踏襲して，基本問題が中心の出題である。全体的には計算量が少なく（ただし，2024 年度は数値計算が増加），平易な設問が出題される反面，見慣れない設定の問題や実験的考察力が試される問題が出題され，幅広く基礎的理解を問う問題構成となっている。すなわち，取り組みやすい問題で基礎知識が問われ，一部やや手間取る問題で考える力が試されることになる。また，グラフや実験を解析させたりする問題が目立ち，会話文での出題など日常生活と結びついた出題も見られる。2024 年度では数値を直接マークする問題が，2022 年度から復活した。

(2) 対　策〈学習法〉

　　基本的には一般の「物理」の学習対策と同じであり，納得するまで「考察すること」と「繰り返すこと」である。考えれば分かる科目といわれる物理でも，試験を受けたら初めて見るような問題ばかりだったというのでは，高得点は望めない。やはり事前に類題となるような問題にあたって「考察した経験」がものをいう。もちろん「解いたことのある問題そのもの」が試験に出ることはあまり期待できないが，物理のよいところは「基本的な考え方の把握」ができてしまうと学習が比較的スムーズに進み，見慣れない問題も解けるようになることである。普段の学習においては，教科書を常に身近に置き「基本知識の獲得とその把握」に務め，さらに演習問題を解いて理解を確実なものにするまで「繰り返すこと」が大切である。また，実験を解析させるような設問に対応するため，学校での実験，そのレポート作成等に能動的に取り組むことが重要である。

●出題分野表

分　野	単元・テーマ・内容	2023 本試験	2023 追試験	2024 本試験	2024 追試験
運動と エネルギー	等加速度運動	○	○		○
	力	○	○	○	○
	力のつり合い		○	○	○
	運動の法則	○	○		
	仕事		○	○	○
	力学的エネルギー	○	○	○	○
熱	熱と温度		○		○
	熱量の保存			○	
	熱と仕事	○			
波	波		○		○
	音			○	
	弦，気柱の振動	○	○	○	○
電気	電気			○	
	電流と抵抗		○		
	電気とエネルギー	○	○	○	○
	磁場				
	電磁誘導	○			
	変圧器	○			
	電磁波				
物理と社会	エネルギーの利用	○			○
	原子力				○

第　1　回

時間　目安30分（2科目選択で計60分）　　　　50点　満点

1 ━━ 解答にあたっては，実際に試験を受けるつもりで，時間を厳守し真剣に取りくむこと。

2 ━━ 巻末のマークシート A を切り離しのうえ練習用として利用すること。

3 ━━ 解答終了後には，自己採点により学力チェックを行い，別冊の解答・解説をじっくり
　　 読んで，弱点補強，知識や考え方の整理などに努めること。

物　理　基　礎

$\left(\text{解答番号}\boxed{101} \sim \boxed{115}\right)$

第1問 次の問い(問1〜4)に答えよ。(配点　16)

問1　次の文章中の空欄 $\boxed{\text{ア}}$・$\boxed{\text{イ}}$ に入れる語と式の組合せとして最も適当なものを，後の①〜⑨のうちから一つ選べ。$\boxed{101}$

　　水平面上のある直線上を運動する物体を考える。時刻 $t=0$ から $t=5T$ $(T>0)$ における物体の速度 v と時刻 t の関係は，図1のグラフで表される。グラフ中の V は時刻 $t=T$，$2T$，$5T$ での物体の速さである。このグラフから，物体の加速度の大きさが最大となるのは，図1の区間 $\boxed{\text{ア}}$ であると読み取れる。また，$t=T$ から $t=3T$ までの間の物体の変位は，図1の速度の正の向きを正として $\boxed{\text{イ}}$ である。

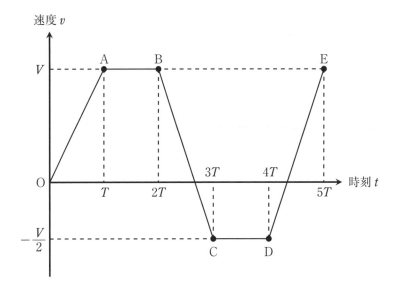

図　1

	ア	イ
①	DE	$\dfrac{17}{12}VT$
②	DE	$\dfrac{4}{3}VT$
③	DE	$\dfrac{5}{4}VT$
④	OA と DE	$\dfrac{17}{12}VT$
⑤	OA と DE	$\dfrac{4}{3}VT$
⑥	OA と DE	$\dfrac{5}{4}VT$
⑦	BC と DE	$\dfrac{17}{12}VT$
⑧	BC と DE	$\dfrac{4}{3}VT$
⑨	BC と DE	$\dfrac{5}{4}VT$

問2 次の文章中の空欄 ウ ～ オ に入れる式の組合せとして最も適当な ものを，後の①～⑧のうちから一つ選べ。 102

　水平面とのなす角が 30° である粗い斜面をもつ三角台が，水平面に固定され ている。図2のように，この三角台の斜面上に質量 4m の物体Aが置かれて いて，三角台の頂点にはなめらかに回転できる滑車が取りつけられている。こ の滑車を通して，物体Aと質量 m の物体Bが糸で結ばれている。糸は伸び縮 みせず，物体Aと滑車との間で糸は斜面と平行であり，滑車と糸の質量は無 視できるものとする。また，重力加速度の大きさを g とし，空気抵抗の影響は 無視できるものとする。物体Aが静止しているとき，この滑車にかけられた 糸の張力の大きさは ウ と表せる。また，物体Aにはたらく静止摩擦力 の大きさは エ である。物体Aが斜面上で静止するためには，斜面と物 体Aの間の静止摩擦係数が オ より大きくなければならない。

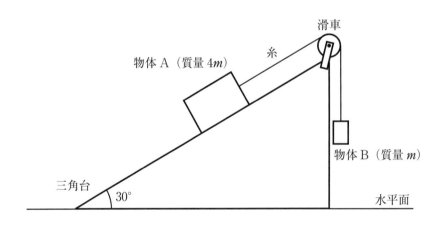

図　2

	ウ	エ	オ
①	mg	mg	$\dfrac{\sqrt{3}}{6}$
②	mg	$\dfrac{7}{2}mg$	$\dfrac{\sqrt{3}}{6}$
③	mg	mg	$\dfrac{\sqrt{3}}{3}$
④	mg	$\dfrac{7}{2}mg$	$\dfrac{\sqrt{3}}{3}$
⑤	$4mg$	mg	$\dfrac{\sqrt{3}}{6}$
⑥	$4mg$	$\dfrac{7}{2}mg$	$\dfrac{\sqrt{3}}{6}$
⑦	$4mg$	mg	$\dfrac{\sqrt{3}}{3}$
⑧	$4mg$	$\dfrac{7}{2}mg$	$\dfrac{\sqrt{3}}{3}$

問3 図3のように，抵抗値が R である抵抗 R_1 と R_2，抵抗値が $2R$ である抵抗 R_3，そして起電力が E の電池 E からなる回路がある。抵抗 R_3 を流れる電流の大きさ I と，抵抗 R_2 における消費電力 P を表す式の組合せとして最も適当なものを，後の①～⑥のうちから一つ選べ。 103

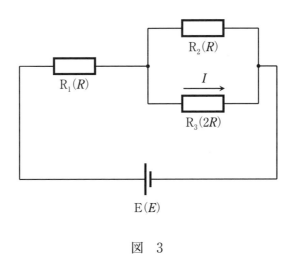

図 3

	I	P
①	$\dfrac{3E}{5R}$	$\dfrac{9E^2}{25R}$
②	$\dfrac{3E}{5R}$	$\dfrac{4E^2}{25R}$
③	$\dfrac{3E}{5R}$	$\dfrac{E^2}{25R}$
④	$\dfrac{E}{5R}$	$\dfrac{9E^2}{25R}$
⑤	$\dfrac{E}{5R}$	$\dfrac{4E^2}{25R}$
⑥	$\dfrac{E}{5R}$	$\dfrac{E^2}{25R}$

問4 図4のように，原点Oにある波源から x 軸正の向きに伝わる振幅1 cm の正弦波の横波を考える。波源は，時刻 $t=0$ 以降，波を出し続ける。波の伝わる速さは2 cm/s であり，図4のグラフは時刻 $t=2.5$ s における波形を表している。グラフの縦軸は，波の変位 y 〔cm〕を表している。$x=10$ cm の位置に壁があり，波はこの壁によって固定端反射される。このとき，時刻 $t=7.5$ s における波形を表したグラフとして最も適当なものを，次ページの①〜④のうちから一つ選べ。 104

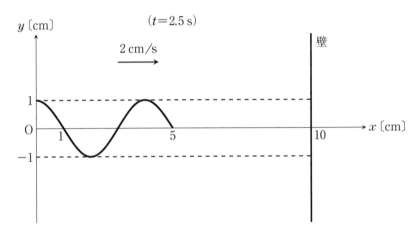

図 4

①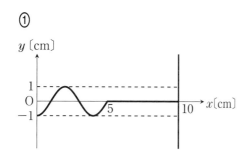

②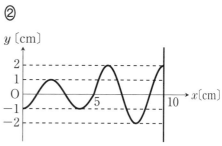

③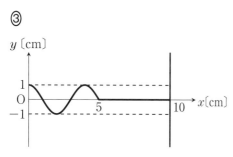

④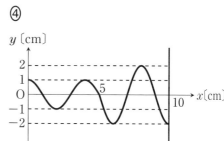

— 19 —

第 2 問 滑車にかけた 2 物体の運動についての後の問い(**問 1 ～ 6**)に答えよ。

(配点　18)

　質量の異なる 2 つのおもり A と B を軽い糸で結んで軽い滑車にかけ，手でおもりを押さえて静止させた。図 1 は，静かに手を離した後のある瞬間を表している。おもり A の横にはものさしがあり，おもり A の位置を測定することができる。

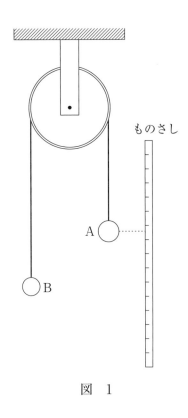

図　1

　表 1 は，おもり A から手を離した瞬間を時刻 0 として，1 s ごとにおもり A の位置を測定した結果である。ただし，おもり A の位置は初めの静止位置を基準として，鉛直下方向を正として表してある。

表　1

時刻〔s〕	0	1	2	3	4	5	6	7
位置〔m〕	0	0.05	0.19	0.43	0.76	1.19	1.72	2.36

問1 時刻 3 s 〜 4 s の間におけるおもり A の平均の速さ(m/s)として最も適当なものを，次の①〜⑤のうちから一つ選べ。 　105　 m/s

① 0.14　　② 0.24　　③ 0.33　　④ 0.43　　⑤ 0.53

問2 おもり A の加速度の大きさ(m/s²)として最も適当なものを，次の①〜⑤のうちから一つ選べ。 　106　 m/s²

① 0.1　　② 0.2　　③ 1.0　　④ 2.0　　⑤ 4.9

問3 おもり A の位置 x と時刻 t との関係を表すグラフとして最も適当なものを，次の①〜④のうちから一つ選べ。 　107　

①
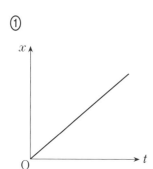

②
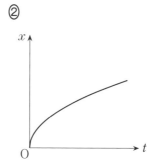

③
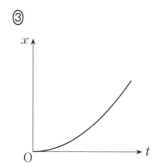

④
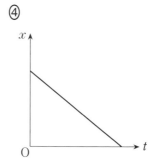

図1の状況を，運動方程式から考えてみよう。おもり A，B の質量をそれぞれ m_1，m_2，おもり A の加速度の大きさを a，糸の張力の大きさを T，重力加速度の大きさを g とする。ただし，$m_1 > m_2$ である。

問 4　おもり A，B の運動方程式の組合せとして最も適当なものを，次の①〜④のうちから一つ選べ。　| 108 |

① $\begin{cases} A : m_1 a = m_1 g - T \\ B : m_2 a = m_2 g - T \end{cases}$　　② $\begin{cases} A : m_1 a = T - m_1 g \\ B : m_2 a = T - m_2 g \end{cases}$

③ $\begin{cases} A : m_1 a = m_1 g - T \\ B : m_2 a = T + m_2 g \end{cases}$　　④ $\begin{cases} A : m_1 a = m_1 g - T \\ B : m_2 a = T - m_2 g \end{cases}$

問 5　次の文章中の空欄 | 109 |・| 110 | に入れる記述として最も適当なものを，それぞれの直後の $\{\ \}$ で囲んだ選択肢のうちから一つずつ選べ。

　図1の装置は重力加速度の大きさ g を測定するのに使うことができる。運動方程式から g を a，m_1，m_2 を用いて表し，数値を代入することによって g の値が求められる。ところが，滑車が回転するときには，滑車の質量の影響，滑車にはたらく抵抗力の影響など，様々な影響があり，これらは滑車の回転(おもり A，B の運動)を妨げるような作用がある。従って，表1の値を用いて求めた重力加速度の大きさは

| 109 | $\left\{\begin{array}{l} ①\ \ 実際の値より大きな値になる \\ ②\ \ 実際の値より小さな値になる \\ ③\ \ 実際の値と同じ値になる \end{array}\right\}$ と考えられる。

　滑車の回転を妨げるような作用が一定の力で表されると仮定したとき，より正確な g の値を求めるためには，

| 110 | $\left\{\begin{array}{l} ①\ \ 質量\ m_1\ と\ m_2\ の差を小さくすればよい。 \\ ②\ \ 質量\ m_1\ と\ m_2\ の差を大きくすればよい。 \\ ③\ \ 質量\ m_1\ と\ m_2\ の和を小さくすればよい。 \end{array}\right\}$

問 6　次の文章中の空欄 ア ・ イ に入れる式の組合せとして正しいもの を，後の①～⑧のうちから一つ選べ。ただし，問 5 で考えた滑車の回転を妨 げる力の影響は無視する。 111

　　おもり A が初めの静止位置から距離 h だけ下降したときの，おもり A の運 動エネルギーを K_A，おもり B の運動エネルギーを K_B とする。このとき，運 動エネルギー変化と仕事の関係より，$K_A =$ ア が成り立つ。おもり B に ついても同様の関係が成り立つので，これらより $K_A + K_B =$ イ となる。 これはおもり A とおもり B 全体の力学的エネルギー保存則に他ならない。

	ア	イ
①	$m_1 gh$	$(m_1 - m_2)gh$
②	$m_1 gh$	$(m_1 + m_2)gh$
③	$(m_1 - m_2)gh$	$2(m_1 - m_2)gh$
④	$(m_1 - m_2)gh$	$2(m_1 + m_2)gh$
⑤	$m_1 gh - Th$	$(m_1 - m_2)gh$
⑥	$m_1 gh - Th$	$(m_1 + m_2)gh$
⑦	$m_1 gh + Th$	$(m_1 - m_2)gh$
⑧	$m_1 gh + Th$	$(m_1 + m_2)gh$

第3問 スピーカーの仕組みとスピーカーを用いた実験についての後の問い(**問1**～**4**)に答えよ。(配点　16)

問1　図1のように，導線を円形に複数回巻いて作ったコイルと50 mA，500 mA，5 Aの3つのマイナス端子がある電流計を整流回路を通して接続し，棒磁石を用いて電流を発生させる実験を行った。電流計とコイルの間は導線が何重にもねじれているが，整流回路により電流計には常に正しい向きで電流が流れるようになっている。コイルは水平面上に置かれており，コイルに流れる電流の向きは，図中のaまたはbの向きで表すものとする。整流回路の一方の端子を電流計のプラス端子に，整流回路の他方の端子を電流計の50 mA端子(マイナス端子)につないで実験したとき，電流計の針は最大で目盛り3の近くに振れた。

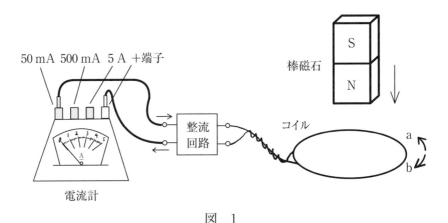

図　1

このとき，次のア～ウの記述のうち正しいものをすべて選び出した組合せとして最も適当なものを，後の①～⑧のうちから一つ選べ。ただし，コイルを貫く磁力線の数が増加するときには，磁力線の数を減少させる向きにコイルに誘導電流が流れる。　112

ア　実験を始めるとき，整流回路の他方の端子は電流計の 50 mA 端子につないでおくべきである。

イ　棒磁石の N 極をコイルに向かって上側から近づけると，電流は図 1 の a の向きに流れた。

ウ　コイルの巻数を 2 倍にして同様の実験を行うとき，整流回路の他方の端子は電流計の 50 mA 端子につないでおくべきである。

① ア　　　　　　　　② イ　　　　　　　　③ ウ
④ アとイ　　　　　　⑤ イとウ　　　　　　⑥ アとウ
⑦ アとイとウ　　　　⑧ 正しいものはない

問 2 次に，コイルより広い面を持つ磁石を N 極を上にして水平面上に置き，磁石より上の位置にコイルを水平に固定し，コイルを電源装置に接続して一定の電流が a の向きに流れるようにした。コイルの中心を原点 O とし，鉛直上向きを正として z 軸をとる。また，コイルの下の磁石の断面はコイルの面積に対して大きく，コイルを貫く磁石による磁場(磁界)は z 軸正の向きの一様な磁場とみなしてよいものとする。

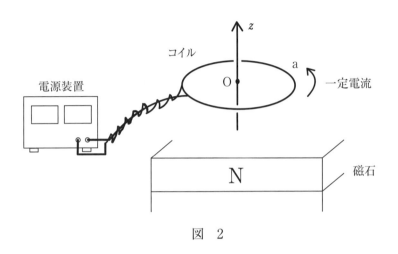

図 2

このとき，次のア～ウの記述のうち正しいものをすべて選び出した組合せとして最も適当なものを，後の①～⑧のうちから一つ選べ。 113

ア　コイルに流れる電流が作る磁場(磁界)は点 O で z 軸正の向きである。

イ　コイルに流れる電流は z 軸正の向きに力を受ける。

ウ　磁石は z 軸正の向きに力を受ける。

① ア   ② イ   ③ ウ
④ アとイ   ⑤ イとウ   ⑥ アとウ
⑦ アとイとウ   ⑧ 正しいものはない

続いて，電源装置からコイルに流す電流を，図3のような交流に変えた。た
だし，電流は図2のaの向きを正とする。

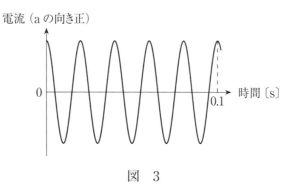

図 3

問3 コイルを流れる電流が受ける力の様子を表したグラフとして最も適当なものを，次の①～⑥のうちから一つ選べ。ただし，z軸正の向きを力の正の向きとし，コイルの自己誘導は無視できるものとする。また，各グラフの時間 0 s の瞬間は，図 3 と共通である。 114

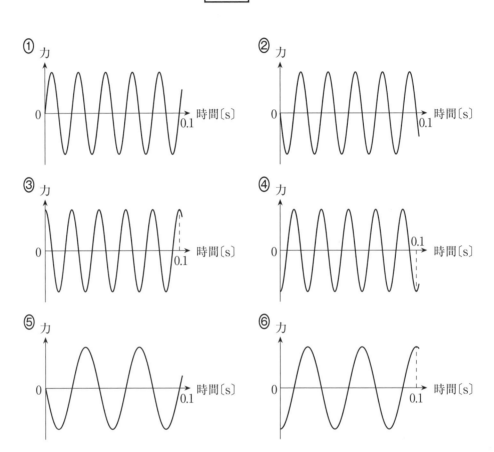

図4(a)のように，コイルにコーンとよばれる振動板を取り付けて，電気信号（電流）によるコイルの振動を空気の振動に変換するようにしたものが，スピーカーの簡略的な構造である。

　図4(b)のように，内部になめらかに動かせるピストンが入った長さ50 cmの円筒の一端を，スピーカーに向けてそばに置いた。ピストンをスピーカー側の端から徐々に引き抜いていったところ，1度共鳴が起こり，ピストンを完全に抜きとって円筒から十分に遠ざけたときに2度目の共鳴が起きた。ただし，空気中の音速は340 m/sとし，円筒の開口端補正は無視できるものとする。

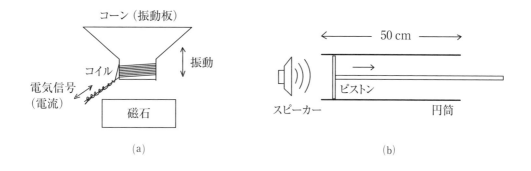

コーン（振動板）

コイル

電気信号
（電流）

振動

磁石

(a)

50 cm

スピーカー

ピストン

円筒

(b)

図　4

問4 スピーカーの発する音波の波長と振動数の組合せとして最も適当なものを，次の①～⑨のうちから一つ選べ。 115

	波長〔cm〕	振動数〔Hz〕
①	50	170
②	50	340
③	50	680
④	100	170
⑤	100	340
⑥	100	680
⑦	200	170
⑧	200	340
⑨	200	680

第　2　回

時間　目安30分（2科目選択で計60分）　　　50点　満点

1 ══ 解答にあたっては，実際に試験を受けるつもりで，時間を厳守し真剣に取りくむこと。

2 ══ 巻末のマークシートAを切り離しのうえ練習用として利用すること。

3 ══ 解答終了後には，自己採点により学力チェックを行い，別冊の解答・解説をじっくり 読んで，弱点補強，知識や考え方の整理などに努めること。

物　理　基　礎

$\left(\text{解答番号}\boxed{101}\sim\boxed{117}\right)$

第1問 次の問い(問1〜4)に答えよ。(配点　16)

問1　次の文章中の空欄 $\boxed{\text{ア}}$・$\boxed{\text{イ}}$ に入れる記述の組合せとして最も適当なものを，後の①〜⑧のうちから一つ選べ。$\boxed{101}$

　　図1(a)のように，水平に対する角度が30°のなめらかな斜面上に物体が置かれており，斜面方向上向きの外力 F を受けて静止している。物体が静止しているとき，$F=F_0(F_0>0)$ である。ここで，図1(b)のグラフのように，F の大きさを $F=F_1$ $(F_1>F_0)$ として距離 d だけ移動させた後，再び $F=F_0$ とした。ただし，物体にはたらく空気による抵抗力は無視できる。

　　$F=F_1$ の間，物体は斜面上の距離 d を $\boxed{\text{ア}}$ で斜面上方へ進む。外力の大きさを再び $F=F_0$ とした後は，物体は $\boxed{\text{イ}}$。

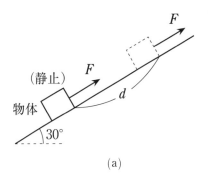

(a)

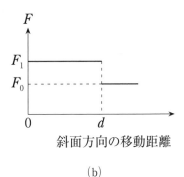

斜面方向の移動距離

(b)

図　1

	ア	イ
①	等速直線運動	その位置で静止し続ける
②	等速直線運動	斜面下方へ等加速度直線運動をする
③	等速直線運動	斜面上方へ等加速度直線運動をする
④	等速直線運動	斜面上方へ等速直線運動をする
⑤	等加速度直線運動	その位置で静止し続ける
⑥	等加速度直線運動	斜面下方へ等加速度直線運動をする
⑦	等加速度直線運動	斜面上方へ等加速度直線運動をする
⑧	等加速度直線運動	斜面上方へ等速直線運動をする

問2 図2のように，鉛直に立てられた容器内にばね定数 k の軽いばねの下端を容器の底に固定し，上端には質量が m，体積が V の小球を取り付けたところ，ばねが自然長から縮んだ状態で直立した。ここで，密度が小球の密度よりも大きな ρ の液体を容器が満杯になるまで静かに流し込むと，ばねは液体を入れる前より d だけ伸びた状態で直立した。このとき小球は容器の上端に到達することはなく，ばねは曲がらず小球は鉛直方向にのみ運動できるものとする。また，重力加速度の大きさを g とする。d を表す式として正しいものを，後の①～⑧のうちから一つ選べ。$d =$ 102

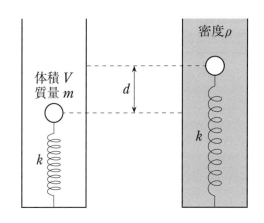

図 2

① $\dfrac{mg}{k}$ ② $\dfrac{2mg}{k}$ ③ $\dfrac{\rho Vg}{k}$ ④ $\dfrac{2\rho Vg}{k}$

⑤ $\dfrac{k}{mg}$ ⑥ $\dfrac{k}{2mg}$ ⑦ $\dfrac{k}{\rho Vg}$ ⑧ $\dfrac{k}{2\rho Vg}$

問3 図3のように，13.2 ℃の水 200 g が入った水熱量計に−19.8 ℃の氷 100 g を入れた。十分時間が経過すると，水の温度は 0 ℃になっており，水には氷が残っていた。そこで，消費電力 110 W の電気ヒーターで水を加熱したところ，しばらくして温度が 0 ℃から上昇し始めた。氷の比熱を 2.1 J/(g・K)，水の比熱を 4.2 J/(g・K)，氷の融解熱を 3.3×10^2 J/g とする。また，実験中は，かくはん棒をゆっくりと動かすことで水の温度は一様になっており，金属容器，温度計，かくはん棒，電気ヒーターの熱容量は無視でき，電気ヒーターの熱はすべて水と氷の加熱に用いられるものとする。温度が 0 ℃から上昇し始めるまでに電気ヒーターに電流を流していた時間は何 s か。最も適当な数値を，後の①〜⑥のうちから一つ選べ。 103 s

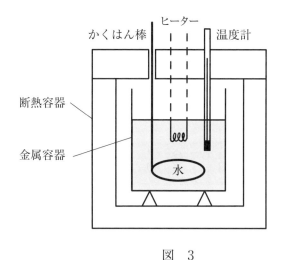

図　3

① 1.2×10^2 　　　② 2.4×10^2 　　　③ 3.6×10^2

④ 4.8×10^2 　　　⑤ 6.0×10^2 　　　⑥ 7.2×10^2

問4 図4のように，一定の振動数の波を発生させる振動装置に糸を取り付けて水平に張り，定滑車を通して他端にはおもりをつるした。振動装置を作動させて糸を振動させたところ，腹が3つの定常波が生じた。重さの異なるおもりに取り替えて同様の実験を行うとき，腹が1つの定常波が生じるためには元の何倍の重さのおもりを用いればよいか。最も適当なものを，後の①〜⑥のうちから一つ選べ。ただし，弦を伝わる波の速さは弦の張力の大きさの平方根に比例するものとする。 104 倍

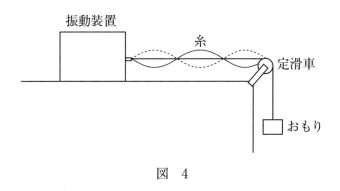

図　4

①　$\dfrac{1}{9}$　　②　$\dfrac{1}{3}$　　③　$\dfrac{4}{9}$　　④　$\dfrac{9}{4}$　　⑤　3　　⑥　9

第2問 次の文章(**A・B**)を読み，後の問い(**問1 ～ 6**)に答えよ。ただし，重力加速度の大きさを g とし，空気抵抗は無視できるものとする。(配点　18)

A なめらかな水平面上に横から見た断面が幅 L，高さ H の長方形である直方体の形をした質量 $3m$ の物体Bがある。物体Bの上面の右端には，大きさの無視できる質量 m の物体Aが置かれている。図1のように，時刻 $t=0$ から水平右向きで大きさ $6mg$ の一定の力を物体Bに加え続けたところ，物体Aは物体Bの上面をすべって時刻 $t=T$ に物体Bの上面の左端に達した。物体Aと物体Bの間には摩擦がはたらき，その動摩擦係数は μ（<1）である。

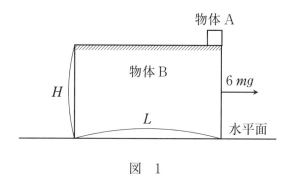

図　1

問1　水平面に対する物体Aの加速度の大きさを表す式として正しいものを，次の①～⑥のうちから一つ選べ。 105

①　g

②　μg

③　$\left(2-\dfrac{\mu}{3}\right)g$

④　$\dfrac{3}{2}g$

⑤　$\dfrac{3}{2}\mu g$

⑥　$(6-\mu)g$

問2　時刻 T を表す式として正しいものを，次の①〜⑥のうちから一つ選べ。

$T=$ 106

①　$\sqrt{\dfrac{L}{\mu g}}$　　　　②　$\sqrt{\dfrac{2L}{(2-3\mu)g}}$　　　　③　$\sqrt{\dfrac{6L}{(6-\mu)g}}$

④　$\sqrt{\dfrac{2L}{\mu g}}$　　　　⑤　$\sqrt{\dfrac{3L}{(3-2\mu)g}}$　　　　⑥　$\sqrt{\dfrac{L}{(1-6\mu)g}}$

問3　時刻 $t=0$ から時刻 $t=T$ までの間の，物体Aと物体Bの水平面に対する変位 x と時刻 t の関係を表すグラフとして最も適当なものを，次の①〜④のうちから一つ選べ。ただし，実線のグラフは物体Aの変位を表し，破線のグラフは物体Bの変位を表す。また，変位は水平右向きを正とする。 107

①
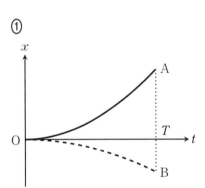

②
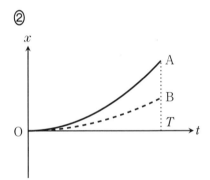

③
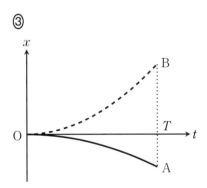

④
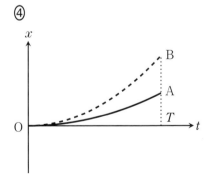

— 38 —

問 4　次の文章中の空欄 | 108 | ・| 109 | に入れる語句または式として最も適
当なものを，それぞれの直後の { } で囲んだ選択肢のうちから一つずつ選べ。

　　物体Aが物体Bの上面の左端に達した後，物体Aは物体Bを離れて運動を
続け，やがて水平面に衝突した。物体 A が物体 B を離れた後の運動は，離

れた直後の物体 A の速度に注目すると | 108 | $\left\{\begin{array}{ll} ① & 自由落下 \\ ② & 鉛直投げ上げ \\ ③ & 鉛直投げ下ろし \\ ④ & 水平投射 \end{array}\right\}$ で

あることがわかる。物体 B を離れた瞬間の水平面に対する物体 A の速さを
v_0 とすると，物体 A が物体 B を離れた位置と，水平面と衝突した位置の間

の水平距離は | 109 | $\left\{\begin{array}{ll} ① & 0 \\ ② & v_0\sqrt{\dfrac{2H}{g}} \\ ③ & \dfrac{v_0{}^2}{2g} \\ ④ & H \end{array}\right\}$ と表せる。

B 小球を長さ ℓ の糸に結びつけた振り子の運動について考える。小球につながれていない方の糸の端は点 O に固定されており、点 O から鉛直下向きに $\frac{\ell}{2}$ だけ離れた点 P には釘が刺さっている。図 2 のように、小球を糸と鉛直線のなす角が 30° となる位置から静かに放したところ、小球は最下点に達するまでは点 O を中心とした振り子運動をし、最下点を通過してからは点 P を中心とした振り子運動をして、図 3 のように糸と鉛直線のなす角度が θ となる位置まで上昇した。

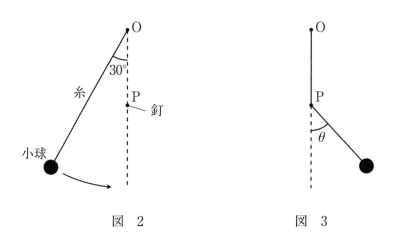

図 2   図 3

問 5　最下点における小球の速さを表す式として正しいものを、次の①〜⑥のうちから一つ選べ。 110

① $\sqrt{g\ell}$　　　② $\sqrt{3g\ell}$　　　③ $\sqrt{(2-\sqrt{3})g\ell}$

④ $\sqrt{2g\ell}$　　　⑤ $\sqrt{6g\ell}$　　　⑥ $\sqrt{(2+\sqrt{3})g\ell}$

問 6　$\cos\theta$ を表す式として正しいものを、次の①〜⑥のうちから一つ選べ。
$\cos\theta =$ 111

① $\dfrac{\sqrt{3}}{2}$　　　② $\sqrt{3}-1$　　　③ $\dfrac{1}{\sqrt{2}}$

④ $\dfrac{1}{2}$　　　⑤ $\dfrac{\sqrt{3}-1}{2}$　　　⑥ $\dfrac{1}{2\sqrt{2}}$

第3問 電気回路についての後の問い(**問1～5**)に答えよ。(配点　16)

　授業でオームの法則や抵抗の接続について学んだAさんとBさんは,電気回路について いろいろ話し合った。

問1　次に続く会話文の内容が正しくなるように,文章中の空欄　112 ・ 113 に入れるものとして最も適当なものを,直後の｛　｝で囲んだ選択肢のうちから一つずつ選べ。

　Aさん：抵抗のつなぎ方の中に,直列接続,並列接続とよばれているものがあるね。例えば,抵抗 R_1, R_2, R_3 と電池を用いて作った図1の回路で,抵抗 R_1 と R_2 の関係は

112 ｛
① 直列接続だね。
② 並列接続だね。
③ 直列接続でも並列接続でもないね。
｝

　Bさん：直列接続か並列接続かを見分けるポイントは

113 ｛
① 直列接続では同じ電流が流れ,並列接続では同じ電圧がかかる
② 直列接続では同じ電圧がかかり,並列接続では同じ電流が流れる
③ 真っ直ぐ並んでいるか,平行に並んでいるかに着目する
｝

ことだよ。

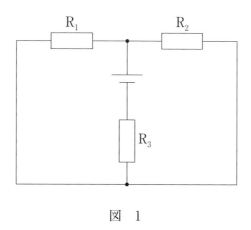

図　1

問2　図2の6つの回路(a)～(f)のうち，図1の回路と物理的に同じ回路を表す回路をすべて選んだ組合せとして最も適当なものを，後の①～⓪のうちから一つ選べ。　114

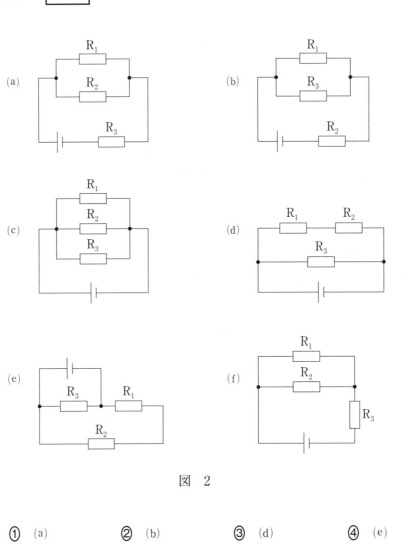

図　2

① (a) ② (b) ③ (d) ④ (e)

⑤ (f) ⑥ (a)と(e) ⑦ (a)と(f) ⑧ (b)と(c)

⑨ (d)と(f) ⓪ (e)と(f)

続いて，二人は具体的に実験してみることにした。R₁，R₂，R₃ の抵抗値を
それぞれ 20 Ω，30 Ω，10 Ω とし，電流計を図 3 のように接続した。

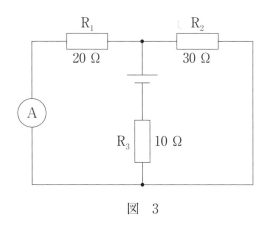

図　3

問3　次に続く会話文の内容が正しくなるように，文章中の空欄 ア ・ イ
に入れる数値の組合せとして最も適当なものを，後の①〜⑥のうちから一つ選
べ。 115

Aさん：電流計の読みは 0.60 A だよ。

Bさん：オームの法則を使えば抵抗 R₁ にかかる電圧が計算できるね。

Aさん：電流計の抵抗は無視できると考えられるから，抵抗 R₂ を流れる電流
　　　　の大きさは ア A と求められるね。

Bさん：この 2 つの電流から抵抗 R₃ に流れる電流も分かるから，結局，電池
　　　　の電圧は イ V となるわけか。

Aさん：そうだね。

	ア	イ
①	0.40	10
②	0.40	12
③	0.40	22
④	0.90	12
⑤	0.90	15
⑥	0.90	27

さらに，AさんとBさんは電圧を自由に変えられる直流電源，抵抗値がそれぞれ10Ωと5Ωの2つの抵抗，豆電球，電流計を用いて図4のような回路を作って，探究活動を続けた。ただし，実験で用いた豆電球にかかる電圧と流れる電流の関係は，図5のようなものであった。

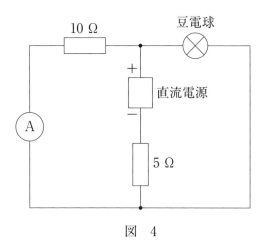

図　4

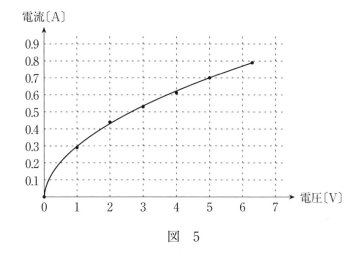

図　5

問4　次に続く会話文の内容が正しくなるように，文章中の空欄　ウ　・　エ　に入れる数値の組合せとして最も適当なものを，後の①～⑥のうちから一つ選べ。　116

Aさん：電源の電圧を調整して，電流計が0.50 Aを示すようにしたよ。

Bさん：このとき図5のグラフを利用すると，豆電球を流れる電流は　ウ　Aと読み取れるね。

Aさん：そうすると，豆電球の消費電力は　エ　Wとなるね。

Bさん：そうだね。

	ウ	エ
①	0.30	0.1
②	0.30	0.3
③	0.62	1.9
④	0.62	2.5
⑤	0.70	2.5
⑥	0.70	3.5

問5　次の文章中の空欄　117　に入れる数値として最も適当なものを，直後の $\{\ \}$ で囲んだ選択肢のうちから一つ選べ。

回路の消費電力はそれぞれの素子での消費電力を計算して，それらを合計することで求められる。この消費電力はエネルギー保存より，電源が供給する電力に等しい。図4の回路で電流計が0.50 Aを示しているとき，回路の消費電力は　117　$\left\{\begin{array}{lll} ① & 1.2 & ② & 2.2 & ③ & 4.4 \\ ④ & 11 & ⑤ & 13.2 & ⑥ & 18.4 \end{array}\right\}$ Wとなる。

第 3 回

時間　目安30分（2科目選択で計60分）　　　　50点　満点

1 ══ 解答にあたっては，実際に試験を受けるつもりで，時間を厳守し真剣に取りくむこと。

2 ══ 巻末のマークシート[A]を切り離しのうえ練習用として利用すること。

3 ══ 解答終了後には，自己採点により学力チェックを行い，別冊の解答・解説をじっくり読んで，弱点補強，知識や考え方の整理などに努めること。

物 理 基 礎

第1問　次の問い（問1〜4）に答えよ。（配点　16）

問1　図1のように，糸の一端におもりをつけ，糸の他端を天井に結ぶ。おもりにばね定数 k の軽いばねの一端をつけて，ばねの他端を水平に静かに引いたところ，ばねが自然長より a 伸びて，糸が鉛直方向と30°の角をなして静止した。このとき，おもりにはたらく重力の大きさを表す式として正しいものを，後の①〜⑥のうちから一つ選べ。　101

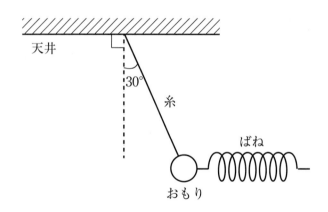

図　1

① $\dfrac{ka}{3}$　　　　　② $\dfrac{ka}{\sqrt{3}}$　　　　　③ $\dfrac{\sqrt{3}\,ka}{2}$

④ $\dfrac{2ka}{\sqrt{3}}$　　　　　⑤ $\sqrt{3}\,ka$　　　　　⑥ $\dfrac{ka}{2}$

問2 図2のように，質量 m の物体を軽いばねばかりにつるし，水の入った水槽内で静止させた。また，水槽は台ばかりの上に載せられている。水槽と水槽の中の水を合わせた重さは W である。物体の体積を V，水の密度を ρ_0，重力加速度の大きさを g とする。このとき，水槽の底面から台ばかりの上皿の上面にはたらく力の大きさを表す式として正しいものを，後の①〜⑥のうちから一つ選べ。

102

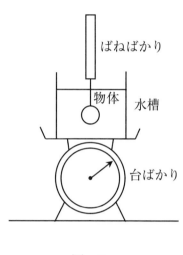

ばねばかり

物体 水槽

台ばかり

図 2

① W ② $W + mg$ ③ $W - \rho_0 V g$

④ $W + \rho_0 V g$ ⑤ $W + mg - \rho_0 V g$ ⑥ $W + mg + \rho_0 V g$

問3　次の文章中の空欄　ア　・　イ　に入れる数値と語の組合せとして最も適当なものを，後の①〜⑥のうちから一つ選べ。　103

　　0℃より低温の氷を1気圧のもとで加熱していくことを考える。質量200 gで温度 −8℃の氷を0℃の氷にするのに必要な熱量の大きさを Q とすると Q ＝ ア J であり，さらにこの状態から熱量 Q を与えたときの状態は イ である。なお，氷の比熱を 2.1 J/(g・K)，水の比熱を 4.2 J/(g・K)，氷の融解熱を 3.3×10^2 J/g とする。

	ア	イ
①	3.4×10^2	水
②	3.4×10^2	氷と水
③	3.4×10^3	水
④	3.4×10^3	氷と水
⑤	6.7×10^3	水
⑥	6.7×10^3	氷と水

問4 次の文章中の空欄 ウ ・ エ に入れる数値と記号の組合せとして最も適当なものを，後の①〜⑧のうちから一つ選べ。 104

　　3つのおんさ A，B，C がある。A と B の2つのおんさから出る音の振動数の比は 17：18 で，おんさ A と B を同時に鳴らすと，3秒で9回のうなりが聞こえた。このとき，おんさ B の振動数は ウ Hz である。次に，おんさ A とおんさ C を向かい合わせて置いて，おんさ A を鳴らすとおんさ C は鳴らなかったが，おんさ C におもりをつけて，おんさ A を鳴らしたところ，おんさ C が鳴った。ここで，おんさにおもりをつけると，つけない場合より振動数は小さくなる。このことから，おんさ A とおもりをつける前のおんさ C とで振動数が大きいのは，おんさ エ であることがわかった。

	ウ	エ
①	36	A
②	36	C
③	51	A
④	51	C
⑤	54	A
⑥	54	C
⑦	162	A
⑧	162	C

— 51 —

第2問 台上から運動を始める小物体の運動についての後の問い(問1〜5)に答え
よ。ただし、空気抵抗は無視できるものとする。(配点　18)

　図1のように、上部がなめらかな斜面部分となめらかな水平部分からなる台が、な
めらかな水平面上に固定されている。台の水平部分は水平面から高さ H の位置にあ
り、斜面部分と水平部分はなめらかにつながっている。この台の水平部分から高さ h
の斜面上の点で質量 m の小物体を静かに放し、その運動を観察する。ただし、重力加
速度の大きさを g とし、摩擦は無視でき、斜面の傾斜角は一定であるものとする。

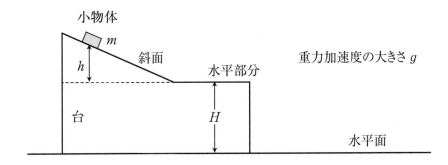

図　1

問1　次の文章中の空欄 　105　 ・ 　106　 に入れる記述として最も適当なもの
を，それぞれの直後の ｛　｝ で囲んだ選択肢のうちから一つずつ選べ。

　　小物体が台の斜面上にあるとき，小物体にはたらく力は重力および斜面から受
ける垂直抗力である。小物体が斜面をすべり下りる間，小物体に対して

　105　
　① 重力は正の仕事をして，垂直抗力も正の仕事をする。
　② 重力は負の仕事をして，垂直抗力は仕事をしない。
　③ 重力は正の仕事をして，垂直抗力は負の仕事をする。
　④ 重力は負の仕事をして，垂直抗力は正の仕事をする。
　⑤ 重力は正の仕事をして，垂直抗力は仕事をしない。
　⑥ 重力は負の仕事をして，垂直抗力も負の仕事をする。

　このため，斜面をすべり下りる間の小物体の力学的エネルギーは

　106　
　① 保存され，重力による位置エネルギーは増加していく。
　② 保存されず，重力による位置エネルギーは増加していく。
　③ 保存され，重力による位置エネルギーは一定に保たれる。
　④ 保存されず，重力による位置エネルギーは一定に保たれる。
　⑤ 保存され，重力による位置エネルギーは減少していく。
　⑥ 保存されず，重力による位置エネルギーは減少していく。

問2　小物体が台上の水平部分に達したときの速さ v_0 を表す式として正しいものを，
　　次の①～⑥のうちから一つ選べ。$v_0 =$ 　107　

　①　$\sqrt{gh}$　　　　　　　②　$\sqrt{2gh}$　　　　　　　③　$\sqrt{\dfrac{gh}{2}}$

　④　gh　　　　　　　　　⑤　$2gh$　　　　　　　　　⑥　$\dfrac{gh}{2}$

次に装置全体を特別な部屋に入れ，重力加速度の大きさが地球とは異なる惑星での値 g' になるようにして，同様に小物体を運動させた。台の水平部分を通過した小物体は台の右端から水平に速さ v_0' で飛び出し，台の右端から距離 L の水平面上の位置に落下した。理想的な場合についての計算の結果より，L は重力加速度に関係なく $L = 2\sqrt{Hh} = 2H\sqrt{\dfrac{h}{H}}$ と表せることがわかった。

問3　小物体を放す台上の高さ h を変化させるとき，この高さ h と台の高さ H との比の平方根 $\sqrt{\dfrac{h}{H}}$ に対する落下地点までの距離 L の関係を表すグラフとして最も適当なものを，次の①〜④のうちから一つ選べ。　108

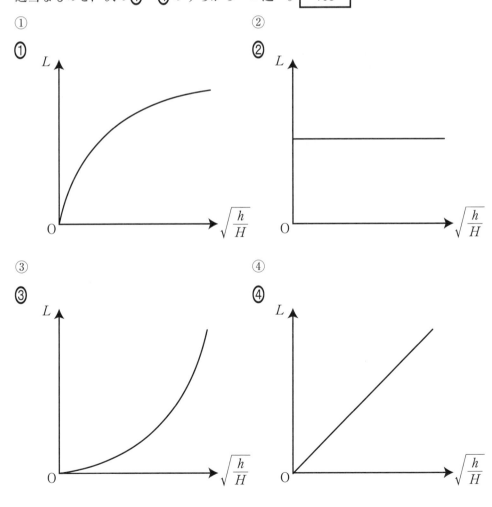

問4　小物体が台の右端から飛び出す時刻を $t=0$ とする。小物体を放す台上の高さ h〔m〕を変化させながら，水平面に達するまでの時間 t〔s〕と落下位置までの距離 L〔m〕を測定した結果，および時間 t の2乗値 t^2〔s^2〕を次の表1に5回分記録した。表1の数値をもとに得られる重力加速度の大きさ g' の値として最も適当なものを，後の①〜⑥のうちから一つ選べ。ただし，水平面から台の水平部分までの高さ H は，$H=1.00$ m であったとする。　$g'=$ 　109　〔m/s²〕

表　1

時間 t〔s〕	0.738	0.734	0.731	0.734	0.738
時間の2乗値 t^2〔s^2〕	0.545	0.539	0.534	0.539	0.545
距離 L〔m〕	0.52	0.62	0.83	1.25	1.43

① 2.5　　　② 3.1　　　③ 3.7

④ 4.3　　　⑤ 4.9　　　⑥ 5.5

問5 次の文章中の空欄 ア ・ イ に入れる式の組合せとして正しいもの を，後の①〜⑨のうちから一つ選べ。 110

　図2のように，時刻 $t=0$ に小物体が台上を速さ v_0' で飛び出すと同時に，その 真下の水平面上の位置から水平右向きに質量 $2m$ の小球を打ち出す。小物体が 水平面上に落下する位置で小球と衝突させるためには，小球を速さ ア で打 ち出せばよい。

　運動中の小物体と小球の力学的エネルギーをそれぞれ E_1, E_2 とする。小球を ア の速さで打ち出すとき，$E_1 = E_2$ となるためには，$h =$ イ となるよ うにして実験を行う必要がある。ただし，重力による位置エネルギーの基準をそ れぞれ水平面にとるものとする。

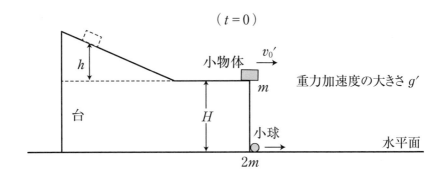

（ $t = 0$ ）

図　2

	①	②	③	④	⑤	⑥	⑦	⑧	⑨
ア	$\dfrac{v_0'}{2}$	$\dfrac{v_0'}{2}$	$\dfrac{v_0'}{2}$	$\dfrac{v_0'}{\sqrt{2}}$	$\dfrac{v_0'}{\sqrt{2}}$	$\dfrac{v_0'}{\sqrt{2}}$	v_0'	v_0'	v_0'
イ	H	$\sqrt{2}H$	$2H$	H	$\sqrt{2}H$	$2H$	H	$\sqrt{2}H$	$2H$

第3問 直流回路および磁場についての後の問い(問1～6)に答えよ。(配点　16)

　図1のように，抵抗値がそれぞれ10Ω，5Ω，15Ωの3つの抵抗 R_1，R_2，R_3 からなる回路が，スイッチSを介して電圧100Vの電源につながれている。

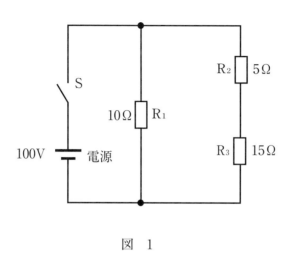

図　1

　スイッチSを閉じて回路に電流を流した。

問1　電源から見た，抵抗 R_1，R_2，R_3 の合成抵抗値 R はいくらか。その値として最も適当なものを，次の①～⑥のうちから一つ選べ。$R=\boxed{}$ Ω

　① $\dfrac{3}{20}$　　② $\dfrac{20}{3}$　　③ 10　　④ 15　　⑤ 20　　⑥ 30

問2　次の文章中の空欄　112　・　113　に入れる数値として最も適当なもの
を，それぞれの直後の｛　　｝で囲んだ選択肢のうちから一つずつ選べ。

抵抗 R_1 に流れる電流 I_1 と抵抗 R_2 に流れる電流 I_2 の比 $\dfrac{I_1}{I_2}$ は

$$\frac{I_1}{I_2} = \boxed{112} \left\{ \begin{array}{ll} ① & \dfrac{1}{2} \\[2mm] ② & 1 \\[2mm] ③ & 2 \\[2mm] ④ & 5 \end{array} \right\} \text{となる。}$$

また，抵抗 R_1 の消費電力 P_1 と抵抗 R_2 の消費電力 P_2 の比 $\dfrac{P_1}{P_2}$ は

$$\frac{P_1}{P_2} = \boxed{113} \left\{ \begin{array}{ll} ① & \dfrac{1}{8} \\[2mm] ② & \dfrac{1}{2} \\[2mm] ③ & 1 \\[2mm] ④ & 4 \\[2mm] ⑤ & 8 \end{array} \right\} \text{となる。}$$

問3　電源が回路に供給する電力(電源の仕事率)P はいくらか。その値として最も適
当なものを，次の①〜⑧のうちから一つ選べ。$P = \boxed{114}$ W

① 230　　② 333　　③ 500　　④ 667　　⑤ 820

⑥ 1000　　⑦ 1250　　⑧ 1500

次に，図2のように，直線導線に矢印の向きに電流を流すと，直線導線のまわりに磁場(磁界)が生じる。

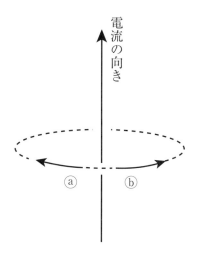

図　2

問4　次の文章中の空欄 ア ・ イ に入れる記号と語句の組合せとして最も適当なものを，後の①〜⓪のうちから一つ選べ。ただし， ア では，図2において，磁場の向きを示す矢印ⓐまたはⓑを選べ。 115

　　この電流がつくる磁場の向きは， ア である。また，このとき流れる電流の向きと生じる磁場の向きとの関係を示す法則は， イ といわれる。

	ア	イ
①	ⓐ	オームの法則
②	ⓐ	フックの法則
③	ⓐ	慣性の法則
④	ⓐ	右ねじの法則
⑤	ⓐ	作用・反作用の法則
⑥	ⓑ	オームの法則
⑦	ⓑ	フックの法則
⑧	ⓑ	慣性の法則
⑨	ⓑ	右ねじの法則
⓪	ⓑ	作用・反作用の法則

問5　ソレノイドに流れる電流の向きとソレノイドに生じる磁場の向きを表す矢印
（コイルに出入りする矢印）の関係として最も適当なものを，次の①〜④のうちか
ら一つ選べ。　116

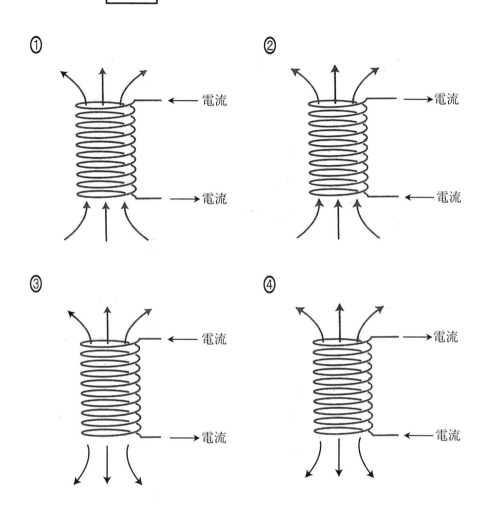

問6　図3のように，同じ向きに巻いた2つのソレノイドの中心軸を一致させ，一端と一端を十分に近づけて端子間を導線で接続して電流を流した。このとき，2つのソレノイドが互いに及ぼし合う力の向きを表した図として最も適当なものを，後の①〜④のうちから一つ選べ。ただし，各図において，白い矢印が各ソレノイドにはたらく力の向きを示す。　117

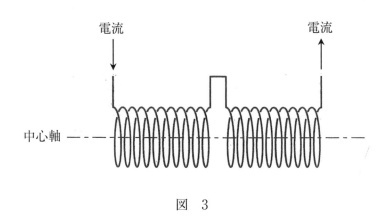

図　3

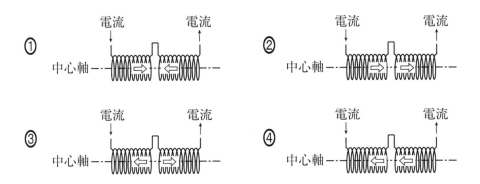

第 4 回

時間　目安30分（2科目選択で計60分）　　　50点　満点

1 ══ 解答にあたっては，実際に試験を受けるつもりで，時間を厳守し真剣に取りくむこと。

2 ══ 巻末のマークシート Ⓐ を切り離しのうえ練習用として利用すること。

3 ══ 解答終了後には，自己採点により学力チェックを行い，別冊の解答・解説をじっくり読んで，弱点補強，知識や考え方の整理などに努めること。

物 理 基 礎

$\left(\begin{matrix}解答番号 & \boxed{101} \sim \boxed{117}\end{matrix}\right)$

第1問 次の問い(問1〜4)に答えよ。(配点 16)

問1 図1のように,立方体の物体を水に入れたところ,全体の一部が水面から上に出た状態で浮かび,静止した。立方体の上下の面が水平であるとき,物体が水から受ける力とその大きさの様子を表す図として最も適当なものを,次ページの①〜④のうちから一つ選べ。力の矢印は物体の外側から内部に向かうように描かれているが,その作用点は物体の表面上の点(各矢印の先端)である。 $\boxed{101}$

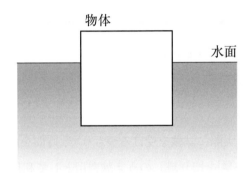

図 1

①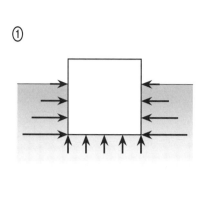

②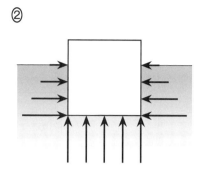

③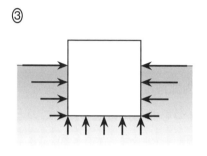

④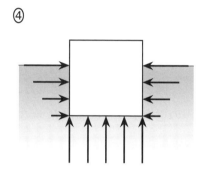

問2　下の文章中の空欄　102　, 　103　に入れる数値として最も適当なものを，その直後の{　　}で囲んだ選択肢のうちから一つ選べ。

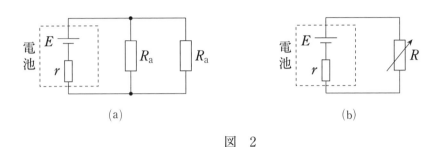

(a)　　　　　　　　　　　　　　　(b)

図　2

　図 2 (a)のように，起電力 $E = 2.0$ V，内部抵抗(電池自体の抵抗)$r = 0.10$ Ω の電池 1 つと抵抗値 $R_a = 3.8$ Ω の抵抗 2 つを並列に接続した。このとき，電池を流れる電流の大きさは $I =$ 　102　 {① 0.10　② 0.50　③ 1.0　④ 2.0 ⑤ 4.0 } A である。

　次に図 2 (b)のように，図 2 (a)で使用した 2 つの抵抗を取り除き，代わりに抵抗値 R を自由に変えられる可変抵抗を接続した。$R = 0.10$ Ω としたとき，可変抵抗で 1 秒あたり発生するジュール熱は 　103　 {① 2.0　② 4.0　③ 8.0 ④ 10　⑤ 12 } J である。

問3 次の文章中の空欄 ア ～ ウ に入れる語句の組合せとして最も適当なものを，下の①〜⑧のうちから一つ選べ。 104

　　波は波源の振動が一定の速さで ア を伝わる現象である。 ア は波を伝える物質であり，水面を揺らしてつくる波ならば水，ロープを揺らしてつくる波ならばロープ，音波ならば空気がそれぞれ ア となる。

　　周期的な波(例えば，正弦波)の波形を見たときに，波形の最も高いところを山，最も低いところを谷と呼ぶが，振動の中心からの山の高さあるいは谷の深さを イ という。

　　波はその振動とともにエネルギーを運ぶ。例えば，長いばねの横に軽い物体を置いて，ばねを揺らして横波のパルス波をつくる。パルス波が物体の位置に達すると，ばねが物体にあたり物体がはじき飛ばされる。これは，ばねを揺らしたときの仕事がエネルギーの形で波によって伝わり，その一部が物体の運動エネルギーに変換されたと考えることができる。波の進む向きに垂直な単位面積を，単位時間に通過する波のエネルギーを波の強さと呼ぶ。正弦波では，波の イ や波の振動数が大きいほど波の強さは大きい。すなわち，波の波長が大きいほど波の強さは ウ 。

	ア	イ	ウ
①	媒質	周期	大きい
②	媒質	振幅	大きい
③	媒質	周期	小さい
④	媒質	振幅	小さい
⑤	触媒	周期	大きい
⑥	触媒	振幅	大きい
⑦	触媒	周期	小さい
⑧	触媒	振幅	小さい

問4　学校から帰宅中のAさんが，同級生のBさんと熱に関する会話を交わして
いる。次の会話文を読み，下線部に**誤りを含むもの**を①～⑤のうちから**二つ**選
べ。ただし，解答番号の順序は問わない。　105 ・ 106

Aさん：くしゅん。（くしゃみをした音）

Bさん：最近寒くなってきたよね。かぜひいちゃった？どれどれ？（Aさんの
　　　　額に手を当てて）熱はなさそうだね。

Aさん：いやいや，熱は大丈夫だと思うけど体調の変化に気をつけないとね。
　　　　そういえばどうして人は手を当てることで熱があるか分かるんだろう。

Bさん：日常生活では，熱があるという表現は体温（温度）が高いという意味で
　　　　用いているけど，物理の授業で習ったように，物理では熱と温度はまっ
　　　　たく別ものだよね。物理学的に考えてみようか。

Aさん：①温度が低い物体から温度が高い物体へ熱（エネルギー）が移動するん
　　　　だったよね。手をおでこにあてることでそれと同じことが起きているの
　　　　かな。

Bさん：そうだね。人の体温は平熱ならだいたい同じだから，自分の体温と比
　　　　べて高いか低いかを感じとっているよ。②接触した両方の温度が等し
　　　　いとエネルギーは移動しないから，熱を感じないということはお互いの
　　　　温度がほぼ同じということだね。

Aさん：温度が同じになったところからエネルギーが移動してさらに熱を感じ
　　　　ることはないの？

Bさん：熱の移動は③不可逆変化だから，そこから何もせずに自然にエネル
　　　　ギーがさらに移動して温度差が生じる状態になるということはないよ。
　　　　たとえば水に浮かべた氷が時間が経って溶けた後に，何もせずに放って
　　　　おいたらまた氷ができて元に戻るということは起きないよね？

Aさん：そうだね。そういうことは経験がないね。

Bさん：でも何かしら外部から熱を与えたり，奪えばその逆をすることもでき
　　　　るよ。たとえば冷凍庫を使えば水をまた氷に戻すことはできるし，暖房
　　　　のヒートポンプは屋外の空気から熱を取り込んで屋内を温めているよ。

Ａさん：それはさっき話した何もせずにエネルギーの移動が逆向きには起こらないという事実を説明する法則，確か④熱力学第１法則だと思うけど，この法則には反さないの？

Ｂさん：どちらも⑤電気エネルギーによる仕事を利用して熱媒体をうまく温度変化させて実現しているから，何もしないでという条件を満たしていないのでエネルギーの移動が逆向きに起こっても構わないんだ。

Ａさん：そうなんだ。なんだかさっきよりさらに寒くなってきた気がする。早く帰って暖房で暖まりたいね。

第2問 次の文章(**A**・**B**)を読み，下の問い(**問1**〜**5**)に答えよ。(配点 18)

A 振動数の異なる2つ以上の音を同時に鳴らすと，鳴らす音の振動数の組合せによって，さまざまな響きが生じる。音楽では，厳密ではないが，各音階の振動数の比は図1に示したようになっている。振動数が2倍のとき，1オクターブ高いという。

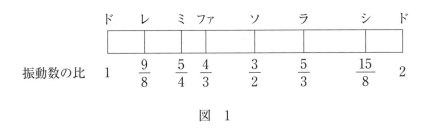

図 1

問1 図1の低い方のドの振動数を 131 Hz とすると，図1のソの音より1オクターブ高いソの音の振動数は何 Hz か。最も適当なものを，次の①〜⑦のうちから一つ選べ。 | 107 | Hz

① 164   ③ 196   ③ 218   ④ 262

⑤ 328   ⑥ 393   ⑦ 536

また，この1オクターブ高いソの音の波長は何 m か。最も適当な数値を，次の①〜⑥のうちから一つ選べ。ただし，音速を 340 m/s とする。 | 108 | m

① 1.74   ② 1.30   ③ 1.04   ④ 0.95

⑤ 0.865   ⑥ 0.625

問2　同じ振動数の音でも，楽器によって違った印象に聞こえる。これは楽器から出る音が基本振動だけではなく，色々な振幅の倍振動が重なった複雑な波形をしており，この波形の違いが音色の違いとなって聞こえるためである。インターネットで音色について検索していたところ，

　　　「人間の耳は倍振動の位相の違いによって生じる合成音の波形の相違は識別できない。すなわち，合成音を構成する各倍振動の振動数と振幅が同じであれば，合成音の波形が異なっていても同じ音色に聞こえる。」

という記述があった。この記述に従って考えたとき，図2の波形で示される音と同じ音色に聞こえる音は，次ページの**ア〜エ**の波形の音のうちどれか。最も適当なものを，次ページの①〜⑧のうちから一つ選べ。 109

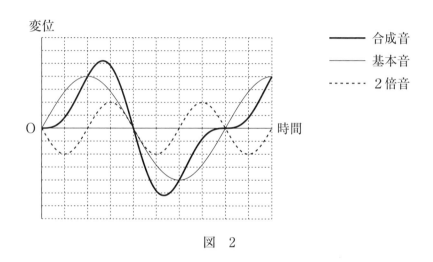

図　2

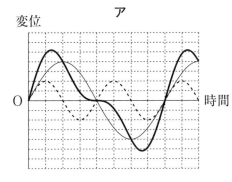

ア

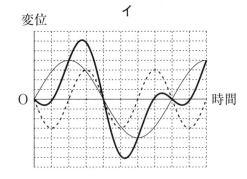

イ

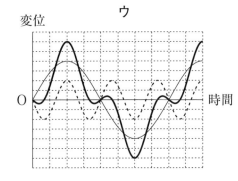

ウ

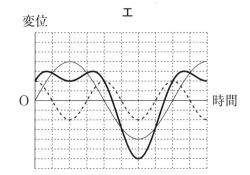

エ

① ア　　　　　② イ　　　　　③ ウ　　　　　④ エ
⑤ ア，イ　　　⑥ ア，エ　　　⑦ イ，ウ　　　⑧ イ，エ

B 図3は円柱形の導体中を電流が流れているときの模式図であり，図中の⊖は自由電子を表している。いま，断面積 S〔m²〕の導体中に電気量 $-e$〔C〕を持つ自由電子が体積 $1\,\mathrm{m}^3$ あたり n 個の割合で分布しているとする。自由電子はふつうの状態では不規則な運動をしているが，導体に電圧をかけると電池の正極側に向かって運動するようになる。ここでは，すべての自由電子が同じ速さ v〔m/s〕で運動するものとする。

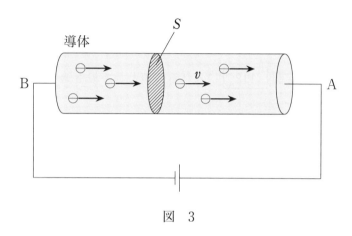

図　3

問3　この導体を流れる電流に関する記述として最も適当なものを，次の①～④のうちから一つ選べ。　110

① 自由電子がB→Aの向きに移動しているので，電流の向きもB→Aの向きである。

② 自由電子がB→Aの向きに移動しているので，電流の向きはA→Bの向きである。

③ 自由電子がB→Aの向きに移動し，正イオンがA→Bの向きに移動しているので，電流の向きはB→Aの向きである。

④ 自由電子がB→Aの向きに移動し，正イオンがA→Bの向きに移動しているので，電流の向きはA→Bの向きである。

問 4　次の文中の空欄 111 に入れる式として最も適当なものを，下の①～④のうちから一つ選べ。

　　電流の大きさは，導体のある断面を 1 秒間あたりに通過する電気量として定められるから，この導体を流れる電流の大きさは 111 〔A〕と表せる。

　① evS　　　　② $envS$　　　　③ $\dfrac{neS}{v}$　　　　④ $\dfrac{nev}{S}$

問 5　次の文中の空欄 112 に入れる数値として最も適当なものを，下の①～⑥のうちから一つ選べ。

　　銅の場合，自由電子の密度はおよそ $n = 8.5 \times 10^{28}$ 個 /m^3 である。断面積 1.0 mm^2 の銅線を大きさ 1.0 A の電流が流れているとき，自由電子の平均移動速度 v はおよそ 112 m/s となる。ただし，$e = 1.6 \times 10^{-19}$ C である。

　① 1.4×10^{-1}　　　　② 1.4×10^{-3}　　　　③ 1.4×10^{-5}
　④ 7.4×10^{-1}　　　　⑤ 7.4×10^{-3}　　　　⑥ 7.4×10^{-5}

第3問 次の文章を読み，下の問い(**問1〜5**)に答えよ。(配点 16)

　図1のように，なめらかな斜面があり，斜面下端のB点には斜面に垂直に壁が取り付けられている。このB点から斜面に沿って上方に距離Sだけ離れたA点で小球を静かに放してすべらせる実験を行った。小球は斜面下端の壁に衝突して斜面に沿って上方にはね返った。図2は，すべり始めた時刻$t = 0$から時刻$t = 1.2$ sまでの間における小球の速度vの時間変化を示したものである。ここで，速度v，および加速度aは斜面に沿って下方を正とし，小球の大きさおよび空気の抵抗は無視できるものとする。

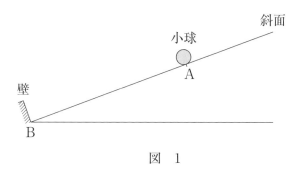

図　1

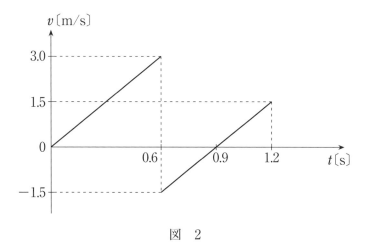

図　2

問 1 運動中の小球の加速度 a はいくらか。次の式の空欄 113 に入れる数値として最も適当なものを，下の①～⑥のうちから一つ選べ。

$$a = \boxed{113}\ \text{m/s}^2$$

① 0.60   ② 4.8   ③ 5.0

④ 6.0   ⑤ 9.8   ⑥ 15

問 2 B 点から A 点までの距離 S はいくらか。次の式の空欄 114 に入れる数値として最も適当なものを，下の①～⑥のうちから一つ選べ。

$$S = \boxed{114}\ \text{m}$$

① 0.30   ② 0.60   ③ 0.90

④ 1.2   ⑤ 1.5   ⑥ 1.8

問3 次の文章中の空欄 ア ・ イ に入れる語句と数値の組合せとして最も適当なものを，下の①～⑨のうちから一つ選べ。 115

時刻 $t = 0$ にすべり始めた小球が斜面下端の壁に初めて衝突してはね返り，時刻 t_1 に初めて斜面上での最高点 C に達したとする。時刻 t_1 において小球の速度は ア となることから，$t_1 =$ イ s となる。

	ア	イ
①	最大値	0.60
②	最大値	0.90
③	最大値	1.2
④	最大値の半分	0.60
⑤	最大値の半分	0.90
⑥	最大値の半分	1.2
⑦	0	0.60
⑧	0	0.90
⑨	0	1.2

問4 B 点から斜面に沿って測った最高点 C までの距離 S' は，S の何倍か。次の式の空欄 116 に入れる数値として最も適当なものを，下の①～⑥のうちから一つ選べ。

$$\frac{S'}{S} = \boxed{116} \ 倍$$

① $\dfrac{1}{8}$　　　　② $\dfrac{1}{4}$　　　　③ $\dfrac{1}{3}$

④ $\dfrac{1}{2}$　　　　⑤ $\dfrac{3}{4}$　　　　⑥ $\dfrac{4}{5}$

問5　小球が壁との初めての衝突の際に失った力学的エネルギーは何 J か。最も適当な数値を，次の①～⑤のうちから一つ選べ。ただし，小球の質量を 2.0 kg とする。　117　J

① 　0.89　　　　② 　2.3　　　　③ 　3.4

④ 　6.8　　　　⑤ 　13.5

大学入学共通テスト本試験
（2024年1月14日実施）

時間　目安30分（2科目選択で計60分）　　　50点　満点

1 ══ 解答にあたっては，実際に試験を受けるつもりで，時間を厳守し真剣に取りくむこと。

2 ══ 巻末のマークシート B を切り離しのうえ練習用として利用すること。

3 ══ 解答終了後には，自己採点により学力チェックを行い，別冊の解答・解説をじっくり読んで，弱点補強，知識や考え方の整理などに努めること。

※ 2024 共通テスト本試験問題を編集部にて一部修正して作成しています。

物　理　基　礎

$$\left(\text{解答番号}\ \boxed{1}\ \sim\ \boxed{17}\right)$$

第 1 問　次の問い(問 1 ～ 4)に答えよ。(配点　16)

問 1　20 ℃, 熱容量 160 J/K の器に, 80 ℃, 160 g のスープを注いでしばらく待っ
たところ, 全体の温度は等しくなった。その温度の値として最も適当なもの
を, 次の①～⑥のうちから一つ選べ。ただし, スープは均質であり, その比熱
(比熱容量)は 4.0 J/(g・K)とする。また, 蒸発の影響や, スープおよび器と外
部の間の熱の出入りは無視できるものとする。　　　$\boxed{1}$

① 32 ℃　　　　　② 50 ℃　　　　　③ 56 ℃

④ 60 ℃　　　　　⑤ 68 ℃　　　　　⑥ 72 ℃

問 2　床に静止している質量 m の小物体に，大きさ F の一定の力を加え続けて，小物体を鉛直上方に運動させた。この小物体が，床からの高さ h の点を通過したときの，小物体の運動エネルギーを表す式として正しいものを，次の①〜⑥のうちから一つ選べ。ただし，重力加速度の大きさを g とし，空気抵抗は無視できるものとする。　 2

① 　 0

② 　 mgh

③ 　 Fh

④ 　 $(F - mg)h$

⑤ 　 $(F + mg)h$

⑥ 　 $\dfrac{1}{2}mF^2$

問3 モバイルバッテリーを直流電流で160秒間充電した。充電中の電流を電流計で測ると1.0 A で一定であった。この充電の間に電流計を通過した電気量は，電子何個分か。最も適当なものを，次の①〜⑥のうちから一つ選べ。ただし，電子1個あたりの電気量の大きさは1.6×10^{-19} C とする。 $\boxed{3}$

① 1.0×10^{-21} 個   ② 2.6×10^{-17} 個   ③ 1.0 個

④ 1.6×10^{2} 個   ⑤ 3.9×10^{16} 個   ⑥ 1.0×10^{21} 個

問 4 白熱電球および LED 電球のエネルギー変換について考察した次の文章中の空欄 ア ・ イ に入れる数値の組合せとして最も適当なものを，後の①〜⑧のうちから一つ選べ。 4

　電球が消費する電力量のうち，光エネルギーとして放出される量が占める割合を，電球の効率と呼ぶことにする。消費電力 60 W，効率 10 % の白熱電球が 1 時間点灯する間に放出する光エネルギーは， ア Wh である。また，同じ時間点灯する間に，この白熱電球と同じ大きさの光エネルギーを放出する，消費電力 15 W の LED 電球の効率は， イ % と見積もられる。

	ア	イ
①	6.0	40
②	6.0	60
③	22	40
④	22	60
⑤	54	40
⑥	54	60
⑦	600	40
⑧	600	60

第2問 AさんとBさんが浮力に関する探究活動を行っている。後の問い(**問1**~**5**)に答えよ。(配点 18)

Aさん：ばねはかりを買ったので，ジャガイモで浮力の実験をしてみよう。

Bさん：ジャガイモは水に沈むので，水より密度は大きいはずだね。

Aさん：密度と浮力の関係を確認しておこう。

問1 密度$2.0 \times 10^3 \, \text{kg/m}^3$，質量$1.0 \, \text{kg}$の物体が水中に完全に沈んでいるとき，物体にはたらく浮力の大きさはいくらか。最も適当なものを，次の①~⑥のうちから一つ選べ。ただし，水の密度を$1.0 \times 10^3 \, \text{kg/m}^3$，重力加速度の大きさを$9.8 \, \text{m/s}^2$とする。 $\boxed{5}$

① $4.9 \, \text{N}$　　　　② $4.9 \times 10^3 \, \text{N}$　　　　③ $9.8 \, \text{N}$

④ $9.8 \times 10^3 \, \text{N}$　　⑤ $2.0 \times 10^1 \, \text{N}$　　⑥ $2.0 \times 10^4 \, \text{N}$

Ａさん：糸でジャガイモをばねはかりにつるし，水を入れた計量カップに徐々に沈
　　　　めてみよう。
Ｂさん：ジャガイモの下端Ｐの水面からの深さと，ばねはかりの値から，浮力の
　　　　変化がわかるんじゃないかな？
Ａさん：そうだね。Ｐが水面より上にあるときは深さを負の値とすればいいね。
　　　　せっかくなので計量カップの下にキッチンはかりを置いて実験してみよう
　　　　よ。

　図1のようにＡさんとＢさんの二人は，水を入れた計量カップとジャガイモを用
いて実験を行った。

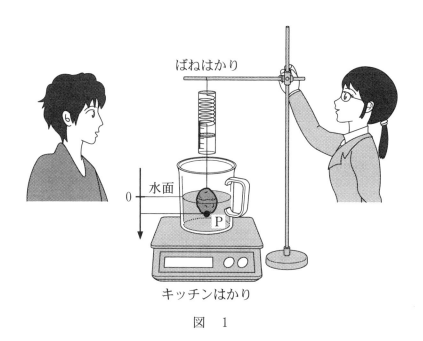

図　１

AさんとBさんは，結果を図2の二つのグラフにまとめて議論している。

問2 次の会話文中の空欄 ア ・ イ には，それぞれ直後の { } 内の数式および値のいずれか一つが入る。入れる数式および値を示す記号の組合せとして最も適当なものを，後の①～⑨のうちから一つ選べ。ただし，糸の質量と体積は無視できるものとする。 6

Aさん：ジャガイモが計量カップの底についていないとき，ジャガイモにはたらく力について考えてみよう。

Bさん：ジャガイモにはたらく力は浮力と重力と糸の張力だね。

Aさん：浮力の大きさをF，重力の大きさをW，張力の大きさをTとすると， ア $\left\{\begin{array}{ll}\text{(a)} & F = T + W \\ \text{(b)} & F = T - W \\ \text{(c)} & F = W - T\end{array}\right\}$ の関係があるね。

Bさん：図2の上のグラフから読み取るとジャガイモ全体が水に沈んだときの浮力の大きさは，約 イ $\left\{\begin{array}{ll}\text{(d)} & 0.1 \\ \text{(e)} & 1.0 \\ \text{(f)} & 1.1\end{array}\right\}$ Nだね。

	①	②	③	④	⑤	⑥	⑦	⑧	⑨
ア	(a)	(a)	(a)	(b)	(b)	(b)	(c)	(c)	(c)
イ	(d)	(e)	(f)	(d)	(e)	(f)	(d)	(e)	(f)

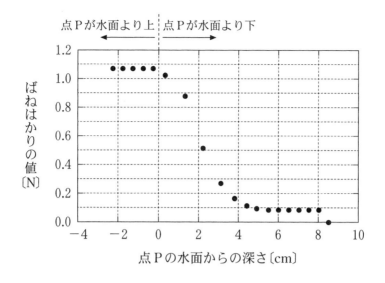

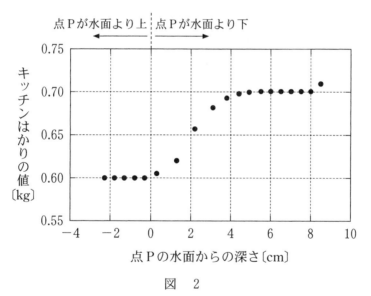

図　2

Aさん：図2の二つのグラフでは，キッチンはかりの値が大きくなるとばねはかり
　　　　の値は小さくなるね。

Bさん：その関係をグラフで表してみよう。

問 3　ばねはかりの値とキッチンはかりの値の関係を表すグラフとして最も適当な
　　　ものを，次の①～⑥のうちから一つ選べ。　　7

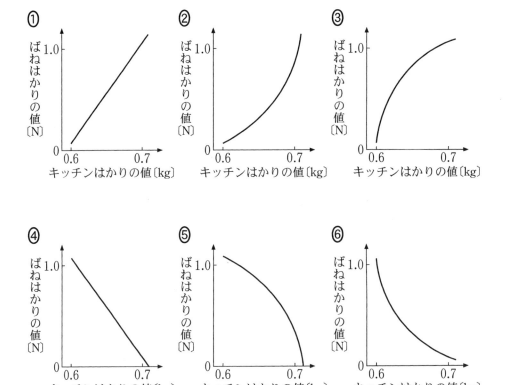

Aさん：図2の上のグラフを見ると，ジャガイモを水に沈めていく間は，ばねはかりの値の変化が直線的ではなく曲線になっているけど，なぜかな？

Bさん：横軸の目盛りが0〜5cmあたりのところだね。ジャガイモの形が関係しているのかもしれないね。

Aさん：ジャガイモの代わりに，いろいろな形の物体で確かめてみればわかるね。

問4 水より密度の大きい一様な材質でできたある形の物体をつるして，図1と同じような実験をした。すると，ばねはかりの値と点Pの水面からの深さとの関係を表すグラフが，次の図3のようになった。このとき，その物体とつるし方として最も適当なものを，後の①〜④のうちから一つ選べ。 8

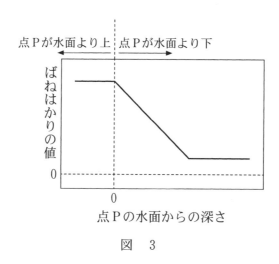

図　3

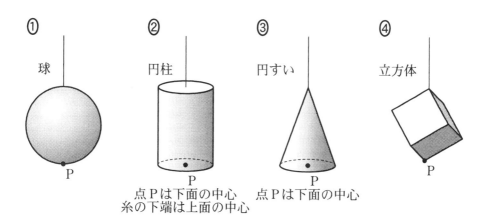

問 5 次の会話文中の空欄 ウ ・ エ にはそれぞれ直後の { } 内の語句のいずれか一つが入る。入れる語句を示す記号の組合せとして最も適当なものを，後の①～⑨のうちから一つ選べ。 9

Aさん：ジャガイモが計量カップの底について糸が緩んでいるときに，ジャガイモにはたらいている力はどうなっているのかな？

Bさん：ジャガイモにはたらく力は，計量カップの底からはたらく垂直抗力と

ウ {
(a) 重力
(b) 重力と浮力
(c) 重力と張力
} だね。

Aさん：そうすると，ジャガイモに計量カップの底からはたらく垂直抗力は，水がない場合と比べると， エ {
(d) 大きくなる
(e) 同じ大きさだ
(f) 小さくなる
} ね。

	①	②	③	④	⑤	⑥	⑦	⑧	⑨
ウ	(a)	(a)	(a)	(b)	(b)	(b)	(c)	(c)	(c)
エ	(d)	(e)	(f)	(d)	(e)	(f)	(d)	(e)	(f)

第3問 空気中を伝わる音について，次の問い（**問1〜6**）に答えよ。ただし，風の影響は無視できるものとする。（配点　16）

問1 音の速さに関する次の文章中の空欄 ア ・ イ に入れる語と文の組合せとして最も適当なものを，後の①〜⑥のうちから一つ選べ。 10

気温が 0 ℃ のときと 30 ℃ のときで，音の速さを比べると，30 ℃ のときの方が ア 。また，気温 0 ℃ と 30 ℃ で，同じ振動数の音の波長を比べると， イ 。

	ア	イ
①	大きい	30 ℃ のときの方が長い
②	大きい	30 ℃ のときの方が短い
③	大きい	同じ長さである
④	小さい	30 ℃ のときの方が長い
⑤	小さい	30 ℃ のときの方が短い
⑥	小さい	同じ長さである

音の速さを三つの異なる方法で測定した。

問 2　1番目の方法として，太鼓とストップウォッチを用いて，次の手順で音の速さを測定した。

　太鼓を持った A さんと，ストップウォッチを持った B さんが，140 m 離れてグラウンドに立っている。B さんは，A さんが太鼓をたたくのを見てストップウォッチをスタートさせ，太鼓の音が聞こえたときにストップウォッチを止めた。このとき，ストップウォッチの表示は 0.42 s だった。この測定値から音の速さを有効数字 2 桁で表すとき，次の式中の空欄　11　～　13　に入れる数字として最も適当なものを，後の①～⓪のうちから一つずつ選べ。ただし，同じものを繰り返し選んでもよい。

$$\boxed{11} \, . \, \boxed{12} \times 10^{\boxed{13}} \text{ m/s}$$

① 1　　② 2　　③ 3　　④ 4　　⑤ 5

⑥ 6　　⑦ 7　　⑧ 8　　⑨ 9　　⓪ 0

問 3　問 2 で求めた音の速さは，教科書に書かれている式から求めた値よりも小さかった。A さんと B さんは，「その原因は測定時のストップウォッチの操作にある」と考えた。表 1 に示す，ストップウォッチがスタートした時間とストップした時間の組合せ(a)～(e)から，原因として考えられるものをすべて選び，その記号の組合せとして最も適当なものを，後の①～⓪のうちから一つ選べ。　14

表　1

	ストップウォッチが スタートした時間	ストップウォッチが ストップした時間
(a)	太鼓をたたく前	音が届いた後
(b)	太鼓をたたくと同時	音が届く前
(c)	太鼓をたたくと同時	音が届くと同時
(d)	太鼓をたたくと同時	音が届いた後
(e)	太鼓をたたいた後	音が届く前

① (a)と(b)　　② (a)と(c)　　③ (a)と(d)　　④ (a)と(e)

⑤ (b)と(c)　　⑥ (b)と(d)　　⑦ (b)と(e)　　⑧ (c)と(d)

⑨ (c)と(e)　　⓪ (d)と(e)

問 4 2番目の方法として，「ピッ」という音を一定の間隔で 1 分間に 300 回出す装置(電子式メトロノーム)を使い，次の手順で音の速さを測定した。

　まず，A さんと B さんは，それぞれメトロノームを持って集まり，その場所で二つのメトロノームから出る「ピッ」という音が同時に聞こえるようにした。次に，一つのメトロノームを持った A さんが，もう一つのメトロノームを持ってその場にとどまっている B さんから，ゆっくりと遠ざかっていった。すると，B さんには「ピッ」という音がずれて聞こえるようになった。やがて，A さんが B さんから 70 m 離れたときに，再び B さんには二つのメトロノームから出る「ピッ」という音が同時に聞こえた。この結果から求められる音の速さとして最も適当なものを，次の①～⑥のうちから一つ選べ。 | 15 |

① 280 m/s 　② 300 m/s 　③ 340 m/s

④ 350 m/s 　⑤ 370 m/s 　⑥ 420 m/s

問 5　3番目の方法として，図1のような，水だめを上下させることでガラス管内の空気の部分(以下，これを気柱と呼ぶ)の長さを調節できる装置を用いて，次の手順で音の速さを測定した。

　まず，ガラス管の上端の近くまで水面を上げた。次に，ガラス管の上で振動数 500 Hz のおんさを鳴らし，水面を下げていき，気柱が共鳴する水面の位置を測定した。このとき，気柱がはじめて共鳴したときの水面の位置と 2 回目に共鳴したときの水面の位置は 34 cm 離れていた。この結果から求められる音波の波長と，音の速さの組合せとして最も適当なものを，後の①〜⑧のうちから一つ選べ。 16

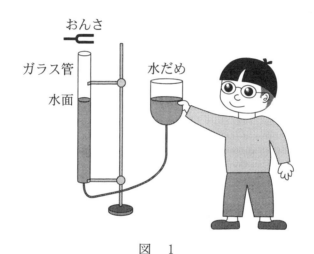

図　1

	波長〔m〕	音の速さ〔m/s〕
①	0.17	320
②	0.17	340
③	0.34	320
④	0.34	340
⑤	0.51	320
⑥	0.51	340
⑦	0.68	320
⑧	0.68	340

問 6　音波の特徴について説明した次の文章中の空欄 ウ ・ エ に入れる語と値の組合せとして最も適当なものを，後の①〜⑧のうちから一つ選べ。 17

　　ヒトの聴くことのできる音の振動数は，およそ 20 Hz〜20000 Hz といわれており，この範囲よりも振動数の大きい音波を超音波という。超音波の波長は，ヒトの聴くことのできる音の波長より ウ 。振動数が 34000 Hz の超音波の波長は，室温でおよそ エ である。

	ウ	エ
①	短　い	0.1 mm
②	短　い	1 cm
③	短　い	1 m
④	短　い	0.1 km
⑤	長　い	0.1 mm
⑥	長　い	1 cm
⑦	長　い	1 m
⑧	長　い	0.1 km

化学基礎

大学入学 共通テスト "出題傾向と対策"

(1) 出題傾向

　大問が2題出題され，第1問は小問集合形式で，第2問は総合問題形式の大問である。第1問は小問集合形式のため，出題分野は広く，化学基礎のほとんどの分野から出題される。第2問は，ある一つの物質やテーマに沿って，様々な方向から問う形式の総合問題で，化学基礎の教科書に載っていなかったり，化学基礎ではあまり扱わない物質や事柄を題材としていることもある。基礎から標準的な問題から構成されていることもあるが，思考力を要する問題やグラフを考察する問題など難易度がかなり高いものが含まれていることもある。知識問題は，ほぼ基本的な項目が中心であるが，化学と生活の分野では，やや細かいところまで問われる。計算問題は，計算自体は平易なものが多いが，簡単には立式できないものもある。時間に対して問題量はそれほど多くはないが，考察的な問題を解くのに時間を取られれば，解答するのにあまり余裕はないだろう。

(2) 対　策〈学習法〉

　第1問は小問集合形式で，第2問も基礎事項の小問が何問か含まれているので，まずは化学基礎の全分野に渡って穴のないようにしておくことが重要である。教科書や教科書傍用問題集等を使って，化学基礎全分野の基礎力を身につけておきたい。化学基礎は，物質の構成や化学結合などの知識事項を中心とする分野と，物質量や化学反応式，酸・塩基，酸化・還元などの計算を中心とする分野で構成されている。知識分野については，基礎事項はもれなく身につけておく必要がある。計算を含む分野については，まずは理論をしっかり理解することが重要である。その上で，物質量や溶液の濃度の計算問題，化学反応の量的関係の計算問題，酸・塩基，酸化・還元の計算問題の演習を強化しておきたい。その中でも物質量の計算は，すべての化学計算の基礎になっているので非常に重要である。物質量，質量，気体の体積，粒子数の変換を，自在に扱えるようになるまで問題演習を繰り返そう。また，溶液の濃度についても，質量パーセント濃度とモル濃度の換算の問題，溶液中の物質の化学反応式と量的関係の計算，中和滴定・酸化還元滴定の問題など，色々な計算問題に関わってくるので，しっかり理解しておきたい。さらに，溶液を一部取ったり，溶液を希釈したりしたときの計算を間違いなくできるようにしておこう。化学の理解には実験が欠かせないため，共通テストでも出題される可能性がある。物質の分離と精製法，中和滴定，酸化還元滴定などの実験について，原理を理解した上で頭に入れておきたい。物質の精製法では蒸留の実験装置，中和滴定では試薬の調製，指示薬の選定，中和点における溶液の色の変化，滴定曲線などに注意したい。中和滴定・酸化還元滴定では，器具の選定，使い方，洗い方なども出題される可能性がある。知識分野は概ね基本的であるが，化学と人間生活の分野においては，細かい知識が必要な問題が出題される可能性がある。化学と人間生活は，内容が「化学」で学ぶ事柄なので，「化学基礎」しか履修していない受験生にとっては学習しにくいところである。表面的な知識で終わらせがちなので，しくみや流れを理解した上で覚えておきたい。

　理系の科目では問題演習は欠かせない。共通テストの小問は過去のセンター試験と内容・難易度とも似ているので，過去のセンター試験を利用するのも有効である。しかしながら，共通テストでは，データを分析する問題や実験を考察する問題，グラフを考察する問題など，単純な知識だけでは解けないものも何問か出題される。したがって，高得点を狙うならば，基礎だけでなく，そのような問題の演習も必要である。これはセンター試験では出題されなかったものなので，模試を受けたり，共通テスト用の問題集，共通テストの過去問などを使って強化しよう。

●出題分野表

分野	単元・テーマ・内容	2023 本試験	2023 追試験	2024 本試験	2024 追試験
化学と生活	生活の中の化学	○	○	○	○
物質の構成	純物質と混合物				
	物質の分離・精製		○	○	○
	元素・単体・化合物・同素体			○	○
	熱運動	○			
	物質の三態	○		○	
	原子の構造	○			
	同位体				○
	電子配置・価電子	○	○	○	○
	イオン		○		
	イオン化エネルギー・電子親和力	○			
	周期表と元素の分類		○	○	
	イオン結合		○		
	共有結合	○	○	○	
	配位結合				○
	金属結合		○		
	分子の形と極性	○		○	
	電気陰性度	○		○	
	分子間に働く力，水素結合		○		
	結晶の性質		○	○	
物質の変化	原子量・物質量	○	○	○	○
	溶解と溶液の濃度	○			○
	化学反応式と量的関係	○	○	○	○
	化学変化における法則			○	
	酸・塩基の定義，強弱，価数			○	○
	水素イオン濃度とpH			○	○
	塩の分類・液性				
	滴定曲線				
	中和滴定	○	○		○
	溶液の調製・滴定実験・実験操作	○			○
	酸化還元と酸化数	○		○	
	酸化剤・還元剤	○	○		
	酸化還元反応		○	○	○
	金属の反応性・イオン化傾向	○	○		
	電池のしくみ			○	
	金属の精錬	○	○		

第　1　回

時間　目安30分（2科目選択で計60分）　　　50点　満点

1 ══ 解答にあたっては，実際に試験を受けるつもりで，時間を厳守し真剣に取りくむこと。

2 ══ 巻末のマークシート A を切り離しのうえ練習用として利用すること。

3 ══ 解答終了後には，自己採点により学力チェックを行い，別冊の解答・解説をじっくり読んで，弱点補強，知識や考え方の整理などに努めること。

化　学　基　礎

$\left(\text{解答番号}\boxed{101}\sim\boxed{120}\right)$

必要があれば，原子量は次の値を使うこと。

| H | 1.0 | C | 12 | O | 16 | Mg | 24 | Al | 27 |

CI 35.5　　Fe 56　　Zn 65

第1問　次の問い(問1〜9)に答えよ。(配点　30)

問1　カルシウムイオン $^{40}_{20}\text{Ca}^{2+}$ に含まれる電子の数を，次の①〜④のうちから一つ選べ。$\boxed{101}$

① 16　　　　　② 18　　　　　③ 20　　　　　④ 22

問2　常温・常圧において，固体が分子結晶を形成する物質として最も適当なものを，次の①〜④のうちから一つ選べ。$\boxed{102}$

① 酸化マグネシウム MgO

② 銀 Ag

③ 二酸化ケイ素 SiO_2

④ ヨウ素 I_2

問3　窒素とその化合物に関する記述として最も適当なものを，次の①〜④のうちから一つ選べ。　103

①　窒素 N は第2周期に存在する元素の中で，最も電気陰性度が大きい。

②　窒素分子 N_2 は極性分子である。

③　アンモニウムイオン NH_4^+ の4本の N−H 結合は，互いに区別することができない。

④　アンモニア NH_3 は水に溶けると弱酸性を示す。

問4　市販の濃塩酸はモル濃度 12.0 mol/L，密度 1.20 g/cm³ である。この市販の濃塩酸の質量パーセント濃度は何％か。最も適当な数値を，次の①〜⑤のうちから一つ選べ。　104　％

①　12　　　　　　　②　24　　　　　　　③　37

④　53　　　　　　　⑤　75

問5 原子番号 1 ～ 20 の原子のイオン化エネルギーを図 1 に示す。元素 A ～ E は原子番号 1 から 20 までの元素のいずれかである。元素 A ～ E に関する記述ア～オにおいて，正しいものはどれか。正しい組合せとして最も適当なものを，後の①～⓪のうちから一つ選べ。 105

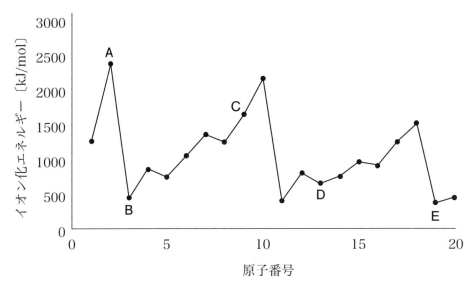

図1　イオン化エネルギー

ア　A は，原子番号 1 から 20 のすべての元素の中で最も陰性が強い。

イ　B は，原子番号 1 から 20 のすべての元素の中で最も陽イオンになりやすい。

ウ　C は，ハロゲンである。

エ　D は，非金属元素である。

オ　E は，第 4 周期に属する。

① ア，イ　② ア，ウ　③ ア，エ　④ ア，オ　⑤ イ，ウ
⑥ イ，エ　⑦ イ，オ　⑧ ウ，エ　⑨ ウ，オ　⓪ エ，オ

問6　金属 M は希硫酸を加えると，水素を発生しながら溶解する。金属 M に十分量の希硫酸を加えたときの，金属 M の質量と発生した水素の体積(0℃，1.013×10^5 Pa における値)の関係を図2に示す。金属 M として最も適当なものを，後の①〜④のうちから一つ選べ。　106

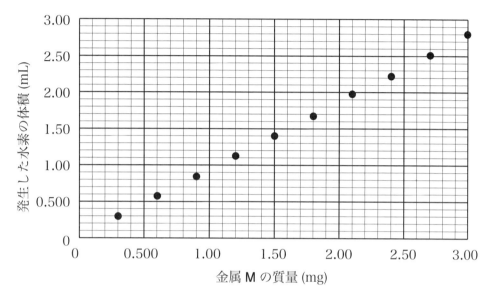

図2　反応させた金属 M の質量と発生した水素の体積の関係

①　Mg　　　　②　Al　　　　③　Fe　　　　④　Zn

問7 水溶液が酸性を示す物質として最も適当なものを，次の①～④のうちから一つ選べ。 107

① 塩化アンモニウム   ② 硝酸カリウム

③ 水酸化ナトリウム   ④ 炭酸水素ナトリウム

問8 ある量のアンモニアを 0.100 mol/L の希硫酸 45.0 mL にすべて吸収させたのち，適当な指示薬を加え，残った硫酸を 0.100 mol/L の水酸化ナトリウム水溶液を用いて滴定したところ，40.0 mL 滴下したところで硫酸はすべて中和された。希硫酸に吸収されたアンモニアの体積は，0℃, 1.013×10^5 Pa で何 mL か。最も適当な数値を，次の①～⑤のうちから一つ選べ。 108 mL

① 22.4   ② 44.8   ③ 67.2

④ 89.6   ⑤ 112

問9 銅に関する記述として誤りを含むものを，次の①～④のうちから一つ選べ。 109

① 銅板を硫酸亜鉛水溶液に浸すと，亜鉛の単体が析出する。

② 銅片を濃硝酸に加えると溶解する。

③ 銅と亜鉛の合金は，硬貨や楽器などに用いられる。

④ 銅の単体を工業的に製造する過程では，電解精錬が用いられる。

第2問 溶存酸素に関する次の文章を読み，後の問い(**問1～5**)に答えよ。
(配点 20)

　溶存酸素(Dissolved Oxygen，以下 DO)は，水中に溶解している酸素量を表す数値であり，その濃度を単位体積当たりの酸素の質量(mg/L 単位)で表す。一般に，清浄な河川では DO の値は酸素が溶解しうる最大の値(飽和酸素量)に達しているが，水質汚濁が進むと，好気性微生物による有機物の分解に酸素が消費され，DO の値が低下する。

　また，生物化学的酸素要求量(Biochemical Oxygen Demand，以下 BOD)は，水中に存在する有機物が好気性微生物によって分解される酸素量であり，DO の減少量から求められる。

　ある河川水の DO を測定するため，次の**操作 I ～ V**を行った。

操作 I　河川水を 2 つの試料びん **A**，**B** に 100 mL ずつ採取した。

操作 II　試料びん **A** 内の河川水に，適量の硫酸マンガン水溶液と，ヨウ化カリウムおよび水酸化ナトリウムの混合水溶液を加えた。このとき，$Mn(OH)_2$ の白色沈殿が生じたが，この白色沈殿は，すぐに $MnO(OH)_2$ の褐色沈殿に変化した。

操作 III　**操作 II** の後，試料びん **A** に塩酸を加えた。このとき褐色沈殿はすべて溶解し，溶液が黄色に変化した。

操作 IV　**操作 III** で得られた溶液をすべてコニカルビーカーに移し，少量の指示薬を加え，溶液の色が変化するまで 0.025 mol/L のチオ硫酸ナトリウム $Na_2S_2O_3$ 水溶液を滴下した。

操作 V　試料びん **B** 内の河川水は，採取して 5 日間経過した後に，**操作 II ～ IV** と同様の操作を行った。

操作Ⅳ，Ⅴで滴下したチオ硫酸ナトリウム水溶液の体積は表1のようになった。

表1　操作Ⅳ，Ⅴで滴下した $Na_2S_2O_3$ 水溶液の体積

操作	試料びん	採取してからの時間	$Na_2S_2O_3$ 水溶液の体積〔mL〕
操作Ⅳ	A	採取直後	3.50
操作Ⅴ	B	5日後	1.90

　　ここで，**操作Ⅱ〜Ⅳ**ではそれぞれ次の式(1)〜(3)の反応が起こる。ただし，**操作Ⅱ**に関しては $Mn(OH)_2$ が溶液中に溶けているすべての溶存酸素と反応して $MnO(OH)_2$ に変化する反応のみを示しており，$Mn(OH)_2$ が生じるときの反応は示していない。また，$Mn(OH)_2$ が生じるときの反応では酸素は消費されない。

操作Ⅱ　　$2Mn(OH)_2 + O_2 \rightarrow 2MnO(OH)_2$ 　　　　　　　　　　　(1)

操作Ⅲ　　$MnO(OH)_2 + \boxed{ア}\ I^- + \boxed{イ}\ H^+$
　　　　　　　$\longrightarrow Mn^{2+} + I_2 + \boxed{ウ}\ H_2O$ 　　　　　(2)

操作Ⅳ　　$I_2 + 2S_2O_3{}^{2-} \longrightarrow 2I^- + S_4O_6{}^{2-}$ 　　　　　(3)

問1　式(1)，(2)について，次の問い（**a・b**）に答えよ。

　　a　マンガン原子の酸化数に関する記述として最も適当なものを，次の①〜④のうちから一つ選べ。$\boxed{110}$

　①　Mn^{2+} のマンガンの酸化数は 0 である。

　②　$Mn(OH)_2$ 中のマンガンの酸化数は ＋2 である。

　③　$MnO(OH)_2$ 中のマンガンの酸化数は ＋3 である。

　④　$MnO_4{}^-$ 中のマンガンの酸化数は ＋5 である。

b 式(2)の係数 ア ～ ウ に当てはまる数字を，後の①～⑨のうちから一つずつ選べ。ただし，係数が1の場合には，①を選ぶこと。同じものを繰り返し選んでもよい。

ア 111   イ 112   ウ 113

① 1   ② 2   ③ 3   ④ 4   ⑤ 5
⑥ 6   ⑦ 7   ⑧ 8   ⑨ 9

問2 操作Ⅳで用いるチオ硫酸ナトリウム水溶液を入れる実験器具に関する記述として**誤りを含むもの**を，次の①～④のうちから一つ選べ。 114

① この実験器具が使用前に水でぬれているとき，加熱乾燥してはいけない。

② この実験器具が使用前に水でぬれているとき，用いるチオ硫酸ナトリウム水溶液で数回内部をすすいでから用いる。

③ この実験器具の目盛りは，下にいくにつれて小さい値が記されている。

④ この実験器具にチオ硫酸ナトリウム水溶液を入れたとき，実験器具の下部の先端まで溶液で満たされていることを確認してから滴定を開始する。

問3 操作Ⅱ～Ⅴおよび表1の実験結果に関する記述として**誤りを含むもの**を，次の①～⑤のうちから二つ選べ。ただし，解答の順序は問わない。

　　　115

　　　116

① 河川水中の溶存酸素量が多いほど，**操作Ⅱ**で生成する褐色沈殿の質量が多くなる。

② **操作Ⅲ**の反応では，I^-は酸化剤としてはたらいている。

③ **操作Ⅳ**では，$S_2O_3{}^{2-}$は電子を放出している。

④ 河川水中の溶存酸素量が多いほど，**操作Ⅳ**におけるチオ硫酸ナトリウム水溶液の滴下量は増加する。

⑤ **操作Ⅲ**で生じたヨウ素の物質量は，**操作Ⅳ**で滴下したチオ硫酸ナトリウム水溶液中のチオ硫酸ナトリウムの物質量の2倍である。

問4 採取直後と5日後の河川水中の溶存酸素量(DO)は何 mg/L か。最も適当な数値を，後の①～⑥のうちから一つずつ選べ。

　　採取直後　　117　 mg/L
　　5日後　　　118　 mg/L

① 3.8 　　　　　　② 5.0 　　　　　　③ 7.0

④ 7.6 　　　　　　⑤ 10.0 　　　　　⑥ 14.0

－ 110 －

問5　操作Ⅰ～Ⅴから求まる5日間で消費された溶存酸素が，すべてグルコース $C_6H_{12}O_6$（分子量 180）の分解に用いられたとすると，5日間で分解されたグルコースの質量は河川水1Lあたり何 mg か。その数値を小数第1位まで次の形式で表すとき，119 と 120 に当てはまる数字を，後の①～⓪から一つずつ選べ。同じものを繰り返し選んでもよい。ただし，グルコースの分解の際に起こるグルコースと酸素との反応は，次の式(4)で表される。

$$C_6H_{12}O_6 + 6O_2 \longrightarrow 6CO_2 + 6H_2O \qquad (4)$$

　　　　グルコースの質量 119 . 120 mg

① 1　　　　② 2　　　　③ 3　　　　④ 4　　　　⑤ 5

⑥ 6　　　　⑦ 7　　　　⑧ 8　　　　⑨ 9　　　　⓪ 0

第　2　回

時間　目安30分（2科目選択で計60分）　　　50点　満点

1 ━━ 解答にあたっては，実際に試験を受けるつもりで，時間を厳守し真剣に取りくむこと。

2 ━━ 巻末のマークシート A を切り離しのうえ練習用として利用すること。

3 ━━ 解答終了後には，自己採点により学力チェックを行い，別冊の解答・解説をじっくり読んで，弱点補強，知識や考え方の整理などに努めること。

化 学 基 礎

必要があれば，原子量は次の値を使うこと。

H 1.0	C 12	O 16	Mg 24
Al 27	Ca 40	Fe 56	

第1問 次の問い(**問1～8**)に答えよ。(配点 30)

問1 二重結合をもつ分子を，次の①～④のうちから一つ選べ。 $\boxed{101}$

① シアン化水素 HCN

② 窒素 N_2

③ 二酸化炭素 CO_2

④ メタン CH_4

問2 表1は，典型元素の原子ア～オのそれぞれの電子殻に収容された電子数を表している。ア～オに関する記述として**誤りを含むもの**はどれか。最も適当なものを，後の①～④のうちから一つ選べ。 102

表1 原子の電子殻に収容された電子数

元素	K殻	L殻	M殻
ア	2	4	0
イ	2	7	0
ウ	2	8	2
エ	2	8	6
オ	2	8	8

① アとエは1：2で結びついた分子を形成する。

② イはハロゲンである。

③ ウは2価の陰イオンになりやすい。

④ オの単体は単原子分子で存在する。

問3 元素と周期律に関する記述として**誤りを含むもの**はどれか。最も適当なものを，次の①～④のうちから一つ選べ。 103

① イオン化エネルギーの大きい元素の原子ほど，陽イオンになりやすい。

② 電子親和力は，原子が1価の陰イオンになるときに放出するエネルギーである。

③ 貴ガスを除いた第2周期の元素の電気陰性度は，原子番号が増加するにつれ大きくなる。

④ 第3周期の元素の原子のうち，価電子数が最も多いのは塩素である。

問4 次の記述ア・イのいずれにも当てはまる化合物の化学式として最も適当なものを，後の①～④のうちから一つ選べ。 104

ア 化合物を溶かした水溶液に硝酸銀水溶液を加えると，白色沈殿が生じる。
イ 化合物を付着させた白金線をガスバーナーに加えたところ，黄緑色の炎が観察された。

① BaCl₂   ② Ca(NO₃)₂   ③ NaCl   ④ MgSO₄

問5 物質量が最も大きいものはどれか。次の①～④のうちから一つ選べ。ただし，アボガドロ定数は $N_A = 6.0 \times 10^{23}$/mol とする。 105

① 1.0 g の炭酸カルシウム CaCO₃ 中の酸素原子
② 0℃，1.013×10^5 Pa で 0.84 L の窒素 N₂ 中の窒素原子
③ 0.10 mol/L 水酸化ナトリウム NaOH 水溶液 400 mL 中のナトリウムイオン
④ 1.5×10^{22} 個の塩化水素 HCl 分子中の塩素原子

問6 0.24 g のマグネシウムに，0.10 mol/L の希塩酸を少しずつ加え，発生する気体の体積を 0℃，1.013×10^5 Pa のもとで測定した。加えた希塩酸の体積(mL)と発生した気体の体積(mL)の関係として最も適当なものを，次の①～④のうちから一つ選べ。 106

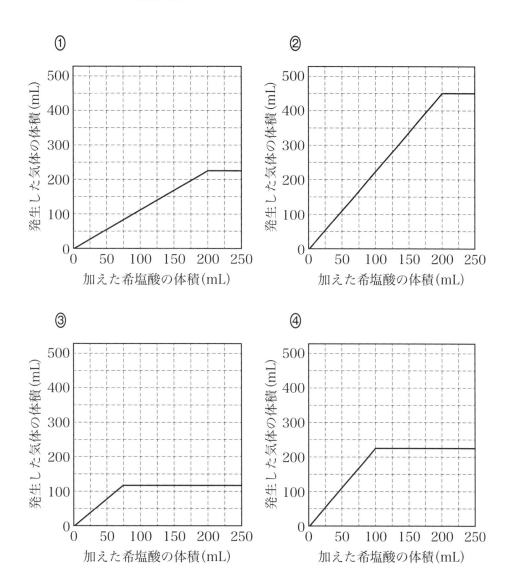

問7 酸と塩基および塩に関する記述として最も適当なものを，次の①～④のうちから一つ選べ。 107

① アンモニアは水中でブレンステッドの定義では酸としてはたらき，アンモニウムイオンに変化する。

② 炭酸水素ナトリウムは酸性塩であるため，その水溶液は弱酸性を示す。

③ 同じモル濃度の希塩酸と希硫酸では，希塩酸の方が pH が大きい。

④ 酢酸水溶液と水酸化ナトリウム水溶液の滴定では，指示薬としてメチルオレンジを用いる。

問8 市販のオキシドールは，過酸化水素 H_2O_2 の水溶液である。市販のオキシドール中の過酸化水素の質量パーセント濃度を測定するため，市販のオキシドールに水を加えて体積を 10 倍にした水溶液をつくった。この希釈した水溶液 10.0 mL に少量の希硫酸を加え，0.010 mol/L の過マンガン酸カリウム $KMnO_4$ 水溶液で滴定したところ，終点までに 36.0 mL 要した。このとき，過マンガン酸イオン MnO_4^- と過酸化水素 H_2O_2 は，次の式(1)と(2)に従って変化する。ただし，オキシドール中で過マンガン酸イオンと反応する成分は過酸化水素だけであるとする。後の問い(a ・ b)に答えよ。

$$MnO_4^- + 8H^+ + 5e^- \longrightarrow Mn^{2+} + 4H_2O \qquad (1)$$
$$H_2O_2 \longrightarrow O_2 + 2H^+ + 2e^- \qquad (2)$$

a この滴定に関する記述として**誤りを含むもの**はどれか。最も適当なものを，次の①〜④のうちから一つ選べ。 $\boxed{108}$

① $KMnO_4$ は H_2O_2 に対して酸化剤としてはたらく。

② 希硫酸の代わりに希塩酸を用いると，終点までに必要な過マンガン酸カリウム水溶液の滴下量が増加する。

③ 滴定の終点では，溶液の色が赤紫色から無色に変化する。

④ 過マンガン酸カリウム $KMnO_4$ の代わりにヨウ化カリウム KI を加えると，I_2 が生成する。

b 市販のオキシドール中の過酸化水素の質量パーセント濃度は何％か。最も適当な数値を，次の①〜⑥のうちから一つ選べ。ただし，オキシドールの密度は 1.0 g/cm³ とする。 $\boxed{109}$ ％

① 0.31   ② 0.49   ③ 1.2

④ 3.1   ⑤ 4.9   ⑥ 12.2

第2問 金属とその利用に関する次の文章を読み，後の問い（**問1～5**）に答えよ。
（配点　20）

　金属は，古くから人類が用いた材料であり，人類の文明は金属とともに発展してきたといっても過言ではない。(a)金属の種類によって，使われはじめた時代が異なる。これは，金属のほとんどが酸化物や硫化物などの化合物として存在し，単体を得るために製錬することが必要であり，製錬が難しい金属ほど使われはじめた時代が遅いためである。埋蔵量，利用量が多く，比較的製錬が容易な金属はベースメタルとよばれ，主なものに以下の三種類がある。

(1)　(b)銅は古くから利用されている金属で，電気や熱をよく通し，比較的安価で純度の高いものが製造できる。電線などそのままでも利用されるが，他の金属と融かし合わせた合金として装飾品や硬貨に利用される。

(2)　鉄は最も多く利用されている金属で，人類が利用している金属の約9割を占める。加熱すると加工が容易であるため，機械や建築材料として利用される。

(2)　アルミニウムは鉄に次いで多く利用されている金属で，比較的軟らかいため加工しやすく，密度が小さく非常に軽い。合金であるジュラルミンは軽くて丈夫であるため，飛行機の機体などに利用される。

問1　金属の反応性に関する記述として**誤りを含むもの**はどれか。最も適当なものを，次の①～④のうちから一つ選べ。　110

① 銅は希硝酸に加えると，気体を発生しながら溶解する。

② 鉄は濃硝酸に加えると，気体を発生しながら溶解する。

③ アルミニウムは希塩酸に加えると，気体を発生しながら溶解する。

④ 銅，鉄，アルミニウムはいずれも，常温の水には溶解しない。

問2 下線部(a)に関して，金属が使われはじめた時代は，イオン化傾向と関係がある。図1のように，イオン化傾向の異なる2種類の金属 **X**，**Y** を電解質水溶液に浸すと，抵抗に電流が流れた。この実験に関する記述として**誤りを含むもの**はどれか。最も適当なものを，後の①〜④のうちから一つ選べ。 111

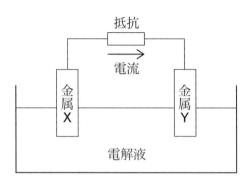

図1　2種類の金属からなる電池の構造

① 金属 **X** は正極である。

② 金属 **Y** では還元反応が起こる。

③ 金属 **X** のイオン化傾向は金属 **Y** よりも小さい。

④ 金属 **Y** の質量は減少する。

問3 下線部(b)に関する記述として**誤りを含むもの**はどれか。最も適当なものを，次の①〜④のうちから一つ選べ。 112

① 銅は赤みを帯びた光沢をもつ金属である。

② 銅はすべての金属のなかで，電気を最も良く通す。

③ 純度の高い銅は，電解精錬を行うことで得られる。

④ 銅とスズを混ぜ合わせた青銅は，古くから青銅器などの道具に使われてきた。

問4 鉄の製錬に関して，次の問い(**a**・**b**)に答えよ。

a 鉄の鉱石は鉄鉱石とよばれ，その主成分は酸化鉄であるため，コークスから得られる一酸化炭素により $\boxed{\text{ア}}$ することで鉄の単体を得ることができる。例えば，鉄鉱石の主成分が酸化鉄(Ⅲ)であるとすると，鉄鉱石から単体の鉄を得る反応は式(1)で表される。空欄 $\boxed{\text{ア}}$ ～ $\boxed{\text{ウ}}$ に当てはまる語句と数字の組合せとして最も適当なものを，後の①～⑧のうちから一つ選べ。$\boxed{113}$

$$Fe_2O_3 + \boxed{\text{イ}}\ CO \longrightarrow \boxed{\text{ウ}}\ Fe + \boxed{\text{イ}}\ CO_2 \qquad (1)$$

	ア	イ	ウ
①	酸化	2	2
②	酸化	2	4
③	酸化	3	2
④	酸化	3	4
⑤	還元	2	2
⑥	還元	2	4
⑦	還元	3	2
⑧	還元	3	4

b 鉄鉱石 1000 kg から単体の鉄を得るために必要なコークスの質量は何 kg か。最も適当な数値を，次の①～⑥のうちから一つ選べ。ただし，鉄鉱石には 96.0% の酸化鉄(Ⅲ)Fe_2O_3 が含まれており，それ以外に一酸化炭素と反応する物質は含まれていないものとする。また，コークスは純粋な炭素であり，発生する一酸化炭素はすべてコークスから得られるものとする。$\boxed{114}$ kg

① 72   ② 75   ③ 78

④ 108   ⑤ 113   ⑥ 216

問5 アルミニウムは，酸化アルミニウムを加熱融解し，電気分解を行うことで得られる。この方法を溶融塩電解といい，陰極で起こる反応は式(2)で表される。

$$Al^{3+} + 3e^- \longrightarrow Al \tag{2}$$

流れた電子の物質量と析出したアルミニウムの質量の関係として最も適当なものを，次の①～⑥のうちから一つ選べ。 115

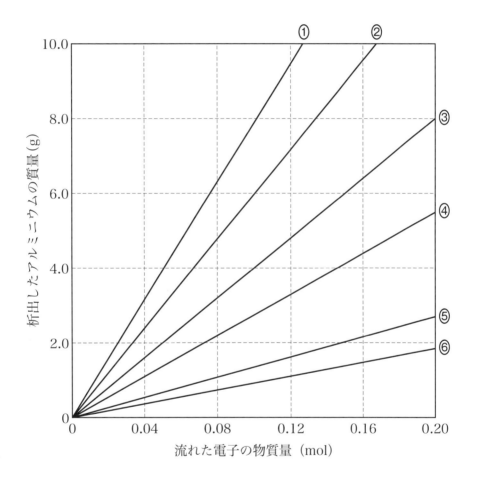

第　3　回

時間　目安30分（2科目選択で計60分）　　　　50点　満点

1 ━━ 解答にあたっては，実際に試験を受けるつもりで，時間を厳守し真剣に取りくむこと。

2 ━━ 巻末のマークシート A を切り離しのうえ練習用として利用すること。

3 ━━ 解答終了後には，自己採点により学力チェックを行い，別冊の解答・解説をじっくり読んで，弱点補強，知識や考え方の整理などに努めること。

化 学 基 礎

$\left(\text{解答番号}\boxed{101}\sim\boxed{119}\right)$

必要があれば，原子量は次の値を使うこと。

H　1.0　　　　　O　16

第1問　次の問い（問1～8）に答えよ。（配点　30）

問1　元素Aの原子は質量数が133である。また，Aの1価の陽イオンA^+は，54個の電子をもつ。元素Aの原子に含まれる中性子の数を，次の①～④のうちから一つ選べ。$\boxed{101}$

① 78　　　　② 79　　　　③ 80　　　　④ 81

問2　結晶に関する記述として誤りを含むものはどれか。最も適当なものを，次の①〜④のうちから一つ選べ。　102

① 塩化水素の結晶は，水素イオンと塩化物イオンからなるイオン結晶で，水に溶けると水素イオンと塩化物イオンに電離する。

② 二酸化ケイ素の結晶において，一つのケイ素原子は四つの酸素原子と共有結合して，共有結合の結晶を形成している。

③ 二酸化炭素の結晶では，分子が分子間力によって引き合い，規則正しく配列して分子結晶を形成している。

④ 塩化ナトリウムの結晶では，ナトリウムイオンと塩化物イオンが静電気的な力で引き合い，規則正しく配列してイオン結晶を形成している。

問3　次のア～ウの記述は，それぞれ周期表の何族の元素に関する記述か。ア～ウに当てはまる族の組合せとして最も適当なものを，後の①～⑧のうちから一つ選べ。 103

ア　常温・常圧において，第2周期と第3周期の元素の単体は気体で，第4周期の元素の単体は液体である。

イ　第2周期の元素の水素化合物は，三角錐形の分子で，分子間に水素結合がはたらく。

ウ　第2周期の元素は，人体を構成する元素のうち，質量パーセントが最も大きい。

	ア	イ	ウ
①	17 族	14 族	13 族
②	17 族	14 族	16 族
③	17 族	15 族	13 族
④	17 族	15 族	16 族
⑤	18 族	14 族	13 族
⑥	18 族	14 族	16 族
⑦	18 族	15 族	13 族
⑧	18 族	15 族	16 族

問4 ある量のメタンと酸素を密閉容器に入れ，点火したところ，メタンは完全燃焼した。燃焼後，生じた水はすべて気体として存在していた。燃焼後の混合気体を塩化カルシウム管に通したところ，水蒸気はすべて塩化カルシウムに吸収され，その質量は 7.2 g であった。また，塩化カルシウム管を通した後の二酸化炭素と酸素からなる混合気体の体積は，0℃，1.013×10^5 Pa で 5.6 L であった。最初に密閉容器に入れた酸素は何 mol か。最も適当な数値を，次の①～⑤のうちから一つ選べ。 104 mol

① 0.25　　② 0.30　　③ 0.35　　④ 0.40　　⑤ 0.45

問5 次の a ～ c の反応において，酸化剤としてはたらいているものの組合せとして最も適当なものを，後の①～⑧のうちから一つ選べ。 105

a　$SO_2 + 2 H_2S \rightarrow 3 S + 2 H_2O$

b　$SO_2 + H_2O_2 \rightarrow H_2SO_4$

c　$H_2S + H_2O_2 \rightarrow S + 2 H_2O$

	a	b	c
①	SO_2	SO_2	H_2S
②	SO_2	SO_2	H_2O_2
③	SO_2	H_2O_2	H_2S
④	SO_2	H_2O_2	H_2O_2
⑤	H_2S	SO_2	H_2S
⑥	H_2S	SO_2	H_2O_2
⑦	H_2S	H_2O_2	H_2S
⑧	H_2S	H_2O_2	H_2O_2

問6　化学物質の利用に関する記述として誤りを含むものはどれか。最も適当なものを，次の①〜④のうちから一つ選べ。　106

① お土産のお菓子の箱には，乾燥防止剤としてシリカゲルが入れられている。

② ペットボトルのお茶には，酸化防止剤としてビタミンＣが入れられている。

③ 冬季，寒冷地では，道路の凍結防止剤として塩化カルシウムが散布されている。

④ 油で揚げられたスナック菓子には，袋内に空気の代わりに化学的に不活性な窒素が詰められている。

問7　次の水溶液Ａ〜Ｃについて，pH の値が大きい順に並べたものとして最も適当なものを，後の①〜⑥のうちから一つ選べ。　107

Ａ　0.025 mol/L の塩酸

Ｂ　0.050 mol/L の塩酸 50 mL に，0.050 mol/L の酢酸ナトリウム水溶液 50 mL を加えて得られる 100 mL の水溶液

Ｃ　0.10 mol/L の希硫酸 50 mL に，0.10 mol/L の水酸化ナトリウム水溶液 50 mL を加えて得られる 100 mL の水溶液

① A＞B＞C　　　② A＞C＞B　　　③ B＞A＞C
④ B＞C＞A　　　⑤ C＞A＞B　　　⑥ C＞B＞A

問8　金属Ａと金属Ｂは，空気中で加熱すると酸化物に変化する。質量が10.0 gで，加熱しても変化しないステンレス皿がある。これを用いて金属の質量変化を調べる実験を行った。金属Ａの粉をステンレス皿に載せ，質量をはかったのち，図1のような装置で十分に加熱した。温度が下がったのち，酸化物が載っているステンレス皿の質量をはかった。

図1　ステンレス皿を加熱する装置

金属Ｂについても同様の実験を行った。実験の結果，加熱前後のステンレス皿を含めた金属および酸化物の質量は，表1のようになった。

表1　加熱前後の皿を含めた質量

	加熱前の質量（g） （皿 ＋ 金属）	加熱後の質量（g） （皿 ＋ 酸化物）
金属Ａ	11.2	12.0
金属Ｂ	14.0	15.0

a　次の手順1～3は，図2のガスバーナーを使うときの手順である。空欄 ア ～ ウ に当てはまる記号，および後の記述(あ)，(い)の組合せとして最も適当なものを，後の①～④のうちから一つ選べ。 108

手順1　ねじⅠとⅡの両方が閉まっていることを確認した後，ガスの元栓を開き，ガスバーナーのコックを開く。

手順2　ねじ ア を開く。この操作は イ 。

手順3　手順2で点火された炎は黄色なので，ねじ ウ を適度に開けて炎が青色になるように調整する。

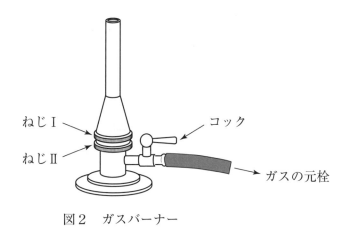

図2　ガスバーナー

(あ)　マッチに火をつける前に行っておき，その後，マッチに火をつけ，ガスバーナーの口に近づける。

(い)　マッチに火をつけ，マッチをガスバーナーの口に近づけた後に行う。

	ア	イ	ウ
①	Ⅰ	(あ)	Ⅱ
②	Ⅰ	(い)	Ⅱ
③	Ⅱ	(あ)	Ⅰ
④	Ⅱ	(い)	Ⅰ

b　金属Aの粉末と金属Bの粉末を混合した混合金属Cがある。質量が 10.0 g の
ステンレス皿に混合金属Cを載せ，ステンレス皿を含めた金属の質量を測定し
たところ，16.8 g であった。次に，図1の装置で十分に加熱したところ，皿上の
金属はすべて酸化物となり，ステンレス皿を含めた酸化物の質量は 20.0 g に
なった。加熱前の混合金属C中のAは何 g か。最も適当な数値を，次の ① 〜 ④
のうちから一つ選べ。　109　g

① 1.6　　　　② 3.2　　　　③ 3.6　　　　④ 4.8

第2問 次の文章を読み，後の問い（問1〜6）に答えよ。（配点 20）

過マンガン酸カリウム $KMnO_4$ は，酸化剤として広く用いられている物質である。酸性溶液中における過マンガン酸イオン MnO_4^- の作用は，次の式(1)で表される。

$$MnO_4^- + 8H^+ + 5e^- \rightarrow Mn^{2+} + 4H_2O \qquad (1)$$

この反応により，赤紫色である過マンガン酸カリウム水溶液は無色に変化する。この溶液の色の変化は，式(1)の反応の完了を確認するのに利用されている。

湖沼や海域の水質汚濁の程度を表す指標に COD（化学的酸素要求量）がある。湖沼などに流入した生活排水や工場排水に含まれる有機物は，水質汚濁や悪臭の原因となる。COD とは，河川や湖沼の水 1.0 L 中に含まれる有機物を，酸化剤で酸化分解したときに (a)消費される酸化剤の量を，酸化剤として酸素分子 O_2 を用いた場合の酸素の量（mg）に換算したものである。有機物を酸化するための酸化剤としては，過マンガン酸カリウムや二クロム酸カリウムが用いられる。

過マンガン酸カリウムを用いた COD 測定の概略は，後の図1のように表される。
まず，試料水（A）に十分な量の過マンガン酸カリウム水溶液（B）を加え，試料水中の有機物をすべて酸化する。次に過剰のシュウ酸ナトリウム水溶液（D）を加え，残った過マンガン酸カリウム（C）を還元する。このときのシュウ酸イオンの作用は，次の式(2)で表される。

$$C_2O_4^{2-} \rightarrow 2CO_2 + 2e^- \qquad (2)$$

最後に，過マンガン酸カリウム水溶液（F）を滴下して，残ったシュウ酸ナトリウム（E）の量を求める。

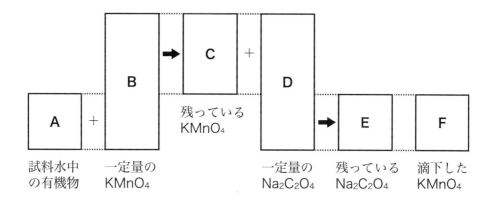

図1　COD測定の概略

　この原理にしたがって，ある湖から採取した試料水の COD を求めるために，次の操作 I ～ V を行った。

操作 I 　試料水 100 mL を採取し，300 mL の三角フラスコに入れた。

操作 II 　三角フラスコに希硫酸を加え，さらに(b)硝酸銀水溶液を加えてよく振り混ぜた。

操作 III 　5.00×10^{-3} mol/L の過マンガン酸カリウム水溶液を 10.0 mL の(c)ホールピペットの標線まではかり取り，三角フラスコに加えてよく振り混ぜた。その後，湯浴で 30 分間加熱した。

操作 IV 　湯浴から取り出した後，5.00×10^{-3} mol/L のシュウ酸ナトリウム水溶液を　ア　mL のホールピペットの標線まではかり取り，三角フラスコに加えてよく振り混ぜた。

操作 V 　三角フラスコを湯浴で加熱しながら，ビュレットに入れた 5.00×10^{-3} mol/L の過マンガン酸カリウム水溶液を滴下したところ，3.60 mL を加えたときに溶液の色が変化したので，このときを終点とした。

問1　下線部(b)で硝酸銀水溶液を加えることにより，次の式(3)のように，試料水に含まれる塩化物イオンが塩化銀の沈殿として除かれる。

$$Ag^+ + Cl^- \rightarrow AgCl \tag{3}$$

　　下線部(b)の操作を行わなかったときに起こる現象として，最も適当な記述を，次の①〜④のうちから一つ選べ。　$\boxed{110}$

①　Cl^- が過マンガン酸カリウム中の K^+ と反応して，KCl の沈殿をつくるため，実際の値よりも大きい COD の値が得られる。

②　Cl^- が過マンガン酸カリウム中の K^+ と反応して，KCl の沈殿をつくるため，実際の値よりも小さい COD の値が得られる。

③　Cl^- が過マンガン酸カリウムによって酸化されるため，実際の値よりも大きい COD の値が得られる。

④　Cl^- が過マンガン酸カリウムによって酸化されるため，実際の値よりも小さい COD の値が得られる。

問2　下線部(c)における標線と液面の関係を表した図として最も適当なものを，次の①〜④のうちから一つ選べ。　$\boxed{111}$

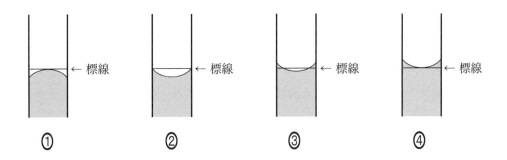

問3　次の文章は，操作Ⅲ～Ⅴ終了時の三角フラスコ内の溶液の色に関するものである。空欄　イ　～　エ　に入る語句の組合せとして最も適当なものを，後の①～⑧のうちから一つ選べ。　112

操作Ⅲでは，試料水中の有機物を完全に酸化することが目的であるため，30分経過した後，溶液が　イ　であることを確認する。操作Ⅳで，シュウ酸ナトリウム水溶液を加えてよく振り混ぜると，溶液は　ウ　になる。操作Ⅴは，過マンガン酸カリウム水溶液による酸化還元滴定であり，終点において溶液は　エ　になる。

	イ	ウ	エ
①	無　色	赤紫色	淡赤紫色
②	無　色	赤紫色	無　色
③	無　色	無　色	淡赤紫色
④	無　色	無　色	無　色
⑤	赤紫色	赤紫色	淡赤紫色
⑥	赤紫色	赤紫色	無　色
⑦	赤紫色	無　色	淡赤紫色
⑧	赤紫色	無　色	無　色

問4　操作Ⅳで加えたシュウ酸ナトリウム水溶液は，操作Ⅲで加えた過マンガン酸カリウム水溶液と過不足なく反応する量である。操作Ⅳの空欄　ア　に当てはまる最も適当な数値を，次の①～④のうちから一つ選べ。　113

①　10.0　　　　②　25.0　　　　③　40.0　　　　④　50.0

問5 下線部(a)に関する次の記述を読み，後の問い（ **a** ・ **b** ）に答えよ。

酸化剤としての酸素分子の作用は，次の式(4)で表される。

$$O_2 + \boxed{オ} H^+ + \boxed{カ} e^- \rightarrow \boxed{キ} H_2O \tag{4}$$

式(4)より，1 mol の O_2 は電子を $\boxed{カ}$ mol 受け取ることがわかる。また，式(1)より，1 mol の $KMnO_4$ は電子を 5 mol 受け取るので，1.0 mol の $KMnO_4$ は，酸化剤として $\boxed{ク}$ mol の O_2 に相当することがわかる。

a 式(4)の係数 $\boxed{オ}$ ～ $\boxed{キ}$ に当てはまる数字を，後の①～⑨のうちから一つずつ選べ。ただし，係数が1の場合は①を選ぶこと。同じものを繰り返し選んでもよい。

オ $\boxed{114}$ 　　カ $\boxed{115}$ 　　キ $\boxed{116}$

① 1　　　② 2　　　③ 3　　　④ 4　　　⑤ 5
⑥ 6　　　⑦ 7　　　⑧ 8　　　⑨ 9

b 空欄 $\boxed{ク}$ に当てはまる数値として最も適当なものを，後の①～④のうちから一つ選べ。

ク $\boxed{117}$

① $\dfrac{1}{5}$　　　② $\dfrac{4}{5}$　　　③ $\dfrac{5}{4}$　　　④ $\dfrac{5}{2}$

問6 この実験では，試料水中の有機物と操作Ⅳで加えたシュウ酸ナトリウムが還元剤として作用し，操作ⅢとⅤで加えた過マンガン酸カリウムが酸化剤として作用している。還元剤が放出する電子の物質量と，酸化剤が受け取る電子の物質量は等しいので，次の図2の関係が成り立つ。

図2　還元剤が放出した e⁻ と酸化剤が受け取った e⁻ の関係

図2の関係を利用して，この実験で用いた試料水の COD を求めると何 mg/L になるか。その数値を小数第1位まで次の形式で表すとき，| 118 | と | 119 | に当てはまる数字を，後の①～⓪のうちから一つずつ選べ。同じものを繰り返し選んでもよい。

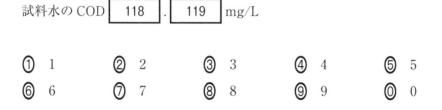

① 1 　　② 2 　　③ 3 　　④ 4 　　⑤ 5
⑥ 6 　　⑦ 7 　　⑧ 8 　　⑨ 9 　　⓪ 0

第 4 回

時間　目安30分（2科目選択で計60分）　　　　　50点　満点

1 ━━ 解答にあたっては，実際に試験を受けるつもりで，時間を厳守し真剣に取りくむこと。

2 ━━ 巻末のマークシートⒶを切り離しのうえ練習用として利用すること。

3 ━━ 解答終了後には，自己採点により学力チェックを行い，別冊の解答・解説をじっくり読んで，弱点補強，知識や考え方の整理などに努めること。

化 学 基 礎

$\left(\text{解答番号}\boxed{101}\sim\boxed{117}\right)$

必要があれば，原子量は次の値を使うこと。

O　16　　　　Al　27

第1問　次の問い（問1〜9）に答えよ。（配点　30）

問1　物質とそれを構成する化学結合との組合せとして**適当でないもの**を，次の①〜⑤のうちから一つ選べ。　$\boxed{101}$

	物　質	構成する化学結合
①	鉄	金属結合
②	硫化水素	イオン結合
③	フッ化銀	イオン結合
④	ケイ素	共有結合
⑤	硝酸カリウム	イオン結合と共有結合

問2 物質の三態に関する記述として**誤りを含むもの**はどれか。最も適当なものを，次の①〜⑤のうちから一つ選べ。 102

① 気体から液体への状態変化を凝縮という。
② 液体から固体になるとき，熱が放出される。
③ 気体は固体に比べて粒子間の距離が大きい。
④ 固体状態では，粒子は熱運動していない。
⑤ 固体，液体，気体の間の変化は，物理変化である。

問3 質量数が55の原子Aがある。Aが2価の陽イオン A^{2+} になるとき，そのイオンの電子の数は23である。Aの中性子の数はいくつか。これを2桁の数値で表すとき， 103 と 104 に当てはまる数字を，次の①〜⓪のうちから一つずつ選べ。ただし，中性子の数が1桁の場合には 103 には⓪を選べ。また，同じものを繰り返し選んでもよい。 103 104

① 1   ② 2   ③ 3   ④ 4   ⑤ 5
⑥ 6   ⑦ 7   ⑧ 8   ⑨ 9   ⓪ 0

問4 次の周期表では，第2・第3周期の5種の元素を記号**ア，イ，ウ，エ，オ**で表してある。これらの元素に関する記述として**誤りを含むもの**はどれか。最も適当なものを，下の①～⑤のうちから一つ選べ。 105

族周期	1	2	3～12	13	14	15	16	17	18
2	ア								イ
3		ウ				エ		オ	

① **ア**はアルカリ金属に分類される。

② **エ**には同素体が存在する。

③ **ア～オ**はすべて典型元素である。

④ **ア～オ**のうち，イオン化エネルギーが最も大きいのは**イ**である。

⑤ **ア～オ**のうち，常温常圧で単体が固体であるものは2つである。

問5　次のア～ウの下線部の数値を大きい順に並べたものはどれか。最も適当な
ものを，下の①～⑥のうちから一つ選べ。ただし，アボガドロ定数は 6.0×10^{23} /mol とする。 106

　ア　0℃，1.013×10^5 Pa の状態で体積が 2.8 L の<u>アンモニアの物質量</u>
　イ　5.1 g の酸化アルミニウムに含まれる<u>酸化物イオンの物質量</u>
　ウ　1.8×10^{23} 個の水素原子を含む<u>メタンの物質量</u>

　①　ア＞イ＞ウ　　　　②　ア＞ウ＞イ　　　　③　イ＞ア＞ウ
　④　イ＞ウ＞ア　　　　⑤　ウ＞ア＞イ　　　　⑥　ウ＞イ＞ア

問6　次の塩ア～オのうち，水に溶かしたとき，水溶液が酸性を示すものはどれ
か。すべてを正しく選択しているものとして最も適当なものを，下の①～⑥の
うちから一つ選べ。 107

　ア　CH_3COONa　　　　イ　KCl　　　　　　ウ　Na_2CO_3
　エ　$NaHSO_4$　　　　　オ　NH_4Cl

　①　ア，ウ　　　　　　②　イ，オ　　　　　　③　エ，オ
　④　ア，イ，ウ　　　　⑤　ア，ウ，エ　　　　⑥　イ，エ，オ

問7 $w(\mathrm{g})$ の物質 X を水 $V(\mathrm{mL})$ に溶かした溶液がある。この溶液の密度は $d(\mathrm{g/cm^3})$ である。X のモル質量を $M(\mathrm{g/mol})$ とするとき，次の**ア・イ**を表す式として最も適当なものを，下の①〜⑧のうちから一つずつ選べ。ただし，水の密度は $1.0\,\mathrm{g/cm^3}$ とする。

ア 溶液の体積 [108] mL

イ 溶液のモル濃度 [109] mol/L

① dV　　② $\dfrac{w}{d}$　　③ $\dfrac{w+V}{d}$　　④ $\dfrac{dw}{M(w+V)}$

⑤ $\dfrac{1000d}{V}$　　⑥ $\dfrac{1000w}{MV}$　　⑦ $\dfrac{1000dw}{M(w+V)}$　　⑧ $\dfrac{w}{1000dM}$

問8 一価の弱酸 HA は，次のように電離する。

HA $\rightleftharpoons$ A$^-$ + H$^+$

0.10 mol/L の HA の水溶液の pH は 3.0 であった。HA の電離度として最も適当な数値を，次の①〜⑤のうちから一つ選べ。 110

① 1.0×10^{-5}　　　② 1.0×10^{-4}　　　③ 1.0×10^{-3}

④ 1.0×10^{-2}　　　⑤ 1.0×10^{-1}

問9　ある量の亜鉛に塩酸を加えたところ，水素が発生した。この反応は次の化学反応式で表される。

$$Zn + 2HCl \longrightarrow ZnCl_2 + H_2$$

このとき，加えた塩酸の体積と発生した水素の体積の関係は図1のようになった。ここで，発生した水素の体積は0℃，1.013×10^5 Pa の状態における値である。

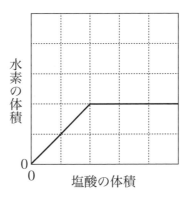

図1　加えた塩酸の体積と発生した水素の体積の関係

次の条件（ア・イ）に変えたとき，グラフはどのようになるか。最も適当なものを，次ページの①〜⑥のうちから一つずつ選べ。ただし，グラフの目盛りは図1と同じものとする。

ア　塩酸のモル濃度を2倍にする。　111

イ　亜鉛の質量を2倍にする。　112

①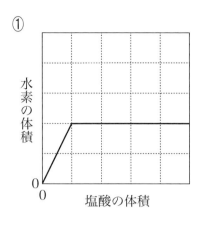

②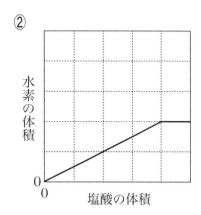

③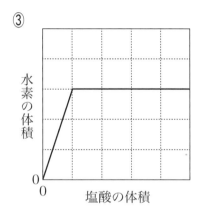

④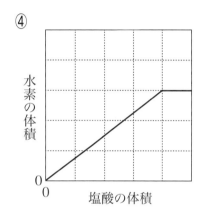

⑤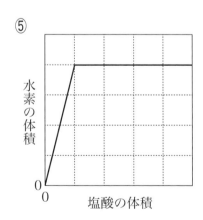

⑥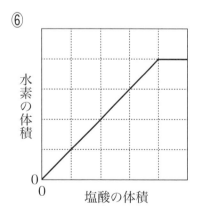

第2問 酸化還元滴定に関する次の問い(**問1〜5**)に答えよ。(配点 20)

　クエン酸はレモンなどに含まれ，過マンガン酸カリウムと酸化還元反応を起こす。クエン酸中の炭素原子は，酸性下で過マンガン酸カリウムによって二酸化炭素に変化する。このときの過マンガン酸カリウム $KMnO_4$ とクエン酸 $C_6H_8O_7$ の酸化剤あるいは還元剤としてのはたらきは，電子を含む次のイオン反応式で表される。

$$MnO_4^- + 8H^+ + 5e^- \longrightarrow Mn^{2+} + 4H_2O \tag{1}$$

$$C_6H_8O_7 + aH_2O \longrightarrow bCO_2 + cH^+ + ce^- \quad (a \sim c \text{は係数}) \tag{2}$$

　濃度未知のクエン酸水溶液 10 mL を _アホールピペットではかりとり，_イコニカルビーカーに移した。純水 30 mL と硫酸水溶液 10 mL を加えた後，水浴上で約70 ℃に温めた。ここに_ウビュレットに入れた 1.0×10^{-2} mol/L の過マンガン酸カリウム水溶液を滴下したところ，_(a)終点までに 27 mL を要した。

問1　式(1)におけるマンガン原子の酸化数の変化として正しいものを，次の①〜⑥のうちから一つ選べ。　113

①　8減る　　　　　②　5減る　　　　　③　2減る

④　2増える　　　　⑤　5増える　　　　⑥　8増える

問 2 式(2)における係数($a \sim c$)の組合せとして正しいものを，次の①～⑧のうちから一つ選べ。 114

	a	b	c
①	2	3	12
②	2	3	14
③	3	2	12
④	3	2	14
⑤	5	6	10
⑥	5	6	18
⑦	6	5	10
⑧	6	5	18

問3　下線部**ア**〜**ウ**の器具のうち，水でぬれていたとき，そのまま用いてよいものはどれか。すべてを正しく選択しているものとして最も適当なものを，次の①〜⑦のうちから一つ選べ。　115

① ア　　　　　② イ　　　　　③ ウ　　　　　④ アとイ
⑤ アとウ　　　⑥ イとウ　　　⑦ アとイとウ

問4　下線部(a)の終点において，溶液の色はどのように変化するか。最も適当なものを，次の①〜⑥のうちから一つ選べ。　116

① 無色から薄い赤紫色になる。
② 赤紫色から無色になる。
③ 無色から薄い青色になる。
④ 青色から無色になる。
⑤ 黄色から赤色になる。
⑥ 赤色から黄色になる。

問 5 クエン酸水溶液のモル濃度は何 mol/L か。最も適当な数値を，次の①〜⑥のうちから一つ選べ。　$\boxed{117}$　mol/L

① 1.5×10^{-3}　　② 2.7×10^{-3}　　③ 7.5×10^{-3}

④ 1.4×10^{-2}　　⑤ 1.9×10^{-2}　　⑥ 9.7×10^{-2}

大学入学共通テスト本試験

（2024 年 1 月 14 日実施）

時間　目安30分（2科目選択で計60分）　　　　50点　満点

1 ━━ 解答にあたっては，実際に試験を受けるつもりで，時間を厳守し真剣に取りくむこと。

2 ━━ 巻末のマークシートⒷを切り離しのうえ練習用として利用すること。

3 ━━ 解答終了後には，自己採点により学力チェックを行い，別冊の解答・解説をじっくり読んで，弱点補強，知識や考え方の整理などに努めること。

※ 2024 共通テスト本試験問題を編集部にて一部修正して作成しています。

化 学 基 礎

$\left(\text{解答番号} \boxed{1} \sim \boxed{18}\right)$

必要があれば，原子量は次の値を使うこと。

H 1.0　　　C 12　　　N 14　　　O 16　　　Ar 40

第1問　次の問い(問1～10)に答えよ。(配点　30)

問1　単体が常温・常圧で気体である元素はどれか。最も適当なものを，次の①～④のうちから一つ選べ。　$\boxed{1}$

　　① リチウム　　② ベリリウム　　③ 塩　素　　④ ヨウ素

問2　第4周期までの典型元素に関する記述として**誤りを含むもの**はどれか。最も適当なものを，次の①～④のうちから一つ選べ。　$\boxed{2}$

　　① アルカリ金属元素は，炎色反応により互いを区別することができる。

　　② 2族元素の原子は，2個の価電子をもつ。

　　③ 17族元素は，原子番号の小さい元素ほど電気陰性度が大きい。

　　④ 貴ガス(希ガス)元素の原子は，8個の最外殻電子をもつ。

問 3 次の記述ア～ウのうち，物質の状態変化（三態間の変化）が含まれている記述はどれか。すべてを正しく選択しているものとして最も適当なものを，後の①～⑦のうちから一つ選べ。 | 3 |

ア 海水を蒸留して淡水を得た。

イ 降ってきた雪を手で受けとめると，水になった。

ウ ドライアイスの塊（かたまり）を室温で放置すると，小さくなった。

① ア   ② イ   ③ ウ   ④ ア，イ
⑤ ア，ウ   ⑥ イ，ウ   ⑦ ア，イ，ウ

問 4 化学電池に関する記述として正しいものはどれか。最も適当なものを，次の①～④のうちから一つ選べ。 | 4 |

① 二次電池は，充電により繰り返し利用できる電池である。

② 燃料電池は，燃料の燃焼により生じる高温気体を利用して発電する電池である。

③ 電子が流れ込んで酸化反応が起こる電極を正極という。

④ 鉛蓄電池の電解質には，希硝酸が使われている。

問 5 ケイ素と二酸化ケイ素に関する記述として**誤りを含むもの**はどれか。最も適当なものを，次の①～④のうちから一つ選べ。 | 5 |

① ケイ素の結晶は，ダイヤモンドの炭素原子と同じように，ケイ素原子が正四面体構造を形成しながら配列している。

② ケイ素は，金属元素ではない。

③ 二酸化ケイ素の結晶は，半導体の性質を示す。

④ 二酸化ケイ素の結晶では，ケイ素原子と酸素原子が交互に共有結合している。

問 6　純物質の気体が，常温・常圧で容器に詰められている。この気体は，酸素 O_2，窒素 N_2，アンモニア NH_3，アルゴン Ar のいずれかである。この気体には，次の記述ア～ウの性質がある。この気体として最も適当なものを，後の ①～④ のうちから一つ選べ。　6

　　ア　無色・無臭である。
　　イ　容器の中に火のついた線香を入れると，火が消える。
　　ウ　密度は，同じ温度・圧力の空気と比べて大きい。

　　① O_2　　　　　② N_2　　　　　③ NH_3　　　　　④ Ar

問 7　メタン CH_4 を完全燃焼させたところ，18 g の水 H_2O が生成した。このとき，生成した二酸化炭素 CO_2 は何 g か。最も適当な数値を，次の ①～⑤ のうちから一つ選べ。　7　g

　　① 9.0　　　　② 22　　　　③ 33　　　　④ 44　　　　⑤ 88

－ 158 －

問 8 酸と塩基，および酸性と塩基性に関する記述として，**誤りを含むもの**はどれか。最も適当なものを，次の①〜④のうちから一つ選べ。 8

① 水は反応する相手によって酸としてはたらいたり，塩基としてはたらいたりする。

② 酸の価数および物質量が同じ強酸と弱酸では，過不足なく中和するのに必要な塩基の物質量は強酸の方が多くなる。

③ 水素イオン濃度を用いると，水溶液のもつ酸性や塩基性の強さを表すことができる。

④ 酸の水溶液を水でいくら薄めても，25 ℃ では pH の値は 7 より大きくなることはない。

問 9 下線を付した原子の酸化数を比べたとき，酸化数が最も大きいものを，次の①〜④のうちから一つ選べ。 9

① $\underline{S}O_4^{2-}$ ② $H\underline{N}O_3$ ③ $\underline{Mn}O_2$ ④ $\underline{N}H_4^+$

問10　純物質の気体**ア**と**イ**からなる混合気体について，混合気体中の**ア**の物質量の割合と混合気体のモル質量の関係を図1に示した。 0 ℃，1.0×10^5 Pa の条件で密閉容器に**ア**を封入したとき，**ア**の質量は 0.64 g であった。次に，**ア**と**イ**をある割合で混合し，同じ温度・圧力条件で同じ体積の密閉容器に封入したとき，混合気体の質量は 1.36 g であった。この混合気体に含まれる**ア**の物質量の割合は何%か。最も適当な数値を，後の①〜⑥のうちから一つ選べ。ただし，**ア**と**イ**は反応しないものとする。　10　%

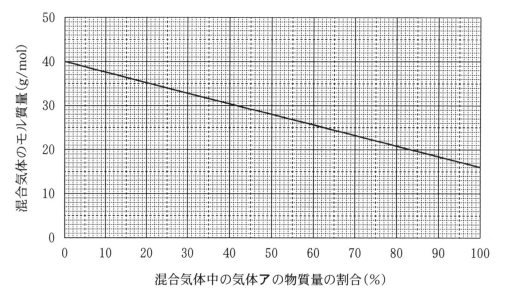

図1　混合気体中の気体**ア**の物質量の割合と混合気体のモル質量の関係

①　19　　　②　25　　　③　34　　　④　60　　　⑤　75　　　⑥　88

第2問 宇宙ステーションの空気制御システムに関する次の文章を読み，後の問い（**問1～3**）に答えよ。（配点　20）

　宇宙ステーションで人が生活するには，宇宙ステーション内の空気に含まれる酸素 O_2 と二酸化炭素 CO_2 の濃度を適切に管理する空気制御システムが必要である。

　空気制御システムでは，次の式(1)に示すように，水 H_2O の電気分解を利用して O_2 が供給される。また，補充する H_2O の量を削減するために，式(2)のサバティエ反応の利用が試みられている（図1）。この反応では，触媒を用いて CO_2 と水素 H_2 からメタン CH_4 と H_2O を生成するため，人の呼気に含まれる CO_2 の酸素原子を H_2O として回収できる。

$$2\,H_2O \longrightarrow 2\,H_2 + O_2 \tag{1}$$

$$CO_2 + 4\,H_2 \xrightarrow{\text{触媒}} CH_4 + 2\,H_2O \tag{2}$$

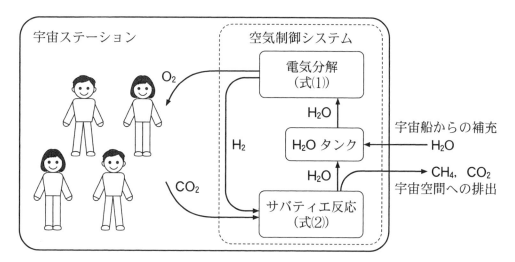

図1　水の電気分解とサバティエ反応を利用した空気制御システムの模式図

問 1 式(1)の電気分解に関する記述として**誤りを含むもの**はどれか。最も適当なものを，次の①～④のうちから一つ選べ。　11

① 陽極側では O_2 が発生する。

② 発生する O_2 は，水上置換法で捕集できる。

③ 式(1)の反応は酸化還元反応である。

④ 電気分解で発生する H_2 と O_2 の質量比は 1：16 となる。

問 2 サバティエ反応の反応物である CO_2 および生成物である CH_4 に関する次の問い（**a**～**c**）に答えよ。

a 式(2)において，CO_2 の C 原子と O 原子が酸化されるか，還元されるか，酸化も還元もされないかの組合せとして最も適当なものを，次の①～⑥のうちから一つ選べ。　12

	C 原子	O 原子
①	酸化される	酸化も還元もされない
②	酸化される	還元される
③	酸化も還元もされない	酸化される
④	酸化も還元もされない	還元される
⑤	還元される	酸化される
⑥	還元される	酸化も還元もされない

b　次の化学反応式ア～エは，いずれも2種類の反応物からCO_2が生じる化学反応を示している。ア～エの反応において，2種類の反応物をいずれも1 molだけ用いて反応させるとき，生成できるCO_2の物質量が最も多い反応はどれか。最も適当なものを，後の①～④のうちから一つ選べ。ただし，いずれも記された反応のみが進行するものとする。　13

ア　$CaCO_3 + 2\,HCl \longrightarrow CaCl_2 + H_2O + CO_2$

イ　$(COOH)_2 + H_2O_2 \longrightarrow 2\,H_2O + 2\,CO_2$

ウ　$Fe_2O_3 + 3\,CO \longrightarrow 2\,Fe + 3\,CO_2$

エ　$2\,CO + O_2 \longrightarrow 2\,CO_2$

①　ア　　　　　②　イ　　　　　③　ウ　　　　　④　エ

c CH₄ は常温以下の温度で安定である。しかし，十分な量の塩素と混合して光(紫外線)を照射すると CH₄ の水素原子を塩素原子に置き換えた化合物 CH_3Cl，CH_2Cl_2，$CHCl_3$，CCl_4 ができる。CH₄ を含めた五つの化合物のうち，無極性分子はどれか。最も適当なものを，次の①〜⑤のうちから二つ選べ。ただし，解答の順序は問わない。なお，図は分子の形であり，球の大きさはそれぞれの原子の大きさを反映している。

14
15

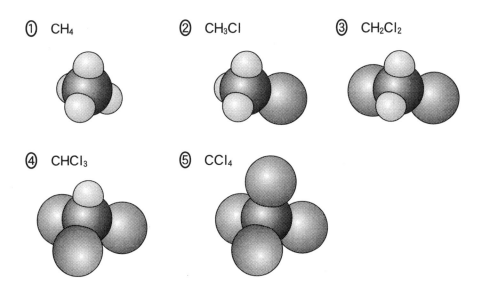

① CH_4　② CH_3Cl　③ CH_2Cl_2

④ $CHCl_3$　⑤ CCl_4

問 3 図1で示した空気制御システムにおける H_2O の量に関する，次の問い（**a** ～ **c**）に答えよ。

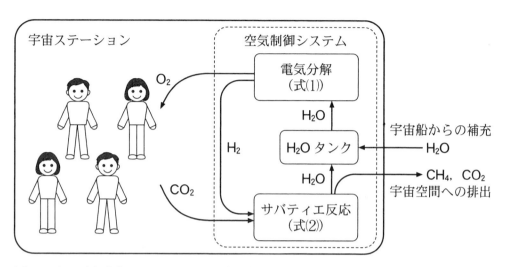

図1 水の電気分解とサバティエ反応を利用した空気制御システムの模式図（再掲）

$$2\,H_2O \longrightarrow 2\,H_2 + O_2 \qquad\qquad (1)（再掲）$$

$$CO_2 + 4\,H_2 \xrightarrow{\text{触媒}} CH_4 + 2\,H_2O \qquad\qquad (2)（再掲）$$

a 宇宙ステーション内の4人が1日に消費する O_2 の総質量は，およそ 3.2 kg である。式(1)の電気分解で 3.2 kg の O_2 を供給するのに必要な H_2O の質量は何 kg か。最も適当な数値を，次の①～⑥のうちから一つ選べ。

　16　 kg

① 0.90　　② 1.6　　③ 1.8　　④ 3.2　　⑤ 3.6　　⑥ 7.2

b 式(2)の反応において 1 mol の CO_2 を使用するとき，使用した H_2 と生成した H_2O の物質量の関係を表したグラフとして最も適当なものを，次の①～④のうちから一つ選べ。 　17

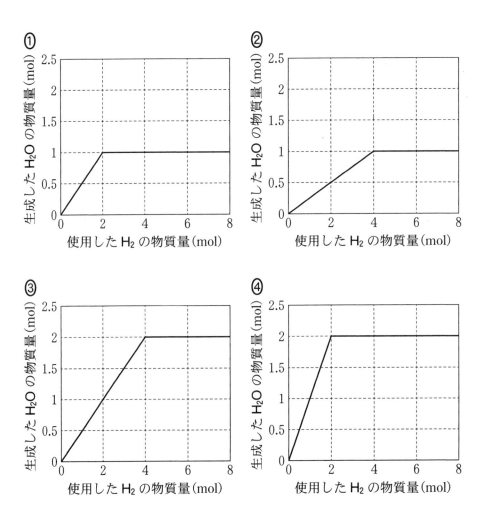

c　式(1)の反応によって 3.2 kg の O_2 が生成したとき，同時に生成した H_2 だけを用いると，式(2)の反応で得られる H_2O の質量は何 kg か。最も適当な数値を，次の①〜⑥のうちから一つ選べ。ただし，式(2)の反応に用いる CO_2 は十分な量があるものとする。　18　kg

① 0.90　　② 1.6　　③ 1.8　　④ 3.2　　⑤ 3.6　　⑥ 6.4

生物基礎

大学入学 共通テスト "出題傾向と対策"

(1) 出題傾向

　　共通テストの生物基礎は，本試験・追試験ともに大問数3題，解答数16〜18個で構成され，各大問がA・Bの中間に分割されることにより，生物基礎全分野から大きな偏りなく多様なテーマが出題されている。出題分野は，学習指導要領に沿い，第1問は「生物と遺伝子」，第2問は「生物の体内環境の維持」，第3問は「生物の多様性と生態系」が中心であり，一部では分野横断型の問題もみられる。

　　単純な知識問題は減少傾向にあり，知識を総合的に用いて文章を読解したり，データの解析や考察を行ったりする，思考力が試される問題が中心である。また，会話形式のリード文のように身近な探究活動を意識した形式や，仮説やその検証実験を設定する問題などもみられる。このような，基本的な知識や理解を基に課題を解決する力，すなわち，文章の読解力や図表から必要な情報を抽出する力，実験考察力などが要求される点は，今後も共通テストの傾向として維持されるだろう。

(2) 対　策〈学習法〉

　　共通テストは大学教育の基礎力となる知識や技能，および，思考力，判断力，表現力を問う問題である。したがって，知識を暗記しているだけでは必ずしも高得点に結びつかず，また，その場の読解や考察だけで正答できるような設問も多くはない。

　　対策としてまず重要なのは，生物基礎で扱う生命現象について「教科書」を基に習熟することである。このとき，新課程の学習指導要領に沿い，「生物の特徴」「ヒトの体の調節」「生物の多様性と生態系」の各分野を偏りなく学習することを心がけたい。また，生物用語を個別に丸暗記するのではなく，その用語の周辺事項を含めて科学的な考え方を理解することを大切にしたい。

　　その上で，過去問などを用いた問題演習を通して総合的な思考力を養っていくとよいだろう。あらゆる傾向を考慮して作成された「実戦問題集」で演習を繰り返せば，無駄なく確実に知識の理解や定着が可能になるだけでなく，高得点に結びつく柔軟な考察力や解析力も養うことができよう。加えて，探究活動的な問題に対応するためにも，教科書で参考や発展として扱われている内容にも目を通しておくとともに，日頃から私たちヒトに関する話題など，身近な生物現象に対する意識を高め，疑問を持ち，理解を深めておくとよい。

●出題分野表

分　野	単元・テーマ・内容	2023 本試験	2023 追試験	2024 本試験	2024 追試験
生物と遺伝子	生物の共通性と多様性	○	○	○	○
	細胞とエネルギー	○			○
	遺伝情報と DNA		○	○	○
	遺伝情報の分配	○		○	○
	遺伝情報とタンパク質の合成		○		○
生物の 体内環境の維持	体内環境	○	○	○	○
	体内環境の維持の仕組み		○		○
	免疫	○		○	
生物の 多様性と生態系	植生と遷移		○		○
	気候とバイオーム	○	○	○	
	生態系と物質循環	○			
	生態系のバランスと保全		○	○	○

※「分野」「単元・テーマ・内容」は旧課程に準じています。

第　1　回

時間　目安30分（2科目選択で計60分）　　　　50点　満点

1 ══ 解答にあたっては，実際に試験を受けるつもりで，時間を厳守し真剣に取りくむこと。

2 ══ 巻末のマークシート Ａ を切り離しのうえ練習用として利用すること。

3 ══ 解答終了後には，自己採点により学力チェックを行い，別冊の解答・解説をじっくり読んで，弱点補強，知識や考え方の整理などに努めること。

生 物 基 礎

$$\left(\text{解答番号}\boxed{101}\sim\boxed{118}\right)$$

第1問 次の文章(**A・B**)を読み，後の問い(**問1～5**)に答えよ。(配点　15)

A (a)全ての生物には共通する特徴が存在する。その特徴の一つに，(b)DNA の遺伝情報が転写・翻訳され，必要なタンパク質が合成される仕組みがある。(c)DNA は細胞分裂に先だって複製され，新しい細胞に均等に分配される。

問1 下線部(a)について，全ての生物に共通する特徴に関する記述として**誤っ**ているものを，次の①～⑤のうちから一つ選べ。 $\boxed{101}$

① 全ての生物は細胞からなり，細胞の内外は細胞膜によって仕切られている。

② 全ての生物は，体内の環境を一定に保つ仕組みを持つ。

③ 全ての生物は代謝を行い，生命活動に必要なエネルギーをつくる。

④ 全ての生物はミトコンドリアを持ち呼吸を行う。

⑤ 全ての生物は遺伝の仕組みを持ち，自分と同じ構造を持つ個体をつくる。

問2 下線部(b)に関連して，DNA の二重らせん構造は 10 塩基対で 1 回転し，1 回転のらせんの長さは 3.4 nm であることが知られている。ある生物種の細胞 1 個当たりに含まれる DNA の総塩基数が 6.0×10^{10} 塩基であるとすると，この生物種の細胞 1 個当たりに含まれる DNA の長さの合計はどのくらいになるか。その数値として最も適当なものを，次の①～⑨のうちから一つ選べ。 $\boxed{102}$ m

① 0.1 　　② 0.2 　　③ 0.5 　　④ 1.0 　　⑤ 2.0

⑥ 5.0 　　⑦ 10 　　⑧ 20 　　⑨ 50

問3　下線部(c)に関連して，DNAが複製されるときには，DNAを構成する2本のヌクレオチド鎖がそれぞれ鋳型となり，複製されたDNAには元のDNAの一方のヌクレオチド鎖がそのまま受け継がれる。この仕組みを半保存的複製といい，質量が違う2種類の窒素を用いた実験によって確かめられた。この実験に関する次の文章中の　ア　～　ウ　に入る語句の組合せとして最も適当なものを，後の①～⑧のうちから一つ選べ。　103

　　大腸菌を培養した場合，大腸菌は培地に含まれる窒素を用いて新しいヌクレオチド鎖を合成する。そこで，複製の仕組みを明らかにするための実験として，培地に含まれる窒素と大腸菌に元から含まれている窒素を区別することが考えられた。大気中に存在する窒素(^{14}N)よりも重い窒素(^{15}N)のみを含む培地で大腸菌を培養すると，^{15}Nからなる重いDNAを持つようになる。繰り返し^{15}Nのみを含む培地で培養することにより，DNA中の窒素が全て^{15}Nになった大腸菌が得られる。

　　この大腸菌を^{14}Nのみを含む培地で1回分裂させると，^{14}NのみからなるDNAと^{15}NのみからなるDNAと比べて，全てのDNAが，　ア　重さとなる。2回分裂後のDNAは，1回目の分裂後に得られた重さのDNAと，　イ　のみからなるDNAがおよそ　ウ　の比で得られる。

		ア	イ	ウ
①		^{14}NのみからなるDNAと同じ	^{14}N	1 : 1
②		^{14}NのみからなるDNAと同じ	^{14}N	3 : 1
③		^{14}NのみからなるDNAと同じ	^{15}N	1 : 1
④		^{14}NのみからなるDNAと同じ	^{15}N	3 : 1
⑤		中間の	^{14}N	1 : 1
⑥		中間の	^{14}N	3 : 1
⑦		中間の	^{15}N	1 : 1
⑧		中間の	^{15}N	3 : 1

B ニシヤマさんとフナキさんは，家でゼラチンを用いてフルーツゼリーを作ったところ，果物の種類によってはうまく固まらなかった。このことについて，生物基礎の授業で習ったことが関係しているのではないかと考え話し合った。

ニシヤマ：やっぱりキウイを入れたゼリーはうまく固まらないね。

フ　ナ　キ：ほかの果物は何にしたんだっけ。たしか，イチゴとブドウと……

ニシヤマ：缶詰のモモだね。イチゴとブドウとモモは固まったけど，キウイだけうまくいかなかったね。キウイのゼリー食べたかったんだけどな。

フ　ナ　キ：ちょっと調べてみたんだけど，(d)酵素が関係しているみたいだね。

ニシヤマ：そうなんだ。じゃあ，材料をかえたらうまくいくかな。

フ　ナ　キ：ちょっと試してみようか。

　二人は容器 A ～ D を用意し，表1に従って，イチゴ，キウイ，ゼラチン，寒天を，それぞれ該当する容器に入れて1日程度静置したところ，図1に示すような結果になった。

表　1

容器に入れるもの	容器 A	容器 B	容器 C	容器 D
イチゴ	○	○	×	×
キウイ	×	×	○	○
ゼラチン	○	×	○	×
寒　天	×	○	×	○

注：○印は容器に入れたことを，×印は入れなかったことを示す。

容器 A	容器 B	容器 C	容器 D

結果　　固まった　　　固まった　　固まらなかった　　固まった

図　1

フ　ナ　キ：あ，キウイでも寒天を使ったときには固まったよ。

ニシヤマ：寒天は主成分が炭水化物で，ゼラチンはタンパク質なんだね。じゃ
　　　　　あ，きっと(e)この違いが関わっているんだろうね。

問4　下線部(d)に関連して，次の記述ⓐ〜ⓒのうち，酵素に関する記述として
　　適当なものはどれか。それを過不足なく含むものを，後の①〜⑦のうちから
　　一つ選べ。　104

　　ⓐ　酵素は生体内で起こるほとんど全ての化学反応に触媒として関与し，
　　　触媒として働くと構造が変化して再利用できなくなる。
　　ⓑ　光合成に関わる酵素は葉緑体に存在する。
　　ⓒ　酵素には細胞内で働くものもあれば，細胞外に分泌されて働くものも
　　　存在する。

①　ⓐ　　　　　　②　ⓑ　　　　　　③　ⓒ　　　　　　④　ⓐ，ⓑ
⑤　ⓐ，ⓒ　　　　⑥　ⓑ，ⓒ　　　　⑦　ⓐ，ⓑ，ⓒ

問5　下線部(e)に関連して，キウイが持つ酵素の特徴について二人は話し合っ
　　た。次の特徴ⓓ〜ⓖのうち，ゼリーが固まらない原因となる酵素の特徴と
　　して適当なものはどれか。その組合せとして最も適当なものを，後の①〜④
　　のうちから一つ選べ。　105

　　ⓓ　タンパク質を分解する。
　　ⓔ　炭水化物を分解する。
　　ⓕ　イチゴにも含まれる。
　　ⓖ　イチゴには含まれない。

①　ⓓ，ⓕ　　②　ⓓ，ⓖ　　③　ⓔ，ⓕ　　④　ⓔ，ⓖ

第2問 次の文章(**A・B**)を読み，後の問い(**問 1 ～ 6**)に答えよ。(配点 20)

A 生物の体内に外部から病原体が侵入し体内で増殖すると，生命活動が乱され病気を引き起こすことがあるため，ヒトには病原体の侵入や体内での増殖を防ぐ仕組みが備わっている。まず，(a)物理的・化学的な防御により，病原体が体内に侵入することを防いでいる。また，これらの防御を通り抜けた病原体は(b)免疫の仕組みにより排除される。

問 1 下線部(a)について，これらの働きとして**誤っているもの**を，次の①～⑤のうちから一つ選べ。 106

① 消化管や呼吸器の内部は常に乾燥しており，病原体が細胞に付着しにくい構造をしている。

② 気管には繊毛が存在し，繊毛が動いて鼻や口の方向に流れをつくることにより，病原体の侵入を防いでいる。

③ 皮膚表面の細胞は頻繁に入れかわることにより，病原体の侵入を防いでいる。

④ 体表は体外に分泌する汗などにより弱酸性に保たれ，病原体の増殖を防いでいる。

⑤ 涙やだ液などに含まれるリゾチームは，細菌の細胞壁を分解する働きを持っている。

問2 下線部(b)に関連して，次の文章中の ア ～ エ に入る語句の組合せとして最も適当なものを，後の①～⑧のうちから一つ選べ。 107

体内に侵入した病原体を排除する第一の仕組みは，マクロファージや好中球による病原体の取り込みによる排除である。この作用を ア という。 ア のみで排除できない病原体に対しては，リンパ球による生体防御機構が働く。このリンパ球のうち，骨髄で分化して体液性免疫の中心となる細胞を イ ，胸腺で分化して細胞性免疫の中心となる細胞を ウ という。結核菌のように細胞内に侵入して増殖する病原体に対しては，主に エ 免疫が働き，病原体を排除する。

	ア	イ	ウ	エ
①	食作用	B細胞	T細胞	体液性
②	食作用	B細胞	T細胞	細胞性
③	食作用	T細胞	B細胞	体液性
④	食作用	T細胞	B細胞	細胞性
⑤	抗原抗体反応	B細胞	T細胞	体液性
⑥	抗原抗体反応	B細胞	T細胞	細胞性
⑦	抗原抗体反応	T細胞	B細胞	体液性
⑧	抗原抗体反応	T細胞	B細胞	細胞性

問3　免疫の仕組みにおいて重要な点の一つは，自己と非自己を認識することである。この認識が正常に働かない病気には，免疫寛容が破綻することによる自己免疫疾患や，非自己の物質を排除する仕組みが働かないことによる免疫不全などがある。先天的に胸腺の機能を失ったマウスは免疫不全となる。

　　免疫の仕組みを確かめるために，系統P，系統Q，系統Rの三つの系統のマウスを用意し，図1のように皮膚片の交換移植実験を行った。これらのマウスのうち，1系統は免疫不全であるが，ほかの2系統は正常な免疫の仕組みを持つことが分かっている。また，これらのマウスは系統ごとに特定の自己物質を持ち，自身が持たない自己物質を持つ皮膚片を移植された場合には，免疫の仕組みにより移植された皮膚片を排除する。

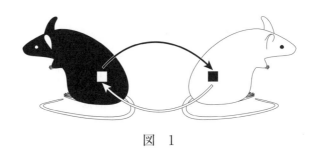

図　1

　　交換移植実験に用いたマウスの系統の組合せと，実験結果は表1のようになった。

表　1

用いたマウスの系統	結　果
系統P，系統Q	系統Pは約10日で皮膚片が脱落した。 系統Qは皮膚片が生着した。
系統Q，系統R	系統Qは皮膚片が生着した。 系統Rは約10日で皮膚片が脱落した。
系統P，系統R	系統Pは皮膚片が生着した。 系統Rは皮膚片が生着した。

次に，三つの系統のマウスを図 2 のように交配させ，F_1 マウスを得た。これをマウス A，マウス B，マウス C とする。F_1 マウスはいずれも両親が持つ自己物質の両方を持っている。このとき，次の移植 1 ～ 3 を行うと皮膚片はどうなると予測されるか，最も適当なものを，後の①～④のうちからそれぞれ一つずつ選べ。ただし，同じものを繰り返し選んでもよい。なお，いずれの移植実験に用いたマウスも別個体であり，複数の別個体の組合せで同じ結果が得られたものとする。

移植 1 | 108 |　　　移植 2 | 109 |　　　移植 3 | 110 |

移植 1：マウス A の皮膚片を系統 P のマウスに移植した。
移植 2：マウス B の皮膚片を系統 Q のマウスに移植した。
移植 3：マウス C の皮膚片を系統 R のマウスに移植した。

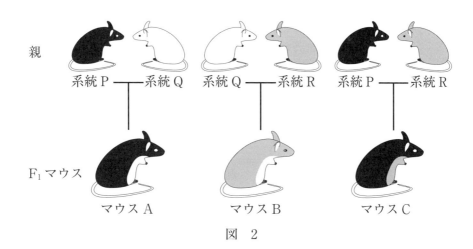

親

系統 P ——— 系統 Q　　系統 Q ——— 系統 R　　系統 P ——— 系統 R

F_1 マウス

マウス A　　　　　　マウス B　　　　　　マウス C

図　2

① 生着する。
② 免疫記憶の仕組みにより，約 5 日で脱落する。
③ 表 1 の結果と同様に約 10 日で脱落する。
④ 免疫寛容の仕組みにより，約 20 日で脱落する。

B ヒトの心臓を腹側(前側)から見ると，図 3 のように四つの空間 i ～ iv と，それぞれの空間に接続する血管が存在する。血液が循環する原動力は，(c)自律的に収縮を繰り返す心臓の筋肉の活動によって生じる。心臓の拍動は延髄によって(d)自律神経を介して調節されている。

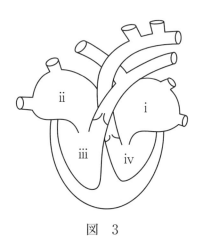

図 3

問 4 下線部(c)に関連して，図 3 中の空間 i ～ iv のうち拍動のリズムを生み出す場所がある空間の記号およびその名称，全身から戻ってきた血液が再び全身に送り出されるまでの経路を示した組合せとして最も適当なものを，次の①～⑧のうちから一つ選べ。 111

	空 間	名 称	血液の経路
①	i	洞房結節	ii → iii → i → iv
②	i	洞房結節	iii → ii → iv → i
③	i	房室結節	ii → iii → i → iv
④	i	房室結節	iii → ii → iv → i
⑤	ii	洞房結節	ii → iii → i → iv
⑥	ii	洞房結節	iii → ii → iv → i
⑦	ii	房室結節	ii → iii → i → iv
⑧	ii	房室結節	iii → ii → iv → i

問5　下線部(d)について，次の記述ⓐ～ⓓのうち，正しい記述はどれか。それを過不足なく含むものを，後の①～⓪のうちから一つ選べ。 | 112 |

　　ⓐ　副交感神経の働きで立毛筋は収縮する。

　　ⓑ　副交感神経の働きで肝臓でのグリコーゲンの合成は促進される。

　　ⓒ　交感神経の働きで胃や小腸のぜん動運動は促進される。

　　ⓓ　交感神経の働きで瞳孔は拡大する。

① ⓐ　　　　　② ⓑ　　　　　③ ⓒ　　　　　④ ⓓ

⑤ ⓐ，ⓒ　　　⑥ ⓐ，ⓓ　　　⑦ ⓑ，ⓒ　　　⑧ ⓑ，ⓓ

⑨ ⓐ，ⓒ，ⓓ　　⓪ ⓑ，ⓒ，ⓓ

問6　心臓の拍動を調節する仕組みを明らかにするために，カエルの心臓を用いて**実験1〜3**を行った。**実験1〜3**から考えられることとして最も適当なものを，後の①〜⑤のうちから一つ選べ。なお，リンガー液とはカエルの体液に近い組成の生理的塩類溶液のことである。　113

実験1　カエルの体内から副交感神経を含む心臓を取り出し，図4のようにリンガー液中で静置したところ，取り出したカエルの心臓は一定のリズムで拍動を続けた。

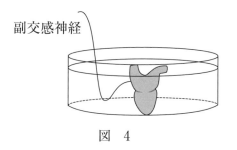

図　4

実験2　**実験1**と同様に取りだしたカエルの心臓Ⅰと，副交感神経を取り除いたカエルの心臓Ⅱの2つを用意し，図5のようにチューブで接続した。図5のように片側の血管から心臓Ⅰにリンガー液を流入させ，心臓Ⅰに接続している副交感神経を電気刺激したところ，心臓Ⅰの拍動のリズムが**実験1**と比べて変化し，やや遅れて心臓Ⅱの拍動のリズムも変化した。

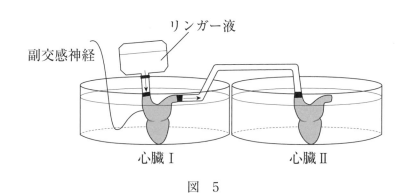

図　5

－184－

実験3　**実験1**と同様に取りだしたカエルの心臓Ⅲに，図6のように，リンガー液とチューブを取り付け，副交感神経を電気刺激し，流出したリンガー液を新しい容器に保存した。この容器中に，**実験2**の心臓Ⅱと同様に処理をした心臓Ⅳを静置したところ，心臓Ⅳの拍動のリズムは**実験1**の心臓とは異なっていた。

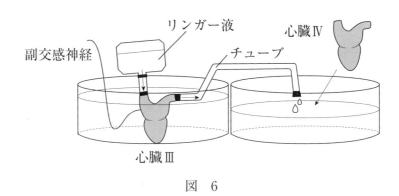

図　6

① 取り出したカエルの心臓がリンガー液中で拍動するためには，交感神経の存在が必要である。

② 取り出したカエルの心臓がリンガー液中で拍動するためには，副交感神経の存在が必要である。

③ 取り出したカエルの心臓のリンガー液中での拍動の調節には，副交感神経から直接刺激を受ける必要がある。

④ 心臓Ⅰや心臓Ⅲに接続している副交感神経が電気刺激を受けることによって何らかの物質がリンガー液中に放出され，その物質を介して心臓Ⅱや心臓Ⅳの拍動が抑制された。

⑤ 心臓Ⅰや心臓Ⅲに接続している副交感神経が電気刺激を受けることによって何らかの物質がリンガー液中に放出され，その物質を介して心臓Ⅱや心臓Ⅳの拍動が促進された。

第3問 次の文章(**A・B**)を読み，後の問い(**問1～4**)に答えよ。(配点　15)

A　生態系を構成する生物の種類や個体数は，生物どうしの相互作用や，生物と非生物的環境との相互作用によって絶えず変化している。生態系には，(a)変化を受けてもある一定の範囲に戻ろうとする働きがあり，これを復元力(レジリエンス)という。復元力を超える大きな攪乱があると，生態系のバランスが大きく崩れ，別の状態に変化してしまうことがある。アメリカ合衆国のイエローストーン国立公園では，(b)オオカミが絶滅したことで公園内の生態系全体に大きな影響がでた。オオカミが絶滅する前の公園内の生態系を簡略化すると，図1のようになった。なお，図1中の矢印は太いほどより多く捕食されていたことを示す。

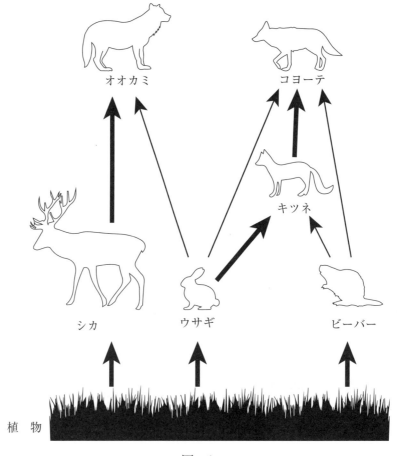

図　1

問1　下線部(a)に関連して，復元力により生態系のバランスが保たれていることに関する次の記述ⓐ～ⓒのうち，適当な記述はどれか。それを過不足なく含むものを，後の①～⑦のうちから一つ選べ。 114

ⓐ　森林の一部が台風や落雷などにより破壊されたが，一次遷移により元と同じような森林に戻った。

ⓑ　河川に一時的に排水が流れ込んだが，水中の微生物により水質が浄化され，流れ込む前と同じような水質に戻った。

ⓒ　放牧地の草丈が短くなったので，その草原に存在しなかった新しい植物種を植えたところ，その植物が草原中に広まり，放牧が継続できた。

① ⓐ　　　　② ⓑ　　　　③ ⓒ　　　　④ ⓐ，ⓑ
⑤ ⓐ，ⓒ　　⑥ ⓑ，ⓒ　　⑦ ⓐ，ⓑ，ⓒ

問2　下線部(b)に関連して，図1から考えられる，オオカミが絶滅した後の生態系の変化に関する記述として最も適当なものを，次の①～⑤のうちから一つ選べ。 115

①　シカがコヨーテに捕食されるようになり，シカの個体数が減少した。

②　キツネが捕食する動物に占めるビーバーの割合が増え，ビーバーの個体数が減少した。

③　ウサギの個体数は増加したが，ビーバーの個体数は変わらなかった。

④　コヨーテに捕食されるウサギの個体数が増加し，コヨーテの個体数が増加したことによって，キツネの個体数も増加した。

⑤　シカとウサギの個体数が増えたことによって，植物の生物量(現存量)が大きく減少した。

B (c)同じような気候の地域では，同じような植生となるため，同じようなバイオ
ームが成立する。世界各地のバイオームは，図2のように気象条件に対応して
分類できる。日本にはそのうち，図3で示されたようなバイオームが存在する。

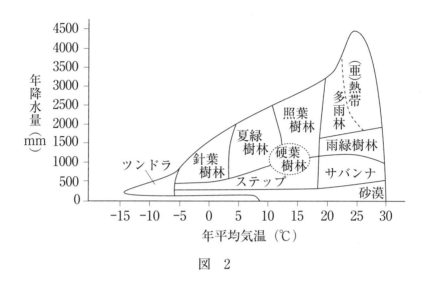

図　2

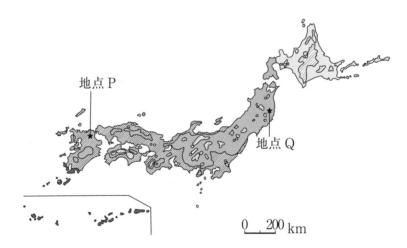

注：異なる色や模様で塗られた地域は異なるバイオームであることを示す。

図　3

問3　下線部(c)に関連して，様々な世界の地域について，各月の平均気温と降水量を図4の⒟〜ⓘのようなグラフで表した。このグラフからは，気温や降水量の季節的な変化だけでなく，年平均気温や年降水量も計算することができる。図3の地点Ｐおよび地点Ｑのバイオームと，そのバイオームに対応する図4のグラフに関する記述として最も適当なものを，後の①〜⑥のうちからそれぞれ一つずつ選べ。

地点Ｐ　116　　地点Ｑ　117

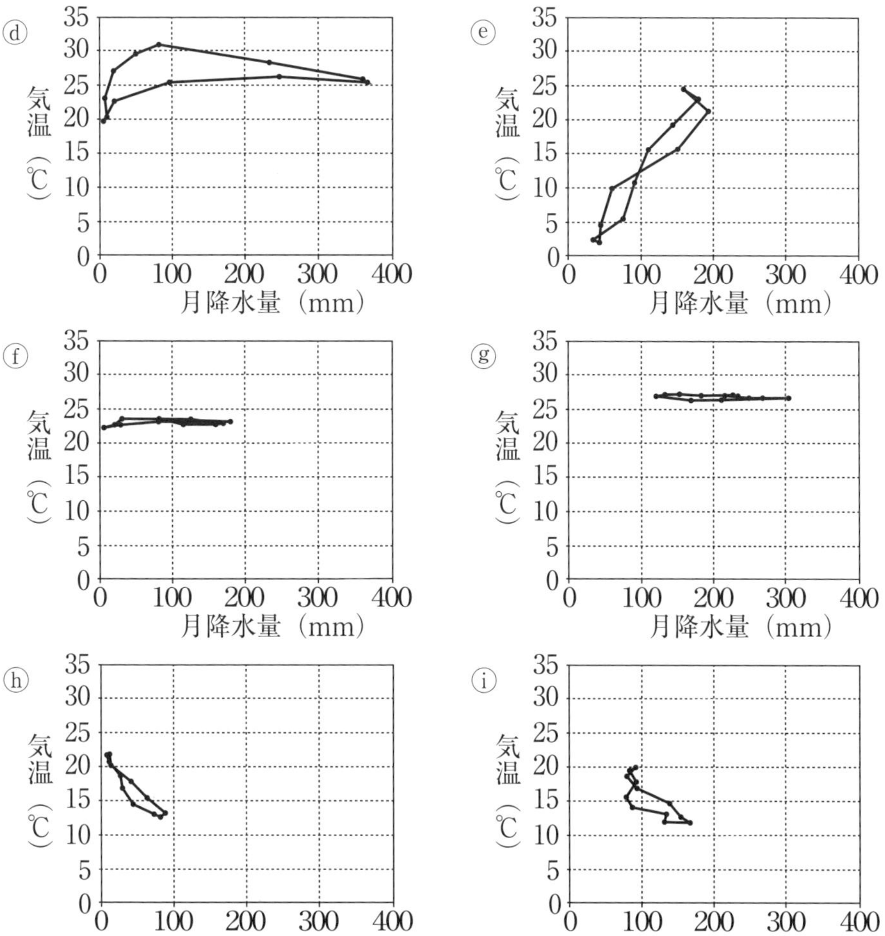

図　4

① フタバガキをはじめとした常緑広葉樹が優占する熱帯多雨林が発達する。このバイオームと同じバイオームが分布する世界の地域のグラフは⒟である。

② ブナをはじめとした落葉広葉樹が優占する夏緑樹林が発達する。このバイオームと同じバイオームが分布する世界の地域のグラフは⒠である。

③ ミズナラをはじめとした落葉広葉樹が優占する夏緑樹林が発達する。このバイオームと同じバイオームが分布する世界の地域のグラフは⒡である。

④ スダジイをはじめとした落葉広葉樹が優占する照葉樹林が発達する。このバイオームと同じバイオームが分布する世界の地域のグラフは⒢である。

⑤ オリーブをはじめとした常緑広葉樹が優占する硬葉樹林が発達する。このバイオームと同じバイオームが分布する世界の地域のグラフは⒣である。

⑥ タブノキをはじめとした常緑広葉樹が優占する照葉樹林が発達する。このバイオームと同じバイオームが分布する世界の地域のグラフは⒤である。

問4　地点Pで優占する樹種Aと地点Qで優占する樹種Bについて，光の良く当たる部分についている葉をそれぞれ採集し，単位面積当たりの葉の重さを調べたところ，樹種Aの葉と樹種Bの葉では違いがあった。そこで，得られた葉の断面を観察した。図5のⓙ，ⓚのうち，樹種Aの葉の観察結果として適当な図はどちらか。また，後の記述Ⅰ～Ⅲのうち，樹種Aの葉と樹種Bの葉に関する記述として適当なものはどれか。その組合せとして最も適当なものを，後の①～⑥のうちから一つ選べ。　118

ⓙ　　　　　　　　　　　　　　　　　　　　ⓚ

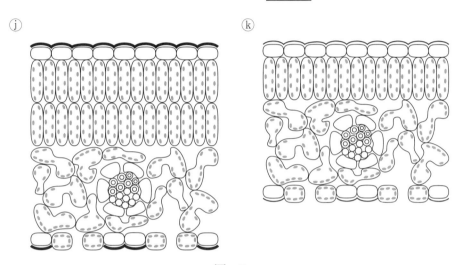

図　5

Ⅰ　地点Pは地点Qよりも年間を通して温暖であるが，冬の日照時間は地点Qよりも短い。よって，葉の生産に使える光合成産物量が樹種Aの方が樹種Bよりも少ないため，樹種Aの葉は樹種Bの葉よりも軽い。

Ⅱ　地点Pは地点Qよりも年間を通して温暖であるが，冬の日照時間は地点Qと変わらない。樹種Aは冬に落葉するため，光合成に適している夏に丈夫な葉をつくる。よって，樹種Aの葉は樹種Bの葉よりも重い。

Ⅲ　地点Pは地点Qよりも年間を通して温暖で冬の日照時間も長いため，樹種Aは冬に落葉しないほうが良い。葉は長期間利用できるように分厚く丈夫であり，樹種Aの葉は樹種Bの葉よりも重い。

①　ⓙ，Ⅰ　　　　　　②　ⓙ，Ⅱ　　　　　　③　ⓙ，Ⅲ
④　ⓚ，Ⅰ　　　　　　⑤　ⓚ，Ⅱ　　　　　　⑥　ⓚ，Ⅲ

第　2　回

時間　目安30分（2科目選択で計60分）　　　50点　満点

1 ━━ 解答にあたっては，実際に試験を受けるつもりで，時間を厳守し真剣に取りくむこと。

2 ━━ 巻末のマークシート Ａ を切り離しのうえ練習用として利用すること。

3 ━━ 解答終了後には，自己採点により学力チェックを行い，別冊の解答・解説をじっくり読んで，弱点補強，知識や考え方の整理などに努めること。

生 物 基 礎

第1問 次の文章(**A・B**)を読み，後の問い(**問1～6**)に答えよ。(配点 17)

A 全ての生物は，共通の祖先から進化してきたため，生物には共通性と多様性がみられる。共通性の一例として，全ての生物は(a)代謝を行い，(b)ATPのエネルギーを利用して生命活動を行う。また，全ての生物が細胞からできていることも一例として挙げられる。基本的な細胞の構造や機能は全ての生物で共通しているが，細胞の種類によって細胞小器官に違いがみられる。植物細胞には葉緑体が含まれており，(c)光合成が行われる。

問1 下線部(a)について，代謝や酵素に関する記述として最も適当なものを，次の①～⑤のうちから一つ選べ。 101

① 代謝のうち，異化は生命活動にとって不可欠であるため全ての生物が行っているが，同化は一部の真核生物のみが行う反応である。

② 同化はエネルギーを放出して進行する反応であり，異化はエネルギーを吸収して進行する反応である。

③ 代謝反応を促進させる触媒として働く酵素は核酸でできており，細胞内で合成されている。

④ 酵素を細胞内から細胞外に取り出すと構造が不可逆的に変化するため，その働きを失う。

⑤ 酵素は化学反応の前後で変化せず何度も繰り返し利用できるため，少量でも多くの反応を促進することができる。

問2　下線部(b)に関連して，400万個の細胞で構成されている生物 X における，1日の ATP の総消費量は細胞1個当たり 0.83 ng である。細胞1個にはもともと 0.00084 ng の ATP が含まれていた場合，生物 X では1日につき ATP がおよそ何回再生されていることになるか。最も適当な数値を，次の①〜⑥のうちから一つ選べ。　102　回

① 3.3　　　　② 330　　　　③ 990
④ 2800　　　⑤ 3360　　　⑥ 4050

問3　下線部(c)に関連して，緑色以外の色素を持つ細胞でも光合成が行われているかどうかを調べるため，**実験1**を行った。

　実験1　二酸化炭素の量が増えると黄色に，減ると赤紫色に変化する黄赤色のpH指示薬の入った2本の試験管I・試験管IIを用意した。次に，緑色，赤色のピーマンの果肉の断片（ともに同じ大きさにしたもの）を，pH指示薬が付着しないようにそれぞれ試験管に入れ，40分ほど光を照射した。その結果，試験管IのpH指示薬は赤紫色を，試験管IIのpH指示薬は黄色を呈した。図1は，その様子を模式的に示したものである。

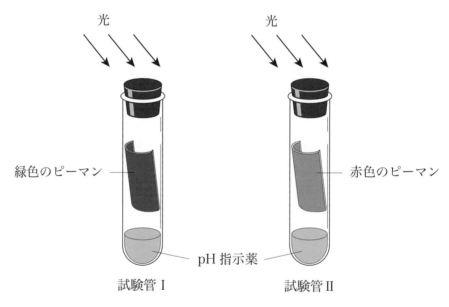

図　1

この結果より，緑色のピーマンでは光合成が行われるが，赤色のピーマンでは光合成が行われないことが推測される。しかし，試験管ⅠでのpH指示薬の色の変化が光合成によるものではなく，「光を照射したことでpH指示薬の色が変化した」という**可能性[1]**，「光合成以外の何かしらの反応により試験管内の二酸化炭素の量が変化した」という**可能性[2]**が考えられる。**可能性[1]**と**可能性[2]**を検証するために，次の実験ⓐ～ⓔのうち，それぞれどの実験を行えばよいか。その組合せとして最も適当なものを，後の①～⓪のうちから一つ選べ。 103

ⓐ　緑色のピーマンの果肉の断片のみが入った試験管に光を照射する実験。

ⓑ　緑色のピーマンの果肉の断片のみが入った試験管にアルミニウム箔を巻き，光を照射する実験。

ⓒ　pH指示薬のみが入った試験管に光を照射する実験。

ⓓ　pH指示薬のみが入った試験管にアルミニウム箔を巻き，光を照射する実験。

ⓔ　pH指示薬と緑色のピーマンの果肉の断片が入った試験管にアルミニウム箔を巻き，光を照射する実験。

	可能性[1]を検証する実験	可能性[2]を検証する実験
①	ⓐ	ⓑ
②	ⓐ	ⓔ
③	ⓑ	ⓐ
④	ⓑ	ⓒ
⑤	ⓒ	ⓓ
⑥	ⓒ	ⓔ
⑦	ⓓ	ⓑ
⑧	ⓓ	ⓒ
⑨	ⓔ	ⓐ
⓪	ⓔ	ⓓ

B (d)遺伝子の本体は DNA であり，(e)DNA の遺伝情報にはタンパク質のアミノ酸配列の情報が含まれる。真核生物の DNA はタンパク質とともに折りたたまれて(f)染色体を形成している。

問 4 下線部(d)に関連して，DNA と遺伝子に関する記述として最も適当なものを，次の①〜⑤のうちから一つ選べ。 104

① ヒトのゲノム DNA のうち，遺伝子として働くのは一部の領域だけである。

② 同一人物において，皮膚の細胞の核と心臓の細胞の核にある遺伝子の塩基配列は異なる。

③ 同一人物において，皮膚の細胞の細胞質と心臓の細胞の細胞質にある mRNA の種類は同じである。

④ 原核生物には，遺伝子として DNA ではなく RNA を利用しているものもいる。

⑤ ゲノムの大きさは生物の種類ごとに異なるが，遺伝子数はどの生物でも同じである。

問5　下線部(e)に関連して，次の文章中の　ア　・　イ　に入る語句の組合せとして最も適当なものを，後の①～⑥のうちから一つ選べ。　105

遺伝子が働いてタンパク質が合成される過程では，まずDNAの2本鎖がほどけ，塩基配列がmRNAに写し取られる　ア　が起こる。次に，mRNAの塩基配列にしたがって指定のアミノ酸が次々と結合していく　イ　が起こる。

	ア	イ
①	転　写	翻　訳
②	転　写	発　現
③	複　製	転　写
④	複　製	翻　訳
⑤	発　現	転　写
⑥	発　現	翻　訳

問6　下線部(f)に関連して，ショウジョウバエの幼虫が持つだ腺の細胞に含まれるだ腺染色体は，通常の染色体の100～150倍もの大きさを持つ巨大染色体であり，遺伝子が働く様子を比較的容易に観察することができる。ショウジョウバエの幼虫のだ腺を取り出し，DNAを青緑色に，RNAを赤色に染めるメチルグリーン・ピロニン液で細胞を10分間染色し検鏡すると，だ腺染色体にはパフと呼ばれるふくらんだ部分が観察された。このだ腺染色体の観察に関する記述として誤っているものを，次の①～④のうちから一つ選べ。　106

①　発生時期の異なる幼虫では，パフの位置が異なる。

②　だ腺染色体全体は赤色に，パフの部分は青緑色に染色される。

③　だ腺染色体の多数の横縞模様は，遺伝子の位置を知る目安になる。

④　だ腺の細胞に標識したウラシル(U)を与えると，パフの部分から標識が検出される。

第2問 次の文章(**A・B**)を読み，後の問い(**問1～6**)に答えよ。(配点　17)

A 授業で(a)血液凝固について学んだヒロコさんとカオリさんは，この仕組みについて実験を行い調べることにした。

カオリ：まずは，材料や器具をそろえなきゃね。肝心の血液はどうしよう。

ヒロコ：先生に聞いたら，ブタの血液を使わせてもらえるそうだよ。

カオリ：それはよかった！でも，ブタの血液ってそのままでは固まってしまうから，どうにか処理しないとね。

ヒロコ：その点は大丈夫。先生が血液にクエン酸ナトリウム溶液をあらかじめ入れてくれたみたい。

カオリ：それなら，血液がすぐに固まらずに済むね。さっそくやってみよう。

　　ヒロコさんとカオリさんは，4本の試験管にクエン酸ナトリウムで処理したブタの血液を3 mLずつ入れた。その直後に次の**処理1～4**のいずれかの処理を行い，5分後に試験管内を観察した。

処理1　試験管を37℃に保った。

処理2　塩化カルシウム水溶液を3 mL加え，よく振とうした後，試験管を37℃に保った。

処理3　塩化カルシウム水溶液を3 mL加え，よく振とうした後，試験管を37℃に保ち，ガラス棒で攪拌した。

処理4　遠心分離して血液の有形成分を沈殿させた後，上澄み1 mLを新しい試験管に取り，希釈し，37℃に保った。その後，上澄みに塩化カルシウム水溶液を3 mL加えた。

ヒロコ：5分経ったから結果をみてみましょう。**処理1**を行った試験管では何の変化もみられないけど，**処理2**を行った試験管には塊があるよ。塩化カルシウム水溶液には血液の凝固を　　**ア**　　する性質があるんだね。

カオリ：なるほど！

ヒロコ：**処理3**を行った試験管では何の変化もみられないけど，ガラス棒に何か細いひものような物質が付着しているね。

カオリ：これはきっと イ だね。これがなくなったから，血液凝固が起こらなかったんだよ。

ヒロコ：**処理4**を行った試験管でも同じようなひものような物質がみえるよ。この物質は**処理3**のときの物質と同じかな？

カオリ：ちょっと待って，授業でとったノートをみてみるね。……そうだね。同じ物質のはずだよ。

ヒロコ：ということは，(b)**処理3**と**処理4**の結果から， イ がどんな性質を持つ物質であるかが分かるね。

カオリ：血液凝固って出血やバイ菌などの侵入を防ぐ効果がある反面，血管のなかにこんな塊ができたら， ウ などが起きてしまって，からだを危険な状態にしてしまうのではないかな？

ヒロコ：確か，血管が修復された後は，その血の塊を分解する線溶という仕組みがあるはずだよ。

カオリ：そうなんだ！からだの仕組みってすごいね。

問1　下線部(a)に関連して，ヒトの血液に関する記述として最も適当なものを，次の①〜⑤のうちから一つ選べ。 107

① 血液の血しょう成分と血球成分の重量比はおよそ2：1である。

② 血液の血球成分が組織液中にしみ出ることがある。

③ 血球は脊髄の造血幹細胞からつくられる。

④ 赤血球の寿命はおよそ120日で，古くなった赤血球はすい臓で破壊される。

⑤ 赤血球は核を持つが，白血球は核を持たない。

問2　上の会話文中の　ア　～　ウ　に入る語句の組合せとして最も適当なものを，次の①～⑧のうちから一つ選べ。　108

	ア	イ	ウ
①	促　進	フィブリン	心筋梗塞
②	促　進	フィブリン	がん
③	促　進	トロンビン	心筋梗塞
④	促　進	トロンビン	がん
⑤	抑　制	フィブリン	心筋梗塞
⑥	抑　制	フィブリン	がん
⑦	抑　制	トロンビン	心筋梗塞
⑧	抑　制	トロンビン	がん

問3　下線部(b)に関連して，次の記述ⓐ～ⓓのうち，上の会話文と**処理3・処理4**の結果のみから導き出すことができる　イ　の性質について説明した記述はどれか。それを過不足なく含むものを，後の①～⑦のうちから一つ選べ。　109

ⓐ　血液の有形成分に由来する。

ⓑ　血液の上澄みの液体成分に由来する。

ⓒ　生じるには由来する成分と塩化カルシウム水溶液中の成分の両方が必要である。

ⓓ　塊をつくるには血球が必要である。

① ⓐ　　　　② ⓑ　　　　③ ⓐ, ⓒ　　　　④ ⓐ, ⓓ

⑤ ⓑ, ⓒ　　　⑥ ⓐ, ⓑ, ⓒ　　⑦ ⓐ, ⓒ, ⓓ

B　ヒトの腎臓は腹部の背中側に左右一対ある臓器であり，血しょう中の成分の
(c)ろ過と再吸収によって尿を生成し，老廃物を体外へ排出している。表1は，健
康なヒトの血しょう，原尿，尿に含まれる各種成分の濃度(%)を表したものであ
る。

表　1

成　分	血しょう	原　尿	尿
タンパク質	7	0	0
ナトリウムイオン	0.32	0.32	0.35
尿　素	0.03	0.03	2.0

問4　腎臓の構造と尿生成に関する記述として**誤っているもの**を，次の①〜⑤
のうちから一つ選べ。　110

① 細尿管(腎細管)は，ネフロン(腎単位)に含まれる。
② 腎小体(マルピーギ小体)は皮質のみに存在するが，細尿管は皮質と髄質
の両方に存在する。
③ 腎動脈からの血しょうが糸球体でろ過される。
④ 水は細尿管だけでなく，集合管でも再吸収される。
⑤ 尿に含まれる尿素のほとんどは，腎臓でつくられたものである。

問5　下線部(c)に関連して，表1の各成分におけるろ過と再吸収に関する記述として最も適当なものを，次の①～⑥のうちから一つ選べ。　111

① タンパク質は尿中に全く含まれていないため，ろ過されたタンパク質は全て再吸収されることが分かる。

② タンパク質は尿中に全く含まれていないため，ろ過されたタンパク質は再吸収されないことが分かる。

③ 原尿中と尿中のナトリウムイオンの濃度がほぼ同じであるため，ろ過されたナトリウムイオンは再吸収されず全て排出されることが分かる。

④ 原尿中と尿中のナトリウムイオンの濃度がほぼ同じであるため，ナトリウムイオンの再吸収率は水と同程度であることが分かる。

⑤ 尿素は原尿中よりも尿中の濃度の方が高いため，ろ過された尿素は再吸収されず全て排出されることが分かる。

⑥ 尿素は原尿中よりも尿中の濃度の方が高いため，尿素の再吸収率は水よりも高いことが分かる。

問6 原尿中のグルコース量とその再吸収量には相関関係がある。原尿中のグルコース量がある一定の値になるまでは，グルコースは全て再吸収されるため尿中に排出されないが，その値以上になると，再吸収しきれなかったグルコースが尿中に排出される。この相関関係を示したグラフとして最も適当なものを，次の①～⑧のうちから一つ選べ。ただし，縦軸と横軸の単位はどちらも mg/分であり，グラフ中の実線（——）の縦軸は「再吸収量」を，点線（----）の縦軸は「尿中への排出量」を表している。 112

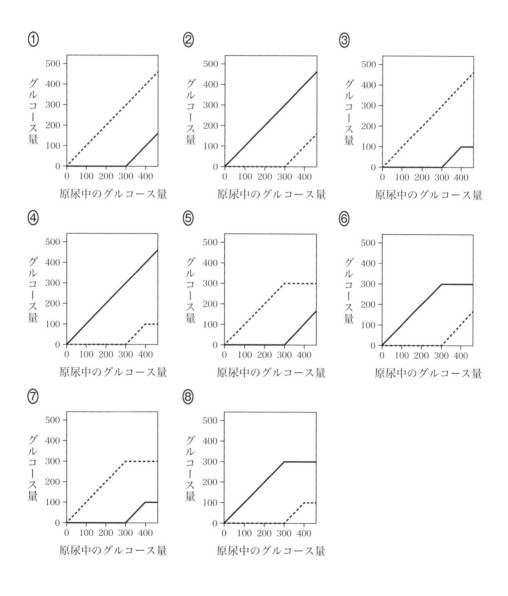

第3問 次の文章（**A・B**）を読み，後の問い（**問1〜6**）に答えよ。（配点　16）

A　大学のオープンキャンパスに行ってきたタカシさんとリュウさんは，大学生から(a)植生の遷移に関する資料（図1）をもらい，その資料について話し合った。

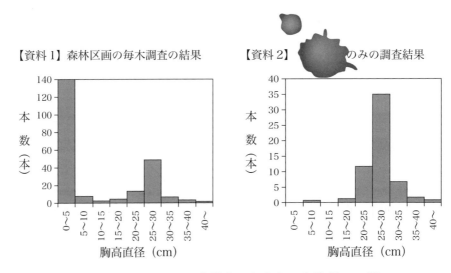

【資料1】森林区画の毎木調査の結果　　　【資料2】　　のみの調査結果

本数（本）／胸高直径（cm）

図1　リュウさんが大学生からもらった資料の一部

タカシ：資料1は，大学のキャンパス内にある森林区画の毎木調査の結果だね。

リュウ：大学生の人たちが自分たちで調査してつくったって言っていたね。

タカシ：ところで，毎木調査って何の調査なんだろう。

リュウ：インターネットでは「ある地域内に出現する全樹木について，樹種・胸高直径・樹高などを測定する調査」ってあるよ。

タカシ：全樹木について調べたのか！？大学生ってすごいね。特にこの資料では胸高直径の違いに注目して本数を数えているね。胸高直径って何の値なんだろう。

リュウ：ちょっと待ってね……え〜と，インターネットでは「成人の胸の高さにおける樹木の直径」とあるね。胸高直径が20 cmを超えると樹高が10 m以上になるものが多いみたい。

タカシ：ふむふむ。資料2はキャンパス内の森林区画にある樹木のうち，ある樹種のみの調査結果らしいけど……あれ。何の木か分からないぞ？

リュウ：えへへ。実はコーヒーをこぼしてしまって，資料2で調査した木が何であったのか分からなくなってしまったんだ。

タカシ：それなら，図のデータからどのような木であったのかを推測してみよう。

リュウ：よし，まずはこの森林内の環境について考えてみよう。資料1から，胸高直径25～30cmの樹木が林冠を形成していると推測できるから，この森林内の環境は　ア　ことが分かるね。

タカシ：なるほど。その上で資料2をみると，調査した木はこの森林区画の優占種　イ　ことが分かるね。そしてこの森林で遷移が進んだ後　ウ　はずだ。

リュウ：ということは，この木の候補として　エ　などが挙げられるね。

タカシ：このように，データから推測できるものなんだね。

リュウ：僕たちも大学生になったら，このような調査をたくさんしてみたいね。

問1　下線部(a)に関する記述として最も適当なものを，次の①～⑤のうちから一つ選べ。 113

① 一次遷移では，土壌が発達するまで植物が進入できない。

② 大規模な山崩れにより地下の母岩が露出した場所から始まる遷移は，二次遷移の一例である。

③ 先駆植物（パイオニア植物）の定着した場所では，栄養分の収奪が起こり，他の植物は進入できなくなる。

④ 遷移が進行する原因として，植物の繁茂により雨水の流出が減少し，土壌が乾燥しにくくなることが挙げられる。

⑤ 遷移の後期に出現する植物は，風によって運ばれやすい軽い果実や種子をつくる。

問2　上の会話文中の　ア　に入る記述として最も適当なものを，次の①〜④のうちから一つ選べ。　114

① 比較的明るく，林床の植物種数は遷移が進んでいない状態と比べて豊富である

② 比較的明るく，林床の植物種数は遷移が進んでいない状態と比べて限られている

③ 比較的暗く，林床の植物種数は遷移が進んでいない状態と比べて豊富である

④ 比較的暗く，林床の植物種数は遷移が進んでいない状態と比べて限られている

問3　上の会話文中の　イ　〜　エ　に入る語句の組合せとして最も適当なものを，次の①〜⑧のうちから一つ選べ。　115

	イ	ウ	エ
①	である	も優占種となる	アカマツ
②	である	も優占種となる	スダジイ
③	である	はほとんどみられなくなる	アカマツ
④	である	はほとんどみられなくなる	スダジイ
⑤	ではない	は優占種となる	アカマツ
⑥	ではない	は優占種となる	スダジイ
⑦	ではない	はほとんどみられなくなる	アカマツ
⑧	ではない	はほとんどみられなくなる	スダジイ

B　生物基礎の授業で「『生態系のバランスと保全』というとなにか大きなテーマのように思う人も多いだろうけど，身近に(b)生態系のバランスの乱れを感じる例もたくさんあるんだ」という先生の言葉を聞いた私は，どのような例があるか調べてみた。特に，(c)外来生物について調べてみると，いろいろなことがわかってきた。

　問4　下線部(b)についての記述として誤っているものを，次の①～④のうちから一つ選べ。　116

　　①　埋め立てなどで干潟の面積が増大したことにより，内湾の水質の悪化を引き起こし様々な生物に重大な影響をおよぼしている。

　　②　温室効果ガスによってもたらされている地球温暖化により，ホッキョクグマの生息地の減少や，サンゴの白化現象などが報告されている。

　　③　生活排水などの大量流入により湖や海などで富栄養化が起こると，特定の生物の増加や大量死などが起こることがある。

　　④　DDTなどの農薬の使用は，生物濃縮によってワシなどの猛禽類を激減させることとなった。

問5　下線部(c)についての記述として最も適当なものを，次の①〜④のうちから一つ選べ。 117

① 植物の種子が渡り鳥によって運ばれたり，潮の流れによって魚が泳ぎ着くなど，外来生物は様々な方法で移入する。

② 外来生物が在来生物と互いに交雑して共存できるならば，外来生物が移入することは特に問題にはならない。

③ 外来生物が増殖するためには，移入先に天敵がいないことや，餌となる生物が生息していることなど，一定の条件が必要である。

④ 外来生物を全て駆除することができれば，生態系のバランスは理想的な状態になる。

問6　外来生物のうち，特に日本の生態系に影響をおよぼすものは特定外来生物に指定され，その生物種の飼育や輸入などが原則禁止されている。特定外来生物に指定されている生物として**誤っているもの**を，次の①〜⑤のうちから一つ選べ。 118

① オオクチバス
② アホウドリ
③ ウシガエル
④ アライグマ
⑤ マングース

第 3 回

時間　目安30分（2科目選択で計60分）　　　　50点　満点

1 —— 解答にあたっては，実際に試験を受けるつもりで，時間を厳守し真剣に取りくむこと。

2 —— 巻末のマークシート[A]を切り離しのうえ練習用として利用すること。

3 —— 解答終了後には，自己採点により学力チェックを行い，別冊の解答・解説をじっくり読んで，弱点補強，知識や考え方の整理などに努めること。

生 物 基 礎

$\left(\text{解答番号}\boxed{101}\sim\boxed{117}\right)$

第1問 次の文章(A・B)を読み，後の問い(問1〜5)に答えよ。(配点 15)

A 地球上には様々な環境があり，それぞれの環境に適応した多種多様な生物が見られるが，あらゆる生物において，そのからだが(a)細胞からなるという点は共通している。また，細胞は細胞質が細胞膜に包まれているという点も共通している。生物には，からだが細胞からなるという点以外にも，(b)代謝を行うことや，遺伝子の本体として DNA を持つことなどの共通点もある。

問1 下線部(a)について，様々な生物の細胞に関する記述として最も適当なものを，次の①〜⑥のうちから一つ選べ。 $\boxed{101}$

① ネンジュモの細胞には葉緑体が存在しないが，光合成を行うことができる。

② 植物の細胞には葉緑体は存在するが，ミトコンドリアは存在しない。

③ 動物や植物の細胞は全て $100\,\mu\mathrm{m}$ 以下の大きさであり，肉眼で確認することは不可能である。

④ 大腸菌の細胞にはミトコンドリアが存在し，呼吸を行うことができる。

⑤ 動物の細胞のうち，皮膚などの硬い細胞には細胞壁がある。

⑥ あらゆる生物の組織において，DNA を含まない細胞は存在しない。

問2　下線部(b)に関連して，代謝ではエネルギーのやり取りに ATP が利用される。代謝と ATP に関する次の文章中の　ア　～　ウ　に入る語句の組合せとして最も適当なものを，後の①～⑧のうちから一つ選べ。　102

　　代謝には，単純な物質から複雑な有機物を合成する反応と，複雑な有機物を単純な物質に分解する反応があり，有機物を　ア　する反応では，反応の進行にともなって体外から得たエネルギーが体内に蓄えられる。このような反応の例として，植物の葉緑体で行われるものがあり，その過程では ATP の　イ　が起こる。一方，ミトコンドリアで行われる反応では，反応の進行にともなってエネルギーが放出され，このとき放出されたエネルギーは，ATP 分子中の　ウ　の結合に貯蔵される。

	ア	イ	ウ
①	分　解	合成のみ	糖とリン酸
②	分　解	合成のみ	リン酸どうし
③	分　解	合成と分解	糖とリン酸
④	分　解	合成と分解	リン酸どうし
⑤	合　成	合成のみ	糖とリン酸
⑥	合　成	合成のみ	リン酸どうし
⑦	合　成	合成と分解	糖とリン酸
⑧	合　成	合成と分解	リン酸どうし

B　生物の成長は，細胞が分裂して増えたり，各細胞が成長して大きくなったりすることで起こる。また，生殖は，細胞分裂によって新しい個体のからだが形成されたり，特別な細胞分裂で生じた細胞（配偶子）が合体して，新しい個体のからだが形成されたりすることによって起こる。細胞分裂のうち，(c)体細胞分裂では，DNA が複製された後，娘細胞に同量ずつ分配される。(d)DNA は，その構成単位となるヌクレオチドが連結した 2 本の鎖が，互いに結合してできている。(e)複製後の 2 分子の DNA には，細胞内で合成された新しいヌクレオチドだけでなく，母細胞の DNA を構成していた古いヌクレオチドも全て含まれる。

問3　下線部(c)に関連して，ある植物の分裂組織を観察したところ，480 個の細胞を観察することができた。そのうちの 20 個が分裂期の細胞であり，分裂期に要する時間は 30 分であった。そこで，観察した全ての細胞が非同調的に体細胞分裂を繰り返していると仮定して，細胞周期を推測した。この値を推測値とする。しかし，実際の観察した細胞のなかには，細胞周期から外れ，体細胞分裂やその準備を行っていない細胞が含まれていた。このとき，観察した分裂組織の細胞の細胞周期の推測値と，実際の細胞周期の違いに関する記述として最も適当なものを，次の①〜④のうちから一つ選べ。　103

①　細胞周期の推測値は 11.5 時間であり，実際の細胞周期は推測値より短い。
②　細胞周期の推測値は 11.5 時間であり，実際の細胞周期は推測値より長い。
③　細胞周期の推測値は 12 時間であり，実際の細胞周期は推測値より短い。
④　細胞周期の推測値は 12 時間であり，実際の細胞周期は推測値より長い。

問4 下線部(d)に関連して，ある DNA 断片の2本のヌクレオチド鎖を X 鎖，Y 鎖
とする。この2本のヌクレオチド鎖の塩基に占める A（アデニン）の割合が
20％であり，X 鎖の塩基に占める G（グアニン）の割合が21％であった場合，Y
鎖の塩基に占める G の割合として最も適当なものを，次の①〜⑥のうちから
一つ選べ。 104 ％

① 19 ② 20 ③ 21
④ 39 ⑤ 40 ⑥ 41

問5　下線部(e)に関連して，DNA の複製様式については，かつては図1の@～©の様式が考えられていた。

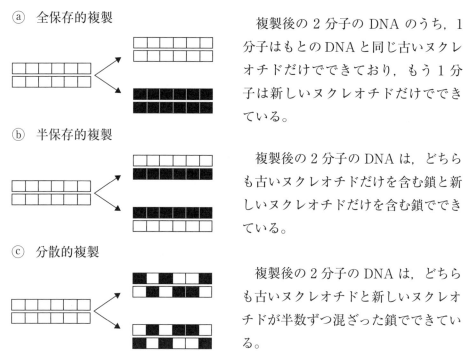

@　全保存的複製

　複製後の2分子の DNA のうち，1分子はもとの DNA と同じ古いヌクレオチドだけでできており，もう1分子は新しいヌクレオチドだけでできている。

ⓑ　半保存的複製

　複製後の2分子の DNA は，どちらも古いヌクレオチドだけを含む鎖と新しいヌクレオチドだけを含む鎖でできている。

©　分散的複製

　複製後の2分子の DNA は，どちらも古いヌクレオチドと新しいヌクレオチドが半数ずつ混ざった鎖でできている。

注：□はもとの DNA に含まれる古いヌクレオチド，■は複製の際に用いられる新しいヌクレオチドを示す。

図　1

　ある方法を用い，もとの DNA に含まれる古いヌクレオチドだけを全て通常よりも重くすることに成功した。その後，新しい通常の重さのヌクレオチドだけを与えて，1回の複製を進行させたところ，複製後の2分子の DNA はどちらも，重いヌクレオチドのみで構成された DNA と，通常の重さの DNA の，ちょうど中間の重さであった。この結果のみから考えた場合，図1に示した@～©のうち，否定されない複製様式として適当なものはどれか。それを過不足なく含むものを，次の①～⑦のうちから一つ選べ。　105

① @　　　　② ⓑ　　　　③ ©　　　　④ @，ⓑ

⑤ @，©　　⑥ ⓑ，©　　⑦ @，ⓑ，©

第2問 次の文章(**A・B**)を読み，後の問い(問1〜6)に答えよ。(配点　18)

A　ヒトの腎臓にはその機能の単位であるネフロン(腎単位)があり，(a)血液中の成分から尿を生成し，体液中の(b)塩類濃度や水分量を調節している。ネフロンは腎小体と細尿管(腎細管)からなり，腎小体は糸球体とボーマンのうで構成されている。血液中の成分は，血圧によって糸球体からボーマンのうへと押し出され，原尿が生じる。原尿は細尿管から集合管へと流れていくが，この過程で周囲の毛細血管へ原尿中の成分が再吸収される。再吸収されなかった成分は集合管から腎うに流入し，腎臓を出てぼうこうへと運ばれ，尿として排出される。細尿管での無機塩類の再吸収や，集合管での水分の再吸収は，ホルモンによって調節されている。体液中の塩類濃度が上昇すると，間脳の視床下部がこれを感知し，脳下垂体からバソプレシンが分泌される。ヒトでは，通常よりも尿量が多くなる場合があり，これを多尿という。多尿の症状を呈する代表的な疾患に尿崩症がある。(c)尿崩症の患者は，何らかの要因で集合管における水の再吸収がうまく行えなくなっている。

問1　下線部(a)について，健康なヒトにおける尿の生成に関する記述として誤っているものを，次の①〜⑤のうちから一つ選べ。ただし，物質の尿中の濃度を，血しょう中の濃度で割った値を濃縮率という。　106

① 血しょう中のアルブミンは腎小体においてろ過されないので，尿中には含まれていない。

② 血しょう中の尿素は腎小体でろ過された後，細尿管や集合管で再吸収されるが，その再吸収率は水の再吸収率よりも低い。

③ 血しょう中のグルコースは腎小体においてろ過されるが，細尿管で全て再吸収されるので，尿中には含まれていない。

④ ホルモンや自律神経の作用によって，尿中に含まれる物質の濃縮率は常に一定に保たれており，変動することはない。

⑤ 腎小体においてろ過された後，全く再吸収されない物質の濃縮率は，原尿の体積を尿の体積で割った値と等しくなる。

問2　下線部(b)に関連して，無脊椎動物のカニのなかまにも，体液中の塩類濃度や水分量を調節できるものが存在する。河口に生息するカニに関する次の文章中の　ア　～　ウ　に入る語句の組合せとして最も適当なものを，後の①～⑧のうちから一つ選べ。　107

　日本各地の河口に生息するミドリガニを海水中で飼育すると，体液中の塩類濃度は海水とほぼ等しくなる。このときミドリガニは，飼育水との間で積極的な水・無機塩類の取り込みや排出を　ア　と考えられる。一方，海水に水を加え，塩類濃度を半分ほどに低下させた飼育水のなかでは，体液中の塩類濃度は低下するが，飼育水よりも高い状態となる。このときミドリガニは，飼育水との間で積極的に水の　イ　と塩類の　ウ　を行っていると考えられる。

	ア	イ	ウ
①	行っていない	取り込み	取り込み
②	行っていない	取り込み	排　出
③	行っていない	排　出	取り込み
④	行っていない	排　出	排　出
⑤	行っている	取り込み	取り込み
⑥	行っている	取り込み	排　出
⑦	行っている	排　出	取り込み
⑧	行っている	排　出	排　出

問3　下線部(c)に関連して，ある処置によってヒトの尿崩症と同様に多尿の症状を呈するようになったマウス P とマウス Q がいる。これらのマウスと健康なマウスに高濃度の食塩水を点滴して血液中の塩類濃度を上昇させたところ，図1のように血液中のバソプレシン濃度が変化した。マウス P に施された処置と，マウス Q に施された処置の組合せとして最も適当なものを，後の①～⑥のうちから一つ選べ。　108

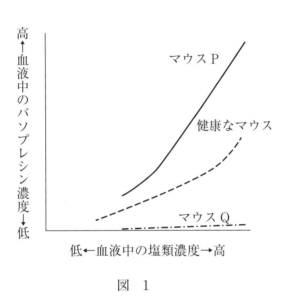

図　1

	マウスP	マウスQ
①	バソプレシン受容体の機能阻害	視床下部と脳下垂体の間の血管の切除
②	バソプレシン受容体の機能阻害	視床下部の神経分泌細胞の破壊
③	視床下部と脳下垂体の間の血管の切除	バソプレシン受容体の機能阻害
④	視床下部と脳下垂体の間の血管の切除	視床下部の神経分泌細胞の破壊
⑤	視床下部の神経分泌細胞の破壊	バソプレシン受容体の機能阻害
⑥	視床下部の神経分泌細胞の破壊	視床下部と脳下垂体の間の血管の切除

B　インフルエンザの予防接種を受けたヒバリさんとユイカさんは，予防接種について調べることにした。

ヒバリ：さっき接種してもらったものには，4 種類のウイルスのワクチンが含まれているそうだね。

ユイカ：うん。調べてみたら，A 型の亜型について 2 種類，B 型の亜型についても 2 種類のワクチンが含まれていて，合計 4 種類らしいよ。

ヒバリ：インフルエンザウイルスには A 型や B 型があって，さらに同じ A 型どうしや B 型どうしでも種類があるんだね。

ユイカ：あ！このホームページには，ワクチンの成分や，インフルエンザウイルスの亜型について書かれているよ。

ヒバリ：本当だ。インフルエンザのワクチンの成分は(d)増殖させたウイルスから抽出したタンパク質のようだね。そして，A 型のほうが亜型は多いらしい。1 つのウイルスは 16 種類の H タンパク質と 9 種類の N タンパク質のうち 1 種類ずつを持っていて，その組合せで亜型が決まるんだって。

ユイカ：ということは，その A 型インフルエンザウイルスの亜型のうちの 1 つがこの冬に流行するとして，私たちが接種したワクチンが流行している亜型と一致する確率は　エ　ということになるのかな。

ヒバリ：H タンパク質と N タンパク質のどちらも種類によらず出現確率が等しいと考えればそうなるね。でも，ワクチンを製造するときは，南半球での流行状況から，次のシーズンに北半球で流行する亜型を予想して製造するそうだから，それよりは　オ　確率になると思うよ。

ユイカ：「同じ亜型のなかにもさらに細かな変異株がある」だって。変異株って，新型コロナウイルスでもよく問題になるよね。

ヒバリ：もし新たな変異株が現れれば，ワクチンが効果を発揮できる確率は　カ　なるだろうね。

ユイカ：あれ？このホームページには，ワクチン接種でまれに(e)アレルギーの症状が現れるって書かれているね。

ヒバリ：ワクチンは鶏卵を利用して製造されるそうだから，そのことと関係があるのかも知れないね。

問4　上の会話文中の　エ　〜　カ　に入る数値や語句の組合せとして最も
適当なものを，次の①〜⑧のうちから一つ選べ。　109

	エ	オ	カ
①	$\dfrac{2}{25}$	高　い	高　く
②	$\dfrac{2}{25}$	高　い	低　く
③	$\dfrac{2}{25}$	低　い	高　く
④	$\dfrac{2}{25}$	低　い	低　く
⑤	$\dfrac{1}{72}$	高　い	高　く
⑥	$\dfrac{1}{72}$	高　い	低　く
⑦	$\dfrac{1}{72}$	低　い	高　く
⑧	$\dfrac{1}{72}$	低　い	低　く

問5　下線部(d)に関連して，ウイルスのタンパク質を用いたワクチンについて述べ
た次の文章中の　キ　〜　ケ　に入る語句の組合せとして最も適当なも
のを，後の①〜⑧のうちから一つ選べ。　110

　　ワクチンに用いられるウイルスのタンパク質は断片化されており，接種後に
ヒトの細胞内に侵入することはない。このため，体内のワクチン成分に対して，
　キ　は反応するが，　ク　は反応しにくい。そのため，　キ　の一部
が記憶細胞になるのに対して，　ク　は記憶細胞になりにくいということに
なり，二次応答の際，　ケ　の効果が十分に発揮されない可能性がある。

	キ	ク	ケ
①	NK 細胞	キラー T 細胞	細胞性免疫
②	NK 細胞	キラー T 細胞	体液性免疫
③	NK 細胞	樹状細胞	細胞性免疫
④	NK 細胞	樹状細胞	体液性免疫
⑤	B 細胞	キラー T 細胞	細胞性免疫
⑥	B 細胞	キラー T 細胞	体液性免疫
⑦	B 細胞	樹状細胞	細胞性免疫
⑧	B 細胞	樹状細胞	体液性免疫

問6　下線部(e)に関連して，花粉症もアレルギーの一種である。次の@～©のような処置が可能であるとした場合，花粉症の症状を抑制するのに効果的な処置として適当なものはどれか。それを過不足なく含むものを，後の①～⑦のうちから一つ選べ。 111

　@　花粉の成分が好中球に取り込まれないようにする。

　ⓑ　花粉の成分が樹状細胞に取り込まれないようにする。

　©　花粉の成分と特異的に反応するヘルパー T 細胞の活性化を促進する。

① @ 　　　② ⓑ 　　　③ © 　　　④ @, ⓑ
⑤ @, © 　　⑥ ⓑ, © 　　⑦ @, ⓑ, ©

第3問 次の文章(A・B)を読み，後の問い(問1〜6)に答えよ。(配点　17)

A　海岸の岩場には，岩の表面に固着して生活する生物や，岩の表面を動き回って生活する生物が存在する。図1はそのような生物の集団の例であり，矢印は被食者から捕食者へとつながっている。これらの生物のうち，紅藻は光合成を行う固着生物，フジツボ，イガイ，カメノテは水中のプランクトンを摂食する固着生物であり，ヒザラガイ，カサガイ，イボニシ，ヒトデは岩の表面を動き回って生活する生物である。フジツボ，イガイ，カメノテは多様なプランクトンを摂食するが，ここでは植物プランクトンのみを摂食しているものとする。

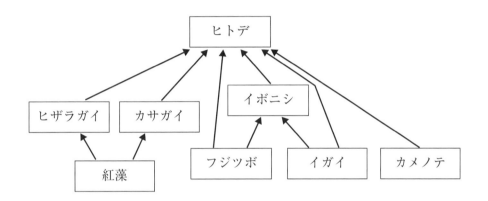

図　1

問1 図1において，紅藻，イボニシ，カメノテがそれぞれ属する栄養段階の組合せとして最も適当なものを，次の①～⑧のうちから一つ選べ。 112

	紅 藻	イボニシ	カメノテ
①	生産者	一次消費者	一次消費者
②	生産者	一次消費者	二次消費者
③	生産者	二次消費者	一次消費者
④	生産者	二次消費者	二次消費者
⑤	一次消費者	二次消費者	一次消費者
⑥	一次消費者	二次消費者	二次消費者
⑦	一次消費者	三次消費者	一次消費者
⑧	一次消費者	三次消費者	二次消費者

問2　図1の生物の集団から数か月間にわたってヒトデを人為的に除去し続けたところ，岩の表面がイガイに覆いつくされるようになり，他の生物はほとんどいなくなってしまった。このことに関する次の文章中の　ア　～　オ　に入る語句の組合せとして最も適当なものを，後の①〜⑧のうちから一つ選べ。　113

　ヒトデを除去すると，イガイの増殖速度が大きくなり，他の生物の生息を不可能にしてしまった。ヒザラガイとカサガイについては，ヒトデによる捕食が減ったという正の影響と，イガイの増殖による　ア　の減少などの負の影響を受けている。イボニシについてはイガイの増殖によって　イ　の増加という　ウ　の影響を受けているが，　ア　の減少による　エ　の影響の方が大きかったと考えられる。この生物の集団ではヒトデがイガイを多く捕食していたためにたくさんの種が共存できていたと考えられ，この場合の　オ　のような，生態系のバランスを保つのに重要な種をキーストーン種という。

	ア	イ	ウ	エ	オ
①	食　物	生活場所	正	負	ヒトデ
②	食　物	生活場所	正	負	イガイ
③	食　物	生活場所	負	正	ヒトデ
④	食　物	生活場所	負	正	イガイ
⑤	生活場所	食　物	正	負	ヒトデ
⑥	生活場所	食　物	正	負	イガイ
⑦	生活場所	食　物	負	正	ヒトデ
⑧	生活場所	食　物	負	正	イガイ

問3　図1の生物の集団が生息している海岸において，海水中にごく低濃度の
　　DDTが含まれていた。このDDTは過去に付近の農地で殺虫剤として使用さ
　　れたものである。このとき，紅藻，カサガイ，ヒトデの体内のDDT濃度につ
　　いての記述として最も適当なものを，次の①〜⑥のうちから一つ選べ。

　　　| 114 |

　　① DDTの濃度は海水中の濃度＞ヒトデ＞カサガイ＞紅藻の順に低くなると
　　　考えられる。これは自然浄化と呼ばれる現象である。

　　② DDTの濃度は紅藻＜カサガイ＜ヒトデ＜海水中の濃度の順に高くなると
　　　考えられる。これは生物濃縮と呼ばれる現象である。

　　③ DDTの濃度は海水中の濃度＞紅藻＞カサガイ＞ヒトデの順に低くなると
　　　考えられる。これは自然浄化と呼ばれる現象である。

　　④ DDTの濃度はヒトデ＜カサガイ＜紅藻＜海水中の濃度の順に高くなると
　　　考えられる。これは生物濃縮と呼ばれる現象である。

　　⑤ DDTの濃度はヒトデ＞カサガイ＞紅藻＞海水中の濃度の順に低くなると
　　　考えられる。これは自然浄化と呼ばれる現象である。

　　⑥ DDTの濃度は海水中の濃度＜紅藻＜カサガイ＜ヒトデの順に高くなると
　　　考えられる。これは生物濃縮と呼ばれる現象である。

B　植生とはある場所に生息する植物の集団のことであり，植生全体の外観を相観という。植生は相観に基づいて荒原・草原・森林の 3 つに大別される。ある地域で見られる植生と，そこに生息する動物などを含めた生物の集まりは(a)バイオーム(生物群系)と呼ばれる。火山の噴火や大規模な土砂崩れなどによって植生が失われた場所では，時間の経過とともに少しずつ植物が侵入して植生が回復していく様子が見られる。その過程は遷移と呼ばれ，(b)火山の噴火後 1000 年以上の年月をかけて遷移が進行し極相に達する。

問4　下線部(a)について，様々なバイオームに関する記述として最も適当なものを，次の①～⑥のうちから一つ選べ。　115

①　森林のバイオームは，年平均気温が 0 ℃程度の亜寒帯には全く分布していない。

②　日本国内の標高 700 m 以下の地域では，人間による開発がなければ多くの場所で森林のバイオームが成立しうると考えられる。

③　草原のバイオームは，年平均気温が 15 ℃以下の温帯には分布していない。

④　草原のバイオームでは，優占種は草本なので，樹木は全く見られない。

⑤　荒原のバイオームは，年降水量に関係なく，30 ℃以上や，−5 ℃以下の極端な年平均気温の地域に分布している。

⑥　荒原のバイオームでは，植物は全く見られない。

問5 下線部(b)に関連して，遷移が進行すると，生物による環境形成作用で非生物的環境に変化が生じる。一般に，遷移の進行にともなって，地表付近の明るさ，地表付近の湿度，昼夜の気温の変動幅はどのように変化するか。その組合せとして最も適当なものを，次の①〜⑧のうちから一つ選べ。 116

	地表付近の明るさ	地表付近の湿度	昼夜の気温の変動幅
①	明るくなる	高くなる	大きくなる
②	明るくなる	高くなる	小さくなる
③	明るくなる	低くなる	大きくなる
④	明るくなる	低くなる	小さくなる
⑤	暗くなる	高くなる	大きくなる
⑥	暗くなる	高くなる	小さくなる
⑦	暗くなる	低くなる	大きくなる
⑧	暗くなる	低くなる	小さくなる

問6　ある日本の本州中部の平野部で，火山の噴火から200年近くが経過した森林10000 m²中に生育する2種の樹木，P種とQ種の地上1 mの高さにおける幹の直径と個体数を調査し，結果を図2に示した。P種とQ種の組合せとして最も適当なものを，後の①〜⑥のうちから一つ選べ。なお，P種とQ種はいずれも樹高が最大で15 mを超える高木である。 | 117 |

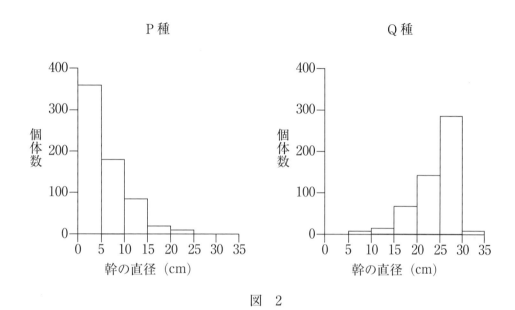

図　2

	P　種	Q　種
①	タブノキ	アカマツ
②	タブノキ	オオバヤシャブシ
③	アカマツ	タブノキ
④	アカマツ	オオバヤシャブシ
⑤	オオバヤシャブシ	タブノキ
⑥	オオバヤシャブシ	アカマツ

第 4 回

時間　目安30分（2科目選択で計60分）　　　　50点　満点

1 ═ 解答にあたっては，実際に試験を受けるつもりで，時間を厳守し真剣に取りくむこと。

2 ═ 巻末のマークシート▲を切り離しのうえ練習用として利用すること。

3 ═ 解答終了後には，自己採点により学力チェックを行い，別冊の解答・解説をじっくり読んで，弱点補強，知識や考え方の整理などに努めること。

生 物 基 礎

$\left(\text{解答番号}\boxed{101}\sim\boxed{117}\right)$

第 1 問　次の文章(**A・B**)を読み，下の問い(**問 1 ～ 5**)に答えよ。(配点　17)

A　アヤナとユウキは，次の物質を入れた試験管Ⅰ～Ⅲを用意し，3％過酸化水素水を入れて酵素カタラーゼのはたらきを観察した。

　　　試験管Ⅰ：石英砂

　　　試験管Ⅱ：酸化マンガン(Ⅳ)

　　　試験管Ⅲ：ブタの肝臓片

アヤナ：試験管Ⅰ以外は，気泡が発生したね。

ユウキ：酸化マンガン(Ⅳ)と，肝臓片に含まれている酵素カタラーゼは，過酸化水素水を水と酸素に分解する反応を触媒しているんだって。

アヤナ：それじゃあ，この気泡は酸素なのね。火の付いた線香を入れたら確かめられるはずだよ。

ユウキ：あ，気泡が出てこなくなった。線香を入れる前に，(a)どうして気泡が出てこなくなったか調べてみようよ。

問1　酵素の性質についての記述として最も適当なものを，次の①～⑤のうちから一つ選べ。　101

①　反応が終わったらすぐに分解される。

②　1種類の酵素が複数の異なる反応を促進する。

③　主成分は炭水化物である。

④　反応の前後で，酵素の構造自体は変化しない。

⑤　酵素は細胞内でしか機能しない。

問2　試験管Ⅰを用意した目的として最も適当なものを，次の①～④のうちから一つ選べ。　102

①　石英砂のはたらきを調べるため。

②　触媒が存在しないときは，気泡が発生しないことを示すため。

③　石英砂が過酸化酸素水の分解を抑制しており，実験が失敗した時にすぐに過酸化水素水を使用できるようにするため。

④　石英砂に二酸化炭素を吸収させるため。

問3　下線部(a)について，気泡の発生が止まった試験管Ⅲを2本用意し，一方には肝臓片を，もう一方には過酸化水素水を追加した。気泡の発生の有無についての組合せとして最も適当なものを，次の①～④のうちから一つ選べ。　103

	肝臓片	過酸化水素水
①	発生した	発生した
②	発生した	発生しなかった
③	発生しなかった	発生した
④	発生しなかった	発生しなかった

B 細胞分裂が終了してから，次の細胞分裂が終了するまでの過程を細胞周期という。体細胞分裂では，間期に(b)複製された核 DNA は，分裂期（M 期）に娘細胞へと均等に分配される。次の図1は，細胞周期における細胞あたりの DNA 量の変化を表したものである。下の図2は，活発に体細胞分裂を行っているタマネギの根端分裂組織において，細胞あたりの DNA 量を測定した結果を表したものである。

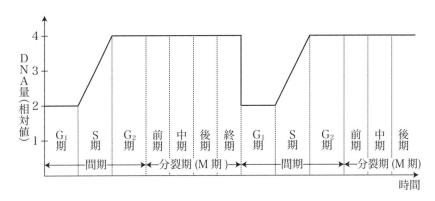

図　1

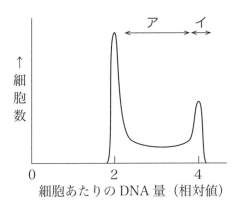

図　2

問4　下線部(b)について，ヒトの体細胞にはゲノムが２組あり，ゲノムDNAの塩基対数は約30億塩基対である。ヒトの体細胞のDNAを複製するのにおよそ10時間かかるとき，１分間あたりに複製される塩基数として最も適当なものを，次の①〜⑥のうちから一つ選べ。　104　塩基

① 8×10^4　　② 1.7×10^5　　③ 3.3×10^5　　④ 5×10^6

⑤ 1×10^7　　⑥ 2×10^7

問5　図２中の，**ア**および**イ**の細胞は，細胞周期のどの期間にあてはまるか。図１を参考にして，次の@〜@のうちから過不足なく選んだものを，下の①〜⑧のうちからそれぞれ一つずつ選べ。
ア　105　・イ　106

ⓐ　G₁期(DNA合成準備期)

ⓑ　S期(DNA合成期)

ⓒ　G₂期(分裂準備期)

ⓓ　M期

① ⓐ　　　② ⓑ　　　③ ⓒ　　　④ ⓓ

⑤ ⓐ，ⓑ　　⑥ ⓐ，ⓓ　　⑦ ⓑ，ⓒ　　⑧ ⓒ，ⓓ

第2問 次の文章（**A・B**）を読み，下の問い（**問1～5**）に答えよ。（配点 18）

A 腎臓は腹腔の背側に左右1対存在する臓器で，血中の水分量やイオン濃度を調節する役割をもつ。腎臓に流入した血液は　ア　でろ過され，　イ　に入り原尿となる。　ア　と　イ　をまとめて　ウ　という。　エ　を通過するときに必要な物質は再吸収され，再吸収されなかった(a)老廃物が尿として排出される。次の図1は腎臓におけるろ過と再吸収の過程を模式的に表したものである。また下の表1は，健康なヒトの血しょう，原尿および尿に含まれるカリウムイオン（K$^+$）とイヌリンの濃度（重量パーセント）を示したものである。なお，イヌリンはヒトの体内に含まれない物質で，濃縮率を調べるために静脈中に注射したものである。

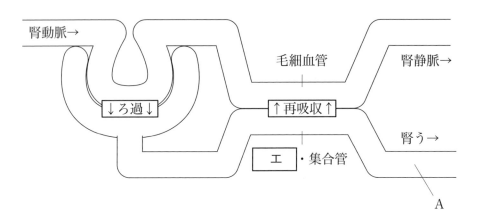

図　1

表　1

成分	血しょう(%)	原尿(%)	尿(%)
K$^+$	0.02	0.02	0.15
イヌリン	0.1	0.1	12

問1　上の文章中の　ア　～　エ　に入る語の組合せとして最も適当なもの

を，次の①〜⑧のうちから一つ選べ。　107

	ア	イ	ウ	エ
①	糸球体	ボーマンのう	腎小体	細尿管
②	糸球体	ボーマンのう	腎小体	輸尿管
③	糸球体	ボーマンのう	ネフロン	細尿管
④	糸球体	ボーマンのう	ネフロン	輸尿管
⑤	ボーマンのう	糸球体	腎小体	細尿管
⑥	ボーマンのう	糸球体	腎小体	輸尿管
⑦	ボーマンのう	糸球体	ネフロン	細尿管
⑧	ボーマンのう	糸球体	ネフロン	輸尿管

問2　下線部(a)について，次の物質ⓐ～ⓒのうち，健康なヒトにおいて，図1

中のAを流れる体液中に含まれる物質の組合せとして最も適当なものを，

下の①〜⑦のうちから一つ選べ。　108

ⓐ　グルコース　　　ⓑ　タンパク質　　　ⓒ　尿素

① ⓐ　　　② ⓑ　　　③ ⓒ　　　④ ⓐ, ⓑ
⑤ ⓐ, ⓒ　　　⑥ ⓑ, ⓒ　　　⑦ ⓐ, ⓑ, ⓒ

問3　表1について，1分間あたり尿が1 mL 形成されるとき，1時間で再吸収されるカリウムイオンの量(g)として最も適当なものを，次の①〜⑤のうちから一つ選べ。なお，血しょう，原尿，尿の密度は1 g/mL とする。

109　g

① 0.02　　② 1.35　　③ 15.6　　④ 2.25　　⑤ 135

B トウヤとユキトは，臓器移植について話し合った。

トウヤ：最近，車の免許をとったんだけど，免許証の裏に臓器提供の意思表示欄があったんだ。

ユキト：へぇ，見せて。…臓器ごとに提供するかしないか選べるんだ。知らなかったなぁ。

トウヤ：自分が病気だったりするとあげることはできないからね。

ユキト：そういえば，そうだね。でも，確か臓器移植を行うと(b)拒絶反応が起きるんだよね。

トウヤ：細胞膜上にある MHC（主要組織適合遺伝子複合体）タンパク質が個人個人で異なっていて，患者の MHC タンパク質と違う MHC タンパク質をもつ臓器を移植してしまうと異物と認識されてしまうんだ。特に，(c)細胞性免疫のはたらきによるみたいだね。

ユキト：再生医療で，臓器を再生する研究も進んでいるけれども，まだ実現には少し時間がかかりそうだね。いつ，臓器提供をする側，臓器提供を受ける側になっても大丈夫なように，しっかりと考えておかないとね。

問4　下線部(b)について，異なる MHC タンパク質をもつ A 系統マウス，B 系統マウスおよび C 系統マウスを用いて，次の**実験1〜5**を行った。各実験で用いたマウスはそれぞれ別の個体である。**実験4・実験5**の結果として最も適当なものを，下の**①〜④**のうちからそれぞれ一つずつ選べ。ただし，同じものを繰り返し選んでもよい。

実験4 | 110 | ・実験5 | 111 |

実験1　A 系統マウスの皮膚片と B 系統マウスの皮膚片を交換移植したところ，どちらの移植片も約 10 日で脱落した。

実験2　A 系統マウスの皮膚片と C 系統マウスの皮膚片を交換移植したところ，A 系統マウスでは移植片が約 10 日で脱落したが，C 系統マウスでは移植片は脱落せず，生着した。

実験3　B 系統マウスの皮膚片と C 系統マウスの皮膚片を交換移植したところ，B 系統マウスでは移植片が約 10 日で脱落したが，C 系統マウスでは移植片は脱落せず，生着した。

実験4　A 系統マウスと B 系統マウスの交配により F_1 マウスを得た。この F_1 マウスは A 系統の MHC タンパク質と B 系統の MHC タンパク質を発現していた。この F_1 マウスに A 系統マウスの皮膚片を移植した。

実験5　B 系統マウスの血清を静脈に注射しておいた C 系統マウスに，A 系統マウスの皮膚片を移植した。

① 　生着した　　　　　　② 　約 10 日で脱落した

③ 　約 5 日で脱落した　　④ 　この実験からではわからない

問5　下線部(c)に関連して，次の文章中の　オ　～　キ　に入る語の組合せとして最も適当なものを，下の①～⑥のうちから一つ選べ。　112

　　免疫には自然免疫と適応免疫(獲得免疫)があり，適応免疫はさらに体液性免疫と細胞性免疫に分けられる。体液性免疫では，樹状細胞から抗原提示を受けた　オ　が　カ　を活性化し，　カ　は抗体産生細胞(形質細胞)に分化して抗体を産生する。抗体は異物と特異的に結合し，抗原抗体反応により異物を排除する。細胞性免疫では樹状細胞から抗原提示を受けた　キ　が活性化し，感染細胞やがん細胞を直接攻撃して排除する。

	オ	カ	キ
①	キラー T 細胞	ヘルパー T 細胞	B 細胞
②	キラー T 細胞	B 細胞	ヘルパー T 細胞
③	ヘルパー T 細胞	キラー T 細胞	B 細胞
④	ヘルパー T 細胞	B 細胞	キラー T 細胞
⑤	B 細胞	ヘルパー T 細胞	キラー T 細胞
⑥	B 細胞	キラー T 細胞	ヘルパー T 細胞

第3問 次の文章(**A・B**)を読み，下の問い(**問1〜5**)に答えよ。(配点　15)

A 生物は，多様な環境に適応して特徴ある集団を形成する。このような生物集団をバイオームという。バイオームは生産者である植物に依存して成立するため，陸上のバイオームは植生の相観によって区別される。

(a)バイオームは，年平均気温と年降水量によって決まる。日本は降水量が十分なため，極相のバイオームは森林となり，気温に応じて南北方向にバイオームの水平分布が見られる。沖縄から九州南端には　**ア**　，九州から関東までの低地には　**イ**　，東北地方から北海道南部には　**ウ**　が分布している。

問1 上の文章中の　**ア**　〜　**ウ**　に入る語の組合せとして最も適当なものを，次の①〜⑥のうちから一つ選べ。　**113**

	ア	イ	ウ
①	照葉樹林	夏緑樹林	針葉樹林
②	照葉樹林	針葉樹林	夏緑樹林
③	亜熱帯多雨林	照葉樹林	夏緑樹林
④	亜熱帯多雨林	夏緑樹林	針葉樹林
⑤	熱帯多雨林	亜熱帯多雨林	夏緑樹林
⑥	熱帯多雨林	照葉樹林	針葉樹林

問2　下線部(a)について，年平均気温が十分高い熱帯地域において，次の@〜
　　ⓘのバイオームを年降水量が少ない方から順に並べたものとして最も適当
　　なものを，下の①〜⑥のうちから一つ選べ。　114

　　ⓐ　熱帯多雨林　　　ⓑ　照葉樹林　　　ⓒ　夏緑樹林
　　ⓓ　針葉樹林　　　　ⓔ　雨緑樹林　　　ⓕ　ステップ
　　ⓖ　サバンナ　　　　ⓗ　ツンドラ　　　ⓘ　砂漠

　　①　ⓐ→ⓑ→ⓒ→ⓓ→ⓗ　　　②　ⓗ→ⓓ→ⓒ→ⓑ→ⓐ
　　③　ⓐ→ⓔ→ⓕ→ⓘ　　　　　④　ⓘ→ⓕ→ⓔ→ⓐ
　　⑤　ⓐ→ⓔ→ⓖ→ⓘ　　　　　⑥　ⓘ→ⓖ→ⓔ→ⓐ

問3　他のバイオームと比較したとき，ツンドラの土壌に見られる特徴について
　　の説明として最も適当なものを，次の①〜④のうちから一つ選べ。　115

　　①　栄養塩類を吸収する植物が少ないため，土壌中に栄養塩類が多量に蓄積
　　　している。
　　②　有機物を吸収する植物が少ないため，土壌中に有機物が多量に蓄積して
　　　いる。
　　③　植物を摂食する両生類や爬虫類，小型の哺乳動物が多く生息するため，
　　　土壌中に有機物がほとんど存在しない。
　　④　有機物を分解する細菌類や菌類のはたらきが弱く，土壌中の栄養塩類が
　　　少ない。

B　生態系は，生物集団とそれを取りまく非生物的環境が互いに影響を及ぼしあって成り立っており，生物が非生物的環境に影響を与えることを　エ　，非生物的環境が生物に影響を与えることを　オ　という。生態系を構成する種や個体数は変動が見られるものの，一定の範囲内でおさまり，バランスが保たれている。しかし，近年の人間活動は生態系へ，その復元力を超える攪乱を引き起こし，様々な環境問題を生じさせている。例えば，化石燃料の大量消費による大気中の二酸化炭素濃度の上昇が引き起こす地球温暖化，(b)湖沼や河川の水質汚染，外来生物の侵入などがあげられる。人間活動が生態系に与える影響は大きく，生態系のバランスがくずれることで絶滅の危機に瀕している生物種も多数存在する。絶滅のおそれがある生物を，その危険度を判定して分類し，分布や生息状況などを詳細にまとめたものを　カ　という。

問4　上の文章中の　エ　～　カ　に入る語の組合せとして最も適当なものを，次の①～⑥のうちから一つ選べ。　116

	エ	オ	カ
①	作用	環境形成作用	レッドリスト
②	作用	環境形成作用	レッドデータブック
③	作用	環境形成作用	生態系サービス
④	環境形成作用	作用	レッドリスト
⑤	環境形成作用	作用	レッドデータブック
⑥	環境形成作用	作用	生態系サービス

問5　下線部(b)について，河川に流入した有機物は，微生物のはたらきや泥などへの吸着により次第に減少していく。いま，有機物が多く含まれる生活排水が流入するある河川において，流入地点より下流の水中に含まれる物質の濃度変化を調べたところ，次の図1の結果が得られた。A～Cにあてはまる物質の組合せとして最も適当なものを，下の①～⑥のうちから一つ選べ。　117

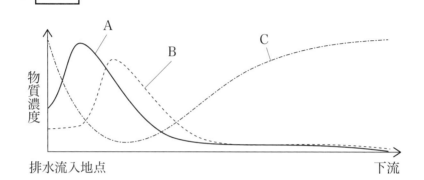

図　1

	物質 A	物質 B	物質 C
①	$NO_3{}^-$	$NH_4{}^+$	BOD
②	$NO_3{}^-$	溶存酸素	$NH_4{}^+$
③	溶存酸素	BOD	$NH_4{}^+$
④	溶存酸素	$NH_4{}^+$	BOD
⑤	$NH_4{}^+$	$NO_3{}^-$	溶存酸素
⑥	BOD	溶存酸素	$NO_3{}^-$

大学入学共通テスト本試験

（2024 年 1 月 14 日実施）

時間　目安30分（2科目選択で計60分）　　　50点　満点

1 ── 解答にあたっては，実際に試験を受けるつもりで，時間を厳守し真剣に取りくむこと。

2 ── 巻末のマークシート B を切り離しのうえ練習用として利用すること。

3 ── 解答終了後には，自己採点により学力チェックを行い，別冊の解答・解説をじっくり読んで，弱点補強，知識や考え方の整理などに努めること。

※ 2024 共通テスト本試験問題を編集部にて一部修正して作成しています。

生 物 基 礎

$\left(\text{解答番号}\boxed{1}\sim\boxed{16}\right)$

第1問 細胞と遺伝子の働きに関する次の文章(**A・B**)を読み,後の問い(**問1**〜5)に答えよ。(配点 17)

A 全ての生物は,(a)細胞を基本単位として活動している。細胞は生物固有の全遺伝情報である(b)ゲノムを持ち,ゲノムに存在する(c)遺伝子が発現することで,細胞の働きが維持されている。遺伝子の本体は,(d)肺炎を引き起こす肺炎双球菌(肺炎球菌)を用いた実験により明らかになった。

問1 下線部(a)について,原核細胞と真核細胞に共通する特徴として**適当でない**ものを,次の①〜⑤のうちから一つ選べ。 $\boxed{1}$

① 細胞内での化学エネルギーの受け渡しにATPを利用する。

② 細胞内で酵素反応が行われている。

③ 異化の仕組みを持つ。

④ 物質は細胞膜を介して出入りする。

⑤ ミトコンドリアや葉緑体を持つ。

問 2 下線部(b), (c)に関連して，ゲノムや遺伝子に関する記述として最も適当な
ものを，次の①〜⑤のうちから一つ選べ。　　2

① ゲノムの DNA に含まれる，アデニンの数とグアニンの数は等しい。

② ゲノムの DNA には，RNA に転写されず，タンパク質に翻訳もされな
い領域が存在する。

③ 同一個体における皮膚の細胞とすい臓の細胞とでは，中に含まれるゲノ
ムの情報が異なる。

④ 単細胞生物が分裂により 2 個体になったとき，それぞれの個体に含まれ
る遺伝子の種類は互いに異なる。

⑤ 細胞が持つ遺伝子は，卵と精子が形成されるときに種類が半分になり，
受精によって再び全種類がそろう。

問3 下線部(d)に用いた肺炎双球菌には，病原性を持たないR型菌と，病原性を持つS型菌がある。加熱殺菌したS型菌だけをマウスに注射すると発病しなかったが，加熱殺菌したS型菌をR型菌と混ぜてから注射すると発病した。発病したマウスの体内からはS型菌が見つかった。また，S型菌をすりつぶして得た抽出液をR型菌に加えて培養すると，一部のR型菌はS型菌に変わった。これらの現象は，S型菌の遺伝物質を取り込んだ一部のR型菌でS型菌への形質転換が起こり，それが病原性を保ったまま増殖することで引き起こされる。

そこで，この遺伝物質の本体を確かめるために，S型菌の抽出液に次の処理ⓐ～ⓒのいずれかを行った後，それぞれをR型菌に加えて培養する実験を行った。培養後にS型菌が見つかった処理はどれか。それを過不足なく含むものを，後の①～⑦のうちから一つ選べ。　　3

ⓐ　タンパク質を分解する酵素で処理した。
ⓑ　RNAを分解する酵素で処理した。
ⓒ　DNAを分解する酵素で処理した。

① ⓐ　　　　　　② ⓑ　　　　　　③ ⓒ
④ ⓐ, ⓑ　　　　⑤ ⓐ, ⓒ　　　　⑥ ⓑ, ⓒ
⑦ ⓐ, ⓑ, ⓒ

B 細胞はDNAを複製して分裂することで増殖する。紫外線が細胞周期に与える影響を，動物の体細胞由来の培養細胞を用いて調べた。この培養細胞のDNA量を継続的に測定したところ，細胞1個当たりのDNA量は，図1のように，周期的に変化していた。この培養細胞に紫外線を短時間照射したところ，図2のように，DNA量の変化が一時的にみられなくなったが，その後，もとの周期的な変化が再開した。これは，(e)細胞周期が一時停止して，その間に，紫外線によって損傷を受けたDNAが修復されたことを示している。

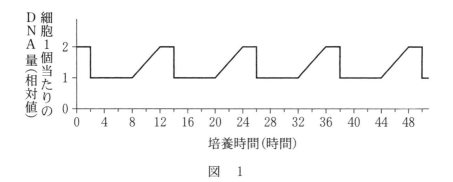

図　1

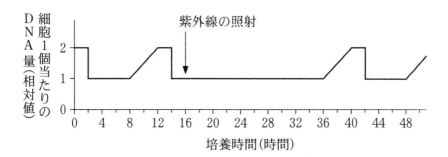

注：矢印は，紫外線を照射した時点を示す。

図　2

問 4　下線部(e)について，紫外線照射後に細胞周期が停止したのはどの時期であると考えられるか。その細胞周期の時期として最も適当なものを，次の①～④のうちから一つ選べ。　4

① G₁ 期
② G₂ 期
③ S 期
④ M 期

問 5 次に，紫外線の代わりに，化合物 Z が細胞周期に与える影響を調べた。DNA 量の測定開始 16 時間後から，化合物 Z を培地に加えて培養を続けたところ，図 3 の結果が得られた。また，測定開始から 15 時間後，26 時間後，および 40 時間後の各時点において，細胞を顕微鏡で観察した。図 4 は，その結果を模式図として示したものである。これらの結果から，化合物 Z は，細胞周期のどの過程を阻害したと考えられるか。最も適当なものを，後の①〜⑤のうちから一つ選べ。　| 5 |

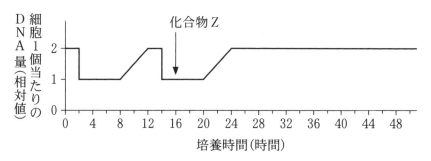

注：矢印の時点から，化合物 Z を培地に加えて培養を続けた。

図　3

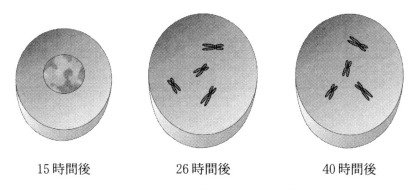

　　15 時間後　　　　　　26 時間後　　　　　　40 時間後

各時点において観察された細胞の模式図

図　4

① G₁ 期の進行

② G₂ 期の進行

③ DNA の複製

④ 染色体の分配

⑤ 染色体の凝縮

第2問 ヒトの体内環境の維持に関する次の文章（**A・B**）を読み，後の問い（問1～6）に答えよ。（配点　18）

A (a)血液は，血管を通って体内を循環しており，細胞の呼吸に必要な酸素や栄養分，細胞が放出した二酸化炭素や老廃物を，からだの適切な場所に運搬する。また体内には，(b)皮膚や血管が傷ついたときにすぐに修復する仕組みが備わっている。

問1　下線部(a)に関連して，血液の成分に関する記述として最も適当なものを，次の①～⑤のうちから一つ選べ。　| 6 |

① 血液は，有形成分の血球と液体成分の血清とからなる。

② 赤血球，白血球，および血小板のうち，最も数が多いのは血小板である。

③ 血液の液体成分に溶けている物質のうち，質量として最も多くを占めるものは無機塩類である。

④ 血液による酸素の運搬は，主にヘモグロビンによって行われる。

⑤ 白血球は，免疫を担うとともに，老廃物の運搬を行う。

問2　下線部(b)に関連して，次の記述ⓐ～ⓒは，血管が傷ついたときに，傷口が塞がれて出血が止まるまでの過程で起こる現象を示したものである。傷口で起こる現象の順序として最も適当なものを，後の①～⑥のうちから一つ選べ。　| 7 |

ⓐ 繊維状の物質が形成される。

ⓑ 赤血球などを絡めた塊ができる。

ⓒ 血小板が集まる。

① ⓐ→ⓑ→ⓒ　　② ⓐ→ⓒ→ⓑ　　③ ⓑ→ⓐ→ⓒ

④ ⓑ→ⓒ→ⓐ　　⑤ ⓒ→ⓐ→ⓑ　　⑥ ⓒ→ⓑ→ⓐ

問 3 皮膚や血管の修復作用は，感染を防ぐために重要である。皮膚と血管が傷ついたときに，修復作用が不十分であると，傷口からは病原体が次々と侵入する。皮膚と血管が傷ついた直後に，傷口付近で起こる病原体に対する防御反応として最も適当なものを，次の①～⑤のうちから一つ選べ。 8

① 傷口に集まってきた血小板が，侵入してきた病原体を取り込む。

② 傷口を塞ぐために角質層が形成される。

③ マクロファージが傷口付近で病原体を取り込む。

④ ナチュラルキラー（NK）細胞が，傷口から侵入した病原体を直接攻撃する。

⑤ 抗体産生細胞（形質細胞）が傷口の組織に集まって，侵入してきた病原体に対する抗体を放出する。

B 理科室に置いてある人体模型にぶつかってしまい，内部にあった各器官の模型を床に散乱させてしまった。そこで，内部が空洞になった人体模型（図1）に，まず，からだの左側の腎臓の模型（図2）と腎臓につながる血管の模型（図3）をもとの位置に戻すことにした。腎臓の模型には3本の管（管A〜C）があり，このうち管A，管Bは血管であった。管Aの血管壁は管Bの血管壁よりも厚かったので，管　ア　を血管の模型の静脈に接続し，もう一方の管を動脈に接続した。同様にして，右側の腎臓の模型と血管の模型を接続した後，これらをもとの位置である図1中の部位　イ　に戻した。

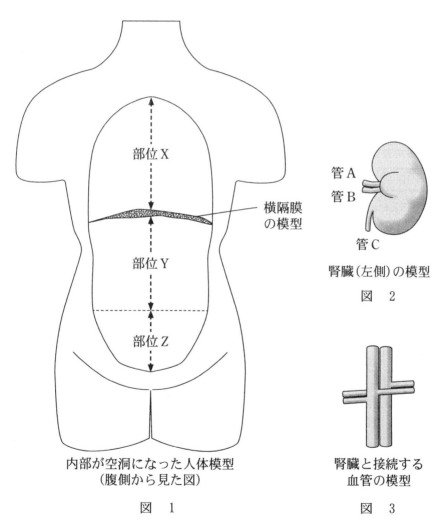

内部が空洞になった人体模型
（腹側から見た図）

図　1

腎臓（左側）の模型

図　2

腎臓と接続する
血管の模型

図　3

注：図1〜3は，それぞれ縮尺が異なる。

問 4 前の文章中の ア ・ イ に当てはまる記号の組合せとして最も適当なものを，次の①〜⑥のうちから一つ選べ。 9

	ア	イ
①	A	X
②	A	Y
③	A	Z
④	B	X
⑤	B	Y
⑥	B	Z

問 5 腎臓に流入する血液には，次のⓓ〜ⓖなどの物質が含まれている。健康なヒトの腎臓において，図2の管Cに相当する管を流れる液体中に存在する物質の組合せとして最も適当なものを，後の①〜⑥のうちから一つ選べ。

10

ⓓ 無機塩類　　　ⓔ 糖　　　　　　ⓕ 尿　素　　　　　ⓖ アミノ酸

① ⓓ, ⓔ　　　　　　② ⓓ, ⓕ　　　　　　③ ⓓ, ⓖ

④ ⓔ, ⓕ　　　　　　⑤ ⓔ, ⓖ　　　　　　⑥ ⓕ, ⓖ

問 6　ブタの腎臓は，構造や大きさがヒトの腎臓とよく似ている。健常なブタの腎臓の腎動脈の切断口から，薄めた墨汁をゆっくりと注入した。この腎臓を縦に切断したとき，切断面に見られる墨汁の黒い成分の分布を示した模式図として最も適当なものを，次の①～④のうちから一つ選べ。ただし，墨汁中の黒い成分は，炭素を含む微粒子が結合したタンパク質である。　11

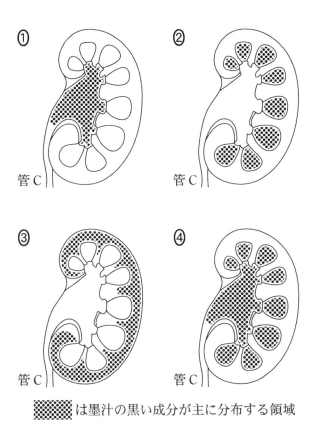

①

②

③

④

管C

管C

管C

管C

▨▨▨ は墨汁の黒い成分が主に分布する領域

第3問 生物の多様性と生態系の保全に関する次の文章（**A・B**）を読み，後の問い（**問1～5**）に答えよ。(配点　15)

A 日本列島では，ほとんどの地域に(a)森林が見られ，森林が成立しない湿地や(b)湖沼には，水生植物からなる植生が見られる。過去に山火事や伐採により森林が消失した場所では，(c)主にススキなどの草本が優占する草原が見られることがあり，草原は時間の経過とともに森林へと移り変わっていく。

問1 下線部(a)に関連して，日本列島の森林に関する次の文章中の ア ・ イ に入る語句の組合せとして最も適当なものを，後の①～⑥のうちから一つ選べ。 12

日本列島には複数の森林のバイオームが見られ，その分布は主に ア により決まる。森林限界が見られる標高は，北海道では本州中部地方 イ 。

	ア	イ
①	年降水量	より低い
②	年降水量	と変わらない
③	年降水量	より高い
④	年平均気温	より低い
⑤	年平均気温	と変わらない
⑥	年平均気温	より高い

問 2 下線部(b)に関連して，次の記述@〜©のうち，湖沼の植生や生態系の説明として適当なものはどれか。それを過不足なく含むものを，後の①〜⑦のうちから一つ選べ。 13

@ 湖沼では，水深に応じた植生の違いが見られる。

ⓑ 湖沼の生態系では，植物プランクトンと動物プランクトンが生産者として働いている。

© 湖沼に土砂が堆積して陸地化すると，やがて森林となることがある。

① @
② ⓑ
③ ©
④ @，ⓑ
⑤ @，©
⑥ ⓑ，©
⑦ @，ⓑ，©

問 3 下線部(C)に関連して，中部地方のある山地では，過去300年にわたり，2年に1回，人為的に植生を焼き払う火入れを春に行った後，成長した植物の刈取りをその年の初秋に行う管理方法により，伝統的に草原が維持されてきた。近年になり，管理方法が変更された区域や，管理が放棄された区域も見られるようになった。表1は，五つの区域（I～V）における近年の管理方法を示したものである。また図1は，各区域内で初夏に観察された全ての植物の種数と，そこに含まれる希少な草本の種数を調べた結果を示したものである。

表 1

区域	近年の管理方法
I	2年に1回，火入れと刈取りの両方が行われている（伝統的管理）。
II	毎年，火入れと刈取りの両方が行われている。
III	毎年，刈取りのみが行われている。
IV	毎年，火入れのみが行われている。
V	管理が放棄され，火入れも刈取りも行われていない。

注：火入れの時期は春，刈取りの時期は初秋である。

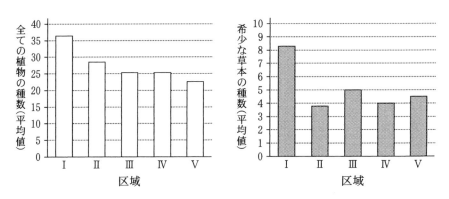

注：各区域内に調査点（1 m × 1 m）を複数設置し，それぞれの調査点において観察された全ての植物の種数および希少な草本の種数を，平均値で示す。

図 1

この山地における草原を維持する管理方法と観察された植物の種数について，表 1 と図 1 から考えられることとして最も適当なものを，次の ① ～ ④ のうちから一つ選べ。　14

① 火入れと刈取りの両方を毎年行うことは，火入れと刈取りのどちらかのみを毎年行うことと比べて，全ての植物の種数における希少な草本の種数の割合を大きくする効果がある。

② 火入れを毎年行うことは，管理を放棄することと比べて，全ての植物の種数に加えて希少な草本の種数も多く保つ効果がある。

③ 伝統的管理を行うことは，火入れと刈取りの両方を毎年行うことと比べて，全ての植物の種数に加えて希少な草本の種数も多く保つ効果がある。

④ 管理を放棄することは，伝統的管理を行うことと比べて，全ての植物の種数における希少な草本の種数の割合を大きくする効果がある。

B 人間活動によって本来の生息場所から別の場所へ移動させられ，その地域に棲〔す〕み着いた生物を，(d)外来生物という。(e)外来生物が生物多様性の保全や生態系のバランスに関わる問題を引き起こさないように，必要に応じて外来生物を管理することが求められる。

問 4 下線部(d)に関連して，外来生物が**関わっていない記述**を，次の①～④のうちから一つ選べ。 15

① アジア原産のつる植物であるクズが北米に持ち込まれたところ，林のへりで樹木を覆い，その生育を妨げるようになった。

② サクラマスを川で捕獲し，それらから得られた多数の子を育ててもとの川に放ったところ，野生の個体との間で食物をめぐる競合が起こり，全体として個体数が減少した。

③ イタチが分布していなかった日本のある島に，本州からイタチが持ち込まれたところ，その島の在来のトカゲがイタチに食べられて激減した。

④ メダカを水路で捕獲し，外国産の魚と一緒に飼育した後にもとの水路に戻したところ，飼育中にメダカに感染した外国由来の細菌が，水路にいる他の魚に感染した。

問 5 下線部(e)に関連して，外来生物の管理に関する記述として最も適当なものを，次の①～④のうちから一つ選べ。 16

① ある外来の水生植物が繁茂した池の生態系をもとの状態に近づけるためには，その植物を根絶することが難しい場合，定期的に除去して低密度に維持することが有効である。

② 家畜は，自然の生態系に放たれて外来生物になっても，いずれ死滅するので，人間の管理下に戻そうとしなくてもよい。

③ ある外来の動物が増えたことによって崩れた生態系のバランスを回復させるためには，別の種の動物を新たに導入し，その動物と食物をめぐって競合させることが有効である。

④ 新たに見つかった外来生物を根絶する場合には，見つかった直後に駆除するよりも，ある程度増殖するのを待ってからまとめて駆除するほうが効率がよい。

地学基礎

大学入学 共通テスト "出題傾向と対策"

(1) 出題傾向

共通テストの「地学基礎」は，出題形式は選択式マーク方式，問題量は大問数が 3 〜 4 題，解答数は全体で 15 問（2023 年度の追試験のみ 16 問）の全問必答で，各設問あたりの選択肢の数は 4 〜 6 個で，4 個の出題が多い。出題分野は次の表の通り「地学基礎」の全分野からまんべんなく出題され，おおまかには地球分野（岩石・鉱物，地質・地史を含む），大気・海洋分野，宇宙分野，自然災害・地球環境分野の大問 4 つに分けられるが，2021 年度には自然災害・地球環境分野が出題されなかったり他の大問に組み込まれたりすることで大問 3 つとなっていた。また，惑星や地球史などを題材として，同一の大問や設問中に複数の分野にまたがって出題されることもある。

知識問題は複数の文の正誤を問う問題もあるなど，正確さが問われる。また，観察結果や資料から分析・考察する問題も目立つ。さらに，図から数値を読み取らせる問題や計算も含まれる。一方で，きわめて基本的な知識や，生活に関わる一般知識のみを問う問題も 1 〜 3 問程度出題されることが多い。

(2) 対　策〈学習法〉

基本的な知識や考え方があいまいでは解答できない問題が多いため，基本を確実に身につけておくことが大切である。読図問題はさまざまな図を見慣れておき，地学現象の意味とともに理解しておきたい。地質構造の読図問題，地球史分野や気象分野の知識問題は毎年苦手とする受験者が多く，これらの分野は特に早めの対策を心がけたい。計算問題は，数値の読み取りや計算の精度を高めることに加えて，覚えている数値で解答できたり，概算で要領よく算出できたりする問題もあるので，地学現象の時間・空間的なスケールを感覚的につかんでおくことが重要である。

具体的な学習法として，まず教科書などで基礎知識を身につけることである。基礎知識が身についたら，2020 年度以前に行われていたセンター試験を含めた過去問を解くことである。過去問の復習には資料集などの図も参照しておくと効果的である。また，平易かつ短時間で解答できる問題を確実に得点し，読解や考察，計算に時間を要する問題に落ち着いて取り組めるような時間配分を身につけることも重要である。

地学にかぎらず，科学関連の身近な情報に広くアンテナを張り巡らせておくことも大切である。天気予報や災害情報などのニュース，石材やエネルギー資源，地理や天文イベント（現象）などの話題に日頃から触れ，情報を吸収する習慣をつけておくことで，本番の試験でこうした知識を問う出題がなされたときに確実な得点源にできる。また，こうした身の回りの知識と結びつけて地学的現象について理解し考察することは，教科書などで学んだ知識を思い出したり，さらに深く理解したりする手助けにもなるだろう。

●出題分野表

分　野	単　元・テーマ・内　容	2023本試験	2023追試験	2024本試験	2024追試験
Ⅰ 地球	地球の概観と内部構造	○			○
	プレートの運動	○		○	△
	地震と地殻変動	△	○	○	○
	火山活動と火成岩	○	○	○	
	地層の形成と堆積岩	○		○	○
	変成作用と変成岩	△	○		
	地球の歴史(先カンブリア時代)		△	○	
	地球の歴史(顕生代)		○	○	○
Ⅱ 大気・海洋	大気の構造と大気圏				
	雲と降水，水の循環		○	○	
	太陽放射と地球のエネルギー収支			○	△
	大気の大循環	△			△
	海洋と海水の運動	○	○	○	△
Ⅲ 宇宙	宇宙の誕生と広がり	○	○	○	○
	太陽の誕生と進化	○	○	○	○
	恒星としての現在の太陽	○			○
	太陽系の天体		○	△	○
Ⅳ 自然災害・地球環境	地震災害・火山災害			○	○
	日本の四季と気象災害	○	○	○	○
	自然の恩恵・環境問題	○			○

△は一部の選択肢に関わるのみなど，その設問の主題ではないが関連している項目となります。

第　1　回

時間　目安30分（2科目選択で計60分）　　　　　50点　満点

1 ══ 解答にあたっては，実際に試験を受けるつもりで，時間を厳守し真剣に取りくむこと。

2 ══ 巻末のマークシート A を切り離しのうえ練習用として利用すること。

3 ══ 解答終了後には，自己採点により学力チェックを行い，別冊の解答・解説をじっくり
　　読んで，弱点補強，知識や考え方の整理などに努めること。

地 学 基 礎

$\left(\text{解答番号}\boxed{101}\sim\boxed{115}\right)$

第1問 次の問い(A・B)に答えよ。(配点 20)

A 地球と火星に関する次の文章を読み，後の問い(問1～4)に答えよ。

　地球上で豊富な水と大気が40億年以上にわたって維持されてきたことは，生命が育まれるために重要な条件だった。火星表面にもかつては液体の水が豊富にあった証拠となる地形や鉱物が見つかっているが，火星表面の重力は地球表面の約0.4倍しかないため，火星の大気や水は大部分が重力によって保持できずに宇宙空間に流出したと考えられている。現在の火星表面は約6.1 hPaという，地球の約 $\boxed{\text{ア}}$ 分の1の大気圧しかないために，水は地下の圧力がないと液体の状態をとれず，固体から気体，気体から固体へと直接状態変化している。

　現在の火星で表面温度が0℃を超えるのは低緯度地域の昼にかぎられる。しかし，過去に火星に大気が豊富にあった時代には，二酸化炭素を主成分とする大気によって火星表面から放射されるエネルギーがよく $\boxed{\text{イ}}$ されていたため，温室効果によって現在よりも火星の表面温度は高くなっていたと考えられている。

問1　上の文章中の $\boxed{\text{ア}}$・$\boxed{\text{イ}}$ に入れる数値と語の組合せとして最も適当なものを，次の①～④のうちから一つ選べ。$\boxed{101}$

	ア	イ
①	170	吸　収
②	170	反　射
③	1700	吸　収
④	1700	反　射

問2　地球の原始海洋について述べた文として最も適当なものを，次の①～④のうちから一つ選べ。　102

① マグマオーシャンの中で沈み込む岩石成分から分離した水が集まって原始海洋になった。

② 原始海洋が形成されると，大気中の二酸化炭素は大量に海洋に吸収されて，海底に沈殿して石炭となった。

③ 約40億～38億年前の枕状溶岩や堆積岩は，原始海洋がすでに誕生していた証拠となる。

④ 原始海洋の誕生とともに，大気中に酸素が大量に放出された。

問3　惑星の自転による遠心力を無視すれば，惑星表面の重力の大きさは，その惑星の質量に比例し，その惑星の半径の2乗に反比例するとみなして計算できる。地球と火星を完全な球とするとき，火星の平均密度は地球の平均密度の何倍か。最も適当なものを，次の①～⑤のうちから一つ選べ。ただし，火星の半径は地球の半径の約0.5倍である。　103　倍

① 0.5　　　② 0.6　　　③ 0.7　　　④ 0.8　　　⑤ 0.9

問4　火星のオリンポス山は、すそ野からの高さが約 27 km、すそ野の直径が約 600 km という太陽系最大の火山である。次の表1は、性質が異なるマグマの活動でできた地球の火山である富士山、昭和新山、マウナ・ロアについて、それぞれのすそ野からの高さとすそ野の直径を示したものである。表1を参考にして、火星における火山活動を地球の火山と同様の性質をもつと考えたとき、オリンポス山の火山地形の名称とオリンポス山をつくる岩石の主な鉱物組成の組合せとして最も適当なものを、後の①〜⑥のうちから一つ選べ。 104

表1　富士山、昭和新山、マウナ・ロアのすそ野からの高さとすそ野の直径

火　山	すそ野からの高さ	すそ野の直径
富士山（日本）	約 3700 m	約 40 km
昭和新山（日本）	約 170 m	約 300 m
マウナ・ロア（ハワイ）	約 4200 m	約 90 km

	火山地形	岩石の主な鉱物組成
①	成層火山	石英，斜長石，カリ長石，黒雲母
②	成層火山	斜長石，かんらん石，輝石
③	溶岩ドーム（溶岩円頂丘）	石英，斜長石，カリ長石，黒雲母
④	溶岩ドーム（溶岩円頂丘）	斜長石，かんらん石，輝石
⑤	盾状火山	石英，斜長石，カリ長石，黒雲母
⑥	盾状火山	斜長石，かんらん石，輝石

B 地層と岩石に関する次の文章を読み，後の問い（問5・問6）に答えよ。

次の図1は，ある崖に見られた地層と岩石をスケッチしたものである。礫岩層と泥岩層や砂岩層の境界面，および泥岩層と砂岩層の境界面では，地層が不整合に接している。礫岩層からは ウ の化石が，泥岩層からはフズリナ（紡錘虫）の化石が，砂岩層からはカヘイ石（ヌンムリテス）の化石が見つかっており，安山岩に接している部分の泥岩は接触変成作用を受けて エ になっていた。

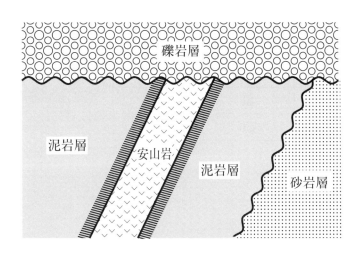

図1 ある崖の地層のスケッチ

斜線部は泥岩が接触変性作用を受けた部分である。

問5 上の文章中の ウ ・ エ に入れる語の組合せとして最も適当なものを，次の①〜④のうちから一つ選べ。 105

	ウ	エ
①	ビカリア	デイサイト
②	ビカリア	ホルンフェルス
③	モノチス	デイサイト
④	モノチス	ホルンフェルス

問6　前ページの図1中の地層と岩石について述べた次の文a・bの正誤の組合せとして最も適当なものを，後の①〜④のうちから一つ選べ。　106

a　泥岩層との境界面付近の砂岩層に，泥岩層が侵食されてできた礫が含まれている可能性がある。

b　安山岩が泥岩層に貫入した時代は，砂岩層が堆積した時代よりも古い可能性がある。

	a	b
①	正	正
②	正	誤
③	誤	正
④	誤	誤

第2問　大気と海洋に関する次の文章を読み，後の問い(問1～3)に答えよ。
（配点　10）

　雷は，積乱雲内部の強い上昇気流のなかで，氷の粒と水の粒が衝突をくり返すことで発生する。積乱雲の発生・発達には，上昇気流と大量の水蒸気が必要である。日本での雷は，主に夏季に発達した積乱雲で生じることが多いが，本州の日本海側では冬季にも，沿岸部で発達する積乱雲によって雷が多く発生する。

　積乱雲はときに雷だけでなく，大きな氷の粒である雹^{ひょう}もともなうことがある。雹は，雷の発生原因である積乱雲中の氷の粒が，積乱雲の中の水蒸気を取り込む成長と，衝突した水の粒を取り込む成長とをくり返した後に落下したものである。

問1　冬季の本州の日本海側沿岸部で積乱雲が発達する理由として最も適当なものを，次の①～④のうちから一つ選べ。　107

① 北西から日本海を越えて冷たい季節風が強く吹き，上陸するまで海面付近の大気が日本海の海水によって暖められるため。

② 北西から日本海を越えて冷たい季節風が強く吹き，上陸後は地表付近の大気が地表との摩擦によって暖められるため。

③ 南東から脊梁山脈を越えて暖かい季節風が強く吹き，海上に出るまで地表付近の大気が地表との摩擦によって暖められるため。

④ 南東から脊梁山脈を越えて暖かい季節風が強く吹き，海上に出た後は海面付近の大気が日本海の海水によって冷やされるため。

問2　前ページの文章中の下線部と同様の原理で起こる現象について述べた文として最も適当なものを，次の①〜④のうちから一つ選べ。　108

① 雪が積もった屋根の先端で，雪解け水が凍ってつららが成長する。

② 蒸し暑い日に，扉がきちんと閉まっていなかった冷凍庫内部の壁面についた霜が成長する。

③ よく冷え込んだ夜に，畑の地面で霜柱が成長する。

④ オホーツク海で，海面付近の海水が凍って海氷ができる。

問3　雷は，春や秋に温帯低気圧にともなう積乱雲で発生することもある。日本付近の温帯低気圧の周囲で積乱雲が発生しやすい場所の前線との位置関係を斜線の領域で示した図として最も適当なものを，次の①〜④のうちから一つ選べ。
　109

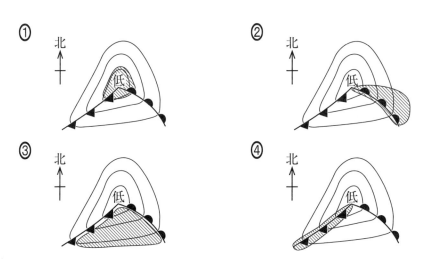

第3問 宇宙の広がりに関する次の文章を読み，後の問い(問1～3)に答えよ。
（配点 10）

　　私たちが宇宙を見るとき，30万km/sという有限の速さで宇宙を進んできた光を見ているので，光が進むのにかかった時間だけ過去の宇宙を見ていることになる。私たちに最も身近な恒星である太陽でさえ，地球から約 ア km離れているので，私たちが見ているのは約 イ 分だけ過去の宇宙で輝く太陽である。それでは，もっと遠くの宇宙を見れば宇宙誕生の瞬間を見られるのかというと，私たちは誕生から一定時間内の宇宙を光で直接見ることはできない。しかし，私たちが見ることのできる限界に近い初期の宇宙を観測することで宇宙誕生の手がかりを得ることができる。

問1　上の文章中の ア ・ イ に入れる数値の組合せとして最も適当なものを，次の①～④のうちから一つ選べ。 110

	ア	イ
①	150万	5
②	150万	8
③	1.5億	5
④	1.5億	8

問2　上の文章中の下線部の理由となる当時の宇宙の状態について述べた文として最も適当なものを，次の①～④のうちから一つ選べ。 111

① 宇宙に光が存在しなかったため。

② 宇宙の膨張速度が光よりも速かったため。

③ 宇宙が光の進行を妨げるもので満ちていたため。

④ 宇宙が明るい光を放つ恒星や銀河で満ちていたため。

問3　私たちの太陽系は約 2000 億個の恒星と星間物質が集まった銀河系(天の川銀河)に属し，銀河系の外には銀河系同様に数百億～1 兆個程度の恒星と星間物質が集まった銀河が無数に存在している。次の表1は，さまざまな銀河の地球からの距離を示したものである。現在の地球から観測している表1の銀河の光がそれぞれの銀河から放たれた頃の地球について述べた文として最も適当なものを，後の①～④のうちから一つ選べ。ただし，1 光年は 1 年間に光が進む距離である。

　　　112

表1　さまざまな銀河の地球からの距離

銀河の名称	地球からの距離
小マゼラン雲	約 20 万光年
アンドロメダ銀河(M31)	約 230 万光年
おおぐま座 M101	約 2270 万光年
おとめ座 M60	約 5670 万光年

① 現在観測している小マゼラン雲の光が放たれた頃の地球で，旧人から進化した新人(ホモ・サピエンス)が出現した。

② 現在観測しているアンドロメダ銀河(M31)の光が放たれた頃の地球で，化石として知られる最古の二足歩行をする人類が出現した。

③ 現在観測しているおおぐま座 M101 の光が放たれた頃の地球では，約 10 万年周期で氷期と間氷期をくり返すようになっていた。

④ 現在観測しているおとめ座 M60 の光が放たれた頃の地球では，恐竜や裸子植物，アンモナイト，二枚貝類が繁栄していた。

第4問 火山と人間活動に関する次の文章を読み，後の問い(問1～3)に答えよ。
（配点　10）

　　次の図1に示された長崎県の雲仙岳と熊本県の阿蘇山はともに，　ア　プレート
が　イ　プレートの下に沈み込むプレート境界から 200～300 km ほど大陸側に離
れて分布する火山である。雲仙岳で 1991 年に起きた噴火は，火砕流という用語とそ
の脅威が日本で広く知られるきっかけとなった。阿蘇山は，平成以降の噴火では降灰
による被害が中心だが，昭和の時代には火口付近で噴石による被害を何度も出してい
る。

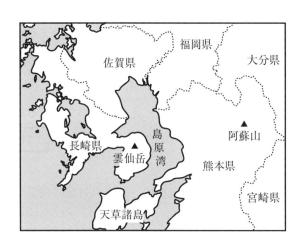

図1　雲仙岳と阿蘇山

問1　上の文章中の　ア　・　イ　に入れる語の組合せとして最も適当なものを，
　　次の①～④のうちから一つ選べ。　113

	ア	イ
①	太平洋	北アメリカ
②	太平洋	ユーラシア
③	フィリピン海	北アメリカ
④	フィリピン海	ユーラシア

問2　火砕流について述べた文として最も適当なものを，次の①〜④のうちから一つ選べ。　114

① 溶岩流よりも高温であることが多い。

② 溶岩流よりも斜面を流れ下るのに時間がかかることが多い。

③ 溶岩ドーム（溶岩円頂丘）をつくる火山活動では起こりにくい。

④ 火山泥流の原因になることがある。

問3　阿蘇山は約27万年前から約9万年前にかけて，火砕流をともなう大規模な噴火を4回起こしている。約9万年前に起きた4回目の噴火は特に規模が大きく，前ページの図1に示された佐賀県や長崎県，宮崎県や天草諸島に加えて，福岡県や大分県から瀬戸内海を越えた本州の山口県にまで火砕流が到達しており，火山灰も北海道から朝鮮半島にわたる広範囲に堆積した。このような大規模な噴火による火砕流堆積物と火山灰層について述べた次の文a・bの正誤の組合せとして最も適当なものを，後の①〜④のうちから一つ選べ。　115

a　火砕流堆積物も火山灰層と同様に，地層の対比に役立つ鍵層として用いることができる。

b　陸上で堆積した火山灰層と海底で堆積した火山灰層は，同じ時代の鍵層として用いることはできない。

	a	b
①	正	正
②	正	誤
③	誤	正
④	誤	誤

第　2　回

時間　目安30分（2科目選択で計60分）　　　50点　満点

1 ══ 解答にあたっては，実際に試験を受けるつもりで，時間を厳守し真剣に取りくむこと。

2 ══ 巻末のマークシート A を切り離しのうえ練習用として利用すること。

3 ══ 解答終了後には，自己採点により学力チェックを行い，別冊の解答・解説をじっくり読んで，弱点補強，知識や考え方の整理などに努めること。

地 学 基 礎

$\left(\text{解答番号}\boxed{101}\sim\boxed{115}\right)$

第1問 次の問い(A〜C)に答えよ。(配点 20)

A 地球の活動に関する次の問い(問1〜3)に答えよ。

次の図1は,海洋底の拡大する速度がほぼ同じ海嶺軸X,Yと,海洋底上にある地点A〜Dの位置関係を示した図であり,図1に示される範囲の海洋底が形成されて以降の海洋底の拡大速度はほぼ一定である。また,後の表1は,図1の海嶺軸X,Yのいずれかに近い海底付近で発生したある地震におけるP波とS波の地点A〜Dでの到達時刻を示したものである。

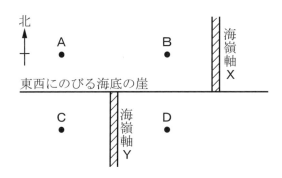

図1 海嶺軸X,Yと海洋底上の地点A〜Dの位置関係

表1 地点A〜DでのP波とS波の到達時刻

地 点	P波の到達時刻	S波の到達時刻
A	14時58分40秒	14時58分56秒
B	14時58分20秒	14時58分25秒
C	14時58分47秒	14時59分6秒
D	14時58分32秒	14時58分43秒

問1　前ページの図1の地点A～Dについて述べた次の文a・bの正誤の組合せとして最も適当なものを，後の①～④のうちから一つ選べ。　101

　　a　地点Aの海洋底は，地点B～Dの海洋底の年齢の2倍以上古い。
　　b　地点Aと地点Cは異なるプレートの上にある。

	a	b
①	正	正
②	正	誤
③	誤	正
④	誤	誤

問2　前ページの表1のP波とS波を発生させた地震の震源について，震源に近い海嶺軸と震源付近に多い断層の種類の組合せとして最も適当なものを，次の①～④のうちから一つ選べ。　102

	震源に近い海嶺軸	震源付近に多い断層の種類
①	X	正断層
②	X	逆断層
③	Y	正断層
④	Y	逆断層

問3　断層や地震について述べた文として最も適当なものを，次の①～④のうちから一つ選べ。　103

① 活断層は，震源断層によるずれの一部が地表にまで達した断層である。
② 断層は，リソスフェアにもアセノスフェアにも形成されることがある。
③ ある大きな地震（本震）の余震は，本震よりも前に起こることがある。
④ 断層面をはさんで古い地層が新しい地層の上側に接することがある。

B 岩石と鉱物に関する次の問い(**問4・問5**)に答えよ。

問4 安山岩の薄片を顕微鏡で観察すると，比較的大きく成長した結晶のあいだを，細かい結晶や火山ガラスが埋めていることがわかる。このような岩石組織の形成過程として最も適当なものを，次の①～④のうちから一つ選べ。
104

① 地下深くでできた細かい結晶や火山ガラスのあいだで，地表付近でマグマが固結して大きな結晶に成長した。

② 地下深くでできた大きな結晶のまわりで，地表付近でマグマが固結して細かい結晶や火山ガラスになった。

③ 地下深くでできた細かい結晶や火山ガラスの一部が，地表付近で集まって大きな結晶に成長した。

④ 地下深くでできた大きな結晶の一部が，地表付近で分解して細かい結晶や火山ガラスになった。

問5 花こう岩は石英を含む岩石だが，花こう岩中の石英が水晶として六角柱状の結晶本来の形をとることはほとんどない。その理由として最も適当なものを，次の①～④のうちから一つ選べ。 105

① 石英がやわらかく変形しやすい鉱物だから。

② 石英がもろく砕けやすい鉱物だから。

③ 石英が結晶になる順序の早い鉱物だから。

④ 石英が結晶になる順序の遅い鉱物だから。

C　地球の歴史に関する次の問い(問6)に答えよ。

問6　地球の歴史について述べた文として最も適当なものを，次の①〜④のうちから一つ選べ。　106

①　太古代(始生代)の初めには，アノマロカリスやハルキゲニアなどのかたい殻や骨格をもつ生物が数多く出現した。

②　原生代中頃には，シアノバクテリアが酸素発生型の光合成を始めたことで縞状鉄鉱層がさかんにつくられた。

③　中生代には，陸上では鳥類や被子植物が出現し，海洋ではアンモナイトや二枚貝類が繁栄した。

④　新生代第四紀には氷期と間氷期をくり返すようになり，氷期のたびに地球表面は赤道付近まで氷に覆われた。

第2問 大気と海洋の層構造に関する次の文章を読み，後の問い(**問1～3**)に答えよ。(配点　10)

　地球の大気や海洋は，それぞれ温度の変化によって複数の層に区分されている。

　大気は高度による気温の変化によって，下層から順に，対流圏，成層圏，中間圏，熱圏という4つの層に区分される。地表と各層の境界での平均的な大気圧は，対流圏の下端である地表では約1013 hPaであり，対流圏と成層圏の境界である対流圏界面では約220 hPa，成層圏と中間圏の境界である成層圏界面では約0.80 hPaである。このことから，成層圏に存在する大気が地球の大気全体に占める質量比は，約　ア　%と計算できる。

　海洋の温度構造は緯度によって異なっているが，一般には上層から順に，表層混合層，水温躍層(主水温躍層)，深層という3つの層に区分される。

問1　上の文章中の　ア　を算出するための数式として最も適当なものを，次の①～④のうちから一つ選べ。　**107**

①　$\dfrac{1013}{1013 + 220 + 0.80} \times 100$

②　$\dfrac{220}{1013 + 220 + 0.80} \times 100$

③　$\dfrac{1013 - 220}{1013} \times 100$

④　$\dfrac{220 - 0.80}{1013} \times 100$

問2　地球の大気の温度構造の主な原因について述べた文として最も適当なものを，次の①～④のうちから一つ選べ。　108

① 対流圏が低い高度ほど高温になっている主な原因は，高温の地球内部から地表へと伝わる熱による大気の加熱である。

② 成層圏が高い高度ほど高温になっている主な原因は，赤外線を吸収した水蒸気や二酸化炭素による大気の加熱である。

③ 中間圏が低い高度ほど高温になっている主な原因は，紫外線を吸収したオゾンによる大気の加熱である。

④ 熱圏が高い高度ほど高温になっている主な原因は，可視光線を吸収した窒素や酸素による大気の加熱である。

問3　海洋の層構造について述べた文として最も適当なものを，次の①～④のうちから一つ選べ。　109

① 赤道付近よりも中緯度地域の方が，1年間での表層混合層の水温変化が大きい。

② 水温躍層（主水温躍層）は，表層混合層や深層と比べて水温が季節によって急激に変化する領域である。

③ 深層の水温は5～10℃程度である。

④ 深層の海水は海面付近の風の影響を受けないため，運動せずに同じ場所にとどまっている。

第3問 高校生のKさんがつくった，地球以外の惑星を分類する次の図1のフローチャートを見て，後の問い(**問1～3**)に答えよ。(配点　10)

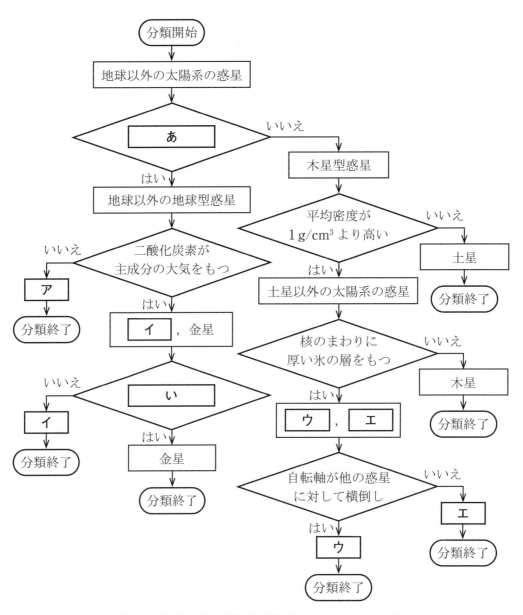

図1　地球以外の惑星を分類するフローチャート

問1 前ページの図1の ア ～ エ に入れる惑星の組合せとして最も適当なものを，次の①～④のうちから一つ選べ。 110

	ア	イ	ウ	エ
①	水　星	火　星	天王星	海王星
②	水　星	火　星	海王星	天王星
③	火　星	水　星	天王星	海王星
④	火　星	水　星	海王星	天王星

問2 前ページの図1の あ に入れる語句a～cと い に入れる語句d・eの組合せとして最も適当なものを，後の①～⑥のうちから一つ選べ。 111

＜ あ に入れる語句＞

　a　半径が地球より大きい

　b　平均密度が地球より高い

　c　自転周期が地球より長い

＜ い に入れる語句＞

　d　平均表面温度が地球より高い

　e　複数の衛星をもつ

① a・d　　　　② a・e　　　　③ b・d

④ b・e　　　　⑤ c・d　　　　⑥ c・e

問3 次の会話文中の オ ～ ク に入れる語の組合せとして最も適当なものを，後の①～④のうちから一つ選べ。 112

T先生：うん。図1はなかなかよくできているね。けれども，「核のまわりに厚い氷の層をもつ」という分岐を「平均密度が $1\,g/cm^3$ より高い」よりも前にもってくれば，天王星と海王星という2つの惑星が，木星や土星とは異なる特徴をもつ惑星ということをもっと強調できたんじゃないかな。

Kさん：厚い氷の層をもつこと以外にも，天王星と海王星には，木星や土星と区別できる特徴があるんですか？

T先生：一番わかりやすいのは，木星や土星に比べて太陽からの距離が遠いことと，質量や半径がやや小さいことかな。あとは，すべての木星型惑星の大気の主成分は オ と カ だけれど，天王星と海王星の大気には，氷の層を起源としたメタンも1～2%程度含まれている。天王星と海王星が キ く見えるのも，大気中のメタン分子が ク い色の光を吸収しやすい性質をもつからなんだ。

	オ	カ	キ	ク
①	水　素	ヘリウム	赤	青
②	水　素	ヘリウム	青	赤
③	窒　素	アルゴン	赤	青
④	窒　素	アルゴン	青	赤

第4問 気象災害に関する次の文章を読み，後の問い（**問1～3**）に答えよ。

（配点 10）

次の図1の斜線で示した位置にあるバングラデシュは，海抜10m未満の低地が国土の大部分を占める国であり，インド洋で発生するサイクロンによる高潮の被害を過去何度も受けてきた。

バングラデシュに上陸するサイクロンは，台風と同様に北半球の熱帯低気圧なので，地表付近の風はサイクロンの中心に向かって　ア　に吹き込む。そのため，バングラデシュでの高潮の被害は，図1の　イ　のような進路をとるサイクロンで大きくなりやすい。

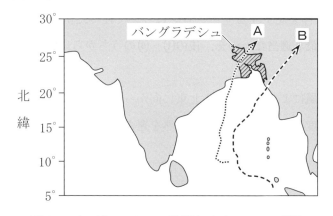

図1　バングラデシュの位置とサイクロンの進路

問1　上の文章中の　ア　・　イ　に入れる語と記号の組合せとして最も適当なものを，次の①～④のうちから一つ選べ。　113

	ア	イ
①	時計回り	A
②	時計回り	B
③	反時計回り	A
④	反時計回り	B

問2　過去数十年間にさまざまな対策が講じられたことで，近年は同じ規模のサイクロンでも，高潮による人的被害は減少する傾向にある。サイクロンによる高潮被害への対策として**誤っているもの**を，次の①～④のうちから一つ選べ。 114

①　海とのあいだに高さ数 m の堤防を途切れなく設置する。

②　浸水する可能性の高さを地域ごとに評価して地図にまとめる。

③　浸水のおそれがない避難所を多数設置する。

④　被害予測が大きくても小さくても，つねに最大限の警報を発する。

問3　インド洋を北上するサイクロンについて述べた次の文 a・b の正誤の組合せとして最も適当なものを，後の①～④のうちから一つ選べ。 115

a　貿易風によって南西から北東に向かって運ばれる。

b　低緯度側から高緯度側へと潜熱を運んでいる。

	a	b
①	正	正
②	正	誤
③	誤	正
④	誤	誤

第　3　回

時間　目安30分（2科目選択で計60分）　　　　50点　満点

1 ══ 解答にあたっては，実際に試験を受けるつもりで，時間を厳守し真剣に取りくむこと。

2 ══ 巻末のマークシート[A]を切り離しのうえ練習用として利用すること。

3 ══ 解答終了後には，自己採点により学力チェックを行い，別冊の解答・解説をじっくり読んで，弱点補強，知識や考え方の整理などに努めること。

地 学 基 礎

$\left(\text{解答番号}\boxed{101}\sim\boxed{115}\right)$

第1問 次の問い(**A** ～ **C**)に答えよ。(配点　20)

A 地球の緯度と経度に関する次の文章を読み，後の問い(**問1** ～ **3**)に答えよ。

　　フランス学士院は 1736 年から 1739 年にかけての測量によって，緯度差 1° あたりの子午線(経線)の長さが $\boxed{\text{ア}}$ 付近の方が $\boxed{\text{イ}}$ 付近よりも長いことを明らかにして，地球の形が $\boxed{\text{ウ}}$ 半径の方が $\boxed{\text{エ}}$ 半径よりも長い回転楕円体に近いことを示した。東西方向にのびる緯線の長さは，南北方向にのびる子午線(経線)の長さに比べて正確に測定するのが難しいが，18 世紀後半になると緯線の長さも高い精度で測定できるようになった。

問1 上の文章中の $\boxed{\text{ア}}$ ～ $\boxed{\text{エ}}$ に入れる語の組合せとして最も適当なものを，次の①～④のうちから一つ選べ。 $\boxed{101}$

	ア	イ	ウ	エ
①	極	赤道	極	赤道
②	極	赤道	赤道	極
③	赤道	極	極	赤道
④	赤道	極	赤道	極

問2　日本国内の時刻は，東経135°の地点で観測される太陽の動きを基準に定められている。ある日の正午に北緯35°，東経135°にあるA公園で太陽が南中し，A公園から真東にあるB公園では同じ日の午前11時52分に太陽が南中していた。地球の赤道1周の長さを40000kmとして，B公園の経度，およびA公園とB公園の東西距離の組合せとして最も適当なものを，次の①〜④のうちから一つ選べ。ただし，sin35°＝0.57，cos35°＝0.82とする。 102

	B公園の経度	A公園とB公園の東西距離
①	東経133°	約130km
②	東経133°	約180km
③	東経137°	約130km
④	東経137°	約180km

問3　前ページの文章中の下線部に関連して，東西方向にのびる緯線の長さを正確に測定することが18世紀中頃まで難しかった理由として最も適当なものを，次の①〜④のうちから一つ選べ。 103

①　当時の望遠鏡の性能では，東西方向に動く太陽や星の位置を正確に測定することが難しかったから。

②　方位磁針を用いて2地点が東西方向にならんでいることを示すことは，2地点が南北方向にならんでいることを示すよりも難しいから。

③　太陽や恒星の位置を用いて東西方向にならんだ2地点での観測時刻を比較することは，南北方向にならんだ2地点よりも難しいから。

④　貿易風や偏西風が，東西方向にならんだ2地点間の距離を正確に測定する妨げとなるから。

B 地層と地質構造に関する次の文章を読み，後の問い(**問4・問5**)に答えよ。

　次の図1は，Eさんが散歩中に通りがかったある南向きの崖をスケッチしたものである。この崖には，やわらかい砂礫層A，かたく固結した泥岩層B，砂岩層Cが見られた。Eさんはこれらの地層のかたさの違いを，堆積物がかたい堆積岩へと変わる　**オ**　の進行度合いが異なるために生じたと考えた。また，砂岩層Cには砂の粒子が粗粒から細粒への変化をくり返す　**カ**　が見られたことからEさんは砂岩層Cを，堆積したときから上下が逆転していないと考えた。

　その後の観察で，砂礫層Aの最下部に泥岩層Bが侵食されてできた礫が，泥岩層Bの最下部に砂岩層Cが侵食されてできた礫がそれぞれ含まれていることがわかった。また，泥岩層Bが砂礫層Aよりも西に，砂岩層Cが泥岩層Bよりもさらに西に傾いてることと，境界面F沿いの泥岩層Bと砂岩層Cに鉛直方向にずれながらこすれ合った痕跡が見つかったこともわかった。これらの観察事実から，Eさんはこの地域で過去に起こった地殻変動について考えてみた。

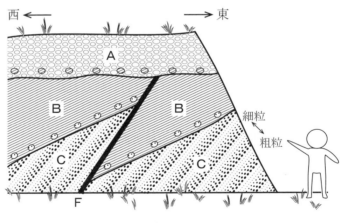

図1　ある南向きの崖のスケッチ

問4　前ページの文章中の　オ　・　カ　に入れる語の組合せとして最も適当なものを，次の①～④のうちから一つ選べ。　104

	オ	カ
①	続成作用	級化層理（級化構造）
②	続成作用	クロスラミナ（斜交葉理）
③	風　化	級化層理（級化構造）
④	風　化	クロスラミナ（斜交葉理）

問5　この崖に見られる地層の重なり方について述べた文 a・b と，境界面 F について述べた文 c～e の組合せとして最も適当なものを，後の①～⑥のうちから一つ選べ。　105

＜地層の重なり方＞

a　下位の地層が東に傾きながら陸化して侵食を受けた後に，上位の地層が堆積した。

b　下位の地層が西に傾きながら陸化して侵食を受けた後に，上位の地層が堆積した。

＜境界面 F ＞

c　東西方向の圧縮力を受けてできた正断層である。

d　東西方向の圧縮力を受けてできた逆断層である。

e　東西方向の圧縮力を受けてできた横ずれ断層である。

①　a・c　　　　　②　a・d　　　　　③　a・e
④　b・c　　　　　⑤　b・d　　　　　⑥　b・e

C　岩石に関する次の問い(問6)に答えよ。

問6　片麻岩について述べた文として最も適当なものを，次の①～④のうちから一つ選べ。　106

① 泥岩や砂岩などがとけてできたマグマが固結してできる。

② 泥岩や砂岩などがマグマの貫入による接触変成作用を受けてできる。

③ 島弧や陸弧の火山帯の地下の，幅数十 km の帯状に周囲より温度が高い場所でできる。

④ 海嶺やホットスポットなどの，水中に噴出した玄武岩質マグマが流れ出す場所でできる。

第2問 水と大気に関する次の文章を読み，後の問い(問1〜3)に答えよ。
(配点 10)

　地球表層に存在する約 14 億 km³ の水のうち，約 ア ％は海水であり，陸地に存在する水で最も多くを占めるのは イ である。大気中に水蒸気や雲として存在する水は地球表層に存在する水の約 0.001％にすぎず，その大部分は対流圏に存在する。対流圏の水蒸気は，雲をつくったり雨や雪を降らせたりといった気象現象を起こしている。

問1 上の文章中の ア ・ イ に入れる数値と語の組合せとして最も適当なものを，次の①〜④のうちから一つ選べ。 107

	ア	イ
①	70	雪　氷
②	70	河川水
③	97	雪　氷
④	97	河川水

問2 水の蒸発と降水について述べた次の文a・bの正誤の組合せとして最も適当なものを，後の①〜④のうちから一つ選べ。 108

　a　海面から水が蒸発するとき，水は周囲の海水から潜熱を吸収して水蒸気になる。

　b　大気中の水蒸気が凝結して雨となって地表に降ったとき，雨水は地表へと潜熱を放出する。

	a	b
①	正	正
②	正	誤
③	誤	正
④	誤	誤

問3　次の表1は，1気圧における空気塊の温度と飽和水蒸気圧の関係を示した
ものである。1気圧の地表付近に温度が23℃で相対湿度が69％の空気塊が
あり，夜間の放射冷却で冷えた地表によって，この空気塊が1気圧のまま冷
やされていくとする。このとき，空気塊が何℃まで冷えたときに空気塊に含
まれる水蒸気が凝結し始めるか。その数値として最も適当なものを，後の①
〜⑤のうちから一つ選べ。　109 ℃

表1　空気塊の温度と飽和水蒸気圧の関係

温　度（℃）	飽和水蒸気圧（hPa）	温　度（℃）	飽和水蒸気圧（hPa）
14	16.0	19	22.0
15	17.1	20	23.4
16	18.2	21	24.9
17	19.4	22	26.5
18	20.7	23	28.1

① 14　　　② 15　　　③ 16　　　④ 17　　　⑤ 18

第3問 次の問い（**A・B**）に答えよ。（配点　10）

A　太陽の誕生に関する次の文章を読み，後の問い（**問1・問2**）に答えよ。

　　次の図1は，太陽の元素組成を原子数比で示したものである。太陽を構成する元素の大部分は水素であり，その次に多いのは　ア　である。宇宙に存在する水素と　ア　の原子核の大部分は，宇宙の誕生直後の数分間に形成された。水素と　ア　はその後，宇宙の誕生から約38万年後に電気的に中性な原子となり，星間物質として宇宙をみたした。宇宙の誕生から約　イ　年後には，星間物質が集まってできた星間雲の中で太陽が誕生し，原始星として輝き始めた。

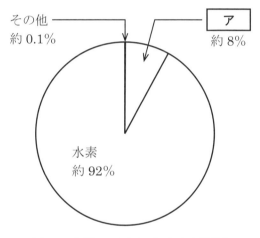

図1　太陽の元素組成（原子数比）

問1　前ページの文章中の　ア・イ　に入れる語と数値の組合せとして最も適当なものを，次の①～④のうちから一つ選べ。　110

	ア	イ
①	酸　素	50億
②	酸　素	90億
③	ヘリウム	50億
④	ヘリウム	90億

問2　原始星について述べた文として最も適当なものを，次の①～④のうちから一つ選べ。　111

① 周囲の星間物質を集めてしだいに膨張していく。
② 周囲を円盤状に取り巻く星間物質によって，可視光線での観測がさまたげられる。
③ 中心部で起こる水素の核融合反応によって輝く。
④ 中心部の温度が10万K以上に達すると主系列星へと進化する。

B 地球の誕生に関する次の文章を読み，後の問い(**問3**)に答えよ。

　星間物質には，太陽の主な材料となった星間ガスだけではなく，ケイ酸塩や石墨(C)，氷(H_2O)などの固体微粒子も含まれており，それらの固体微粒子を材料として地球などの惑星ができた。原始星段階の太陽のまわりで，星間物質に含まれていた固体微粒子どうしが集まって直径 1 ～ 10 km 程度の　ウ　が無数に形成され，　ウ　がさらに衝突・合体をくりかえすことで原始惑星となった。このとき，太陽から遠くでは　エ　を多く含む微惑星を材料として木星型惑星が形成されたのに対して，太陽の近くでは　エ　をあまり含まない微惑星を材料として地球型惑星が形成されたと考えられている。

問3　上の文章中の　ウ　・　エ　に入れる語の組合せとして最も適当なものを，次の①〜④のうちから一つ選べ。　112

	ウ	エ
①	微惑星	氷
②	微惑星	岩　石
③	小惑星	氷
④	小惑星	岩　石

第4問 気候変動と海洋に関する次の文章を読み，後の問い(**問1～3**)に答えよ。
(配点　10)

　　次の図1は，現在の北大西洋での海流が流れる向きと，海水の沈み込みがさかんな海域とを示したものである。　ア　紀には太平洋と大西洋が赤道付近のパナマ海峡でつながっていたが，約　イ　万年前頃にパナマ海峡は陸化して，南北アメリカ大陸をつなぐパナマ地峡となった。このパナマ地峡の陸化がきっかけで地球の寒冷化が進んだと考えられており，　ア　紀の次の時代である　ウ　紀の後半には，約10万年周期で氷期と間氷期がくり返されるようになった。

　　赤道大西洋と赤道太平洋がパナマ地峡で分断されると，　エ　風によって赤道大西洋を西向きに運ばれる海水が赤道太平洋に流れなくなり，北上するメキシコ湾流が強まった。また，　エ　風によって赤道太平洋へと運ばれる水蒸気が凝結した雨水が赤道大西洋に戻れなくなると，メキシコ湾流が高塩分になり，グリーンランド沖での海水の沈み込みが活発になった。沈み込む海水を補って北上するメキシコ湾流がさらに強まると，冬の北大西洋に暖かい海水がさかんに運ばれ，蒸発した水蒸気による降雪で北半球高緯度の雪氷面積が拡大した。

　　一方で太平洋では，大西洋から流入した水蒸気が凝結した雨水で海面が上昇し，凝固点降下が弱い低塩分の海水が北太平洋から北極海の表層に流れ込んだことで，北極海の海氷面積が拡大した。こうして北半球高緯度では，地表による太陽放射の反射率が　オ　なり，地球の寒冷化が進んだと考えられている。

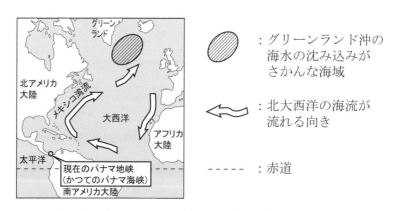

　　図1　北大西洋の海流が流れる向きと海水の沈み込みがさかんな海域

問 1 　前ページの文章中の ア ～ ウ に入れる語と数値の組合せとして最も適当なものを，次の①～④のうちから一つ選べ。 113

	ア	イ	ウ
①	白　亜	260	古第三
②	白　亜	6600	古第三
③	新第三	260	第　四
④	新第三	6600	第　四

問 2 　前ページの文章中の エ ・ オ に入れる語の組合せとして最も適当なものを，次の①～④のうちから一つ選べ。 114

	エ	オ
①	偏　西	高　く
②	偏　西	低　く
③	貿　易	高　く
④	貿　易	低　く

問 3 　海水の塩分について述べた次の文 a・b の正誤の組合せとして最も適当なものを，後の①～④のうちから一つ選べ。 115

a　塩分が 35‰（パーミル）の海水 1 kg には，3.5 g の塩類が含まれている。

b　塩分が高い海水ほど密度が高く，凍結に取り残された海水が深層へと沈み込みやすくなる。

	a	b
①	正	正
②	正	誤
③	誤	正
④	誤	誤

第 4 回

時間　目安30分（2科目選択で計60分）　　　　50点　満点

1 ══ 解答にあたっては，実際に試験を受けるつもりで，時間を厳守し真剣に取りくむこと。

2 ══ 巻末のマークシート Ａ を切り離しのうえ練習用として利用すること。

3 ══ 解答終了後には，自己採点により学力チェックを行い，別冊の解答・解説をじっくり
　　読んで，弱点補強，知識や考え方の整理などに努めること。

地　学　基　礎

$$\left(\text{解答番号}\ \boxed{101}\sim\boxed{115}\right)$$

第1問　次の問い(A・B)に答えよ。(配点　20)

A　地球の活動に関する次の文章を読み，後の問い(問1〜4)に答えよ。

　　地球の表層を覆う　ア　とよばれるかたい部分は複数枚のプレートに分かれ，その下のやわらかく流動しやすい部分の上を水平方向に運動している。地球の中心部には主に金属からなる核が存在する。核の半径は約　イ　kmである。

　　地球の表層では，プレートの運動にともなって地震や火山活動，地形の形成などが起こる。　ウ　山脈は大陸プレートどうしが衝突してできた地形であり，　エ　山脈は海洋プレートが大陸プレートの下に沈み込んでできた地形である。また，海嶺はプレートが　オ　境界にできる海底の山脈である。

問1　上の文章中の　ア　・　イ　に入れる語と数値の組合せとして最も適当なものを，次の①〜④のうちから一つ選べ。　101

	ア	イ
①	アセノスフェア	1300
②	アセノスフェア	3500
③	リソスフェア	1300
④	リソスフェア	3500

問2　前ページの文章中の　ウ　～　オ　に入れる語の組合せとして最も適当なものを，次の①～④のうちから一つ選べ。　102

	ウ	エ	オ
①	ヒマラヤ	アンデス	拡大する（発散する）
②	ヒマラヤ	アンデス	収束する
③	アンデス	ヒマラヤ	拡大する（発散する）
④	アンデス	ヒマラヤ	収束する

問3　火山活動とマグマについて述べた文として最も適当なものを，次の①～④のうちから一つ選べ。　103

① ホットスポットでは，粘性の低いマグマによる火山活動が活発である。

② 海嶺では，粘性の高いマグマによる火山活動が活発である。

③ SiO_2 に乏しいマグマほど爆発的な噴火を起こしやすい。

④ 玄武岩質マグマは，火砕流をともなう噴火を起こしやすい。

問4　次の表1は，化学組成の異なるマグマAとマグマBについて，それぞれに含まれる酸化物の質量存在比の一部を示したものである。マグマAとマグマBについて述べた文として最も適当なものを，後の①～④のうちから一つ選べ。

104

表1　マグマAとマグマBの化学組成（質量％）

	マグマA	マグマB
SiO_2	46.0	68.0
Al_2O_3	18.1	13.8
$FeO + Fe_2O_3$	8.9	2.0
MgO	7.2	0.7
CaO	12.1	2.3

① マグマAは，安山岩質マグマである。

② マグマBは，地表に噴出すると盾状火山や溶岩台地を形成する。

③ マグマAとマグマBが5:1の割合で混合してできるマグマは，安山岩質マグマである。

④ 表1に示されていない酸化物のうち，K_2O はマグマAよりもマグマBに多く含まれると考えられる。

B 地球と生物の歴史に関する次の文章を読み，後の問い（問5・問6）に答えよ。

　　海洋の存在と海洋で誕生・進化した生命の存在は，地球の環境に大きな影響を与えてきた。変化する地球の環境とともに生命は進化し，約20億年前には化石として知られる最古の　カ　生物が，約6億年前には大型の多細胞生物を含む　キ　生物群が，約5億年前にはかたい殻や骨格をもつ生物を含む　ク　動物群が出現した。

問5　上の文章中の　カ　～　ク　に入れる語の組合せとして最も適当なものを，次の①～④のうちから一つ選べ。　105

	カ	キ	ク
①	原　核	エディアカラ	バージェス
②	原　核	バージェス	エディアカラ
③	真　核	エディアカラ	バージェス
④	真　核	バージェス	エディアカラ

問6　海洋と生命が地球の環境に与えた影響について述べた次の文a・bの正誤の組合せとして最も適当なものを，後の①～④のうちから一つ選べ。　106

　a　形成直後の原始海洋に大気中の二酸化炭素が吸収されることで，大気の温室効果が弱まった。

　b　生物の光合成で放出された酸素が大気中に増加したことで，生物に有害な紫外線の地表への到達が減少し，原生代末には生物が陸上に進出した。

	a	b
①	正	正
②	正	誤
③	誤	正
④	誤	誤

第2問 大気の循環に関する次の文章を読み，後の問い(問1〜3)に答えよ。
(配点 10)

　次の図1は，低緯度地域における大気の循環を模式的に示したものである。低緯度の地表付近には貿易風が吹いており，熱帯収束帯で上昇した大気は対流圏の上層を高緯度側に向かって流れ，亜熱帯高圧帯で下降し，貿易風として再び熱帯収束帯へと向かう。この大気の循環を ア 循環という。 ア 循環は，熱帯収束帯で暖められた大気を亜熱帯高圧帯へと運ぶとともに， イ で蒸発した水蒸気を ウ へと運んでいる。

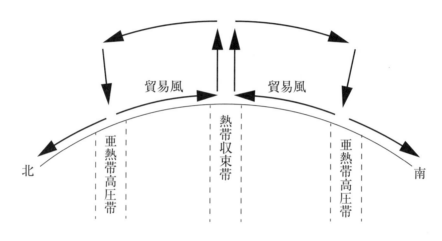

図1　低緯度地域の南北断面における大気の循環の模式図

　問1　上の文章中の ア 〜 ウ に入れる語の組合せとして最も適当なものを，次の①〜④のうちから一つ選べ。 107

	ア	イ	ウ
①	亜熱帯	熱帯収束帯	亜熱帯高圧帯
②	亜熱帯	亜熱帯高圧帯	熱帯収束帯
③	ハドレー	熱帯収束帯	亜熱帯高圧帯
④	ハドレー	亜熱帯高圧帯	熱帯収束帯

問2　貿易風の吹く向きを示した図として最も適当なものを，次の①～④のうちから一つ選べ。　108

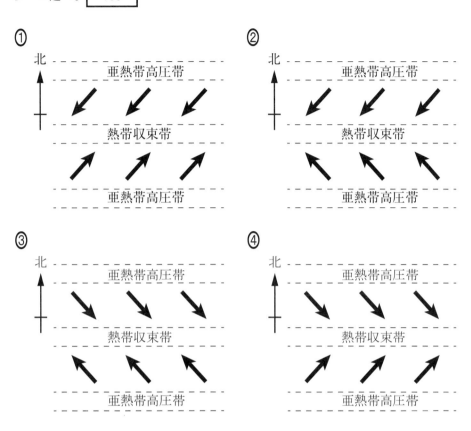

問3　中緯度地域では，主に偏西風が低緯度側から高緯度側へと熱を運んでいる。偏西風について述べた文として誤っているものを，次の①～④のうちから一つ選べ。　109

①　対流圏の下層でも上層でも西に向かって吹く。

②　対流圏上層の圏界面付近に，特に強く吹く流れがある。

③　冬季の最大風速は 100 m/s を超えることもある。

④　温帯低気圧や移動性高気圧をともなって南北に蛇行しながら吹くことで，熱を低緯度側から高緯度側へと運んでいる。

第3問 太陽に関する次の文章を読み，後の問い（問1～3）に答えよ。（配点　10）

　　太陽の表面では，さまざまな現象や活動が見られる。可視光線で見える太陽の表面を光球といい，光球に見える黒い斑点を黒点という。光球の外側には彩層という薄い大気が存在し，さらにその外側にはコロナという希薄な大気が広がっている。

　　太陽放射エネルギーの大部分を占めるのは，光球から放射される可視光線である。地球大気の上端で，太陽光に対して直角な $1\,\mathrm{m}^2$ の平面に1秒間に入射する太陽放射エネルギーは約　ア　$\mathrm{W/m}^2$ であり，これを太陽定数という。太陽放射エネルギーはどの方向にも均一の強さで放射されるので，太陽定数の値に半径の長さが　イ　と等しい球の表面積を掛けることで，太陽の表面全体から1秒間に放射されるエネルギーの総量を求めることができる。

問1　上の文章中の　ア　・　イ　に入れる数値と語句の組合せとして最も適当なものを，次の①～⑥のうちから一つ選べ。　110

	ア	イ
①	340	太陽の半径
②	340	太陽と地球の距離
③	340	地球の半径
④	1370	太陽の半径
⑤	1370	太陽と地球の距離
⑥	1370	地球の半径

問2 太陽の各部を平均温度の高い順に並べたものとして最も適当なものを，次の①〜⑥のうちから一つ選べ。 111

① 光 球 ＞ 黒 点 ＞ コロナ
② 光 球 ＞ コロナ ＞ 黒 点
③ 黒 点 ＞ 光 球 ＞ コロナ
④ 黒 点 ＞ コロナ ＞ 光 球
⑤ コロナ ＞ 光 球 ＞ 黒 点
⑥ コロナ ＞ 黒 点 ＞ 光 球

問3 太陽について述べた文として最も適当なものを，次の①〜④のうちから一つ選べ。 112

① 宇宙が誕生してから70億年以内に誕生した。
② 星間物質の密度の高い部分が重力で収縮して誕生した。
③ 現在は，水素原子核が酸素原子核に変わる核融合反応をエネルギー源として輝いている。
④ 現在の中心部の温度は，約160万Kである。

第4問 次の問い(A・B)に答えよ。(配点 10)

A 地震防災に関する次の文章を読み，後の問い(問1・問2)に答えよ。

2007年に運用が開始された緊急地震速報の仕組みのもとになったのは，鉄道分野で用いられていた，地震発生時に自動で列車を停止させる警報を発するシステムである。このシステムが1965年に導入された当初は，P波かS波かを問わず，大きいゆれを観測したときに警報を発する仕組みだった。

1980年代になると，P波による初期微動を分析して地震の規模や震源の位置を推定し，S波による主要動が大きいと予想される地域の列車をS波の到達前に停止させるシステムが開発された。さらに2000年頃には，P波の分析を省略して強いP波が観測された観測点付近の列車を素早く停止させるシステムも導入された。

現在の緊急地震速報も，2007年から用いられている地震の規模や震源の位置を推定してから大きいゆれが予想される地域に警報を発する仕組みに加えて，2018年以降は，強いP波が観測された地点に近い地域に対して，P波の分析を省略して素早く警報を発する仕組みを併用している。

問1 地震の規模を示すマグニチュードについて述べた文として最も適当なものを，次の①〜④のうちから一つ選べ。 | 113 |

① 同じ地震では，震源に近いほどマグニチュードが大きくなる傾向がある。

② 同じ地震では，地盤がやわらかい地点で観測するほど，マグニチュードが大きくなる傾向がある。

③ マグニチュードが5大きくなるごとに，地震のエネルギーは100倍になる。

④ マグニチュードが大きい地震ほど，地震を起こした断層の面積とずれの量の積が大きい傾向がある。

問2　次の図1は，2004年の新潟県中越地震で起きた上越新幹線脱線事故の現場と震央の位置関係を示したものである。この上越新幹線は，P波の観測を受けて発せられた警報によってすでに減速し始めていたが，震央距離10 kmの場所でS波の大きいゆれが到達して全10両中8両が脱線し，そのまましばらく走行した後に停車した。

震央にちょうどP波の観測点があったと仮定したとき，震央にP波が到達してから1秒後に発せられた警報で周囲の列車が減速し始めてから，脱線位置にS波が到達するまでのおおよその時間は何秒か。最も適当なものを，後の①〜⑤のうちから一つ選べ。ただし，新潟県中越地震の震源の深さは12 kmで，脱線位置の標高は震央と同じである。また，この地域の地下をP波が伝わる速さは6 km/s，S波が伝わる速さは4 km/sで一定で，列車の減速は警報が発せられた瞬間から開始されるものとする。　114

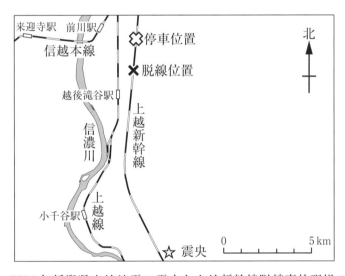

図1　2004年新潟県中越地震の震央と上越新幹線脱線事故現場の位置

① 0.5秒未満

② 0.5秒以上1秒未満

③ 1秒以上1.5秒未満

④ 1.5秒以上2秒未満

⑤ 2秒以上

B　地球環境に関する次の問い(問3)に答えよ。

問3　地球環境について述べた文として最も適当なものを，次の①〜④のうちから一つ選べ。　115

① オゾン層が破壊されると，太陽からの紫外線が地表に到達する量が減少する。

② オゾン層が破壊されてオゾンホールが形成される主な原因は，フロンから分離した塩素原子である。

③ 酸性雨の主な原因は，化石燃料の消費に伴う大気中の二酸化炭素の増加である。

④ 液状化現象は，酸性雨によって溶かされた土壌が流出する現象である。

大学入学共通テスト本試験

（2024 年 1 月 14 日実施）

時間　目安30分（2科目選択で計60分）　　　　　50点　満点

1 ══ 解答にあたっては，実際に試験を受けるつもりで，時間を厳守し真剣に取りくむこと。

2 ══ 巻末のマークシート B を切り離しのうえ練習用として利用すること。

3 ══ 解答終了後には，自己採点により学力チェックを行い，別冊の解答・解説をじっくり
読んで，弱点補強，知識や考え方の整理などに努めること。

※ 2024 共通テスト本試験問題を編集部にて一部修正して作成しています。

地 学 基 礎

$\left(\text{解答番号}\ \boxed{1}\ \sim\ \boxed{15}\right)$

第1問 次の問い（**A**〜**C**）に答えよ。（配点 20）

A 地球の構造と地震に関する次の問い（**問1**・**問2**）に答えよ。

問1 次の文章中の $\boxed{\text{ア}}$・$\boxed{\text{イ}}$ に入れる語の組合せとして最も適当なものを，後の $\textcircled{1}$〜$\textcircled{4}$ のうちから一つ選べ。 $\boxed{1}$

地球の表面は，$\boxed{\text{ア}}$ と呼ばれる何枚にも分かれた岩盤で覆われ，動いている。$\boxed{\text{ア}}$ とその下の部分とは，$\boxed{\text{イ}}$ の違いで区分されている。海洋 $\boxed{\text{ア}}$ は，中央海嶺で生成され，徐々に冷えて厚くなり，場所によっては厚さ 100 km に達する。

	ア	イ
①	プレート	かたさ（流動しにくさ）
②	プレート	岩石（構成物質）
③	地 殻	かたさ（流動しにくさ）
④	地 殻	岩石（構成物質）

問 2 緊急地震速報は，震源近くの観測点で観測された P 波の情報をもとに，振幅の大きな S 波が到着する前に警告を出すことを目的としている。紀伊半島沖の浅部で大地震が発生し，緊急地震速報が地震発生の 15 秒後に出されたとする。震源から 200 km 離れた大阪市では，緊急地震速報を受信してから何秒後に S 波が到着するか。最も適当な数値を，次の①～④のうちから一つ選べ。ただし，S 波の速度は 4 km/秒，緊急地震速報が出されてから受信するまでの時間は無視できるものとする。 2 秒後

① 15   ② 35   ③ 50   ④ 65

B 火成岩や鉱物に関する次の問い(**問3**・**問4**)に答えよ。

問3 火成岩や鉱物について述べた文として最も適当なものを，次の①~④のうちから一つ選べ。 3

① 造岩鉱物は，原子が不規則に配列しているのが特徴である。

② 深成岩は，複数の種類の鉱物とガラスで構成されていることが多い。

③ 安山岩と閃緑岩の違いは，マグマの化学組成の違いを反映している。

④ 苦鉄質岩(塩基性岩)には斜長石，輝石，かんらん石が含まれていることが多い。

問 4 次の図1は，マグマが地下深部からある地層に貫入して固化した火成岩体の形態上の分類を示した模式断面図である。この図の A〜C の名称の組合せとして最も適当なものを，後の①〜⑥のうちから一つ選べ。 □4□

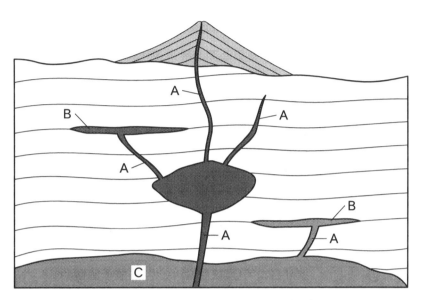

図1 火成岩体の形態上の分類を示す模式断面図

	A	B	C
①	岩床^{がん しょう}	底盤(バソリス)^{ていばん}	岩脈^{がん みゃく}
②	岩 床	岩 脈	底盤(バソリス)
③	岩 脈	底盤(バソリス)	岩 床
④	岩 脈	岩 床	底盤(バソリス)
⑤	底盤(バソリス)	岩 床	岩 脈
⑥	底盤(バソリス)	岩 脈	岩 床

C　生物進化と地球環境の変化に関する次の文章を読み，後の問い(**問5・問6**)に答えよ。

　　我々が呼吸に使っている酸素分子 O_2 は，(a)先カンブリア時代に現れた光合成生物である　**ウ**　によってつくられ始めた。海中に放出された酸素と海水中の鉄イオンが結びついて沈殿することで，縞状鉄鉱層が形成された。その後，大気中の酸素の濃度が上昇し，古生代後半にはピークに達した。この時代には　**エ**　の大森林が形成された。

問5　上の文章中の　**ウ**　・　**エ**　に入れる語の組合せとして最も適当なものを，次の①~④のうちから一つ選べ。　5

	ウ	エ
①	グリパニア(真核生物)	被子植物
②	グリパニア(真核生物)	シダ植物
③	シアノバクテリア(原核生物)	被子植物
④	シアノバクテリア(原核生物)	シダ植物

問6　上の文章中の下線部(a)に関して，原生代初期の地球について述べた文として最も適当なものを，次の①~④のうちから一つ選べ。　6

①　全球凍結が起こったと考えられる寒冷化があった。

②　地球表層がマグマオーシャンで覆われた。

③　多細胞生物の爆発的多様化が起こった。

④　原始的な魚類が登場した。

第２問 次の問い（**A・B**）に答えよ。（配点　10）

A 台風に関する次の問い（**問１・問２**）に答えよ。

問１　次の図１の a〜d は，台風が日本に接近した際の，連続する４日分の地上
天気図を順不同で示したものである。この天気図 a〜d の日付の順序として
最も適当なものを，後の**①**〜**④**のうちから一つ選べ。　│ 7 │

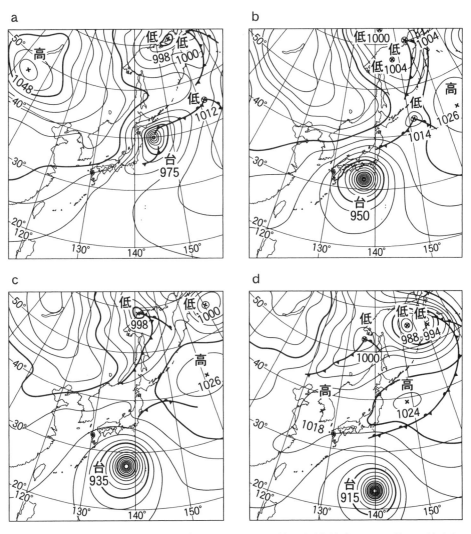

図１　台風が日本に接近した際の，順不同に並べた連続する４日分の天気図

① c → b → d → a

② c → d → a → b

③ d → a → c → b

④ d → c → b → a

問2 台風が日本に接近した際に災害を起こすおそれがある現象の説明として，下線部に**誤りを含むもの**を，次の①～④のうちから一つ選べ。 8

① 前線が停滞しているときに台風が接近すると，南の海上の暖かく湿った空気が流入して，前線の活動が活発になり，大雨が降ることがある。

② 台風内部の地表付近では風が反時計回りに吹いており，台風の進行方向の右側にくらべて，台風の進行方向の左側では，風がより強く吹くことが多い。

③ 台風から離れた等圧線の間隔が広い領域にくらべて，台風の中心近くの等圧線の間隔が狭い領域では，風がより強く吹くことが多い。

④ 台風が沿岸近くを通過すると，気圧の低下による海面の上昇や強風による海水の吹き寄せによって，海岸付近では高潮が発生することがある。

B 海洋に関する次の問い(**問 3**)に答えよ。

問 3 海洋の熱収支と海面水温に関する次の文章を読み，$\boxed{ア}$・$\boxed{イ}$ に入れる語の組合せとして最も適当なものを，後の①～④のうちから一つ選べ。$\boxed{9}$

　　地球の海洋全体の熱収支は，潜熱・顕熱(熱伝導)による大気と海洋の間の熱のやり取りや，海面における電磁波の吸収・放出などによって決まっている。潜熱については，海水の蒸発が海面水温を $\boxed{ア}$。一方，電磁波については，海面からの $\boxed{イ}$ の放出が夜間において海面水温を下げる。

	ア	イ
①	下げる	可視光線
②	下げる	赤外線
③	上げる	可視光線
④	上げる	赤外線

第3問 次の問い(**A・B**)に答えよ。(配点 10)

A 太陽系の天体と恒星に関する次の問い(**問1・問2**)に答えよ。

問1 次の文章中の ┃ **ア** ┃・┃ **イ** ┃に入れる語句の組合せとして最も適当なものを，後の①~④のうちから一つ選べ。┃ 10 ┃

原始太陽系星雲では，原始太陽のまわりに星間物質が ┃ **ア** ┃に集まっていった。このなかで，現在の惑星のもととなった天体が互いに衝突し，┃ **イ** ┃が形成され，それが地球のような惑星になった。

	ア	イ
①	球 状	分裂することで，より小さな天体
②	球 状	合体することで，より大きな天体
③	円盤状	分裂することで，より小さな天体
④	円盤状	合体することで，より大きな天体

問2 太陽の進化段階のうち，主系列星，赤色巨星，白色矮星について考える。これら三つのなかで，内部で水素の核融合が起こっている進化段階をすべてあげたものとして最も適当なものを，次の①~④のうちから一つ選べ。
┃ 11 ┃

① 主系列星，赤色巨星

② 主系列星，白色矮星

③ 赤色巨星，白色矮星

④ 主系列星，赤色巨星，白色矮星

B 宇宙の構造に関する次の問い（**問3**）に答えよ。

問3 太陽系天体や恒星，星間雲，銀河などは，その種類ごとに夜空における分布が異なっている。次の図1は，8月上旬の午後8時，東京の南の空における，ある種類の天体の分布を示したものである。図中の灰色の領域は天の川を，破線は黄道を表している。この種類の天体は，実線の円で囲まれた領域 A のように集団をつくり，より大きな天体構造を形成する。この天体の種類として最も適当なものを，後の①～④のうちから一つ選べ。 12

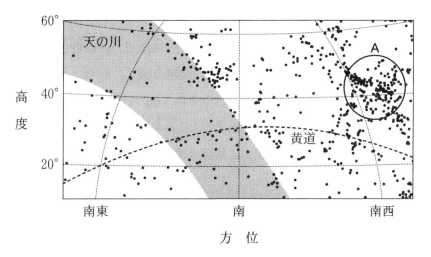

図1　8月上旬の午後8時，東京の南の空における，ある種類の天体の分布
一つの黒丸が一つの天体の位置を表す。

① 火星軌道と木星軌道の間にある小惑星

② 太陽から 3000 光年以内にある恒星

③ 銀河系内にある星間雲

④ 銀河系から 1 億光年以内にある銀河

第 4 問　さまざまな自然災害のなかでも，火山の噴火による災害は，被害の様相が極めて多様であることを特徴とする。陸上で大きな噴火が起こると，周辺地域は火山噴出物に埋もれ，降灰も 1000 km を超える広範囲に及ぶ場合がある。また，海底火山から噴出した多量の軽石が海流に流されて，遠方にまで漁業被害が及ぶこともある。これらのことに関連して，次の問い(**問 1 ～ 3**)に答えよ。(配点　10)

問 1　次の文章中の　ア　～　ウ　に入れる数値と語句の組合せとして最も適当なものを，後の①～④のうちから一つ選べ。　13

　日本では，おおむね　ア　年以内に噴火した火山および現在活発な噴気活動のある火山は，活火山とされ，国内に約 110 ある。火山のさまざまな噴火様式のなかでも爆発的な噴火は，マグマの粘性が高く，かつマグマ中の　イ　の含有量が多い場合に引き起こされやすい。そのような噴火が陸上の火山で起こると，高温の火山ガスと軽石などの火山砕屑物が一団となって　ウ　として高速で山腹を流れ下り，火山の周辺地域に甚大な被害をもたらす。

	ア	イ	ウ
①	1 万	鉄やマグネシウム	土石流
②	1 万	揮発性(ガス)成分	火砕流
③	1000	鉄やマグネシウム	火砕流
④	1000	揮発性(ガス)成分	土石流

問2 地層中の火山灰層は，過去の火山噴火で広範囲に及んだ降灰の様子を知る手がかりとなる。次の図1は，ある湖の底を鉛直方向に掘削して得られた第四紀の地層の柱状図である。地層中には3枚の火山灰層X・Y・Zがみつかり，それぞれの火山灰層の層厚と構成粒子の種類は図1に示すとおりであった。また，これらの火山灰層は，いずれも湖に降って堆積したもので，堆積後に侵食を受けていなかった。図1について述べた後の文a・bの正誤の組合せとして最も適当なものを，後の①〜④のうちから一つ選べ。　14

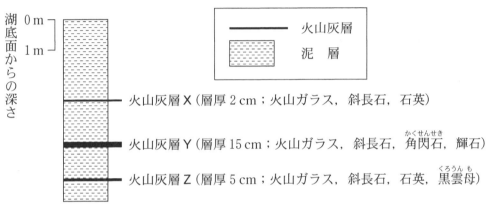

図1　湖の底を掘削して得られた地層の柱状図

a　火山灰層X・Y・Zは，含まれる鉱物の組合せは異なるものの，いずれも斜長石が含まれることから，すべて同一の火山からもたらされたものと考えられる。

b　火山灰層X・Y・Zの厚さの違いは，この湖に降った火山灰の量の違いをおおむね反映していると考えられる。

	a	b
①	正	正
②	正	誤
③	誤	正
④	誤	誤

問 3　次の文章中の 　エ 　・ 　オ 　に入れる語と数値の組合せとして最も適当なものを，後の ①〜④ のうちから一つ選べ。 15

次の図 2 は，1924 年 10 月に西表島近くの海底火山から噴出した軽石が漂流した経路の模式図である。軽石は北太平洋の亜熱帯を 　エ 　に流れる環流などによって日本近海を漂流するが，軽石が通過した位置と日にちの情報を集めると，各地の海流の速さの違いがわかった。たとえば軽石が区間 N1 — N2（経路長約 300 km），区間 S1 — S2（経路長約 1200 km）を海流のみによって移動したとすると，これらの区間において，黒潮の平均的な速さは対馬海流の平均的な速さの約 　オ 　倍と推定できる。

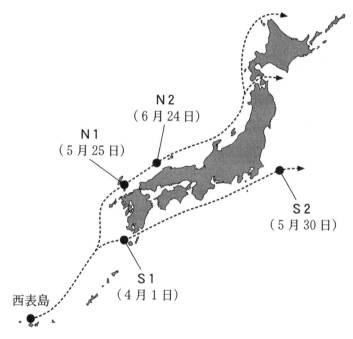

図 2　西表島近くから漂流した軽石の経路を示した模式図
　　N1，N2，S1，S2 は軽石が通過したある 4 地点で，
通過日を 1925 年の日付で示す。

	エ	オ
①	反時計回り	2
②	反時計回り	8
③	時計回り	2
④	時計回り	8

代々木ゼミナール編

2025大学入学
共通テスト
実戦問題集

英語[リーディング・リスニング]
数学Ⅰ・A
数学Ⅱ・B・C
国語
物理
化学
生物
理科基礎[物理/化学/生物/地学]
化学基礎＋生物基礎
生物基礎＋地学基礎
地理総合／歴史総合／公共
歴史総合，日本史探究
歴史総合，世界史探究
地理総合，地理探究
公共，倫理
公共，政治・経済

2025年版／大学入学共通テスト
実戦問題集
理科基礎[物理/化学/生物/地学]

2024年7月20日　　　初版発行

●
編　者 —— 代々木ゼミナール
発行者 —— 髙宮英郎
発行所 —— 株式会社日本入試センター
　　　　　　〒151-0053
　　　　　　東京都渋谷区代々木1-27-1
　　　　　　代々木ライブラリー
印刷所 —— 三松堂株式会社

●この書籍の編集内容および落丁・乱丁
　についてのお問い合わせは下記までお
　願いいたします
〒151-0053
東京都渋谷区代々木1-38-9
☎03-3370-7409（平日9：00〜17：00）
代々木ライブラリー営業部

ISBN978-4-86346-876-4　　Printed in Japan

A

実戦問題集 理科基礎 解答用紙

注意事項

1 左右の解答欄で同一の出題範囲を解答してはいけません。
2 訂正は、消しゴムできれいに消し、消しくずを残してはいけません。
3 所定欄以外にはマークしたり、記入したりしてはいけません。　4 汚したり、折り曲げたりしてはいけません。

※この解答用紙は大学入試センターより公表された令和7年度共通テストマークシートをベースにページ内に作成・編集したものです。

マーク例

良い例	悪い例
●	⊘ ⦸ ◖ ◯

① 受験番号を記入し、その下のマーク欄にマークしなさい。

受験番号欄

	千位	百位	十位	一位	英字
	-	①	①	①	Ⓐ
	②	②	②	②	Ⓑ
	③	③	③	③	Ⓒ
	④	④	④	④	Ⓗ
	⑤	⑤	⑤	⑤	Ⓚ
	⑥	⑥	⑥	⑥	Ⓜ
	⑦	⑦	⑦	⑦	Ⓡ
	⑧	⑧	⑧	⑧	Ⓤ
	⑨	⑨	⑨	⑨	Ⓧ
		⓪	⓪	⓪	Ⓨ
					Ⓩ

受験番号マークチェック欄

② 氏名・フリガナ、試験場コードを記入しなさい。

フリガナ	
氏名	
試験場コード	

（十万位・万位・千位・百位・十位・一位）

氏名等チェック欄

④

・下の解答欄で解答する出題範囲を、1つだけマークしなさい。
・出題範囲欄が無マーク又は複数マークの場合は、0点となります。

出題範囲欄

物理基礎 ◯
化学基礎 ◯
生物基礎 ◯
地学基礎 ◯

出題範囲チェック欄

解答欄

解答番号	解 1 2 3 4	答 5 6 7 8	欄 9 0 a b
101	① ② ③ ④	⑤ ⑥ ⑦ ⑧	⑨ ⓪ ⓐ ⓑ
102	① ② ③ ④	⑤ ⑥ ⑦ ⑧	⑨ ⓪ ⓐ ⓑ
103	① ② ③ ④	⑤ ⑥ ⑦ ⑧	⑨ ⓪ ⓐ ⓑ
104	① ② ③ ④	⑤ ⑥ ⑦ ⑧	⑨ ⓪ ⓐ ⓑ
105	① ② ③ ④	⑤ ⑥ ⑦ ⑧	⑨ ⓪ ⓐ ⓑ
106	① ② ③ ④	⑤ ⑥ ⑦ ⑧	⑨ ⓪ ⓐ ⓑ
107	① ② ③ ④	⑤ ⑥ ⑦ ⑧	⑨ ⓪ ⓐ ⓑ
108	① ② ③ ④	⑤ ⑥ ⑦ ⑧	⑨ ⓪ ⓐ ⓑ
109	① ② ③ ④	⑤ ⑥ ⑦ ⑧	⑨ ⓪ ⓐ ⓑ
110	① ② ③ ④	⑤ ⑥ ⑦ ⑧	⑨ ⓪ ⓐ ⓑ
111	① ② ③ ④	⑤ ⑥ ⑦ ⑧	⑨ ⓪ ⓐ ⓑ
112	① ② ③ ④	⑤ ⑥ ⑦ ⑧	⑨ ⓪ ⓐ ⓑ
113	① ② ③ ④	⑤ ⑥ ⑦ ⑧	⑨ ⓪ ⓐ ⓑ
114	① ② ③ ④	⑤ ⑥ ⑦ ⑧	⑨ ⓪ ⓐ ⓑ
115	① ② ③ ④	⑤ ⑥ ⑦ ⑧	⑨ ⓪ ⓐ ⓑ
116	① ② ③ ④	⑤ ⑥ ⑦ ⑧	⑨ ⓪ ⓐ ⓑ
117	① ② ③ ④	⑤ ⑥ ⑦ ⑧	⑨ ⓪ ⓐ ⓑ
118	① ② ③ ④	⑤ ⑥ ⑦ ⑧	⑨ ⓪ ⓐ ⓑ
119	① ② ③ ④	⑤ ⑥ ⑦ ⑧	⑨ ⓪ ⓐ ⓑ
120	① ② ③ ④	⑤ ⑥ ⑦ ⑧	⑨ ⓪ ⓐ ⓑ
121	① ② ③ ④	⑤ ⑥ ⑦ ⑧	⑨ ⓪ ⓐ ⓑ
122	① ② ③ ④	⑤ ⑥ ⑦ ⑧	⑨ ⓪ ⓐ ⓑ
123	① ② ③ ④	⑤ ⑥ ⑦ ⑧	⑨ ⓪ ⓐ ⓑ
124	① ② ③ ④	⑤ ⑥ ⑦ ⑧	⑨ ⓪ ⓐ ⓑ
125	① ② ③ ④	⑤ ⑥ ⑦ ⑧	⑨ ⓪ ⓐ ⓑ

⑤

・下の解答欄で解答する出題範囲を、1つだけマークしなさい。
・出題範囲欄が無マーク又は複数マークの場合は、0点となります。

出題範囲欄

物理基礎 ◯
化学基礎 ◯
生物基礎 ◯
地学基礎 ◯

出題範囲チェック欄

解答欄

解答番号	解 1 2 3 4	答 5 6 7 8	欄 9 0 a b
101	① ② ③ ④	⑤ ⑥ ⑦ ⑧	⑨ ⓪ ⓐ ⓑ
102	① ② ③ ④	⑤ ⑥ ⑦ ⑧	⑨ ⓪ ⓐ ⓑ
103	① ② ③ ④	⑤ ⑥ ⑦ ⑧	⑨ ⓪ ⓐ ⓑ
104	① ② ③ ④	⑤ ⑥ ⑦ ⑧	⑨ ⓪ ⓐ ⓑ
105	① ② ③ ④	⑤ ⑥ ⑦ ⑧	⑨ ⓪ ⓐ ⓑ
106	① ② ③ ④	⑤ ⑥ ⑦ ⑧	⑨ ⓪ ⓐ ⓑ
107	① ② ③ ④	⑤ ⑥ ⑦ ⑧	⑨ ⓪ ⓐ ⓑ
108	① ② ③ ④	⑤ ⑥ ⑦ ⑧	⑨ ⓪ ⓐ ⓑ
109	① ② ③ ④	⑤ ⑥ ⑦ ⑧	⑨ ⓪ ⓐ ⓑ
110	① ② ③ ④	⑤ ⑥ ⑦ ⑧	⑨ ⓪ ⓐ ⓑ
111	① ② ③ ④	⑤ ⑥ ⑦ ⑧	⑨ ⓪ ⓐ ⓑ
112	① ② ③ ④	⑤ ⑥ ⑦ ⑧	⑨ ⓪ ⓐ ⓑ
113	① ② ③ ④	⑤ ⑥ ⑦ ⑧	⑨ ⓪ ⓐ ⓑ
114	① ② ③ ④	⑤ ⑥ ⑦ ⑧	⑨ ⓪ ⓐ ⓑ
115	① ② ③ ④	⑤ ⑥ ⑦ ⑧	⑨ ⓪ ⓐ ⓑ
116	① ② ③ ④	⑤ ⑥ ⑦ ⑧	⑨ ⓪ ⓐ ⓑ
117	① ② ③ ④	⑤ ⑥ ⑦ ⑧	⑨ ⓪ ⓐ ⓑ
118	① ② ③ ④	⑤ ⑥ ⑦ ⑧	⑨ ⓪ ⓐ ⓑ
119	① ② ③ ④	⑤ ⑥ ⑦ ⑧	⑨ ⓪ ⓐ ⓑ
120	① ② ③ ④	⑤ ⑥ ⑦ ⑧	⑨ ⓪ ⓐ ⓑ
121	① ② ③ ④	⑤ ⑥ ⑦ ⑧	⑨ ⓪ ⓐ ⓑ
122	① ② ③ ④	⑤ ⑥ ⑦ ⑧	⑨ ⓪ ⓐ ⓑ
123	① ② ③ ④	⑤ ⑥ ⑦ ⑧	⑨ ⓪ ⓐ ⓑ
124	① ② ③ ④	⑤ ⑥ ⑦ ⑧	⑨ ⓪ ⓐ ⓑ
125	① ② ③ ④	⑤ ⑥ ⑦ ⑧	⑨ ⓪ ⓐ ⓑ

実戦問題集　理科基礎　解答用紙

A

マーク例

良い例	悪い例
●	◐ ⊗ ○

① 受験番号を記入し、その下のマーク欄にマークしなさい。

受験番号欄

千位　百位　十位　一位　英字

② 氏名・フリガナ、試験場コードを記入しなさい。

フリガナ
氏名
試験場コード
試験場　十万位　万位　千位　百位　十位　一位

氏名・フリガナ、試験場コードを記入しなさい。

注意事項

1　左右の解答欄で同一の出題範囲を解答してはいけません。
2　訂正は、消しゴムできれいに消し、消しくずを残してはいけません。
3　所定欄以外にはマークしたり、記入したりしてはいけません。
4　汚したり、折りまげたりしてはいけません。

※この解答用紙は大学入試センターより公表された令和7年度共通テストプレテストをベースに作成・編集したものです。

④
・下の解答欄で解答する出題範囲を、1つだけマークしなさい。
・出題範囲欄が無マーク又は複数マークの場合は、0点となります。

出題範囲欄
物理基礎 ○
化学基礎 ○
生物基礎 ○
地学基礎 ○

⑤
・下の解答欄で解答する出題範囲を、1つだけマークしなさい。
・出題範囲欄が無マーク又は複数マークの場合は、0点となります。

出題範囲欄
物理基礎 ○
化学基礎 ○
生物基礎 ○
地学基礎 ○

解答番号 101〜125　解 答 欄　1 2 3 4 5 6 7 8 9 0 a b

実戦問題集 理科基礎 解答用紙

A

注意事項

1 左右の解答欄で同一の出題範囲を解答してはいけません。

2 訂正は、消しゴムできれいに消し、消しくずを残してはいけません。

3 所定欄以外にはマークしたり、記入したりしてはいけません。 4 汚したり、折りまげたりしてはいけません。

※この解答用紙は大学入試センターより公表された令和7年度共通テストのマークシートをベースに作成・編集したものです。

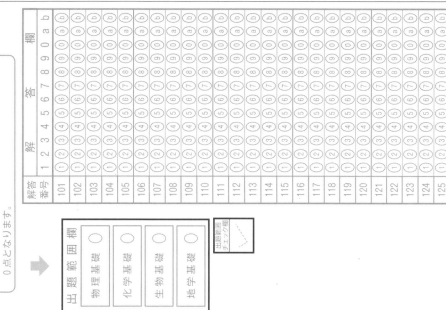

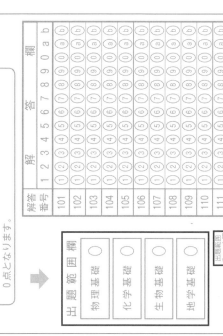

④

・下の解答欄で解答する出題範囲を、1つだけマークしなさい。

・出題範囲欄が無マーク又は複数マークの場合は、0点となります。

出題範囲欄

物理基礎 ○

化学基礎 ○

生物基礎 ○

地学基礎 ○

出題範囲チェック欄

⑤

・下の解答欄で解答する出題範囲を、1つだけマークしなさい。

・出題範囲欄が無マーク又は複数マークの場合は、0点となります。

出題範囲欄

物理基礎 ○

化学基礎 ○

生物基礎 ○

地学基礎 ○

出題範囲チェック欄

マーク例

良い例	悪い例
●	⊗ ◐ ○

①

受験番号を記入し、その下のマーク欄にマークしなさい。

受験番号欄

千位 百位 十位 一位 英字

受験番号マークチェック欄

②

氏名・フリガナ、試験場コードを記入しなさい。

フリガナ

氏 名

試験場コード：千位 百位 十位 一位

氏名チェック欄

実戦問題集　理科基礎　解答用紙

注意事項

1. 左右の解答欄で同一の出題範囲を解答してはいけません。
2. 訂正は、消しゴムできれいに消し、消しくずを残してはいけません。
3. 所定欄以外にはマークしたり、記入したりしてはいけません。
4. 汚したり、折りまげたりしてはいけません。

※この解答用紙は大学入試センターより公表された令和7年度共通テストをベースに作成・編集したものです。

①

マーク例

良い例	悪い例
●	⊘ ⊗ ○

受験番号を記入し、その下のマーク欄にマークしなさい。

受験番号欄

千位	百位	十位	一位	英字
—	(0)	(0)	(0)	(A) (B)
(1)	(1)	(1)	(1)	(C) (H)
(2)	(2)	(2)	(2)	(K) (M)
(3)	(3)	(3)	(3)	(R) (U)
(4)	(4)	(4)	(4)	(X) (Y)
(5)	(5)	(5)	(5)	(Z)
(6)	(6)	(6)	(6)	
(7)	(7)	(7)	(7)	
(8)	(8)	(8)	(8)	
(9)	(9)	(9)	(9)	
—				

受験番号
マークチェック欄

②

氏名・フリガナ、試験場コードを記入しなさい。

フリガナ	
氏　名	
試験場コード	十万位　万位　千位　百位　十位　一位

氏名等
チェック欄

④

- 下の解答欄で解答する出題範囲を、1つだけマークしなさい。
- 出題範囲欄が無マーク又は複数マークの場合は、0点となります。

出題範囲欄

- 物理基礎 ○
- 化学基礎 ○
- 生物基礎 ○
- 地学基礎 ○

出題範囲
チェック欄

解答番号	1	2	3	4	5	6	7	8	9	0	a	b
101												
102												
103												
104												
105												
106												
107												
108												
109												
110												
111												
112												
113												
114												
115												
116												
117												
118												
119												
120												
121												
122												
123												
124												
125												

⑤

- 下の解答欄で解答する出題範囲を、1つだけマークしなさい。
- 出題範囲欄が無マーク又は複数マークの場合は、0点となります。

出題範囲欄

- 物理基礎 ○
- 化学基礎 ○
- 生物基礎 ○
- 地学基礎 ○

出題範囲
チェック欄

解答番号	1	2	3	4	5	6	7	8	9	0	a	b
101												
102												
103												
104												
105												
106												
107												
108												
109												
110												
111												
112												
113												
114												
115												
116												
117												
118												
119												
120												
121												
122												
123												
124												
125												

実戦問題集 理科基礎 解答用紙

B

注意事項

1 左右の解答欄で同一の科目を解答してはいけません。
2 訂正は、消しゴムできれいに消し、消しくずを残してはいけません。
3 所定欄以外にはマークしたり、記入したりしてはいけません。
4 汚したり、折り曲げたりしてはいけません。

①

受験番号を記入し、その下のマーク欄にマークしなさい。

受 験 番 号 欄

千位	百位	十位	一位	英字
−	⓪	⓪	⓪	Ⓐ A
①	①	①	①	Ⓑ B
②	②	②	②	Ⓒ C
③	③	③	③	Ⓗ H
④	④	④	④	Ⓚ K
⑤	⑤	⑤	⑤	Ⓜ M
⑥	⑥	⑥	⑥	Ⓡ R
⑦	⑦	⑦	⑦	Ⓤ U
⑧	⑧	⑧	⑧	Ⓧ X
⑨	⑨	⑨	⑨	Ⓨ Y
−	−	−	−	Ⓩ Z

受験番号マークチェック欄

②

氏名・フリガナ、試験場コードを記入しなさい。

フリガナ	
氏 名	

試験場コード	十万位	万位	千位	百位	十位	一位

氏名等チェック欄

③

・下の解答欄で解答する科目を、1科目だけマークしなさい。
・解答科目欄が無マーク又は複数マークの場合は、0点となります。

解 答 科 目 欄

物理基礎	○
化学基礎	○
生物基礎	○
地学基礎	○

解答科目チェック欄

解答番号	解 答 欄 1 2 3 4 5 6 7 8 9 0 a b
1	① ② ③ ④ ⑤ ⑥ ⑦ ⑧ ⑨ ⑩ ⓐ ⓑ
2	① ② ③ ④ ⑤ ⑥ ⑦ ⑧ ⑨ ⑩ ⓐ ⓑ
3	① ② ③ ④ ⑤ ⑥ ⑦ ⑧ ⑨ ⑩ ⓐ ⓑ
4	① ② ③ ④ ⑤ ⑥ ⑦ ⑧ ⑨ ⑩ ⓐ ⓑ
5	① ② ③ ④ ⑤ ⑥ ⑦ ⑧ ⑨ ⑩ ⓐ ⓑ
6	① ② ③ ④ ⑤ ⑥ ⑦ ⑧ ⑨ ⑩ ⓐ ⓑ
7	① ② ③ ④ ⑤ ⑥ ⑦ ⑧ ⑨ ⑩ ⓐ ⓑ
8	① ② ③ ④ ⑤ ⑥ ⑦ ⑧ ⑨ ⑩ ⓐ ⓑ
9	① ② ③ ④ ⑤ ⑥ ⑦ ⑧ ⑨ ⑩ ⓐ ⓑ
10	① ② ③ ④ ⑤ ⑥ ⑦ ⑧ ⑨ ⑩ ⓐ ⓑ
11	① ② ③ ④ ⑤ ⑥ ⑦ ⑧ ⑨ ⑩ ⓐ ⓑ
12	① ② ③ ④ ⑤ ⑥ ⑦ ⑧ ⑨ ⑩ ⓐ ⓑ
13	① ② ③ ④ ⑤ ⑥ ⑦ ⑧ ⑨ ⑩ ⓐ ⓑ
14	① ② ③ ④ ⑤ ⑥ ⑦ ⑧ ⑨ ⑩ ⓐ ⓑ
15	① ② ③ ④ ⑤ ⑥ ⑦ ⑧ ⑨ ⑩ ⓐ ⓑ
16	① ② ③ ④ ⑤ ⑥ ⑦ ⑧ ⑨ ⑩ ⓐ ⓑ
17	① ② ③ ④ ⑤ ⑥ ⑦ ⑧ ⑨ ⑩ ⓐ ⓑ
18	① ② ③ ④ ⑤ ⑥ ⑦ ⑧ ⑨ ⑩ ⓐ ⓑ
19	① ② ③ ④ ⑤ ⑥ ⑦ ⑧ ⑨ ⑩ ⓐ ⓑ
20	① ② ③ ④ ⑤ ⑥ ⑦ ⑧ ⑨ ⑩ ⓐ ⓑ
21	① ② ③ ④ ⑤ ⑥ ⑦ ⑧ ⑨ ⑩ ⓐ ⓑ
22	① ② ③ ④ ⑤ ⑥ ⑦ ⑧ ⑨ ⑩ ⓐ ⓑ
23	① ② ③ ④ ⑤ ⑥ ⑦ ⑧ ⑨ ⑩ ⓐ ⓑ
24	① ② ③ ④ ⑤ ⑥ ⑦ ⑧ ⑨ ⑩ ⓐ ⓑ
25	① ② ③ ④ ⑤ ⑥ ⑦ ⑧ ⑨ ⑩ ⓐ ⓑ

④

・下の解答欄で解答する科目を、1科目だけマークしなさい。
・解答科目欄が無マーク又は複数マークの場合は、0点となります。

解 答 科 目 欄

物理基礎	○
化学基礎	○
生物基礎	○
地学基礎	○

解答科目チェック欄

解答番号	解 答 欄 1 2 3 4 5 6 7 8 9 0 a b
1	① ② ③ ④ ⑤ ⑥ ⑦ ⑧ ⑨ ⑩ ⓐ ⓑ
2	① ② ③ ④ ⑤ ⑥ ⑦ ⑧ ⑨ ⑩ ⓐ ⓑ
3	① ② ③ ④ ⑤ ⑥ ⑦ ⑧ ⑨ ⑩ ⓐ ⓑ
4	① ② ③ ④ ⑤ ⑥ ⑦ ⑧ ⑨ ⑩ ⓐ ⓑ
5	① ② ③ ④ ⑤ ⑥ ⑦ ⑧ ⑨ ⑩ ⓐ ⓑ
6	① ② ③ ④ ⑤ ⑥ ⑦ ⑧ ⑨ ⑩ ⓐ ⓑ
7	① ② ③ ④ ⑤ ⑥ ⑦ ⑧ ⑨ ⑩ ⓐ ⓑ
8	① ② ③ ④ ⑤ ⑥ ⑦ ⑧ ⑨ ⑩ ⓐ ⓑ
9	① ② ③ ④ ⑤ ⑥ ⑦ ⑧ ⑨ ⑩ ⓐ ⓑ
10	① ② ③ ④ ⑤ ⑥ ⑦ ⑧ ⑨ ⑩ ⓐ ⓑ
11	① ② ③ ④ ⑤ ⑥ ⑦ ⑧ ⑨ ⑩ ⓐ ⓑ
12	① ② ③ ④ ⑤ ⑥ ⑦ ⑧ ⑨ ⑩ ⓐ ⓑ
13	① ② ③ ④ ⑤ ⑥ ⑦ ⑧ ⑨ ⑩ ⓐ ⓑ
14	① ② ③ ④ ⑤ ⑥ ⑦ ⑧ ⑨ ⑩ ⓐ ⓑ
15	① ② ③ ④ ⑤ ⑥ ⑦ ⑧ ⑨ ⑩ ⓐ ⓑ
16	① ② ③ ④ ⑤ ⑥ ⑦ ⑧ ⑨ ⑩ ⓐ ⓑ
17	① ② ③ ④ ⑤ ⑥ ⑦ ⑧ ⑨ ⑩ ⓐ ⓑ
18	① ② ③ ④ ⑤ ⑥ ⑦ ⑧ ⑨ ⑩ ⓐ ⓑ
19	① ② ③ ④ ⑤ ⑥ ⑦ ⑧ ⑨ ⑩ ⓐ ⓑ
20	① ② ③ ④ ⑤ ⑥ ⑦ ⑧ ⑨ ⑩ ⓐ ⓑ
21	① ② ③ ④ ⑤ ⑥ ⑦ ⑧ ⑨ ⑩ ⓐ ⓑ
22	① ② ③ ④ ⑤ ⑥ ⑦ ⑧ ⑨ ⑩ ⓐ ⓑ
23	① ② ③ ④ ⑤ ⑥ ⑦ ⑧ ⑨ ⑩ ⓐ ⓑ
24	① ② ③ ④ ⑤ ⑥ ⑦ ⑧ ⑨ ⑩ ⓐ ⓑ
25	① ② ③ ④ ⑤ ⑥ ⑦ ⑧ ⑨ ⑩ ⓐ ⓑ

マーク例
良い例 ● 悪い例 ⊘ ⊗ ◑ ○

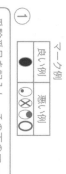

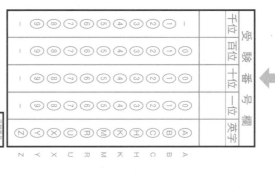

実戦問題集　理科基礎　解答用紙

注意事項

1. 左右の解答欄で同一の科目を解答してはいけません。
2. 訂正は、消しゴムできれいに消し、消しくずを残さないこと。
3. 所定欄以外にはマークしたり、記入したりしてはいけません。
4. 汚したり、折り曲げたりしてはいけません。

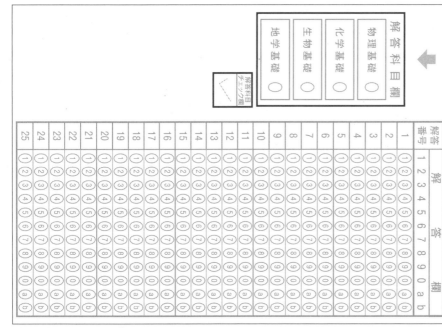

2025 代ゼミ

代々木ゼミナール編

大学入学 共通テスト

実戦問題集

理科基礎

［物理/化学/生物/地学］

解答・解説

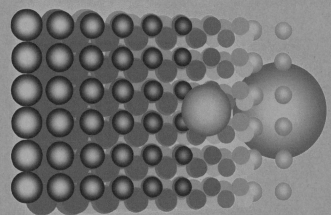

代々木ライブラリー

物理基礎

問題番号（配点）	設　問	解答番号	正　解	配　点	自己採点
第1問 (16)	1	101	9	（各4）	
	2	102	1		
	3	103	5		
	4	104	1		
自己採点小計					
第2問 (18)	1	105	3	（各2）	
	2	106	1		
	3	107	3		
	4	108	4	（各3）	
	5	109	2		
		110	2		
	6	111	5		
自己採点小計					

問題番号（配点）	設　問	解答番号	正　解	配　点	自己採点
第3問 (16)	1	112	2	（各4）	
	2	113	6		
	3	114	4		
	4	115	5		
自己採点小計					

自己採点合計

解　説

第 1 問 (小問集合)

出題のねらい

力学($v-t$ グラフ,摩擦力),電気(抵抗の接続),波(波の性質)に関する基本的な問題を小問集合形式で出題した。これらの問題を通して,基本事項を理解できているかを確認しておきたい。

問 1　($v-t$ グラフ)

　　　$v-t$ グラフの読み取りに関する問題。物体の加速度は $v-t$ グラフの傾きで表されるので,点 O から点 E の各区間における加速度は,速度の正の向きを正として

区間 OA：$\dfrac{V}{T}$

区間 AB：0

区間 BC：$-\dfrac{3V}{2T}$

区間 CD：0

区間 DE：$\dfrac{3V}{2T}$

である。よって加速度の大きさが最大となるのは,区間 $\underline{\mathrm{BC}\ と\ \mathrm{DE}}_{\ ア}$ である。

　　また,物体の変位は,$v-t$ グラフと t 軸が囲む(符号付き)面積で表される。区間 BC で $v=0$ となる t はグラフより $t=\dfrac{8}{3}T$ なので,求める変位 x は,

$$x=\left(\dfrac{8}{3}T-T+T\right)\times V\times\dfrac{1}{2}-\left(3T-\dfrac{8}{3}T\right)T\times\dfrac{V}{2}\times\dfrac{1}{2}$$

$$=\dfrac{8}{6}VT-\dfrac{1}{12}VT=\underline{\dfrac{5}{4}VT}_{\ イ}$$

$$\boxed{101}\cdots ⑨$$

問 2　(摩擦力)

　　静止摩擦力に関する基本的な問題。物体 A,B はともに静止しているので,それぞれにはたらく力はつりあっている。糸の張力の大きさを T,物体 A と斜面の間にはたらく垂直抗力の大きさを N,静止摩擦力の大きさを f とそれぞれおくと,物体 A,B にはたらく力は次図のようになる。

☞　$v-t$ グラフと変位・加速度の関係

　物体の変位・加速度は,
$$\begin{cases}\text{変位：}\ v-t\text{ グラフの} \\ \qquad(符号付き)面 \\ \qquad 積 \\ \text{加速度：}v-t\text{ グラフの} \\ \qquad 傾き\end{cases}$$
でそれぞれ表される。

☞　相似を利用してもよい。

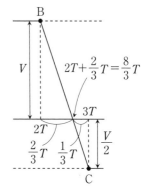

☞　物体が静止しているとき,慣性の法則から物体にはたらく力の合力は 0 なので,静止摩擦力は斜面に沿った方向にはたらく静止摩擦力以外の外力の和とつりあうようにはたらく。

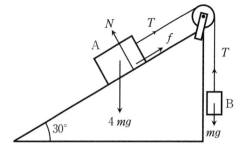

物体Bにはたらく力のつりあいからTを求めると，

$$0 = T - mg$$

$$\therefore \quad T = \underset{\text{ウ}}{mg}$$

また，物体Aにはたらく斜面方向の力のつりあいから，

$$0 = T + f - 4mg\sin 30°$$

$$\therefore \quad f = 2mg - T = \underset{\text{エ}}{mg}$$

さらに，物体Aにはたらく斜面に垂直方向の力のつりあいから，

$$0 = N - 4mg\cos 30°$$

$$\therefore \quad N = 2\sqrt{3}\,mg$$

である。物体Aが滑らない条件は，静止摩擦力 f が最大摩擦力 μN 以下，すなわち静止摩擦係数 μ が $\dfrac{f}{N}$ 以上であることなので，

$$\mu \geqq \frac{f}{N} = mg \cdot \frac{1}{2\sqrt{3}\,mg} = \underset{\text{オ}}{\frac{\sqrt{3}}{6}}$$

$$\boxed{102} \cdots ①$$

問3 （抵抗の接続）

抵抗を接続した回路に関する基本的な問題。抵抗 R_2 と R_3 の合成抵抗を R_{23} とすると，抵抗 R_2 と抵抗 R_3 は並列に接続されているので，

$$\frac{1}{R_{23}} = \frac{1}{R} + \frac{1}{2R} = \frac{3}{2R}$$

より，$R_{23} = \dfrac{2}{3}R$ である。よって抵抗 $R_1 \sim R_3$ の合成抵抗 R_0 は，

$$R_0 = R + \frac{2}{3}R = \frac{5}{3}R$$

であるから，回路全体を流れる電流 I_0 は，オームの法則より，

$$E = \frac{5}{3}RI_0$$

$$\therefore \quad I_0 = \frac{3E}{5R}$$

である。これより，抵抗 R_2，抵抗 R_3 を流れる電流はそれぞれ，$\dfrac{3E}{5R} - I$，I である。抵抗 R_2，抵抗 R_3 は並列につながれているから，両端にかかる電圧は等しい。ゆえに，I は

☞ 物体が滑らない条件

　物体が静止していると仮定して力のつりあいを考えて求めた垂直抗力と摩擦力の大きさをそれぞれ N，f とする。静止摩擦係数を μ としたとき，物体がすべらない条件は

$$\mu N \geqq f \quad \therefore \quad \frac{f}{N} \leqq \mu$$

☞ 直列・並列につないだ抵抗の合成抵抗

　抵抗値 R_1，$R_2 \cdots R_n$ の抵抗を直列または並列につないだときの合成抵抗 R は，

$$\begin{cases} R = R_1 + R_2 + \cdots + R_n \\ \qquad\qquad\qquad \text{（直列）} \\[6pt] \dfrac{1}{R} = \dfrac{1}{R_1} + \dfrac{1}{R_2} + \cdots + \dfrac{1}{R_n} \\ \qquad\qquad\qquad \text{（並列）} \end{cases}$$

$$2RI = R\left(\frac{3E}{5R} - I\right)$$

$$\therefore \quad I = \frac{E}{5R}$$

また，抵抗 R_2 を流れる電流は $\frac{3E}{5R} - \frac{E}{5R} = \frac{2E}{5R}$ だから，この抵抗の消費電力 P は，

$$P = R\left(\frac{2E}{5R}\right)^2 = \frac{4E^2}{25R}$$

$\boxed{103}$ …⑤

☞ 並列部では，抵抗の比の逆比が電流の比となるので

$$I = \frac{3E}{5R} \times \frac{1}{2+1} = \frac{E}{5R}$$

☞ 抵抗の消費電力 P

$$P = IV = RI^2 = \frac{V^2}{R}$$

I：電流，V：電圧，R：抵抗値

問4 （波の性質）

波の性質に関する基本的な問題。壁で波が固定端反射をすることに注意して，$t = 7.5\,\mathrm{s}$ における入射波と反射波の波形を求めると，それぞれ下図の実線と破線のようになる。

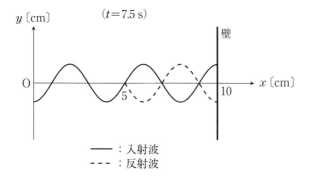

　　　――：入射波
　　　- - - ：反射波

☞ この問題のように入射波と反射波が定常波をつくるとき，反射点は反射が自由端反射の場合は定常波の腹，固定端反射の場合は定常波の節となる。

よって合成波の波形は下図のように表されるので，答は①である。

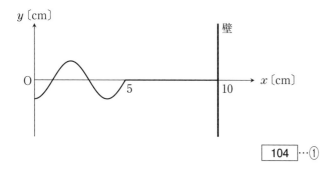

$\boxed{104}$ …①

☞ 壁に波がはじめて入射する時刻は $t = 5.0\,\mathrm{s}$ である。したがって時刻 $t = 7.5\,\mathrm{s}$ までに反射波は壁で反射されてから $2\,\mathrm{cm/s} \times (7.5\,\mathrm{s} - 5.0\,\mathrm{s}) = 5\,\mathrm{cm}$ 進む。よって定常波ができる区間は $5 \leqq x \leqq 10$ である。

第2問 (アトウッドの器械, 等加速度運動, 仕事とエネルギー)

出題のねらい

力学分野からアトウッドの器械を題材にして, 実験データの処理, 実験結果に対する考察, 運動方程式, 仕事と運動エネルギーなど, 物理の学力を幅広く試した。理解が不十分であったり, 曖昧な箇所が見つかったときは, 教科書や基本問題の演習を通して理解を確実なものにしておこう。

問1 実験データとして, 各時刻でのおもり A の位置が与えられている。このデータより, 時刻 3 s ～ 4 s の区間の平均の速さは

$$\frac{0.76 - 0.43}{4 - 3} = \underline{0.33} \text{ m/s}$$

と求められる。

時間間隔が 1 s なので, 単に位置の差を求めるだけで速さになる。各区間の平均の速さは下の表のようになる。

区間〔s〕	0～1	1～2	2～3	3～4	4～5
速さ〔m/s〕	0.05	0.14	0.24	0.33	0.43
区間〔s〕	5～6	6～7			
速さ〔m/s〕	0.53	0.64			

$\boxed{105} \cdots ③$

☞ **平均の速さ**

時刻 t_1 での物体の位置を x_1, 時刻 $t_2 (t_1 < t_2)$ での位置を x_2 としたとき

$$\bar{v} = \frac{x_2 - x_1}{t_2 - t_1}$$

をこの区間での平均の速度という。平均の速度の大きさが平均の速さである。

問2 加速度に関する問である。前問で求めた平均の速さを各区間の中間点での速さと見なすと, 各区間の加速度は下の表のようになる。

区間〔s〕	0.5～1.5	1.5～2.5	2.5～3.5
加速度〔m/s²〕	0.09	0.10	0.09
区間〔s〕	3.5～4.5	4.5～5.5	5.5～6.5
加速度〔m/s²〕	0.10	0.10	0.11

この表より, おもり A の加速度はどの区間でもほぼ一定であること, すなわち, おもり A の運動は初速 0 の等加速度運動であることがわかる。当然, 糸でつながれたおもり B の運動も等加速度運動となる。よって, おもり A の加速度の大きさ a は上の表の値の平均をとって

$$a = \frac{0.09 + 0.10 + 0.09 + 0.10 + 0.10 + 0.11}{6}$$

$$= 0.098\cdots$$

$$\fallingdotseq \underline{0.1} \text{ m/s}^2$$

$\boxed{106} \cdots ①$

☞ **平均の加速度**

時刻 t_1 での物体の速度を v_1, 時刻 $t_2 (t_1 < t_2)$ での速度を v_2 としたとき

$$\bar{a} = \frac{v_2 - v_1}{t_2 - t_1}$$

をこの区間での平均の加速度という。

☞ 平均をとるまでもなく, 見ただけで

$$a \fallingdotseq 0.1 \text{ m/s}^2$$

であることはすぐに分かる。

問3 横軸に時刻 t, 縦軸に位置 x をとって, 表1の測定結果をプロットしてみれば大まかな傾向が分かる(右図)。これより, 正しいグラフは③であると

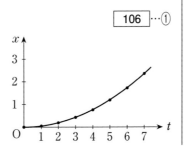

判断できる。

　前問までから，おもり A の運動が初速 0 の等加速度運動となることが分かっているので，x と t の関係は

$$x = (\text{定数}) \times t^2$$

のような 2 次関数になることはすぐに分かる。

107 …③

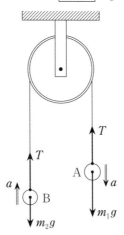

問 4　運動方程式に関する基本的な問題である。運動方程式を立てるときは，各物体にはたらいている力を正しく図示することが第一歩である。

　おもり A と B は軽い糸でつながれているので，おもり A と B にはたらく糸の張力は等しく，A と B の加速度の大きさも等しい。これに注意して，おもり A，B にはたらく力を図示すると右図のようになる。ここで，力と加速度の正の向きは，どのような動きをするかを考えて，おもり A，B それぞれについて右図の向き（A は下向きが正，B は上向きが正）に定めている。これより，おもり A，B の運動方程式は次のようになる。

　　おもり A：$m_1 a = m_1 g - T$
　　おもり B：$m_2 a = T - m_2 g$

108 …④

問 5　前問の運動方程式より，a，T を求めると

$$a = \frac{m_1 - m_2}{m_1 + m_2} g, \quad T = \frac{2 m_1 m_2}{m_1 + m_2} g$$

となる。a を表す式より

$$g = \frac{m_1 + m_2}{m_1 - m_2} a \qquad\qquad \cdots\cdots①$$

となるから，測定値である m_1，m_2，a を用いて重力加速度 g の値を求めることができる。

　ここで，回転を妨げる力がはたらくとき，測定されたおもりの加速度 a' は，妨げる力がはたらかないときの値 a よりも小さくなる。つまり，$a' < a$ である。よって，a' を用いて①式から求まる重力加速度を g' とすると

$$g' = \frac{m_1 + m_2}{m_1 - m_2} a'$$

となるから，$g' < g$ である。したがって，①式から計算した g は，実際の値より小さな値となると考えられる。

109 …②

　ところで，題意のように，滑車の回転（おもり A，B の運動）を妨げるような一定の力（大きさを F とする）が作用すると仮定したとき，運動方程式は下のように変更される。

☞問題文に「軽い糸」とあるように，糸の質量を無視しているので，糸に生じる張力の大きさは糸の各点で等しい。

おもり A：$m_1 a' = m_1 g - T - F$

おもり B：$m_2 a' = T - m_2 g - F$

これより

$$a' = \frac{m_1 - m_2}{m_1 + m_2} g - \frac{2F}{m_1 + m_2} \qquad \cdots\cdots ②$$

$$= a - \frac{2F}{m_1 + m_2}$$

となるので $a' < a$ である。

　一定の力 F の影響を少なくするには，②式の右辺の第一項が第二項に比べて十分に大きければよいので，<u>m_1 と m_2 の差を大きくすればよい。</u>

　　　　　　　　　　　　　　　　　　　　　$\boxed{110}\cdots②$

問6　運動エネルギー，位置エネルギー，力学的エネルギー，保存力，など用語の意味を正確に理解することが第一歩である。

　おもり A は重力 $m_1 g$（下向き）と張力 T（上向き）がはたらいて下方に距離 h だけ移動するから，運動エネルギーの変化と仕事の関係より

$$K_A = m_1 gh + (-T)h$$

$$= \underbrace{m_1 gh - Th}_{\mathcal{T}}$$

おもり B についても同様の関係が成り立つ。運動の向きに注意して

$$K_B = Th - m_2 gh$$

よって

$$K_A + K_B = \underbrace{(m_1 - m_2)gh}_{\mathcal{A}}$$

　左辺は，全体の運動エネルギーの増加量，右辺は全体の位置エネルギーの減少量である。すなわち，運動エネルギーの増加量は位置エネルギーの減少量に等しく，運動エネルギーと位置エネルギーの和は変化しない。

　　　　　　　　　　　　　　　　　　　　　$\boxed{111}\cdots⑤$

　一般に，保存力以外の外力が仕事をしないとき，運動エネルギーの変化と位置エネルギーの変化の和はゼロであり，

　　（運動エネルギー）＋（位置エネルギー）＝一定

が成り立つ。

☞仕事とエネルギー

・運動エネルギーの変化と仕事

　物体の運動エネルギーの変化 ΔK は，物体がされた仕事 $W_全$ に等しい。

$$\Delta K = W_全$$

・力学的エネルギーの変化と仕事

　保存力が物体にした仕事を $W_保$，そのときの位置エネルギーの変化を ΔU とすると，

$$\Delta U = -W_保$$

であり，保存力以外の力（非保存力）がした仕事を $W_非$ とすると

$$W_全 = W_保 + W_非$$

よって，力学的エネルギーの変化 ΔE は

$$\Delta E = \Delta K + \Delta U$$

$$= W_全 + (-W_保)$$

であるから，

$$\Delta E = W_非$$

となる。すなわち，力学的エネルギーの変化は非保存力がした仕事に等しく，$W_非 = 0$ なら $\Delta E = 0$ となる。これが力学的エネルギー保存則に他ならない。

第3問 (電磁誘導, 電磁力, 気柱の共鳴)

出題のねらい

スピーカーの仕組みとスピーカーを用いた実験をテーマに, 電磁気・波動の知識・理解を問う出題とした。問3までは主に電磁気の内容で, 計算はなく知識のみで解答できる設問であるが, 電流計の実験的な取り扱いや, 力のはたらき方なども問い, 磁場の知識だけに限らない出題とした。問4は波動の気柱の共鳴に関する独立した設問である。第3問では令和4年度本試験のように, 複数分野からの設問の集合となる可能性があることに留意しておこう。

問1 磁石のN極の接近にともなって, 電磁誘導により, コイルには誘導起電力(電圧)および誘導電流がレンツの法則に従って発生する。誘導電流はこの磁石の接近を妨げるような磁場を発生させるため, このときのコイルの上面は磁石のN極とみなすことができる。上向きの磁場を円形コイルを流れる電流がその中心に作る場合, 電流はaの向きである。よって, <u>イは正しい。</u>

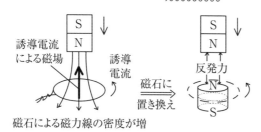

誘導電流の大きさは, 磁石を近づける速さに応じて変化する。この電流の測定に電流計を用いる場合, 電流の大きさの予想が立つときはその値を測れる最小のマイナス端子を選べばよいが, 電流の大きさの予想が立たないときは安全のため, まずは最大のマイナス端子を選ぶ必要がある。針の振れが小さければ, 測定範囲の小さな端子に順次つなぎ変えていき, 目盛りが最も細かく読み取れる端子で測定を行う。よって, はじめから最も小さい50 mA端子につなぐのは不適切であり, <u>アは誤り。</u>

誘導起電力および誘導電流の大きさは, コイルの巻数に比例して大きくなる。したがって, 50 mA端子につないで目盛りの読みが最大3の30 mA付近まで針が振れたならば, 巻数を2倍にすると, 最大60 mA程度となることが予想できる。このまま50 mA端子で実験を行うと, 電流計の針が振り切れてしまうことが予想されるので, 電流計のマイナス端子は一つ大きい500 mA端子につなぎ変えてから行うべきである。よって, <u>ウは誤り。</u>

以上から, 正しいものをすべて選び出した組合せは②イ。

$$\boxed{112} \cdots ②$$

☞ **レンツの法則(発展)**
コイルを貫く磁力線が時間的に変化するとき, 誘導起電力は, 誘導電流のつくる磁力線がもとの磁力線の変化を妨げるような向きに生じる。

☞ 電流計は内部抵抗が小さく設計されているので大きな電流が流れやすい。電流計に大電流が流れてしまうと電流計内部の結線や抵抗が焼け焦げてしまったり(ヒューズが切れるだけで済む場合もある), 電流計内部の電磁石が磁化して針が振り切れて戻らなくなったりと事故や破損の危険がある。

☞ 電流が小さく微弱な場合は, シャント(分路)を備えた検流計の利用も検討する。

☞ **整流回路の例(参考)**
例えば, ダイオードを4つ用いて次のように接続すると, 常に正しい向きで電流計に電流を流すことができる。

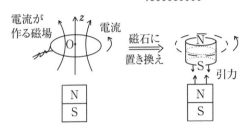

電流計　　　整流回路　　コイル

問2　問1イと同様に，aの向きに円形コイルを流れる電流がその中心に作る磁場はz軸正の向きである。よって，<u>アは正しい</u>。これより，コイルは上面がN極，下面がS極の磁石とみなすことができる。コイルの下には磁石のN極があるため，コイルはz軸負の向きに引きつけられる。よって，<u>イは誤り</u>。一方，作用・反作用の法則より，コイル下面のS極によって下の磁石のN極はz軸正の向きに引き付けられる。よって，<u>ウは正しい</u>。

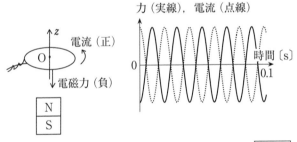

以上から，正しいものをすべて選び出した組合せは⑥<u>アとウ</u>。

| 113 | …⑥ |

問3　問2より，コイルに流れる電流が正（aの向き）のときはコイルにはたらく電磁力はz軸負の向きである。一方，コイルに流れる電流が負（bの向き）のときはコイルにはたらく電磁力は逆のz軸正の向きとなる。また，力の大きさは電流の大きさが大きいほど大きくなり，電流の振動数と力のグラフの振動数は一致する。したがって，最も適当なグラフは④である。

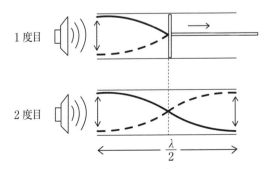

| 114 | …④ |

問4　下図のように，ピストンを引き抜いていく間，すなわち円筒が閉管の間に1度目の共鳴が起こり，ピストンが外れてピストンを遠ざけたとき，すなわち円筒が開管になったときに2度目の共鳴が起きたことから，この2度目の共鳴は開管の基本振動によるものである。

1度目

2度目

$\frac{\lambda}{2}$

☞　閉管の共鳴
　　開口端が腹，ピストンの位置が節となる定常波による共鳴である。

☞　開管の共鳴
　　両端の開口端が腹となる定常波による共鳴である。

☞　両方の共鳴を満たす条件を考えると，1度目の共鳴はピストンが管の中央にきたときに起きたことがわかる。

　音波の波長を λ とすると，開管の基本振動では，管の長さが半波長と一致するので

$$\frac{\lambda}{2} = 50 \text{ cm}$$

$$\therefore \quad \lambda = \underset{\sim\sim\sim}{100} \text{ cm} = 1 \text{ m}$$

音波の振動数を f として，波の基本式より

$$340 = f \cdot 1$$

$$\therefore \quad f = \underset{\sim\sim\sim}{340} \text{ Hz}$$

$\boxed{115}$ …⑤

☞　問題の仮定より，開口端補正は無視してよい(腹がちょうど円筒の両端にあると考えてよい)。

☞　波の基本的な関係
$$v = f\lambda$$

問題番号 （配点）	設 問	解答番号	正 解	配 点	自己採点	問題番号 （配点）	設 問	解答番号	正 解	配 点	自己採点
第1問 (16)	1	101	8	（各4）		第3問 (16)	1	112	2	（各2）	
	2	102	3					113	1		
	3	103	2				2	114	7	（各3）	
	4	104	6				3	115	3		
自己採点小計							4	116	6		
第2問 (18)	A	1	105	2	（各3）			5	117	5	
		2	106	5			自己採点小計					
		3	107	4	（各2）							
		4	108	4								
			109	2			自己採点合計					
	B	5	110	3	（各3）							
		6	111	2								
自己採点小計											

解 説

第 1 問 (小問集合)

出 題 の ね ら い

2023 年の共通テスト・物理基礎(本試験)の出題内容に則して, 力学(力と等加速度運動, 弾性力と浮力)から 2 題, 熱(水と氷の状態変化)から 1 題, 波動(弦の振動)から 1 題の出題とした。同年の追試験では波動が 2 題であったりと, 必ずしも本番でこの分野構成とはならないことに注意しよう。各分野で穴がないかどうかチェックし, 本番で柔軟に対応できるようにしておこう。

問1 (力と等加速度運動)

基本的な問題であり, 確実に得点してほしい。

物体の質量を m, 重力加速度の大きさを g とすると, 斜面下向きの重力の成分は

$$mg\sin 30° = \frac{1}{2}mg$$

である。

はじめ $F = F_0$ のとき, 静止した物体について力のつり合いより

$$F_0 = \frac{1}{2}mg$$

である。

次に $F = F_1$ のとき下図を参照して, 加速度の大きさを a とすると, 運動方程式は

$$ma = F_1 - \frac{1}{2}mg$$

となる。

☞ 物体が静止または等速直線運動するとき(加速度 0), 物体にはたらく力はつり合いの状態(物体にはたらく合力が 0)となる。

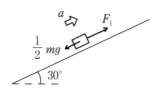

ここで, $F_1 > F_0 = \frac{1}{2}mg$ であるから $a > 0$ であり, F_1 は一定値であるから a も一定値である。すなわち $F = F_1$ の外力を受ける間, 物体は加速度 a の等加速度直線運動で斜面上方へ進むことがわかる。

その後 $F = F_0$ とすると再び力のつり合いの状態に戻るため, 物体の加速度は 0 となる。これを踏まえて $v-t$ グラフを描くと右図となる。物体が距離 d 進むのに要する時間を t とすると, 等加速度運動の式より物体は速さ $at\ (> 0)$ まで加速しており, その後加速度が 0 となる(速度が変化しなくなる)ので物体は速さ at のまま斜面上方へ等速直線運動をする。

☞ 運動方程式より

$$a = \frac{F_1}{m} - \frac{g}{2}\ (一定)$$

☞ $v-t$ グラフ

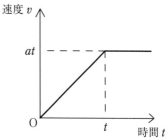

【参考】

上で仮定した時間 t は等加速度運動の式より

$$d = \frac{1}{2}at^2 \quad \therefore \quad t = \sqrt{\frac{2d}{a}}$$

であるから，距離 d 進んだときの物体の速さは

$$at = a\sqrt{\frac{2d}{a}} = \sqrt{2ad} = \sqrt{2\left(\frac{F_1}{m} - \frac{g}{2}\right)d}$$

と表せる。

問2 （弾性力と浮力）

> **アルキメデスの原理**
>
> 物体にはたらく浮力の大きさは，物体が押しのけた流体の重さに等しい。
>
> すなわち密度 ρ の流体中にある物体の体積が V であるとき，浮力の大きさは ρVg で表される。

液体を流し込む前について，ばねの自然長からの縮みを x_0 とすると力のつり合いより

$$kx_0 = mg \quad \therefore \quad x_0 = \frac{mg}{k}$$

である。

液体を流し込んだ後，ばねが自然長より伸びているか縮んでいるかは不明であるが，ばねが自然長より x だけ縮んでいると仮定する（$x < 0$ となった場合は伸びていたものと判断すればよい）。すると弾性力 kx は上向きにはたらいていると仮定できるので，力のつり合いより

$$kx + \rho Vg = mg \quad \therefore \quad x = \frac{(m - \rho V)g}{k}$$

である。

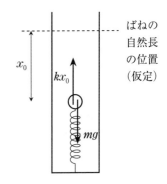

☞問題の仮定より $\rho > \frac{m}{V}$ であるから $x < 0$ であり，実際には液体を流し込んだ後にばねは自然長より伸びる。

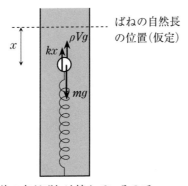

液体を入れる前の方がばねは縮んでいるので

$$d = x_0 - x$$
$$= \frac{mg}{k} - \frac{(m - \rho V)g}{k}$$

$$= \frac{\rho Vg}{k}$$

となる。

$$\boxed{102} \cdots ③$$

【別解】

　　液体を流し込む前は弾性力が小球の重さとつり合っている。ば
ねの弾性力はフックの法則に従って伸び縮みに比例して変化する
ため，このつり合いの状態から小球が変位すると小球にはつり合
いからの変位に比例した合力がはたらく。鉛直下向きを正として
その合力 F を具体的に式で表せば

$$F = -kx + mg = -k(x - x_0)$$

となる。

　　浮力によってつり合いの位置から d 浮くとき，つり合いの位置
からの変位(下向き正)は $x - x_0 = -d$ であるから $F = kd$ である。
これと浮力のつり合いによって静止していると考えれば

$$kd = \rho Vg \qquad \therefore \quad d = \frac{\rho Vg}{k}$$

として求めてもよい。

問3　(水と氷の状態変化)

> **比熱(比熱容量)**
> 　比熱は単位質量(1 g や 1 kg)の物質を 1 K だけ温度上昇させ
> るのに必要な熱量である。比熱 c 〔J/(g・K)〕の物質 m〔g〕を
> ΔT〔K〕だけ温度上昇させるのに必要なエネルギー Q〔J〕は次式
> で表される
>
> $$Q = mc\Delta T$$
>
> **潜熱**
> 　物質の状態が三態(液体・固体・気体)の間で変化するとき，
> 物質に出入りする**単位質量あたり**の熱を潜熱とよぶ。潜熱が
> L〔J/g〕の物質 m〔g〕を状態変化させるときに出入りする熱量
> Q〔J〕は次式で表される。
>
> $$Q = mL$$
>
> 特に，固体→液体と変化するときの潜熱を融解熱，液体→気体
> と変化するときの潜熱を蒸発熱(気化熱)とよぶ。

　　13.2℃の水 200 g が 0℃になるまでに失う熱量は

$$-200 \cdot 4.2 \cdot (0 - 13.2)〔J〕$$

であり，これが氷の加熱と氷の一部を溶かす熱に分配される。
-19.8℃の氷 100 g が 0℃になるまでに得る熱量は

$$100 \cdot 2.1 \cdot \{0 - (-19.8)\}〔J〕$$

であり，氷全体のうち m〔g〕を溶かすのに必要な熱量は

$$m \cdot 3.3 \times 10^2〔J〕$$

である。熱量の保存を式で表すと

$$200 \cdot 4.2 \cdot 13.2 = 100 \cdot 2.1 \cdot 19.8 + m \cdot 3.3 \times 10^2$$

☞液体を流し込んだときの弾性
力の変化の大きさが小球にはた
らく浮力の大きさに対応する。

☞つまり，液体を流し込む前の
　つり合いの状態を改めて自然
　長，小球の質量 $m = 0$ とみ
　なし，つり合いの位置へ引き
　戻そうとするばねの力 kd(実
　際は重力との合力 F)と浮力
　ρVg のつり合いとして考え
　ることができる。

☞水と氷の比熱
　　水：4.2 J/(g・K)
　　氷：2.1 J/(g・K)
　はよく用いる値である。
☞水の場合
　　融解熱：334 J/g
　　蒸発熱：2257 J/g
　である。

これを解くと

$$m = 21\ \text{g}$$

であり，溶け残った氷の質量は

$$100 - m = 79\ \text{g}$$

である。

　氷が溶け残っている 0℃ の状態から水が温度上昇をはじめるためには，ヒーターで与える熱量で溶け残った 79 g の氷をすべて溶かしきればよいので，求める時間を t〔s〕とすると

$$110 \cdot t = 79 \cdot 3.3 \times 10^2$$
$$\therefore\quad t = 237\ \text{s} \fallingdotseq \underset{\sim\sim\sim}{2.4 \times 10^2\ \text{s}}$$

となる。

$\boxed{103}$ …②

☞水と氷が共存する状態では温度が 0℃ のままである。

☞電力：単位時間あたりの電気的な仕事を表す。（単位：〔W〕＝〔J/s〕）

電気エネルギー
　　＝電力×時間

【別解】

　「氷が受け取った熱量」＝「ヒーターと水が与えた熱量」と考えて，一本の式で表せば次のようになる。

$$100 \cdot 2.1 \cdot 19.8 + 100 \cdot 3.3 \times 10^2 = 110t + 200 \cdot 4.2 \cdot 13.2$$

各項は 1.1 で割り切れるので，

$$100 \cdot 2.1 \cdot 18 + 100 \cdot 3.0 \times 10^2 = 100t + 200 \cdot 4.2 \cdot 12.0$$
$$\therefore\quad 100t = 3.78 \cdot 10^3 + 3.0 \times 10^4 - 10.08 \times 10^3$$
$$= 2.37 \times 10^4$$
$$\therefore\quad t \fallingdotseq 2.4 \times 10^2\ \text{s}$$

問 4　(弦の振動)

　線密度(単位長さあたりの質量) ρ〔kg/m〕の弦が張力の大きさ S〔N〕で張られているとき，弦を伝わる波の速さ v〔m/s〕は次式で表される。

$$v = \sqrt{\frac{S}{\rho}}$$

これより線密度 ρ の弦の張力の大きさ S を変化させるとき，波の速さ v は $\sqrt{S}$ に比例することがわかる。本問ではこの関係を「弦を伝わる波の速さは弦の張力の大きさの平方根に比例する」として与えた。

　おもりの重さを W，糸の線密度を ρ とすると，糸を伝わる波の速さは

$$v = \sqrt{\frac{W}{\rho}}$$

となる。振動装置の振動数を f，図4の定常波の波長を λ とすると波の基本式 $v = f\lambda$ より

$$\lambda = \frac{v}{f} = \frac{1}{f}\sqrt{\frac{W}{\rho}}$$

となる。

　定常波の腹の数を 3 つから 1 つへ変化させるためには，波長が元の 3 倍の定常波にすればよい。上の関係から波長 λ はおもりの重さの平方根 $\sqrt{W}$ に比例するので，波長を元の 3 倍とするために

☞この式は物理基礎では発展事項であるが，この関係を利用する問題は頻出なので覚えておこう。問題で利用する場合は必ず問題文に与えられる。

☞腹の数と波長の変化

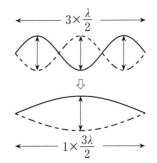

はおもりの重さを元の $\underset{\sim}{9}$ 倍にすればよい。

$\boxed{104}\cdots\text{⑥}$

第2問 (等加速度運動・水平投射・力学的エネルギー)

出題のねらい

力学分野について,AとBの2題形式で出題した。Aでは,2物体に動摩擦力がはたらくときの等加速度運動について出題し,Bでは,振り子の運動を題材に,力学的エネルギー保存則について出題した。どの設問も力学分野の基本事項に関する問題であるので,できなかった場合は復習して必ずできるようにしてほしい。

A 問1 物体Aにはたらく力は重力 mg と物体Bからの垂直抗力 n,動摩擦力 f であり,下図のようにはたらく。

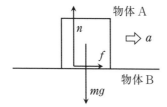

物体Aにはたらく鉛直方向の力はつりあっているので,物体Aが物体Bから受ける垂直抗力の大きさは mg である。よって,垂直抗力と動摩擦力の関係から,動摩擦力の大きさは μmg である。よって,求める加速度の大きさを a とすると,物体Aの運動方程式は

$$ma = \mu mg \qquad \therefore \quad a = \underset{\sim\sim}{\mu g}$$

から答は②である。

$\boxed{105}\cdots\text{②}$

問2 物体Bにはたらく力は次図の通りである。ただし,物体Bが水平面から受ける垂直抗力を N とした。

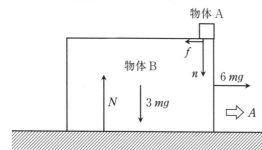

問1と同様に物体Bの加速度を A として,物体Bについての運動方程式を立てると,

$$3mA = 6mg - f = (6 - \mu)mg$$

$$\therefore \quad A = \left(2 - \frac{\mu}{3}\right)g$$

物体Aと物体Bは水平右向きにそれぞれ大きさ a,A の等加速

☞作用・反作用の法則より,物体Bには物体Aに加わる抗力(摩擦力と垂直抗力の合力)と同じ大きさで反対向きの力がはたらく。

☞等加速度直線運動の公式

加速度 a で等加速度直線運動をする物体の時刻 t における位置 x と速度 v について,以下の式が成立する。

$$v = v_0 + at$$

$$x = x_0 + v_0 t + \frac{1}{2}at^2$$

$$v^2 - v_0{}^2 = 2a(x - x_0)$$

ただし,x_0,v_0 はそれぞれ時刻 $t = 0$ における物体の位置と速度である。

度直線運動をする。したがって，時刻 $t=0$ から時刻 $t=T$ までの間の物体Aと物体Bの変位をそれぞれ x, X（水平右向きを正とする）とおくと，等加速度直線運動の公式から

$$x = \frac{1}{2}aT^2$$

$$X = \frac{1}{2}AT^2$$

である。この時間の間に，物体Aは物体Bに対して $-L$ だけ変位するので，

$$-L = x - X = \frac{1}{2}(a-A)T^2$$

$$\therefore \quad T = \sqrt{\frac{2L}{A-a}} = \sqrt{\frac{3L}{(3-2\mu)g}}$$

から，答は⑤である。

$$\boxed{106} \cdots ⑤$$

問3 物体Aも，物体Bも水平面に対して右向きに等加速度直線運動をするため，2物体の変位はいずれも正であり，Bの変位の方が大きい。また，等加速度直線運動における変位 x は，時刻 t についての2次関数で表されるため，$x-t$ グラフはともに放物線である。よって，これら2条件をみたす選択肢が正しく，答は④である。

$$\boxed{107} \cdots ④$$

【参考】

式で考えてもよい。物体A，物体Bの変位をそれぞれ x_{A}, x_{B} とすると，等加速度運動の公式より

$$x_{\mathrm{A}} = \frac{1}{2}at^2$$

$$x_{\mathrm{B}} = \frac{1}{2}At^2$$

であるので，物体A，物体Bの変位のグラフはともに放物線となる。また，$A > a > 0$ なので答は④とわかる。

問4 物体Aが物体Bの上面を離れた直後，物体Aは水平面に対して水平右向きの速度をもつ。よって物体Aが物体Bを離れた後の運動は④水平投射となる。物体Aの運動は水平投射なので物体Bを離れた後，水平方向には右向きで大きさ v_0 の速度で等速運動，鉛直方向には自由落下運動，すなわち初速度0，加速度 g の等加速度直線運動をする。物体Aが物体Bを離れてから水平面に衝突するまでの時間を T' とすると，鉛直方向の運動について等加速度運動の公式を用いて

$$H = \frac{1}{2}gT'^2 \quad \therefore \quad T' = \sqrt{\frac{2H}{g}}$$

である。よって求める距離を D とすると，

☞物体Aが物体Bに対して左向きに運動しているからといって，物体Aが水平面に対して左向きに運動しているとは限らない。本問のように物体Aと物体Bがともに右向きに運動している場合でも，物体Aの速さの方が物体Bの速さよりも小さければ，物体Bから見て物体Aは左向きに運動しているように見える。

☞水平投射

本問のように，水平方向の初速度を与えて物体を投げたときの運動を**水平投射**という。物体の運動を水平方向と鉛直方向に分解すると，水平方向の運動は初めに与えた速度による等速運動で，鉛直方向の運動は自由落下である。

$$D = v_0 \times T' = v_0 \sqrt{\frac{2H}{g}}$$

から $\boxed{109}$ に入る選択肢は，②が正しい。

$$\boxed{108}\cdots④, \quad \boxed{109}\cdots②$$

B 問5 振り子運動中の小球に加わる力は重力と糸からの張力のみである。糸からの張力は運動の方向に対して常に直交しているので仕事をせず，小球は重力のみから仕事を受ける。これより，小球は保存力である重力のみから仕事を受けるので力学的エネルギーは保存する。以下では，重力の位置エネルギーの基準を小球の最下点とする。求める速さを v とすると，力学的エネルギー保存則から

$$\frac{1}{2}mv^2 = mg\ell(1 - \cos 30°) = \left(1 - \frac{\sqrt{3}}{2}\right)mg\ell$$

$$\therefore \quad v = \sqrt{(2 - \sqrt{3})g\ell}$$

である。これより答は，③である。

$$\boxed{110}\cdots③$$

問6 小球の運動中，力学的エネルギー保存則が成立するため，小球が到達した点の高さは小球が運動を始めた点の高さと等しい。よって，小球の最下点を高さの基準とすると

$$\left(1 - \frac{\sqrt{3}}{2}\right)\ell = (1 - \cos\theta)\frac{\ell}{2}$$

が成立する。この式より，$\cos\theta = \sqrt{3} - 1$ であり，正しい答は②である。

$$\boxed{111}\cdots②$$

【別解】

力学的エネルギー保存則より

$$\frac{1}{2}mv^2 = mg\frac{\ell}{2}(1 - \cos\theta)$$

$$\frac{1}{2}m(2 - \sqrt{3})g\ell = \frac{1}{2}mg\ell(1 - \cos\theta)$$

$$\therefore \quad \cos\theta = \sqrt{3} - 1$$

と求めることもできる。

第3問 （直流回路，ジュール熱，非直線抵抗）

出 題 の ね ら い

電気分野から，直流回路における直列接続と並列接続の区別，ジュール熱，非直線抵抗の電流電圧特性曲線の活用を中心に取り上げた。特に，非直線抵抗に関しては2023年度の追試でも本格的に取り上げられており，今後も出題が予想されるので，理解が不十分な場合はこの機会に扱い方を身につけておこう。

問1 抵抗の直列接続と並列接続に関して取り上げた。2つの抵抗

☞力学的エネルギー保存則

$$E = K + U = 一定$$

ただし，

K：運動エネルギー

U：位置エネルギー

である。力学的エネルギー保存則は，物体に仕事をする力が重力などの保存力のみの場合に成立する。

が一直線上に並んでいるから直列，平行に並んでいるから並列，というのは誤りである。直列接続か並列接続かを見分けるポイントは，次の通りである。

・直列接続では，電流の経路が一つであり同じ電流が各素子を流れる。
・並列接続では，電流の経路が分岐して各素子に同じ電圧が加わる。

　問題の図1の回路は，下図のように描き直すことができる。見やすいように目印として点a，b，cを付けてあるので，各素子のつながり方から，この2つの回路が同じ接続であることを確認して欲しい。

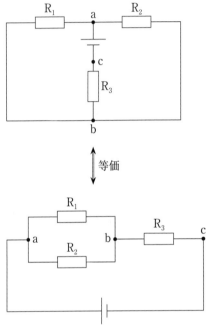

　以上より，抵抗 R_1 と R_2 は<u>並列接続</u>であり，見分けるポイントは<u>直列接続では同じ電流が流れ，並列接続では同じ電圧がかかること</u>である。

$$\boxed{112}\cdots②,\quad \boxed{113}\cdots①$$

問2　抵抗 R_1 と R_2 が並列であり，電池の負極が抵抗 R_3 とつながっているなどの特徴に注意すれば，問題の図1の回路と等価な回路は(a)と(f)であることが分かる。

$$\boxed{114}\cdots⑦$$

問3　問題の図3に抵抗値や電流値などの値を描き込むと，次図のような等価回路ができる。

☞物理的に同じ回路を等価回路という。自分自身が考えやすいような等価回路を描くことが，解法の第一歩となる。

☞理想的な電流計の抵抗は無視できる。

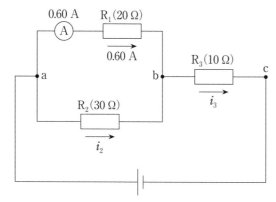

電流計の読みが0.60 Aであるから，抵抗R_1を流れる電流は0.60 Aである。また，電流計の抵抗は無視できるほど小さいので，ab間の電圧V_{ab}は抵抗R_1にかかる電圧に等しく，オームの法則より

$$V_{ab} = 20 \times 0.60 = 12 \text{ V}$$

となる。抵抗R_2にかかる電圧はV_{ab}であるから，R_2を流れる電流i_2は，オームの法則より

$$i_2 = \frac{V_{ab}}{30} = \underset{\text{ア}}{\underline{0.40 \text{ A}}}$$

となる。

抵抗R_3を流れる電流i_3は，抵抗R_1とR_2を流れる電流の和であるから

$$i_3 = 0.60 + 0.40 = 1.0 \text{ A}$$

R_3にかかる電圧，すなわちbc間の電圧V_{bc}は，オームの法則より

$$V_{bc} = 10 \times 1.0 = 10 \text{ V}$$

よって，電池の電圧Eは

$$E = V_{ab} + V_{bc} = \underset{\text{イ}}{\underline{22 \text{ V}}}$$

$$\boxed{115} \cdots ③$$

問 4　次図のような等価回路を考えると分かりやすい。点ab間の電圧V_{ab}は

$$V_{ab} = 10 \times 0.50 = 5.0 \text{ V}$$

このとき，豆電球を流れる電流i_Dは図5において電圧5.0 Vのときの電流を読み取って

$$i_D = \underset{\text{ウ}}{\underline{0.70 \text{ A}}}$$

このとき，豆電球での消費電力Pは

$$P = 5.0 \times 0.70 = \underset{\text{エ}}{\underline{3.5 \text{ W}}}$$

$$\boxed{116} \cdots ⑥$$

☞ 電流計とR_1は直列なので，流れる電流は等しい。

☞ 消費電力

$$P = VI$$

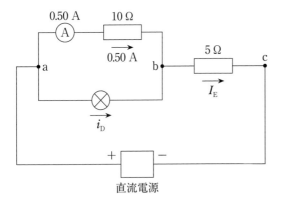

直流電源

問5 回路の消費電力に関する問である。問題にあるように，回路の消費電力は電源が供給する電力に等しい。電源を流れる電流 I_E は

$$I_E = 0.50 + i_D = 1.2 \text{ A}$$

直流電源の電圧 V_E は

$$V_E = V_{ab} + V_{bc}$$
$$= 5.0 + 5 \times 1.2 = 11 \text{ V}$$

よって，求める回路の消費電力は

$$V_E \times I_E = 11 \times 1.2 = \underline{13.2 \text{ W}}$$

$\boxed{117} \cdots ⑤$

【別解】 それぞれの素子の消費電力を加えてもよい。

$$\underset{10\,\Omega\text{の抵抗}}{\underline{5 \times 0.5}} + \underset{豆電球}{\underline{5 \times 0.7}} + \underset{5\,\Omega\text{の抵抗}}{\underline{5 \times 1.2^2}} = 13.2 \text{ W}$$

第3回 　解　答　と　解　説

問題 番号 (配点)	設　問	解　答 番　号	正　解	(配点)	自己 採点	問題 番号 (配点)	設　問	解　答 番　号	正　解	(配点)	自己 採点
第1問 (16)	1	101	5	(各4)		第3問 (16)	1	111	2	(2)	
	2	102	4				2	112	3	(各3)	
	3	103	4					113	5		
	4	104	6				3	114	8	(各2)	
自己採点小計							4	115	9		
第2問 (18)	1	105	5	(各3)			5	116	2		
		106	5				6	117	1		
	2	107	2			自己採点小計					
	3	108	4								
	4	109	3								
	5	110	7			自己採点合計					
自己採点小計											

第3回

解　説

第1問 (小問集合)

力学・熱・波動の分野から基礎的な事柄を小問集合として出題した。知識や公式に見落としはないか確認しておこう。

問1 糸がおもりを引く力(すなわち，糸の張力)の大きさを T とするとき，水平方向と鉛直方向の力のつり合いを考える(下図参照)。求めるおもりにはたらく重力の大きさを W として

　　水平方向：$T\sin 30° = ka$
　　鉛直方向：$T\cos 30° = W$

$$\therefore \quad \frac{\frac{1}{2}}{\frac{\sqrt{3}}{2}} = \frac{ka}{W}$$

$$\therefore \quad W = \sqrt{3}\,ka$$

$\boxed{101}$ … ⑤

[別解]

　下図より，ばねがおもりを引く力とおもりにはたらく重力との合力は糸の張力につり合う力となり，鉛直方向と $30°$ の角をなす。よって，

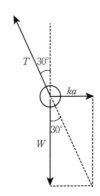

$$W = \frac{ka}{\tan 30°}\,(= ka\tan 60°) = \sqrt{3}\,ka$$

問2 次図より，水槽の底面には台ばかり上面から鉛直上向きに垂直抗力がかかる。この垂直抗力の大きさは，作用・反作用の法則より，求める水槽の底面から鉛直下向きに台ばかりの上面にはたらく力の大きさに等しい。垂直抗力の大きさを N とすると，物体にはたらく浮力の大きさは $\rho_0 Vg$ より，水槽と水槽の中の水を合わせた物体にかかる力のつり合いは，物体にはたらく浮力の反作用を考えて

$$N = \underline{W + \rho_0 Vg}$$

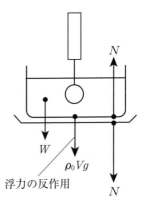

浮力の反作用

◎浮力

　体積 V の物体が，密度 ρ の液体の中にあるとき，物体にはたらく浮力の大きさは ρVg となる。

　なお，ばねばかりが物体を引く力の大きさを T とすると，物体にはたらく力のつり合いは

$$T + \rho_0 Vg = mg$$

となる。

$\boxed{102}$ … ④

問3 この氷 200 g を温度 $-8℃$ から $0℃$ にするので温度変化は 8 K($=8℃$)である。必要な熱量 Q は，氷の比熱を考慮して

$$Q = 200 \times 2.1 \times 8$$
$$= 3360 ≒ \underline{3.4 \times 10^3}_{ア} \text{ J}$$

　また，質量 200 g の $0℃$ の氷をすべて $0℃$ の水にするのに必要な熱量は

$$200 \times 3.3 \times 10^2 = 6.6 \times 10^4 \text{ J}$$

　これは Q よりも大きいので，Q を与えても氷は完全には融けておらず，$\underline{氷と水}_{イ}$ が共存する状態になっていることがわかる。

◎比熱と熱量

　物体の質量を m，比熱を c とするとき，物体の温度を ΔT 上げるのに必要な熱量 Q は

$$Q = mc\Delta T$$

$\boxed{103}$ … ④

問4 おんさ A とおんさ B の振動数は定数 k を用いてそれぞれ $17k$，$18k$ と表すことができる。3秒で9回のうなりが聞こえたことより，うなりの振動数は 3 回 / 秒である。よって，うなりの式より

$$18k - 17k = 3 \quad \therefore \quad k = 3$$

従って，おんさ B の振動数は $18 \times 3 = \underline{54}_{ウ}$ Hz

となる。

【別解】

おんさ A，B の振動数をそれぞれ f_A，f_B とすると，題意より

$$\frac{f_A}{f_B} = \frac{17}{18}$$

$$f_B - f_A = 3$$

$$\therefore\ f_A = 51,\ f_B = 54$$

また，おんさ A とおんさ C の振動数が等しいとき，共鳴が起き，おんさ C が鳴る。おんさ C におもりをつけると振動数は下がるので，もとの振動数はおんさ C の方が大きいことがわかる。よって，おんさ A とおんさ C とで振動数が大きいのは，おんさ C である。

$\boxed{104}$ … ⑥

第2問 (仕事と力学的エネルギー，水平投射)

仕事と力学的エネルギー保存則の関係，水平投射の扱いなどの重要事項を複合的に問うた。グラフ選択や測定値を用いた考察など，新傾向の出題形式にも慣れておこう。設問内容はいずれも基本事項であるので，素早く本質を見抜き，物理法則を適用できるかが鍵である。

問1　小物体の質量を m とする。小物体にはたらく力は下図のように，重力 mg と斜面から受ける垂直抗力 N である。

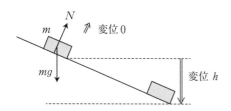

小物体は斜面に沿って高さ h 下降するので，重力の向きの変位は h であるから，重力が小物体にする仕事は $mg \cdot h$ となり，正である。

一方，垂直抗力は小物体の速度と常に垂直であり，垂直抗力の向きの変位は 0 であるから，垂直抗力が小物体にする仕事は $N \cdot 0 = 0$，すなわち仕事をしない。従って，この運動では小物体に保存力である重力のみが仕事をするから，小物体の力学的エネルギーは保存される。

保存力は位置エネルギーを減少させることで正の仕事を行う（逆に，保存力が負の仕事を行うとき，位置エネルギーは増加する）。ここで，重力による仕事は正であるから，重力による位

置エネルギーは減少していく。そしてその仕事により，小物体は運動エネルギーを得る。

$\boxed{105}$ … ⑤，$\boxed{106}$ … ⑤

問2　問1では力学的エネルギーが保存される背景を確認した。台の水平部分を重力の位置エネルギーの基準として，小物体の斜面上での運動について力学的エネルギー保存則より

$$mgh + 0 = 0 + \frac{1}{2}mv_0{}^2$$

$$\therefore\ v_0 = \sqrt{2gh}\ \ \cdots\cdots①$$

$\boxed{107}$ … ②

問3　グラフの横軸にとる値を $x = \sqrt{\dfrac{h}{H}}$ とおくと

$$h = Hx^2$$

$$\therefore\ L = 2\sqrt{H \cdot Hx^2} = 2H \cdot x$$

となるので，これは原点を通る傾き $2H(>0)$ の直線を表す。従って，最も適当なグラフは④である。

$\boxed{108}$ … ④

【参考】

本問では L と h の関係 $L = 2\sqrt{Hh}$ を問題文で与えたが，確実に自力で求められるようにしておこう。ここでは，重力加速度の大きさが g の地上での運動として考える。

台の右端を通過した後，小物体の水平方向の運動は等速運動であるから，着地までの時間を t として，

$$L = v_0 t\ \ \cdots\cdots②$$

である。小物体の鉛直方向の運動は自由落下（初速度 0，加速度 g の等加速度運動）と同様であるから

$$H = 0 + \frac{1}{2}gt^2$$

$$\therefore\ t = \sqrt{\frac{2H}{g}}\ \ \cdots\cdots③$$

また，問2より v_0 は①式で表せるので，①〜③式より

$$L = \sqrt{2gh} \cdot \sqrt{\frac{2H}{g}} = 2\sqrt{Hh}$$

の関係を得る。よって

$$L = 2H \cdot \sqrt{\frac{h}{H}} = 2H \cdot x$$

となり，求めるグラフは傾き $2H$ の直線となる。

問4　問3【参考】より，水平面に達するまでの時間と g' の関係を求めるには鉛直方向の運動のみに着目して③式と同様に考えればよく，落下位置までの距離 L には無関係である。つまり，表1の t や t^2 の値にばらつきがあるのは測

定誤差であり，理想的にはどの場合も同じ値になると考えられる。③式より

$$g' = \frac{2H}{t^2} \quad \cdots\cdots ④$$

である。t^2 の値は測定によってばらつきがあるため，平均をとると

$$\overline{t^2} = \frac{1}{5}(0.545 + 0.539 + 0.534 + 0.539 + 0.545)$$

$$= 0.54 + 0.001 \cdot \frac{5 - 1 - 6 - 1 + 5}{5}$$

$$= 0.5404 \,\mathrm{s}^2$$

この平均値を用いて④式より g' を求めると，$H = 1.00\,\mathrm{m}$ より

$$g' = \frac{2.00}{0.5404}$$

$$\fallingdotseq 3.70\cdots \fallingdotseq \underset{\sim}{3.7}\,\mathrm{m/s}^2$$

$$\boxed{109} \cdots ③$$

仮平均（上の計算例では 0.54）に着目するなど工夫をして計算の負担を減らし，計算ミスを防ごう。

【参考】

本問では

$$g' = 3.7\,\mathrm{m/s}^2$$

である火星と同様の重力加速度を求める設定とした。地球外の重力加速度を考える例としては月が多い。月における重力加速度 g'' が

$$g'' \fallingdotseq \frac{g}{6} \quad (\fallingdotseq 1.6\,\mathrm{m/s}^2)$$

であることは有名である。

問5 台上を飛び出した小物体の運動は水平投射となり，その水平方向の運動は速さ v_0' の等速運動であり，これは質量によらない。よって，時刻 $t = 0$ において小物体の真下の位置から小球を打ち出す場合，その速さが小物体と同じ $\underset{\mathcal{P}}{\underset{\sim}{v_0'}}$ であれば水平方向の運動が一致し，小物体の落下時に小球との衝突が実現する。

小物体と小球の力学的エネルギーはそれぞれ

$$\begin{cases} E_1 = \dfrac{1}{2}mv_0'^2 + mg'H \\ E_2 = \dfrac{1}{2} \cdot 2m \cdot v_0'^2 \end{cases}$$

これより $E_1 = E_2$ となるとき

$$\frac{1}{2}mv_0'^2 = mg'H$$

$$\therefore \quad 2g'h = 2g'H \quad (\because \quad v_0' = \sqrt{2g'h})$$

$$\therefore \quad h = \underset{\mathcal{A}}{\underset{\sim}{H}}$$

$$\boxed{110} \cdots ⑦$$

第3問 （電気エネルギー，電流と磁場）

前半では抵抗回路と電気エネルギー，後半では電流と磁場について取り上げた。いずれも基本的な内容である。もし解けない箇所，知らない箇所があれば，早いうちに教科書等で調べておこう。

問1 下図に示すように，電源に抵抗 R_1 が単独で接続され，抵抗 R_2 と R_3 が直列に連結されて接続されている。

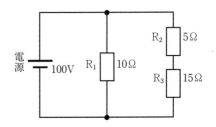

よって，求める合成抵抗値 R は，電源から見た全抵抗値として，R_2 と R_3 の直列合成値と R_1 との並列合成値として

$$\frac{1}{R} = \frac{1}{R_1} + \frac{1}{R_2 + R_3}$$

$$\therefore \quad R = \frac{R_1 \cdot (R_2 + R_3)}{R_1 + (R_2 + R_3)}$$

$$= \frac{10 \cdot (5 + 15)}{10 + (5 + 15)}$$

$$= \frac{200}{30} = \underset{\sim}{\frac{20}{3}}\,[\Omega]$$

$$\boxed{111} \cdots ②$$

問2 並列回路部分はそれぞれ電源に直結していることから，電源の電圧を E とすると

$$E = R_1 I_1 = (R_2 + R_3)I_2$$

$$\therefore \quad \frac{I_1}{I_2} = \frac{R_2 + R_3}{R_1} \quad \cdots\cdots ①$$

$$= \frac{5 + 15}{10} = \underset{\sim}{2}$$

$$\boxed{112} \cdots ③$$

なお，①式は，並列回路の各抵抗を流れる電流は，並列抵抗の抵抗値に反比例することを表すことに注意。

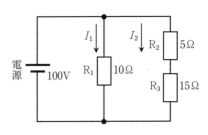

次に，抵抗の消費電力 P_R は，抵抗から単位時間当たりに発生するジュール熱に等しく，これは抵抗にかかる電圧 V_R と流れる電流の大きさ I の積に等しい。また，オームの法則（$V_R = RI$）を用いることにより

$$P_R = V_R I = RI^2 = \frac{V_R^2}{R}$$

と表される。従って，問2で電流比が求められていることから，消費電力の比は，

$$\frac{P_1}{P_2} = \frac{R_1 I_1^2}{R_2 I_2^2}$$
$$= \frac{R_1}{R_2} \cdot \left(\frac{I_1}{I_2}\right)^2$$
$$= \frac{10}{5} \cdot 2^2$$
$$= \underline{8}$$

113 … ⑤

問3　本問の回路では，電源が供給するエネルギーは，すべて抵抗でのジュール熱の発生に使われる。これを単位時間当たりの量で考えた電力を用いると，「電源が供給する電力は，全抵抗の消費電力に等しい」と表される。よって，求める電源の供給する電力 P は

$$P = \frac{V^2}{R_1} + \frac{V^2}{R_2 + R_3} \quad (V：電源電圧)$$
$$= \frac{100^2}{10} + \frac{100^2}{5 + 15}$$
$$= \underline{1500}〔W〕$$

114 … ⑧

なお，問1で全抵抗値が求められているのでこれを用いると

$$P = \frac{V^2}{R} = \frac{100^2}{20/3} = \frac{30000}{20} = 1500〔W〕$$

と比較的簡単に求められる。

問4　電流が作る磁場の向きは，「右ねじの法則」として覚えておくこと。

次図のように，直線状の導線を流れる一定の強さの電流が作る磁場は，この導線に垂直な平面上で導線を中心とする同心円状に生じ，その向きは，電流の向きに右ねじを進めるとき，ねじを回す向きである。電流の向きと生じる磁場の向きとの間のこの関係を「右ねじの法則」という。

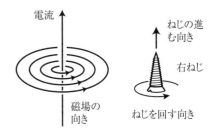

従って，本問では，上図に示すように，生じる磁場の向きは⓫ アである。

115 … ⑨

問5　ソレノイドが作る磁場は，その内部では中心軸に平行であり，外部の側面付近では0である。また，ソレノイドの端付近では中心軸に対称的に広がっているが，中心軸上では中心軸に沿っている。なお，生じる磁場の向きと電流の向きとの関係は，下図のように，「右ねじの法則」を一巻きの円形コイルに適用すれば明らかであろう。

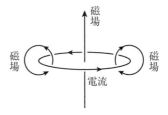

ソレノイドは，この一巻きの円形コイルを中心軸を一致させて円筒状に密に並べたものと考えられるので，ソレノイドに流れる電流の向きと生じる磁場の向きの正しい関係は②である。

116 … ②

なお，ソレノイドに生じる磁場は，両端に磁極をもつ棒磁石が作る磁場と同じであることを合わせて知っておきたい。

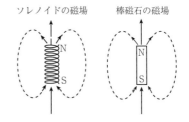

ソレノイドの磁場　　棒磁石の磁場

問6　図3のように，同じソレノイドの端面を向
　　かい合わせて並べ，接続して電流を流すとき，
　　各ソレノイドに生じる磁場の向きは同じ向きに
　　なり，下図のようになっている。

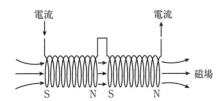

　　したがって，各ソレノイドを棒磁石に対応さ
　せるとN極とS極が向き合うことから，2つの
　ソレノイドは互いに引き合う向きに力を及ぼし
　合う。よって，①が正しい。

　　　　　　　　　　　117 … ①

解 答 と 解 説

問題番号(配点)	設 問	解答番号	正 解	配 点	自己採点	問題番号(配点)	設 問	解答番号	正 解	配 点	自己採点
第1問(16)	1	101	2	(各3)		第3問(16)	1	113	3	4	
	2	102	3				2	114	3	(各3)	
		103	4				3	115	8		
	3	104	4				4	116	2		
	4	105	1, 4 (順不同)	(各2)			5	117	4		
		106									
自己採点小計						自己採点小計					
第2問(18)	A	1	107	6	(各3)							
			108	5			自己採点合計				
		2	109	6							
	B	3	110	2							
		4	111	2							
		5	112	6							
自己採点小計											

第4回

— 29 —

解 説

第1問 (小問集合)

出題のねらい

力学(圧力と浮力),電気(抵抗の接続),波(波の性質),熱とエネルギー(熱と温度)に関する基本を小問集合問題として出題した。それぞれの分野において,基本事項が正しく理解されているかを確認しておきたい。

問1 (圧力と浮力)

水中の圧力は,水面(大気圧に一致)から深さに比例して増加していく。また,同じ深さではどの方向へも同じ圧力であるから,水から物体にはたらく力を表す最も適当な図は②である。

$$\boxed{101}\cdots②$$

水平方向に物体にはたらく力は対称な位置からの力と相殺し,水平方向からはたらく力の和は0である。物体の上面には空気の大気圧による力が通常はたらき,これと下面が受ける力の和(下からの力−上からの力)が物体にはたらく浮力として現れる(アルキメデスの原理による値に一致する)。物体はその重力と浮力のつり合いにより,水面に浮かぶ。

問2 (抵抗の接続)

(a)の回路の合成抵抗を考える。まず,2つの抵抗 R_a と R_a は並列接続されているので,これらの合成抵抗を R_1〔Ω〕とすると

$$\frac{1}{R_1}=\frac{1}{R_a}+\frac{1}{R_a}=\frac{2}{R_a}$$

$$\therefore\quad R_1=\frac{R_a}{2}=\frac{3.8}{2}=1.9\ \Omega$$

電池の内部抵抗を考えた回路全体の合成抵抗 R_0 は

$$R_0=R_1+r=2.0\ \Omega$$

であるから,電池を流れる電流の大きさ I はオームの法則より

$$I=\frac{E}{R_0}$$

$$=\frac{2.0}{2.0}=1.0\ \text{A}$$

$$\boxed{102}\cdots③$$

(b)の回路において,可変抵抗の抵抗値を R〔Ω〕とすると,回路を流れる電流 i はオームの法則より

$$i=\frac{E}{R+r}=\frac{2.0}{R+0.10}\ \text{〔A〕}$$

となる。よって,可変抵抗で1秒あたりに発生するジュール熱 P は

$$P=Ri^2=\frac{4.0R}{(R+0.10)^2}$$

☞ 密度 ρ〔kg/m^3〕
　単位体積あたりの質量を表す。

☞ 水中の圧力
$$p=p_0+\rho_0 gh$$
　(p_0:大気圧, ρ_0:水の密度, g:重力加速度, h:水面からの深さ)

☞ アルキメデスの原理

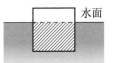

　浮力の大きさは図の斜線(物体に押し退けられた)部分の水の重さに等しい。

☞ 2つの抵抗の合成
　　直列接続:$R=R_1+R_2$
　　並列接続:$\dfrac{1}{R}=\dfrac{1}{R_1}+\dfrac{1}{R_2}$

ここで，題意より $R = 0.10\ \Omega$ とすると，

$$P = \frac{4.0 \times 0.10}{(0.10 + 0.10)^2}$$
$$= 10\ \text{[J/s]}$$

となる。

$$\boxed{103}\cdots④$$

問3　（波の性質）

波の基本性質に関する文章の空所補充である。

波を伝える物質を媒質(ア)と呼ぶ。触媒は化学反応の前後でそれ自身は変化しないが，反応の速度を変化させる物質である。

波の山の高さあるいは波の深さは振幅(イ)と呼ぶ。右の示した波の基本式には現れないが，波の重ね合わせを考えるときには必ず着目しよう。

波の強さは振幅(イ)や振動数が大きいほど大きくなることが問題に与えられている。振幅は波長に関係がないが，波の基本式から

$$f = \frac{v}{\lambda}$$

であり，振動数は波長と反比例の関係にある。従って，波長が大きくなると振動数は小さくなるので，波長が大きいほど波のエネルギーは小さい(ウ)。

$$\boxed{104}\cdots④$$

問4　（熱と温度）

熱に関する会話から誤りを見つける正誤問題であるが，日常で用いる言葉と物理用語としての「熱」や「温度」などの区別に気をつけよう。

① …エネルギー(熱)は「温度」の高い物体から低い物体へ移動する。…(誤り)

② …エネルギー(熱)は接触した物体の温度差がないと移動しない。…(正しい)

③ …熱が関与する現象は「不可逆変化」であり，熱力学第2法則がこれを説明する。…(正しい)

④ …熱力学第1法則はエネルギーの保存を表す法則である。…(誤り)

⑤ …冷凍庫や暖房のヒートポンプは「電気エネルギー」により圧縮機や膨張弁を動作(仕事)させ，熱媒体(熱を運ぶ物質)の圧縮・膨張による温度変化を利用して冷気と熱気をコントロールする。…(正しい)

$$\boxed{105}\cdot\boxed{106}\cdots①\cdot④(順不同)$$

☞　波は波源から等速で伝わるので，速さ v，振動数 f，波長 λ と

$$v = f\lambda$$

の関係にある。また，振動数 f は周期 T と

$$f = \frac{1}{T}$$

の関係にある。これらの式は即座に利用できるようにしておきたい。

☞　波の強さの式(参考)

波の進む向きに垂直な単位面積を，単位時間に通過するエネルギーを波の強さと呼ぶ。

波が正弦波であるとき，その強さ $I\ \text{[J/(m}^2\cdot\text{s)]}$ は，媒質の密度を $\rho\ \text{[kg/m}^3\text{]}$，波の振幅を $A\ \text{[m]}$ として

$$I = 2\pi^2 \rho v f^2 A^2$$

で表される。

☞　熱：高温物体から低温物体へ移動するエネルギー(単位：J)

☞　温度：熱運動の激しさ(単位：℃(セ氏温度)または K(絶対温度))

第2問 (音階, 音色, 電流と自由電子)

出題のねらい

Aの波動では, 音階を題材として波の基本式についての理解, および記述されている内容を正しく理解できたかどうかを試した。Bの電気では, 導体を流れる電流について自由電子の運動をからめて出題した。内容的には難しくないが, 最後の数値計算では単位に関する理解と注意が必要であり, 理解が不十分であれば補っておこう。

A 音階と音色に関する出題である。

問1 題意より, 図1の低い方のドの音の振動数が $131\ Hz$ であるから, 図1のソの音の振動数は

$$131 \times \frac{3}{2} = 196.5\ Hz$$

である。よって, これより1オクターブ高いソの音の振動数 $f_ソ$ は

$$f_ソ = 131 \times \frac{3}{2} \times 2 = \underline{393\ Hz}$$

である。

107 …⑥

また, この1オクターブ高いソの音の波長 $\lambda_ソ$ は音速が $340\ m/s$ であるから

$$\lambda_ソ = \frac{340}{f_ソ}$$

$$= \frac{340}{393} ≒ \underline{0.865\ m}$$

108 …⑤

問2 問題文に記載されている「合成音を構成する各倍振動の振動数と振幅が同じであれば, 合成音の波形が異なっていても同じ音色に聞こえる」という部分に着目すればよい。問題の図2には基本音 (基本振動) の他に, 倍音としては2倍音 (2倍振動) のみが含まれており, この2倍音の振幅は基本音の振幅の $\frac{1}{2}$ である。選択肢のア〜エを順に見ていくと

$$\mathbf{ア} \quad 2倍音, \quad 振幅 \quad \frac{1}{2}$$

$$\mathbf{イ} \quad 2倍音, \quad 振幅 \quad \frac{3}{4}$$

$$\mathbf{ウ} \quad 3倍音, \quad 振幅 \quad \frac{1}{2}$$

$$\mathbf{エ} \quad 2倍音, \quad 振幅 \quad \frac{1}{2}$$

よって, 同じ音色となるのは**ア**と**エ**である。

109 …⑥

〈参考〉 オームの音響法則

持続音の音色の認識は, 高周波 (倍振動) の強度によって決まり, その位相は関係ない。本問はこれに基づく考察である。

B　導体中の自由電子の運動と流れる電流についての出題である。

問3　導体中には自由電子が多数あり，通常は様々な向きに様々な
速さで運動しているため全体としての運動はないと考えてよい。
ここで，導体に電圧をかけると自由電子は全体として電池の正極
（＋極）側に移動するようになる。このような電気の流れが電流で
あり，電流の向きは正の電荷が移動する向きと定められているの
で，実際の電流の担い手である自由電子（負の電荷をもつ）の移動
する向きとは逆向きとなる。本問では，自由電子がB→Aの向き
に移動しているので，電流の向きはA→Bの向きとなる。また，
導体中を正イオンが移動することはないので，正しい選択肢は②
である。

☞　電流の向きは正の電荷が移
　動する向きとして定められて
　いる。

$$\boxed{110} \cdots ②$$

問4　電流の大きさ（強さ）はある断面を単位時間に通過する電気量
として定められる。下図の断面Sを時間tの間に通過する自由電
子の個数はS，S′の間に含まれる自由電子の個数に等しいから，
$nSvt$となる。よって，この導体を流れる電流の大きさIは

$$I = \frac{e \cdot nSvt}{t} = envS$$

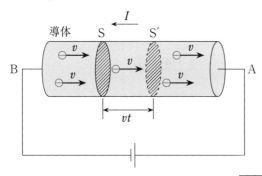

$$\boxed{111} \cdots ②$$

問5　数値計算を扱った。単位に注意して慎重に進めたい。前問の
結果より

$$v = \frac{I}{enS}$$

$$= \frac{1.0}{1.6 \times 10^{-19} \times 8.5 \times 10^{28} \times 1.0 \times 10^{-6}}$$

$$\fallingdotseq 7.4 \times 10^{-5} \, \text{m/s}$$

$$\boxed{112} \cdots ⑥$$

☞　単位に注意
　$1 \, \text{mm} = 1 \times 10^{-3} \, \text{m}$
　$1 \, \text{mm}^2 = 1 \times 10^{-6} \, \text{m}^2$

第3問 (等加速度直線運動, 力学的エネルギー)

出 題 の ね ら い

等加速度直線運動, 力学的エネルギーについて出題した。問題文をしっかり読み, 題意を正確につかむことができるか, また公式を的確に適用できるかを試した。等加速度直線運動では, $v-t$ グラフの傾きが加速度, さらにグラフが時間軸との間に囲む面積が移動距離を与えることがポイントである。

問1 題意より, 図2のグラフは小球の v (速度) $-t$ (時刻) グラフであるから, 求める運動中の加速度 a はグラフの傾きとして

$$a = \frac{3.0 - 0}{0.60 - 0} = \underline{5.0 \text{ m/s}^2}$$

$\boxed{113}\cdots$③

☞ グラフの傾きはどこでも共通なので, ここでは $0 \leqq t \leqq 0.6$ s の区間に着目した。

問2 図2のグラフにおいて, 速度の向きが変わる時刻 $t = 0.60$ s が小球が斜面下端の壁に達する時刻である。したがって, 求めるB点からA点までの距離 S は, $0 \leqq t \leqq 0.6$ s における $v-t$ グラフと時間軸との間の三角形の面積を考えて

$$S = \frac{1}{2} \times 0.60 \times 3.0$$
$$= \underline{0.90 \text{ m}}$$

$\boxed{114}\cdots$③

〈**別解**〉等加速度運動の変位の公式を用いてもよい。

$$S = \frac{1}{2} at^2$$
$$= \frac{1}{2} \times 5.0 \times 0.6^2$$
$$= 0.90 \text{ m}$$

問3 図2のグラフより, 時刻 $t = 0$ s ですべり始めた小球が, 斜面下方 (正の向き) に速度を増しながら運動し, 時刻 $t = 0.60$ s (の直前) において速度 $v = 3.0$ m/s となってB点の壁に達し, その直後, B点より速度 $v = -1.5$ m/s (負の向き) すなわち斜面上方に速さ 1.5 m/s ではね返ることが分かる。壁ではね返る時刻 $t = 0.60$ s 以後, 小球が初めて速度 $v = \underset{\text{ア}}{\underline{0}}$ となる時刻が最高点Cに達する時刻 t_1 であるから, グラフより $t_1 = \underset{\text{イ}}{\underline{0.90 \text{ s}}}$ であることが読み取れる。

$\boxed{115}\cdots$⑧

〈**参考**〉数式で求めるには次のようにする。等加速度運動の速度の公式より

$$0 = -1.5 + 5.0(t_1 - 0.6)$$
$$\therefore \quad t_1 = 0.90 \text{ s}$$

問4 斜面の下端Bから運動の最高点Cまでの距離 S' は, 時刻 $t = 0.60$ s から $t = 0.90$ s までの 0.30 s 間に小球が運動した距離であるから, $v-t$ グラフの三角形の面積より

☞ 初速度 -1.5 m/s, 加速度 5.0 m/s^2 である。

— 34 —

$$S' = \frac{1}{2} \times 0.3 \times 1.5$$

と表せる。よって，

$$\frac{S'}{S} = \frac{\dfrac{1}{2} \times 0.30 \times 1.5}{\dfrac{1}{2} \times 0.60 \times 3.0} = \underset{\sim\sim}{\frac{1}{4}}$$

$$\boxed{116} \cdots ②$$

問5　小球が，時刻 $t = 0.60\,\text{s}$ における壁との初めての衝突の際に失った力学的エネルギーは，壁との衝突の直前・直後の運動エネルギーの変化に等しい。壁に衝突する直前の小球の速さは $3.0\,\text{m/s}$，衝突した直後の小球の速さは $1.5\,\text{m/s}$，小球の質量は $2.0\,\text{kg}$ であるから，失った力学的エネルギー ΔE は

$$\Delta E = \frac{1}{2} \times 2.0 \times 3.0^2 - \frac{1}{2} \times 2.0 \times \left(\frac{3.0}{2}\right)^2$$

$$= 9 - \frac{9}{4}$$

$$= \frac{27}{4}\,\text{J}$$

$$\fallingdotseq \underset{\sim\sim}{6.8\,\text{J}}$$

$$\boxed{117} \cdots ④$$

☞　衝突の直前・直後で位置エネルギーの変化はない。

解 答 と 解 説

問題番号 (配点)	設 問	解 答 番 号	正 解	(配点)	自 己 採 点	問題番号 (配点)	設 問	解 答 番 号	正 解	(配点)	自 己 採 点
第1問 (16)	1	1	5	(各4)		第3問 (16)	1	10	1	(3)	
	2	2	4				2	11	3	(3*)	
	3	3	6					12	3		
	4	4	1					13	2		
自己採点小計							3	14	3	(各2)	
第2問 (18)	1	5	1	(3)			4	15	4		
	2	6	8	(各4)			5	16	8	(各3)	
	3	7	4				6	17	2		
	4	8	2			自己採点小計					
	5	9	6	(3)							
自己採点小計											

（注）＊は，全部正解の場合のみ点を与える。

自己採点合計 ☐

解　説

第1問 (小問集合)

　小問集合形式の問題である。2024 年度本試験では力学・熱・電磁気からの出題であった。

問1 (熱量の保存)

〈熱量の保存〉

　　(高温物体が失う熱量 $Q_失$)
　　　＝(低温物体が得る熱量 $Q_得$)

　熱は高温物体から低温物体に移動するエネルギーであり，温度が等しくなると熱の移動はなくなる。また，これは不可逆な現象であり，自然と温度が異なる元の状態に戻ることはない(熱力学第2法則)。

〈熱容量・比熱(比熱容量)〉

　比熱 c〔J/(g・K)〕の物質でできた質量 m〔g〕の物体の熱容量 C〔J/K〕は，

　　$C = mc$

と表せる。また，その物体を ΔT〔K〕($= \Delta T$〔℃〕)だけ温度上昇させるのに必要な熱量 Q〔J〕は，

　　$Q = C\Delta T = mc\Delta T$

と表せる。

　単一の物質(全体が水，鉄など)でできたものは比熱 c，複数の物質でできたものは熱容量 C を用いて熱量を表すことが多い。

　スープを注いでしばらく待った後の全体の温度を T〔℃〕($20℃ < T < 80℃$)とする。

　スープが $80℃ \to T$〔℃〕と冷める間に失った熱量は

　　$Q_失 = \underset{質量}{160} \cdot \underset{比熱}{4.0} \cdot \underset{スープの温度下降}{(80-T)}$

となる。一方，器が $20℃ \to T$〔℃〕と温まる間に得た熱量は

　　$Q_得 = \underset{熱容量}{160} \cdot \underset{器の温度上昇}{(T-20)}$

となる。

　熱量の保存より，$Q_失 = Q_得$ であるから

　　$\cancel{160} \cdot 4.0 \cdot (80-T) = \cancel{160} \cdot (T-20)$

　　$4.0 \cdot 80 + 20 = (4.0 + 1.0)T$

　　$\therefore \quad T = \dfrac{340}{5.0} = 68℃$

となる。

$\boxed{1}$ … ⑤

問2 (運動エネルギーの変化と仕事の関係)

　小物体には大きさ F の鉛直上向きの力の他に，大きさ mg の重力が鉛直下向きにはたらく。よって，小物体が鉛直上向きに受ける合力は

　　$F + (-mg)$
　　$= F - mg \ (> 0)$

である。高さ h まで移動する間に速さが 0 から v まで変化したとすると，運動エネルギーの変化と仕事の関係より

　　$\underset{運動エネルギーの変化}{\dfrac{1}{2}mv^2 - 0} = \underset{物体がされた仕事}{(F-mg) \cdot h}$

と立式できるので

　　$\dfrac{1}{2}mv^2 = (F-mg)h$

となる。

$\boxed{2}$ … ④

〈別解〉

　力学的エネルギーの変化に着目して考えてもよい。

　高さ h まで移動する間の力学的エネルギーの変化の内訳は

$$\begin{cases} 位置エネルギー \quad 0 \to mgh \\ 運動エネルギー \quad 0 \to \dfrac{1}{2}mv^2 \end{cases}$$

である。保存力である重力と別にはたらく力 F を非保存力と考えると，力学的エネルギーの変化と非保存力がする仕事の関係より

　　$\underset{力学的エネルギーの変化}{(mgh + \dfrac{1}{2}mv^2) - (0+0)} = \underset{非保存力\\がする仕事}{F \cdot h}$

と立式できるので

　　$\dfrac{1}{2}mv^2 = Fh - mgh$
　　　　　$= (F-mg)h$

となる。

問3 (電流，電子の電気量)

〈電流〉

　電流の強さ I〔A〕は，導線のある断面を単位時間あたりに通過した電気量で表される。

時間 t〔s〕の間に電気量 q〔C〕が通過したならば

$$I = \frac{q}{t}$$

となる。また，電流は平均の速さ v〔m/s〕で運動する電気量 $-e$〔C〕の電子の流れによって生じる。単位体積あたりの電子の数が n〔個/m³〕である断面積が S〔m²〕の導線中では，$q = |-e| nSvt$ となるので

$$I = enSv$$

と表すことができる。ここで，$nSv = \dfrac{I}{e}$〔個/s〕は単位時間あたりに断面を通過した電子の個数を表す。

　モバイルバッテリーの充電を例にした問題であるが，電流計に一定の電流が流れていることに着目できればよい。電流の式より，時間 t〔s〕の間に通過した電気量 q〔C〕は，電流 I〔A〕を用いて

$$q = It \quad \cdots ①$$

と表せる。電子は1個あたり大きさ $|-e| = 1.6 \times 10^{-19}$C の電気量（$e$：電気素量）を持つので，その電子が N〔個〕集まってその電気量をなしていると考えれば

$$q = eN \quad \cdots ②$$

①，②式より

$$N = \frac{q}{e} = \frac{It}{e} \quad \cdots ③$$

と表せる。③式に与えられた数値を代入して

$$N = \frac{1.0 \cdot 160}{1.6 \times 10^{-19}} = 1.0 \times 10^{21} \text{ 個}$$

$$\boxed{3} \cdots ⑥$$

〈参考〉
　③式において

$$N〔個〕= \frac{I}{e}〔個/s〕\cdot t〔s〕$$

として電子の個数 N が表されていると考えてもよい。

問4（電球の効率，消費電力量と光エネルギー）
　本問では白熱電球および LED 電球の効率を次のように定めている。

$$電球の効率 = \frac{放出される光エネルギー}{消費電力量}$$

〈消費電力と消費電力量〉
　消費電力量は（電球などでジュール熱として失われる）電気エネルギーを指す物理量（通常は単位〔J〕）である。消費電力は単位時間

あたりの消費電力量，すなわち，電気的な仕事率を指す物理量（通常は単位〔W〕）である。似た用語であるが，指すものが異なるので注意。

　　消費電力量に単位〔Wh〕を用いる場合
　　　消費電力量〔Wh〕
　　　　= 消費電力〔W〕・時間〔h〕
　で消費電力量を計算できる。
　　　1Wh = 1 W・1 h
　　　　　 = 1 J/s・3600 s
　　　　　 = 3.6 × 10³ J

　白熱電球から1時間に放出される光エネルギーを E〔Wh〕として，消費電力 60 W，効率 10%（= 0.10）の白熱電球を1時間使用した場合について

$$0.10 = \frac{E}{60 \text{ W} \cdot 1 \text{ h}}$$

$$\therefore \quad E = 0.10 \cdot 60 \text{ Wh} = \underset{\mathcal{P}}{6.0} \text{ Wh}$$

求める LED 電球の効率を e として，消費電力 15 W で，1時間に白熱電球と同じ光エネルギー E を放出する LED 電球を1時間使用した場合について

$$e = \frac{E}{15 \text{ W} \cdot 1 \text{ h}}$$

$$= \frac{6.0 \text{ Wh}}{15 \text{ Wh}} = 0.40 = \underset{\mathcal{I}}{40} \text{ \%}$$

$$\boxed{4} \cdots ①$$

第2問 （浮力・力のつり合い）

　浮力に関する探究活動（実験・考察）をテーマとした会話文形式の問題である。設問の内容がわかりづらいときは，会話文中のやり取りをよく読んで実験の様子をイメージしてみよう。

〈浮力（アルキメデスの原理）〉
　流体中（液体中や気体中）の物体が受ける浮力の大きさは，物体の形によらず，流体中にある部分と同体積の流体の重さ（重力の大きさ）に等しい。
　つまり，右図のように，体積 V の物体の一部が密度 ρ の水中に沈んでいる場合に物体が

水から受ける浮力の大きさ F は，図の斜線部分と同じ体積 $V_{沈}（\leqq V）$ の水の重さに等しい（空気による浮力は小さく無視することが多

い）。体積 $V_{沈}$ の水の質量 $m_{沈}$ は

$$m_{沈} 〔kg〕 = \rho 〔kg/m^3〕 \cdot V_{沈} 〔m^3〕$$

と表せるので，その重さより

$$F = \rho V_{沈} g \quad (= m_{沈} g)$$

となる。

問1　物体の体積を $V〔m^3〕$，物体の質量を $m = 1.0 \ kg$，重力加速度の大きさを $g = 9.8 \ m/s^2$ とする。また，水の密度を $\rho = 1.0 \times 10^3 \ kg/m^3$ とおくと，物体の密度はその2倍であり，2ρ 〔kg/m^3〕と表せる。物体の重さおよび浮力の大きさをそれぞれ ρ を用いて表すと，物体は水中に完全に沈んでいる（$V_{沈} = V$）ので

$$\begin{cases} 物体の重さ & 2\rho V g 〔N〕 \ (= mg) \\ 浮力の大きさ & \rho V g 〔N〕 \end{cases}$$

となる。よって，浮力の大きさは物体の重さ mg の半分とわかるので

$$\frac{1}{2}mg = \frac{1}{2} \cdot 1.0 \cdot 9.8 = 4.9 \ N$$

$\boxed{5}$ … ①

また，物体の体積は

$$V = \frac{m}{2\rho} = \frac{1.0 \ kg}{2.0 \times 10^3 \ kg/m^3}$$
$$= 5.0 \times 10^{-4} \ m^3$$

である。この体積をはじめに計算してから浮力の大きさを求めてもよい。

問2　ジャガイモにはたらく力は右図のようになる。実験では，長い時間をかけてゆっくりとジャガイモを水に沈めているので，力のつり合いが保たれており，次式が成り立つ。

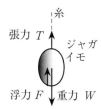

糸
張力 T
ジャガイモ
浮力 F　重力 W

$$T + F = W$$
$$\therefore \quad (c) \ F = W - T \quad \cdots ①$$
ア

ばねはかりのばねは糸で引き伸ばされており，ばねはかりの値は糸の張力 T に等しい。ジャガイモ全体が水面上にあるときは浮力の大きさ F は0である。このとき①式より，$T = W$ であり，図2の上のグラフ（次図はおおよその模写）の点Pの水面からの深さが負の領域のばねはかりの値を読み取ることで，$W = 1.07 \ N$ とわかる。

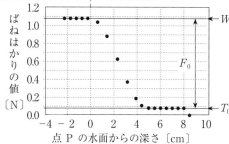

点Pが水面より上 ←→ 点Pが水面より下

ばねはかりの値〔N〕

W
F_0
T_0

点 P の水面からの深さ〔cm〕

重力の大きさ W は一定であり，浮力の大きさ F は点Pが水面に接してからジャガイモ全体が水に沈むまで増加していく（水中にあるジャガイモの体積 $V_{沈}$ が増加していく）。よって①式より，ばねはかりの指す値 $T \ (= W - F)$ はジャガイモを沈めていくほど小さくなり，ジャガイモ全体が水に沈んで F が最大値 F_0 になると，T は一定値 $T_0 \ (= W - F_0)$ になると考えられる（ただし，ジャガイモが計量カップの底に到達して糸がたるむと $T = 0$ になる）。図2の上のグラフから $T_0 = 0.09 \ N$ と読み取れるので①式より

$$F_0 = W - T_0$$
$$= 1.07 - 0.09 = 0.98 \ N$$

値が最も近いのは(e) 1.0 N である。
イ

$\boxed{6}$ … ⑧

〈別解〉

浮力の大きさの最大値 F_0 は，図2の下のグラフから考えてもよい。

ばねはかりの値と同様に，キッチンはかりの値が浮力の大きさにより変化していると考える。キッチンはかりの値の最小値と，値が大きくなっていって一定とみなせるようになったときの値の差は

$$0.70 - 0.60 = 0.10 \ kg$$

であり，これが浮力の大きさの最大値 F_0〔kg重〕に対応する。重力加速度 $g = 9.8 \ m/s^2$ を用いて単位〔N〕に換算すれば

$$F_0 = 0.10 \cdot 9.8 = 0.98 = 1.0 \ N$$

であるとわかる。

問3　水と計量カップにはたらく鉛直方向の力は右図のようになる。ただし，水面が大気から受ける力は省略している（キッチンはかりの

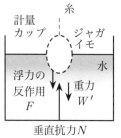

計量カップ
糸
ジャガイモ
水
浮力の反作用 F
重力 W'
垂直抗力 N

計量皿を支える大気による力と相殺する）。

水にはジャガイモとの接触により，大きさ F 〔N〕の浮力の反作用が鉛直下向きにはたらく。水と計量カップにまとめてはたらく重力の大きさを W'〔N〕，水と計量カップがキッチンはかりから受ける垂直抗力の大きさを N〔N〕（= キッチンはかりの値〔kg〕× g）とすると，鉛直方向の力のつり合いより

$$N = W' + F \quad \cdots ②$$

①，②式より F を消去して

$$N = W' + W - T$$

$$\therefore \quad T = -N + (W + W') \quad \cdots ③$$

$$\therefore \quad \underset{\text{ばねはかりの値}}{T\text{〔N〕}} = \underset{\text{傾き}}{-g} \cdot \underset{\text{キッチンはかりの値}}{\frac{N}{g}\text{〔kg〕}}$$
$$+ \underset{\text{縦軸切片}}{(W + W')} \quad \cdots ④$$

④式より，ばねはかりの値とキッチンはかりの値の関係は，傾きが負（$-g$）の直線の関係であることがわかるので，最も適当なグラフは④である。

$$\boxed{7} \cdots ④$$

単位〔N〕と単位〔kg〕の違いはあるが，T と N の関係を表すグラフの概形がわかればよいので，③式の段階で判断してもよい。

問4　問2で考えたように，ばねはかりの値（T）が直線的に減少するということは，点 P の水面からの深さに比例して
$$\begin{cases} \text{浮力の大きさ } F \text{ が増加} \\ \text{水中にある物体の体積 } V_{沈} \text{ が増加} \end{cases}$$
するということである。すなわち，本問においては

$$V_{沈} = (\text{一定の断面積})$$
$$\times (\text{点 P の水面からの深さ})$$

となる必要があり，①〜④のうちで断面積が一定であるのは②の円柱である。

$$\boxed{8} \cdots ②$$

問5　ジャガイモが計量カップの底から受ける垂直抗力の大きさを n とする。

点 P が軽量カップの底についた瞬間，ジャガイモには新たに鉛直上向きに大きさ n の垂直抗力が加わるので，①式を変更して

$$F_0 + n = W - T$$

糸が緩むと $T = 0$ となり，このときの垂直抗力の大きさを $n = n_1$ とすると

$$F_0 + n_1 = W - 0$$

$$\therefore \quad n_1 = W - F_0 \quad \cdots ⑤$$

糸が緩んだときにジャガイモにはたらく力は，垂直抗力の他に，(b) 重力と浮力 である。
ウ

浮力はジャガイモの周囲に水が接触していることで発生している。ゆえに，水がないときは $F_0 \to 0$，$n_1 \to n_2$ と⑤式を変更して

$$n_2 = W \quad \cdots ⑥$$

⑤，⑥式より $n_1 < n_2$ であり，ジャガイモが受ける垂直抗力の大きさは水がない場合と比べると，(f) 小さくなる ことがわかる。
エ

$$\boxed{9} \cdots ⑥$$

第3問 （音速，気柱の共鳴）

音速に関する探究活動（実験・考察）をテーマとした問題である。音波に関する基本知識を確かめ，3 通りの実験を用いて音速を求める方法を考察する。

〈空気中の音速〉

　　乾燥した空気中での音速 V〔m/s〕は，温度 t〔℃〕のとき，次式で表される。

$$V = 331.5 + 0.6\,t$$

　　地球の平均気温 $t ≒ 14$℃ では，$V ≒ 340$ m/s となるのでこの値で代表することが多いが，問題の指示をよく確認し，その限りではないことに注意しよう。

問1　上式の値を厳密に覚えていなくても，温度 t〔℃〕の違いによって音速 V〔m/s〕の値がどう変化するか傾向がつかめればよい。気温が低い 0℃ のときの方が音速が小さく，気温が高い 30℃ のときの方が音速が大きい。また，波の
ア
基本式 $V = f\lambda$ より，同じ振動数 f〔Hz〕の音波を比較するとき，音速 V〔m/s〕に比例して波長 λ〔m〕は大きくなるので，音波の波長は 30℃ のときの方が長い。
イ

$$\boxed{10} \cdots ①$$

気温 0℃ と 30℃ における音速および波長をそれぞれ V_0，V_{30}，λ_0，λ_{30} として，具体的に計算によって求めると次の通りとなる。

$$\begin{cases} V_0 = 331.5 + 0 = 331.5 \text{ m/s} \\ V_{30} = 331.5 + 0.6 \cdot 30 = 349.5 \text{ m/s} \end{cases}$$

$$\therefore \quad V_{30} > V_0$$

$$\begin{cases} V_0 = f\lambda_0 \\ V_{30} = f\lambda_{30} \end{cases}$$

$$\therefore \quad \lambda_{30} = \frac{V_{30}}{V_0}\lambda_0 = \frac{349.5}{331.5}\lambda_0$$

$$\therefore \quad \lambda_{30} > \lambda_0$$

問2　音波は等速で空気中を伝わる。よって，測定した距離と時間を用いて，速さの定義より

$$V = \frac{140 \text{ m}}{0.42 \text{ s}} = 333.3\cdots \text{ m/s}$$

$$\fallingdotseq 3.3 \times 10^2 \text{ m/s}$$

$$\boxed{11} \cdots ③, \quad \boxed{12} \cdots ③, \quad \boxed{13} \cdots ②$$

問3　問2の値が教科書の式から求めた値に比べて小さくなったが，「その原因は測定時のストップウォッチの操作にある」として考察する。

問2の計算は距離と時間の比によって速さを求めており，時間は分母にあるため，ストップウォッチの操作によって「測定時間が長くなってしまう操作」の候補を考えればよいということである。表1に与えられた操作(a)〜(e)をそれぞれ次図のように整理する。

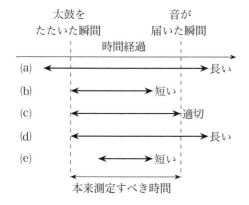

上図の通り，測定時間が長くなってしまっている操作の組合せは(a)と(d)である。

$$\boxed{14} \cdots ③$$

問4　メトロノームは1分間に300回鳴るが，この音が鳴る周期を T〔s〕とすると

$$60 \text{ s} : 300 \text{ 回} = T \text{〔s〕} : 1 \text{ 回}$$

$$\therefore \quad T = \frac{60}{300} = \frac{1}{5} = 0.20 \text{ s}$$

である。

Bさんのメトロノームが鳴る瞬間に，Aさんのメトロノームで1回前に鳴った音が聞こえればよい。すなわち，音が時間 $T = 0.20$ s の間に 70 m 伝わればよいので，その速さは

$$V = \frac{70 \text{ m}}{0.20 \text{ s}} = 350 \text{ m/s}$$

である。

$$\boxed{15} \cdots ④$$

問5　気柱（閉管）の共鳴によって音速を測定する。

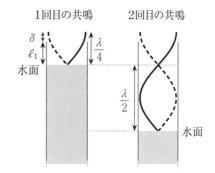

今回の共鳴で生じる開口端補正の値は不明であるが，上図のように，1回目に共鳴したときと2回目に共鳴したときの水面位置の差から半波長の長さを知ることができる。音波の波長を λ として

$$\frac{\lambda}{2} = 34 \text{ cm}$$

$$\therefore \quad \lambda = 68 \text{ cm} = 0.68 \text{ m}$$

おんさの振動数は $f = 500$ Hz であるから，波の基本式より

$$V = f\lambda = 500 \cdot 0.68 = 340 \text{ m/s}$$

$$\boxed{16} \cdots ⑧$$

〈参考〉

ガラス管の上端から気柱がはじめて共鳴したときの水面の位置までの距離 ℓ_1〔cm〕を測定すると，開口端補正の値 δ〔cm〕は

$$\delta = \frac{\lambda}{4} - \ell_1 = (17 - \ell_1) \text{〔cm〕}$$

と求めることができる。

問6　波の基本式 $V = f\lambda$ より，気温が一定（音速 V が一定）の空気中で波長 λ は振動数 f に反比例し，振動数が 20000 Hz よりも大きい超音波では可聴域に比べ波長はより短い（ヒトが聴くことができる音の振動数（周波数）の範囲 20 Hz 〜 20000 Hz を可聴域とよぶ）。

振動数 $f = 34000$ Hz $= 3.4 \times 10^4$ Hz とおき，「室温」とあるので音速を $V = 340$ m/s $= 3.4 \times 10^2$ m/s と仮定したとき，波の基本式よりこの超音波の波長は

$$\lambda = \frac{V}{f} = \frac{3.4 \times 10^2}{3.4 \times 10^4}$$

$$= 1 \times 10^{-2} \text{ m} = 1 \text{ cm}$$

$$\boxed{17} \cdots ②$$

化学基礎

問題番号(配点)	設問	解答番号	正解	(配点)	自己採点	問題番号(配点)	設問	解答番号	正解	(配点)	自己採点
第1問(30)	1	101	2	(2)		第2問(20)	1	110	2	(2)	
	2	102	4	(各3)				111	2	(3)(完答)	
	3	103	3					112	4		
	4	104	3	(各4)				113	3		
	5	105	9				2	114	3	(2)	
	6	106	1				3	115	2・5	(各2)(順不同)	
	7	107	1	(3)				116			
	8	108	5	(4)			4	117	3	(各3)	
	9	109	1	(3)				118	1		
自己採点小計							5	119	3	(3)(完答)	
								120	0		
						自己採点小計					

自己採点合計 ☐

解 説

第 1 問 (化学結合，量的関係，酸・塩基)

出題のねらい

化学結合や量的関係，酸・塩基などについて，それぞれの基礎的な知識を確認するため，様々な観点から幅広く出題した。

問 1 カルシウムは原子番号が 20 なので，原子中に電子は 20 個含まれる。カルシウムは，2 個の電子を放出してカルシウムイオン Ca^{2+} になるので，イオン 1 個中の電子は $20 - 2 = 18$〔個〕である。

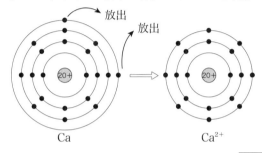

放出

放出

Ca Ca^{2+}

$\boxed{101}\cdots$②

☞原子番号 1 ～ 20 の原子

イオンになるときは 18 族の貴ガスと同じ電子配置を取る。

Li^+ : He 型

O^{2-}, F^-, Na^+, Mg^{2+}, Al^{3+} : Ne 型

S^{2-}, Cl^-, K^+, Ca^{2+} : Ar 型   など

問 2 非金属元素どうしは共有結合，非金属元素と金属元素間はイオン結合，金属元素どうしは金属結合で結びつく傾向がある。共有結合で結びついた物質のうち，分子からなる結晶を分子結晶，多数の原子が共有結合で結びついた結晶を共有結合の結晶という。また，イオン結合による結晶はイオン結晶，金属結合による結晶は金属結晶という。

① マグネシウム Mg は金属元素，酸素 O は非金属元素で，酸化マグネシウム MgO の固体はイオン結晶である。

② 銀 Ag は金属元素で，銀 Ag の固体は金属結晶である。

③ ケイ素 Si と酸素 O はいずれも非金属元素で，Si−O 間は共有結合である。二酸化ケイ素 SiO_2 はケイ素原子と周囲 4 個の酸素原子が共有結合でつながり，SiO_4 の四面体を基本単位とした立体網目構造をもった共有結合の結晶である。

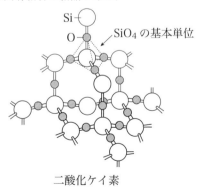

Si

O SiO_4 の基本単位

二酸化ケイ素

☞共有結合の結晶

共有結合の結晶のそのほかの例として，黒鉛 C やダイヤモンド C，ケイ素 Si も覚えておきたい。

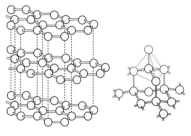

黒 鉛   ダイヤモンド
(ケイ素も同様の構造)

④ ヨウ素 I は非金属元素で，ヨウ素 I_2 は分子であり，固体は分子結晶である。ヨウ素 I_2 は昇華性をもつ。

$\boxed{102} \cdots ④$

問3 ① 窒素は原子番号7で第2周期の元素だが，最も電気陰性度が大きいのは原子番号9のフッ素 F である。よって，この記述は誤り。
② 分子が極性分子と無極性分子のいずれであるかは，構成原子の数および種類と，分子の形が大きく関係する。二原子分子の場合，H–H や Cl–Cl のように，結合に極性がない場合は，分子全体として極性をもたない。このような分子を無極性分子という。一方，H–F や H–Cl のように，結合に極性がある場合は，分子全体として極性をもつ。このような分子を極性分子という。二原子分子では結合の極性が分子の極性と一致するが，多原子分子では，分子の極性には分子の形が関係する。

分子の立体的な形は，分子を構成する原子および結合の種類によって決まり，それぞれの分子によって，直線形，折れ線形，三角すい形，正四面体形などさまざまである。覚えておきたい分子の形は次のようにまとめられる。

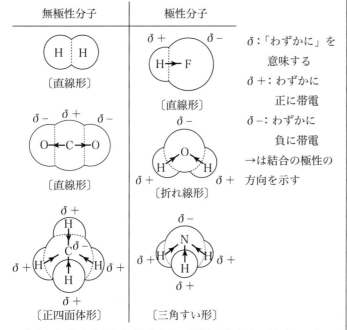

分子が極性分子か無極性分子かの判断の仕方は，以下のようにまとめられる。

・二原子分子 ┬ 同じ原子どうし ⇨ 無極性分子
　　　　　　 └ 異なる原子　　 ⇨ 極性分子
・多原子分子 ┬ 結合の極性が ⇨ 無極性分子
　　　　　　 │ 打ち消し合う
　　　　　　 │ 分子の形
　　　　　　 └ 結合の極性が ⇨ 極性分子
　　　　　　　 打ち消し合わ
　　　　　　　 ない分子の形

☞ヨウ素の他，同じ分子結晶である二酸化炭素の固体（ドライアイス）も昇華性をもつ。

☞周期表上で，電気陰性度は貴ガスを除いて右上にいくほど大きくなり，フッ素で最大となる。
　主な原子の電気陰性度の大きさは，
　　F＞O＞Cl＞N＞C＞H

☞無極性分子と極性分子
　・二酸化炭素 CO_2
　　C=O 結合には極性があるが，分子が直線形であり，2つの C=O 結合の極性は大きさが等しく，かつ方向が逆方向のため，互いに打ち消し合い，分子全体では無極性分子となる。
　・水 H_2O
　　O–H 結合には極性があり，分子が折れ線形であるので，2つの O–H 結合の極性は打ち消し合わず，分子全体でも極性分子となる。
　・メタン CH_4
　　C–H 結合には極性があるが，分子が正四面体形であり，4つの C–H 結合の極性は大きさが等しく，かつすべての結合の極性が全体として打ち消されるため，分子全体では無極性分子となる。
　・アンモニア NH_3
　　N–H 結合には極性があり，分子が三角すい形であるので，3つの N–H 結合の極性は打ち消されず，分子全体でも極性分子となる。

窒素分子 N_2 は同じ原子どうしからなる二原子分子なので，無極性分子である。よって，この記述は誤り。

③　アンモニア分子の窒素原子の非共有電子対を水素イオンに提供すると，配位結合を形成し，次のようにアンモニウムイオンとなる。

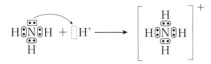

　　　　アンモニア　　　　　アンモニウムイオン

　配位結合は，共有結合と比べてそのでき方が異なるだけで，できた配位結合は普通の共有結合と同じであり，どれが配位結合によってできた結合かは区別できない。よって，この記述は正しい。

④　アンモニア NH_3 は分子中に OH を含まないが，水に溶けると一部が水と次のように反応して水酸化物イオンを生じるため，弱塩基性を示す。よって，この記述は誤り。

$$NH_3 + H_2O \rightleftharpoons NH_4^+ + OH^-$$

$\boxed{103} \cdots ③$

問4　濃塩酸 1 L あたりで考える。濃塩酸 1 L 中の塩化水素（分子量 36.5）の質量は，

　　　$\{12.0 \,〔mol/L〕 \times 1.0 \,〔L〕 \times 36.5 \,〔g/mol〕\} \,〔g〕$

また，濃塩酸 1 L の質量は，

　　　$\{1.20 \,〔g/cm^3〕 \times 1000 \,〔cm^3〕\} \,〔g〕$

したがって，求める質量パーセント濃度は，

$$\frac{12.0 \times 1.0 \times 36.5}{1.20 \times 1000} \times 100 = 36.5 \,〔\%〕$$

☞ 1 L ＝ 1000 mL ＝ 1000 cm³
☞ 質量パーセント濃度

$$\frac{溶質の質量〔g〕}{溶液の質量〔g〕} \times 100 \,〔\%〕$$

$\boxed{104} \cdots ③$

問5　元素 **A ～ E** はそれぞれ次の元素となる。

　A：He，**B**：Li，**C**：F，**D**：Al，**E**：K

ア，イ　陽性とは陽イオンのなりやすさ，陰性とは陰イオンのなりやすさであり，一般に，貴ガスを除いて周期表の左下に行くほど陽性が大きく，右上に行くほど陰性が大きくなる。**A**(He)は貴ガスでイオンにはなりにくく，原子番号 1 ～ 20 の中で最も陰性が強いのはフッ素 F である。また，原子番号 1 ～ 20 の中で最も陽性が強いのはカリウム K である。よって，これらの記述はいずれも誤り。

☞ 18 族：貴ガス

```
H                          He
Li Be B C N O F        Ne
NaMg Al Si P S Cl  Ar
        K Ca
```
陰性　陽性

ウ　**C** は 17 族のフッ素 F なのでハロゲンである。よって，この記述は正しい。

☞ 17 族：ハロゲン

エ　**D** はアルミニウム Al なので金属元素である。よって，この記述は誤り。

オ EはカリウムKなので，第4周期に属する。よって，この記述は正しい。

以上より，正しい記述は**ウ，オ**である。

$$\boxed{105} \cdots ⑨$$

☞1族：H以外はアルカリ金属

問6 Mが希硫酸と反応し，2価の陽イオン M^{2+} になって溶けるときの化学反応式は，次のように表せる。

$$M + H_2SO_4 \longrightarrow MSO_4 + H_2$$

また，Mが希硫酸と反応し，3価の陽イオン M^{3+} になって溶けるときの化学反応式は，次のように表せる。

$$2M + 3H_2SO_4 \longrightarrow M_2(SO_4)_3 + 3H_2$$

グラフより，3.00 mg のMが溶解すると，0℃，1.013×10^5 Pa で 2.80 mL の水素が発生することに注目する。ここでMが n 価（$n=2$ または 3）の陽イオンに変化するとし，Mの原子量を x とすると，次式が成り立つ。

$$\frac{3.00 \times 10^{-3}}{x} \times \frac{n}{2} \times 22.4 \times 10^3 = 2.80$$

$$x = 12n$$

これを満たすのは，$n=2$，$x=24$ の Mg である。

$$\boxed{106} \cdots ①$$

問7 塩の水溶液の性質について，次のようにまとめられる。

┌─〈 塩の水溶液の性質 〉─────────────────────

正塩の水溶液の性質は，その塩のもとの酸と塩基の強弱で判断する。

水溶液の性質		もとの酸		もとの塩基
酸　性	←	強酸	+	弱塩基
NH_4Cl		HCl		NH_3
$CuSO_4$		H_2SO_4		$Cu(OH)_2$
塩基性	←	弱酸	+	強塩基
CH_3COONa		CH_3COOH		NaOH
Na_2CO_3		H_2CO_3		NaOH
中　性	←	強酸	+	強塩基
NaCl		HCl		NaOH
$CaCl_2$		HCl		$Ca(OH)_2$

※酸性塩の水溶液の性質

$NaHCO_3$ ：H_2CO_3(弱酸)＋NaOH(強塩基)なので塩基性。

$NaHSO_4$ ：H_2SO_4(強酸)＋NaOH(強塩基)だが，
$NaHSO_4 \rightarrow Na^+ + H^+ + SO_4^{2-}$
のように電離して H^+ を生じるため酸性。

────────────────────────────────────

☞正塩
　酸のHも塩基のOHも残っていない塩

☞酸性塩
　酸のHが残っている塩

上記の通り，正塩の水溶液の性質は，その塩をつくるもととなった酸・塩基の強弱によって決まる。

① 塩化アンモニウム NH_4Cl は正塩で，強酸である塩化水素と弱塩基であるアンモニアから生じる塩なので，水溶液は酸性を示す。

② 硝酸カリウム KNO_3 は正塩で，強酸である硝酸と強塩基である水酸化カリウムから生じる塩なので，水溶液は中性を示す。

③　水酸化ナトリウム NaOH は強塩基なので，水溶液は塩基性を示す。

④　炭酸水素ナトリウム NaHCO$_3$ は酸性塩で，弱酸である炭酸と強塩基である水酸化ナトリウムから生じる塩なので，水溶液は塩基性を示す。

☞上記のように，同じ酸性塩でも NaHSO$_4$ の水溶液は酸性を示す。

$\boxed{107}$ …①

問8　全体の反応として，

> アンモニアが受け取る H$^+$ の物質量と水酸化ナトリウムが放出する OH$^-$ の物質量の和
>
> ＝ 希硫酸が放出する H$^+$ の物質量

が成り立つ。よって，アンモニアの物質量を x〔mol〕とすると，次式が成り立つ。

$$\underset{\substack{〔mol〕\,〔価〕\,〔mol/L〕\\〔L〕}}{x \times 1 + 0.100 \times \frac{40.0}{1000} \times 1} = \underset{\substack{〔mol/L〕\\〔L〕\quad〔価〕}}{0.100 \times \frac{45.0}{1000} \times 2}$$

$$x = 5.00 \times 10^{-3}\,〔mol〕$$

☞価数に注意する。
アンモニアは 1 価の塩基
NH$_3$ + H$_2$O
$\rightleftarrows$ NH$_4^+$ + OH$^-$

したがって，求めるアンモニアの 0 ℃，1.013×10^5 Pa における体積は，

$$5.00 \times 10^{-3}\,〔mol〕 \times 22.4 \times 10^3\,〔mL/mol〕 = 112\,〔mL〕$$

$\boxed{108}$ …⑤

問9　①　銅は，亜鉛よりもイオン化傾向が小さいので，銅板を硫酸亜鉛水溶液に浸しても，反応は起こらない。よって，この記述は誤り。一方，亜鉛板を硫酸銅(Ⅱ)水溶液に浸すと，亜鉛が亜鉛イオン Zn^{2+} となって溶け出し，銅(Ⅱ)イオン Cu^{2+} が銅として亜鉛板に析出する。このときの反応は電子 e$^-$ を用いて次のように表せる。

Zn $\longrightarrow$ Zn^{2+} + 2e$^-$

Cu^{2+} + 2e$^-$ $\longrightarrow$ Cu

全体として，Zn + Cu^{2+} $\longrightarrow$ Zn^{2+} + Cu という反応式となる。イオン化傾向と金属の反応性は重要なので，覚えておきたい。

☞イオン化傾向
金属が水溶液中で陽イオンになろうとする性質。イオン化傾向の大きい金属ほど，相手の物質に電子を与えて陽イオンになりやすい。

〈 金属の反応性 〉

		Li K Ca Na	Mg	Al Zn Fe	Ni Sn Pb	(H) Cu Hg Ag	Pt Au
水との反応	常温の水と反応						
	沸騰水と反応						
	高温の水蒸気と反応						
酸との反応	希硫酸・塩酸に溶解　※1						
	熱濃硫酸・硝酸に溶解　※2						
	王水に溶解　※3						

大 ⟵ イオン化傾向 ⟹ 小

※1　Pb は表面に水に不要な $PbSO_4$ や $PbCl_2$ を生じるため，ほとんど溶けない。

※2　Al，Fe，Ni などは不動態を形成するため，濃硝酸には溶けない。

※3　Ag は王水には不溶性の AgCl をつくるため，溶けにくい。

② 銅片を濃硝酸に加えると，二酸化窒素 NO_2 を生じながら溶ける。よって，この記述は正しい。

$$Cu + 4HNO_3 \longrightarrow Cu(NO_3)_2 + 2NO_2 + 2H_2O$$

また，銅は希硝酸とは次のように反応し，一酸化窒素 NO を生じながら溶ける。

$$3Cu + 8HNO_3 \longrightarrow 3Cu(NO_3)_2 + 2NO + 4H_2O$$

③ 銅と亜鉛の合金は黄銅といい，硬貨や楽器に用いられている。よって，この記述は正しい。また，銅とスズの合金は青銅といい，銅とニッケルの合金は白銅という。

④ 銅の単体を工業的に製造するときは，黄銅鉱などの鉱石をコークスや石灰石とともに熱し，粗銅を得る。この粗銅を用いて電気分解をすることで，高純度の純銅を得る。これを電解精錬という。よって，この記述は正しい。

$$\boxed{109} \cdots ①$$

☞不動態

　金属の表面に緻密な酸化物の被膜ができて，内部が保護された状態。

☞イオン化傾向の小さい銅や銀は，塩酸や希硫酸とは反応しないが，酸化力の強い硝酸や熱濃硫酸とは反応して溶ける。

第2問 (酸化・還元)

出題のねらい

溶存酸素など，教科書の本文には記されていない事項を題材にした問題について，リード文を読み，基本的な知識と組合せて酸化・還元などを考察できるかを試した。

問1　a　酸化数の決め方について次のようにまとめられる。

┌─〈酸化数の決め方〉──────────────────────┐
│　│単体│
│　　　原子の酸化数は0
│
│　│化合物│
│　　　Hの酸化数は原則 +1　　　　例外
│　　　Oの酸化数は原則−2　　　　Na$\underline{\text{H}}$
│　　　　　　　　　　　　　　　　　　−1
│　　　各原子の酸化数の総和は0　　H$_2$O$_2$
│　　　　　　　　　　　　　　　　　　−1
│　│単原子イオン│
│　　　イオンの価数と一致
│
│　│多原子イオン│
│　　　各原子の酸化数の総和はそのイオンの価数に一致
└────────────────────────────────┘

① Mn^{2+} の Mn の酸化数はイオンの価数と一致するので+2である。よって，この記述は誤り。

② 化合物中の酸素 O の酸化数は−2，水素の酸化数は+1なので，$Mn(OH)_2$ 中の Mn の酸化数を x とすると，次式が成り立つ。

$$x+(-2+1)\times 2 = 0$$
$$x = +2$$

よって，この記述は正しい。

③ 化合物中の酸素 O の酸化数は−2，水素の酸化数は+1なので，$MnO(OH)_2$ 中の Mn の酸化数を y とすると，次式が成り立つ。

$$y+(-2)+(-2+1)\times 2 = 0$$
$$y = +4$$

よって，この記述は誤り。

④ 化合物中の酸素 O の酸化数は−2，水素の酸化数は+1なので，$MnO_4{}^-$ 中の Mn の酸化数を z とすると，これらの酸化数の和がイオンの価数に一致することから，次式が成り立つ。

$$z+(-2)\times 4 = -1$$
$$z = +7$$

よって，この記述は誤り。

$\boxed{110}\cdots$②

b　式(2)は次の通り。

$$MnO(OH)_2 + \boxed{ア}\,I^- + \boxed{イ}\,H^+$$
$$\longrightarrow Mn^{2+} + I_2 + \boxed{ウ}\,H_2O$$

まず I に注目すると，右辺の I の数は2なので，左辺の I も同数にするため，**ア**＝2となる。次に，左辺の O の数は3なので，

☞マンガンを含む水溶液の色
　　Mn^{2+}：ほぼ無色
　　$MnO_4{}^-$：赤紫色
　　過マンガン酸カリウムが酸性条件下で酸化剤としてはたらくときのマンガンの変化は $MnO_4{}^- \longrightarrow Mn^{2+}$ なので，過マンガン酸カリウムを用いる酸化還元滴定においては，指示薬を必要としない。

右辺のOも同数にするため，**ウ**＝3となる。最後に，左辺と右
辺のHの数を同数にするため，**イ**＝xとすると，次式が成り立つ。

$1 \times 2 + x = 3 \times 2$

$x = 4$

以上より，**ア**＝2，**イ**＝4，**ウ**＝3となる。

$\boxed{111}$…②，$\boxed{112}$…④，$\boxed{113}$…③

問2 中和滴定や酸化還元滴定に用いるガラス器具は，次のように
まとめられる。

〈 滴定器具 〉

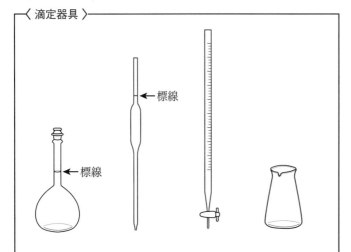

メスフラスコ　　ホールピペット　ビュレット　コニカルビーカー

	使用目的	※1共洗い	※2加熱乾燥
メスフラスコ	正確な濃度の溶液を調製する	不要	×
ホールピペット	溶液を一定体積正確にはかり取る	要	×
ビュレット	溶液を滴下し，その体積を読み取る	要	×
コニカルビーカー	酸と塩基（または酸化剤と還元剤）の水溶液を反応させる	不要	○

※1 共洗い
　器具の内部を，使用する溶液で2～3回すすぐこと。
　水でぬれたままだと，溶液を入れた際に濃度が小
　さくなってしまうため行う。
　逆に，溶質の物質量が重要になる操作で用いるメ
　スフラスコやコニカルビーカーでは行わない。

※2 加熱乾燥
　正確な体積をはかる目的の器具ではやってはいけ
　ない。加熱するとガラスが膨張して器具の体積が
　正確ではなくなってしまうからである。

☞駒込ピペットは正確な体積を
　はかりとれない。

これより，**操作Ⅳ**でチオ硫酸ナトリウム水溶液を入れる実験器具はビュレットである。

① , ②　上記のまとめより，ビュレットが水でぬれているときは，用いるチオ硫酸ナトリウム水溶液で内部を数回すすぐ。また，ビュレットは正確な体積をはかる器具なので，加熱乾燥してはいけない。よって，① , ②の記述はいずれも正しい。

③　ビュレットは一番上の目盛りが0で，下に行くにつれて大きい値が記されている。よって，この記述は誤り。

☞ メスシリンダーやビーカーなどの目盛りは下に行くにつれて小さい値が記されている。

④　ビュレットに溶液を入れた後，下部の先端まで溶液で満たされていることを確認してから滴定を行う。これは，先端まで満たされていない状態(空気が入った状態)で滴定を行うと，実際より滴下量が大きくなってしまい，実験結果に誤差が生じるからである。よって，この記述は正しい。

$$\boxed{114}\cdots③$$

問3　①　河川水中の溶存酸素量が多いと，式(1)で生成する褐色沈殿である $MnO(OH)_2$ の量も多くなる。よって，この記述は正しい。

②　式(2)では，I^- は I_2 に変化している。**問1a**で記した酸化数の求め方にしたがえば，それぞれの I の酸化数は，I^- は -1，I_2 は 0 である。I^- は酸化されたので，還元剤としてはたらいている。よって，この記述は誤り。

③　式(3)では，I_2 は I^- に変化しているので，酸化数の変化は $0 \rightarrow -1$ であり，このときの反応は $I_2 + 2e^- \rightarrow 2I^-$ で表される。I_2 は還元される，つまり電子を受け取っているので，反応の相手である $S_2O_3^{2-}$ は電子を放出している。よって，この記述は正しい。なお，チオ硫酸イオンは還元剤として以下のように反応する。

$$2S_2O_3^{2-} \longrightarrow S_4O_6^{2-} + 2e^-$$

☞ 還元剤・酸化剤の定義

還元剤		酸化剤
酸化される	$\Longleftrightarrow$	還元される
受け取る	⇐ 酸素O ⇐	失う
失う	⇒ 水素H ⇒	受け取る
失う	⇒ 電子e ⇒	受け取る
増加する	⇐ 酸化数 ⇒	減少する

④　河川水中の溶存酸素量が多いと，式(1)で生成する褐色沈殿である $MnO(OH)_2$ の量も多くなる。$MnO(OH)_2$ の量が多くなると，式(2)で生成する I_2 の量も多くなる。I_2 の量が多くなれば，式(3)で必要となる $Na_2S_2O_3$ の量も多くなる。よって，この記述は正しい。

⑤　式(3)より，反応する I_2 と $Na_2S_2O_3$ の物質量比は $1:2$ であるので，**操作Ⅲ**で生じたヨウ素の物質量は**操作Ⅳ**で反応したチオ硫酸ナトリウムの物質量の半分である。よって，この記述は誤り。

$$\boxed{115}\cdot\boxed{116}\cdots②, ⑤$$

問4　式(1)〜(3)をたどって考える。河川水中の溶存酸素の物質量を x〔mol〕とすると，式(1)の係数比より，生じる $MnO(OH)_2$ は $2x$〔mol〕である。次に，式(2)の係数比より，生じる I_2 は $2x$〔mol〕であり，最後に，式(3)の係数比より，必要となる $Na_2S_2O_3$ は $4x$〔mol〕とわかる。よって，式(3)で反応したチオ硫酸ナトリウムの1/4の物質量が，式(1)で反応した酸素(分子量32)の物質量となる。したがって，採取直後の DO は，

$$0.025〔mol/L〕\times\frac{3.50}{1000}〔L〕\times\frac{1}{4}\times32\times10^3〔mg/mol〕\times\frac{1000}{100}$$

☞ DO は河川水 1 L あたりの数値であることに注意。

$$= 7.0 \,[\text{mg/L}]$$

同様に，5 日後の DO は，

$$0.025 \,[\text{mol/L}] \times \frac{1.90}{1000} \,[\text{L}] \times \frac{1}{4} \times 32 \times 10^3 \,[\text{mg/mol}] \times \frac{1000}{100}$$

$$= 3.8 \,[\text{mg/L}]$$

$$\boxed{117} \cdots ③, \quad \boxed{118} \cdots ①$$

問5 5 日間で消費された酸素の物質量は，河川水 1 L あたり，

$$\frac{(7.0 - 3.8) \times 10^{-3}}{32} = 1.00 \times 10^{-4} \,[\text{mol}]$$

式(4)より，係数比 $C_6H_{12}O_6 : O_2 = 1 : 6$ なので，分解されたグルコース(分子量 180)の質量は，

$$1.00 \times 10^{-4} \times \frac{1}{6} \times 180 \times 10^3 = 3.0 \,[\text{mg}]$$

$$\boxed{119} \cdots ③, \quad \boxed{120} \cdots ⓪$$

☞溶存酸素量はチオ硫酸ナトリウム水溶液の滴下量に比例するので，5 日後の DO は次のように求めても良い。

$$7.0 \times \frac{1.90}{3.50} = 3.8 \,[\text{mg}]$$

解 答 と 解 説

問題番号 (配点)	設 問	解答番号	正 解	(配点)	自己採点	問題番号 (配点)	設 問	解答番号	正 解	(配点)	自己採点
第1問 (30)	1	101	3	(各2)		第2問 (20)	1	110	2	(各3)	
	2	102	3				2	111	2		
	3	103	1	(3)			3	112	2		
	4	104	1	(4)			4	113	7		
	5	105	2	(3)				114	6	(各4)	
	6	106	1	(各4)			5	115	6		
	7	107	3			自己採点小計					
	8	108	3								
		109	4								
自己採点小計											

自己採点合計

解　説

第1問 (化学結合, 量的関係, 酸・塩基, 酸化還元)

出題のねらい

化学結合や量的関係, 酸・塩基, 酸化還元など, それぞれの基礎的な知識を確認するため, 様々な観点から幅広く出題した。

問1 構造式は以下の通り。

① $H-C\equiv N$

② $N\equiv N$

③ $O=C=O$

④ $H-\overset{\displaystyle H}{\underset{\displaystyle H}{C}}-H$

よって, 二重結合をもつ分子は, 二酸化炭素 CO_2 である。

$\boxed{101}\cdots③$

問2 電子配置より, アは C, イは F, ウは Mg, エは S, オは Ar であるとわかる。

① C と S は CS_2 という分子を形成するため, 1 : 2 で結びつく。よって, この記述は正しい。 ☞ CS：一硫化炭素もある。

② F は 17 族元素であるためハロゲンである。よって, この記述は正しい。 ☞ 17 族：ハロゲン

③ Mg は 2 個の電子を失って, 2 価の陽イオンである Mg^{2+} になりやすい。よって, この記述は誤り。

④ Ar は貴ガスであるため, その単体は単原子分子として存在する。よって, この記述は正しい。 ☞ 18 族：貴ガス

$\boxed{102}\cdots③$

問3 ① イオン化エネルギーは原子が 1 価の陽イオンになるときに必要なエネルギーであり, その値が大きいほど, 陽イオンになりにくい。よって, この記述は誤り。

② 電子親和力は, 原子が 1 価の陰イオンになるときに放出するエネルギーである。よって, この記述は正しい。

③ 一般に, 典型元素の電気陰性度は貴ガスを除き, 原子番号が増加するにつれ大きくなる。よって, この記述は正しい。 ☞ 周期表上で, 電気陰性度は貴ガスを除いて右上にいくほど大きくなり, フッ素で最大となる。

④ 第 3 周期の元素の原子のうち, 価電子数が最も多いのは 7 個の価電子をもつ塩素である。よって, この記述は正しい。

$\boxed{103}\cdots①$

主な原子の電気陰性度の大きさは,

$$F > O > Cl > N > C > H$$

問4 ア 硝酸銀水溶液を加え白色沈殿が生じることから, 化合物中には塩化物イオン Cl^- が存在しているとわかる。なお, 生じた白色沈殿は塩化銀 $AgCl$ である。

イ 黄緑色の炎色反応をしめすことから, 化合物中にバリウム Ba が存在しているとわかる。

以上より, 化合物の化学式は $BaCl_2$ と決まる。

$$\boxed{104} \cdots ①$$

問5 それぞれの物質量は以下の通り。

① $\dfrac{1.0}{100}$〔mol〕×3＝0.030〔mol〕

② $\dfrac{0.84}{22.4}$〔mol〕×2＝0.075〔mol〕

③ 0.10〔mol/L〕×$\dfrac{400}{1000}$〔L〕＝0.040〔mol〕

④ $\dfrac{1.5×10^{22}}{6.0×10^{23}}$〔mol〕＝0.025〔mol〕

よって，物質量が最も大きいのは②である。

$$\boxed{105} \cdots ②$$

問6 マグネシウムと希塩酸の反応は以下の通り。

$$Mg + 2HCl \longrightarrow MgCl_2 + H_2$$

0.24 g のマグネシウムが塩酸と過不足なく反応するとき，発生する水素の体積が最大となる。0.24 g のマグネシウム（原子量24）の物質量は，

$$\dfrac{0.24}{24} = 0.010 〔mol〕$$

過不足なく反応するために必要な希塩酸の体積を v〔mL〕とすると，

$$0.010 × 2 = 0.10 × \dfrac{v}{1000}$$

$$v = 200 〔mL〕$$

そのとき発生する水素の体積は 0℃，$1.013 × 10^5$ Pa において，

$$0.010 × 22.4 × 10^3 = 224 〔mL〕$$

よって，正しいグラフは①となる。

$$\boxed{106} \cdots ①$$

問7 塩の水溶液の性質について，次のようにまとめられる。

───〈 塩の水溶液の性質 〉───

正塩の水溶液の性質は，その塩のもとの酸と塩基の強弱で判断する。

水溶液の性質	もとの酸		もとの塩基
酸 性 ←	強酸	＋	弱塩基
NH_4Cl	HCl		NH_3
$CuSO_4$	H_2SO_4		$Cu(OH)_2$
塩基性 ←	弱酸	＋	強塩基
CH_3COONa	CH_3COOH		NaOH
Na_2CO_3	H_2CO_3		NaOH
中 性 ←	強酸	＋	強塩基
NaCl	HCl		NaOH
$CaCl_2$	HCl		$Ca(OH)_2$

※酸性塩の水溶液の性質

$NaHCO_3$ ：H_2CO_3(弱酸)＋NaOH(強塩基)なので塩基性。

$NaHSO_4$ ：H_2SO_4(強酸)＋NaOH(強塩基)だが，

$$NaHSO_4 \to Na^+ + H^+ + SO_4{}^{2-}$$

のように電離して H^+ を生じるため酸性。

① アンモニアは水中で以下のように電離する。

$$NH_3 + H_2O \rightleftharpoons NH_4^+ + OH^-$$

ブレンステッドの定義では H^+ を受けとると塩基なので，NH_3 は塩基としてはたらいている。よって，この記述は誤り。

② 炭酸水素ナトリウム $NaHCO_3$ は酸性塩であるが，その水溶液は弱塩基性を示す。よって，この記述は誤り。

③ 希塩酸は1価の強酸，希硫酸は2価の強酸であるため，同濃度の希塩酸と希硫酸では，希塩酸の方が水素イオン濃度が小さく，pH が大きい。よって，この記述は正しい。

④ 酢酸水溶液と水酸化ナトリウム水溶液の滴定の中和点は塩基性であるため，指示薬としてフェノールフタレインを用いる。よって，この記述は誤り。

$\boxed{107}\cdots③$

☞酸性塩とは，酸の H が残っている塩。同じ酸性塩でも $NaHSO_4$ の水溶液は酸性を示す。

問8 **a** ① MnO_4^- は e^- を受け取っているため，$KMnO_4$ は H_2O_2 に対して酸化剤としてはたらく。よって，この記述は正しい。

② 希硫酸の代わりに希塩酸を用いると，HCl が $KMnO_4$ により酸化されるため，終点までに必要な過マンガン酸カリウム水溶液の滴下量が増加する。よって，この記述は正しい。

③ 滴定の終点では，未反応の $KMnO_4$ がわずかに残るため，溶液の色が無色から赤紫色に変化する。よって，この記述は誤り。

④ 過マンガン酸カリウム $KMnO_4$ の代わりにヨウ化カリウム KI を加えると，H_2O_2 が酸化剤として，KI が還元剤として以下のように反応し，I_2 が生成する。よって，この記述は正しい。

(酸化剤)$H_2O_2 + 2H^+ + 2e^- \longrightarrow 2H_2O$　　　　(1)

(還元剤)$2I^- \longrightarrow I_2 + 2e^-$　　　　(2)

(1)+(2)より，

$H_2O_2 + 2H^+ + 2I^- \longrightarrow I_2 + 2H_2O$

$\boxed{108}\cdots③$

☞マンガンを含む水溶液の色
Mn^{2+}：ほぼ無色
MnO_4^-：赤紫色
過マンガン酸カリウムが酸化剤であるときのマンガンの変化は $MnO_4^- \rightarrow Mn^{2+}$ なので，過マンガン酸カリウムを用いる酸化還元滴定においては，指示薬を必要としない。

b 市販のオキシドール中の過酸化水素(分子量34)濃度を x (mol/L) とすると，酸化剤が受け取る電子の物質量と還元剤が渡す電子の物質量が等しいことから，

$$5 \times 0.010 \, [mol/L] \times \frac{36.0}{1000} \, [L] = 2 \times \frac{x}{10} \, [mol/L] \times \frac{10.0}{1000} \, [L]$$

$$x = 0.90 \, [mol/L]$$

質量パーセント濃度は，

$$\frac{0.90 \times 34}{1.0 \times 1000} \times 100 = 3.06 \fallingdotseq 3.1 \, [\%]$$

$\boxed{109}\cdots④$

第2問 （酸化・還元）

問1 イオン化傾向と金属の反応性は重要なので，覚えておきたい。

〈 金属の反応性 〉

大 ⟵ イオン化傾向 ⟶ 小
Li K Ca Na Mg Al Zn Fe Ni Sn Pb (H) Cu Hg Ag Pt Au

水との反応
- 常温の水と反応
- 沸騰水と反応
- 高温の水蒸気と反応

酸との反応
- 希硫酸・塩酸に溶解　※1
- 熱濃硫酸・硝酸に溶解　※2
- 王水に溶解　※3

※1 Pb は表面に水に不溶な $PbSO_4$ や $PbCl_2$ を生じるため，ほとんど溶けない。

※2 Al，Fe，Ni などは不動態を形成するため，濃硝酸には溶けない。

※3 Ag は王水には不溶性の AgCl をつくるため，溶けにくい。

① 銅は希硝酸に加えると，一酸化窒素 NO を発生しながら溶解する。

$$3Cu + 8HNO_3 \longrightarrow 3Cu(NO_3)_2 + 2NO + 4H_2O$$

よって，この記述は正しい。

② 鉄は濃硝酸に加えても，不動態を形成するため溶けない。よって，この記述は誤り。

③ アルミニウムは希塩酸に加えると，水素 H_2 を発生しながら溶解する。よって，この記述は正しい。

$$2Al + 6HCl \longrightarrow 2AlCl_3 + 3H_2$$

④ 銅，鉄，アルミニウムはいずれも，常温の水には溶解しない。よって，この記述は正しい。

$\boxed{110}$ …②

☞イオン化傾向の小さい銅や銀は，塩酸や希硫酸とは反応しないが，酸化力の強い硝酸や熱濃硫酸とは反応して溶ける。

☞不動態

金属の表面に緻密な酸化物の被膜ができて，内部を保護する状態。

問2　イオン化傾向の異なる2種類の金属板を電解液に浸すと，イオン化傾向の大きい金属が酸化され電子を放出し，イオン化傾向の小さな金属が電子を受け取りその表面で還元反応が起こる。

① 　電流の流れる方向から，金属 X が正極，金属 Y が負極であるとわかる。よって，この記述は正しい。

② 　正極である金属 X では還元反応が，負極である金属 Y では酸化反応が起こる。よって，この記述は誤り。

③ 　正極である金属 X のイオン化傾向は，負極である金属 Y よりも小さい。よって，この記述は正しい。

④ 　金属 Y は酸化されることで溶解するため，その質量は減少する。よって，この記述は正しい。

$\boxed{111} \cdots ②$

問3　① 　銅は赤みを帯びた光沢をもつ金属である。よって，この記述は正しい。

② 　銅は銀に次いで2番目に電気を良く通す金属である。よって，この記述は誤り。

③ 　純度の高い銅は，粗銅と純銅を電極として硫酸銅(Ⅱ)水溶液を電気分解する電解精錬を行うことで得られる。よって，この記述は正しい。

④ 　銅とスズを混ぜ合わせた合金を青銅といい，青銅器などに使われてきた。よって，この記述は正しい。

$\boxed{112} \cdots ②$

問4　a　鉄の製錬では，酸化鉄(Ⅲ)を一酸化炭素により還元することで鉄の単体が得られる。その反応式は以下の通り。

$$Fe_2O_3 + 3CO \longrightarrow 2Fe + 3CO_2$$

$\boxed{113} \cdots ⑦$

b　式(1)より，Fe_2O_3(式量160)1 mol を還元するために必要な CO は 3 mol である。また，コークスから CO を得る式は右の通りであるため，CO を 3 mol 得るために必要な C(原子量12)も 3 mol である。必要なコークスの質量を x〔kg〕とすると，

$$\frac{1000 \times 10^3 \times 0.96}{160} \times 3 = \frac{x \times 10^3}{12}$$

$$x = 216 \text{〔kg〕}$$

$\boxed{114} \cdots ⑥$

問5　式(2)より，0.20 mol の電子が流れたときに析出するアルミニウムの質量は，

$$0.20 \times \frac{1}{3} \times 27 = 1.80 \text{〔g〕}$$

よって，この値を通る正しいグラフは⑥である。

$\boxed{115} \cdots ⑥$

☞イオン化傾向

　金属が水溶液中で陽イオンになろうとする性質。イオン化傾向の大きい金属ほど，相手の物質に電子を与えて陽イオンになりやすい。

☞ $2C + O_2 \longrightarrow 2CO$

第3回　解答と解説

問題番号 (配点)	問題番号 (配点)	解答番号	正解	(配点)	自己採点	問題番号 (配点)	設問	解答番号	正解	(配点)	自己採点
第1問 (30)	1	101	1	(各3)		第2問 (20)	1	110	3	(3)	
	2	102	1				2	111	4	(2)	
	3	103	4				3	112	7	(各3)	
	4	104	5				4	113	2		
	5	105	4	(各4)			5	114	4	(3) 完全解	
	6	106	1					115	4		
	7	107	3	(各3)				116	2		
	8	108	4					117	3	(3)	
		109	3	(4)			6	118	7	(3)	
								119	2	完全解	
自己採点小計						自己採点小計					

自己採点合計 ☐

解　説

第1問 （基礎事項の小問集合）

第1問は物質の構成，物質の変化に関する基本的な小問を中心に出題した。一部，考察的なものも含まれるが，ほとんどが基本問題なので，失点しないようにしたい。

問1　1価の陽イオンA^+は電子を54個もつ。A^+は原子Aが電子を1個放出したものなので，原子Aは，

$$54+1=55（個）$$

の電子をもつ。原子では，

　　　　電子数＝陽子数＝原子番号

が成り立つので，Aの陽子数は55である。ここで，

　　　　質量数＝陽子数＋中性子数

が成り立ち，原子Aは質量数が133なので，原子Aがもつ中性子数は，

　　　　中性子数＝質量数－陽子数
　　　　　　　　　＝133－55＝78（個）

$$\boxed{101} \cdots ①$$

問2　① 塩化水素は，水素原子と塩素原子が共有結合して塩化水素分子を形成している。塩化水素の結晶は，塩化水素分子が分子間力によって結びついて生じた分子結晶である。水素イオンと塩化物イオンからなるイオン結晶ではないので，この記述は誤り。

② 二酸化ケイ素は，1個のケイ素原子に4個の酸素原子が共有結合して正四面体構造をつくり，その構造が三次元的に広がって共有結合の結晶を形成している。

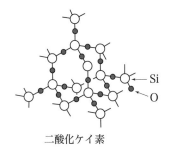

二酸化ケイ素

よって，この記述は正しい。

③ 二酸化炭素分子は，炭素原子を中心として，2個の酸素原子が共有結合（二重結合）で結びついた構造をしている。二酸化炭素の結晶（ドライアイス）は，二酸化炭素分子が分子間力で結びついて生じた分子結晶である。

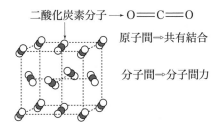

二酸化炭素分子 → O＝C＝O

原子間⇒共有結合

分子間⇒分子間力

よって，この記述は正しい。

④ 塩化ナトリウムの結晶では，ナトリウムイオンと塩化物イオンが静電気的な力で引き合い，規則正しく並んでイオン結晶を形成している。

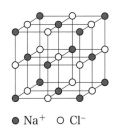

● Na^+　○ Cl^-

よって，この記述は正しい。

$$\boxed{102} \cdots ①$$

問3　ア 周期表の第3周期までの元素のうち，常温・常圧で単体が気体であるものは，次の太線で囲まれた元素である。

族／周期	1	2	13	14	15	16	17	18
1	H							He
2	Li	Be	B	C	N	O	F	Ne
3	Na	Mg	Al	Si	P	S	Cl	Ar

よって，第2周期と第3周期の元素の単体が気体であるのは，17族のハロゲンと18族の貴ガスである。ここで，貴ガスはすべての元素の単体が気体である。一方，17族のハロゲンの単体は，第4周期の臭素Br_2が液体，第5周期のヨウ素I_2が固体である。よって，この記述は17族の元素に関する記述とわかる。

イ 第2周期の元素の水素化合物が三角錐形の分子をつくるのは15族の窒素で，水素化合物はアンモニアNH_3である。アンモニアは分子間に水素結合がはたらく。よって，この記述は15族に関する記述である。

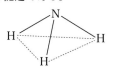

アンモニア分子

— 62 —

ウ　地殻，人体，海水について，構成元素を，質量パーセントが多い順にあげると次のようになる。

	1番目	2番目	3番目
地殻	O(47%)	Si(28%)	Al(8%)
人体	O(63%)	C(20%)	H(9%)
海水	O(86%)	H(11%)	Cl(2%)

　いずれも質量パーセントが最も大きいのは第2周期，16族の酸素である。よって，この記述は16族に関する記述である。

　以上より，ア－17族，イ－15族，ウ－16族なので，④が正解である。

$\boxed{103}$ … ④

問4　メタンが完全燃焼するときの化学反応式は，次の式①で表される。

$$CH_4 + 2O_2 \rightarrow CO_2 + 2H_2O \qquad ①$$

　塩化カルシウムに吸収された水の質量より，燃焼により生じた水（分子量18）の物質量は，

$$H_2O = \frac{7.2}{18} = 0.40 (mol)$$

　式①より，燃焼によって生じた二酸化炭素の物質量は，生じた水の物質量の半分なので，

$$CO_2 = 0.40 \times \frac{1}{2} = 0.20 (mol)$$

　燃焼後の二酸化炭素と未反応の酸素からなる混合気体の0℃，1.013×10^5 Pa における体積が5.6 L だから，燃焼後の混合気体中の気体の総物質量は，

$$\frac{5.6}{22.4} = 0.25 (mol)$$

　これより，燃焼後に残った酸素の物質量は，
　$0.25 - 0.20 = 0.05 (mol)$

　式①より，反応によって消費された酸素の物質量は，生じた水の物質量に等しく0.40 mol である。

　よって，最初に密閉容器に入れた酸素は，反応した物質量と残った物質量の和なので，
　$0.40 + 0.05 = 0.45 (mol)$
となる。

$\boxed{104}$ … ⑤

問5　酸化還元反応を考えるときには，まず酸化数を調べる。酸化数の原則は次のとおり。
・単体中の原子 ⇨ 0　　・化合物 ⇨ 総和0
・化合物中では，
　$\begin{cases} 1族金属元素 ⇨ +1 　 2族元素 ⇨ +2 \\ 水素 ⇨ +1(NaH などでは -1) \\ 酸素 ⇨ -2(H_2O_2 などでは -1) \end{cases}$

・単原子イオン ⇨ イオンの電荷
・多原子イオン ⇨ 構成原子の総和は
　　　　　　　　　イオンの価数
　ここで，酸素，水素，電子，酸化数と，酸化・還元の関係は次のようになる。

	酸素	水素	電子	酸化数
酸化された （相手を還元 ＝還元剤）	得る	失う	失う	増加
還元された （相手を酸化 ＝酸化剤）	失う	得る	得る	減少

　よって，上記の原則に従ってa～cに含まれる原子の酸化数変化を求め，各物質が酸化剤・還元剤のいずれとしてはたらいているかを調べればよい。

a　左辺　SO_2 の S：$+4$，H_2S の S：-2
　　右辺　S：0
　　酸化数変化は，SO_2 の S：$+4 \rightarrow 0$，H_2S の S：$-2 \rightarrow 0$ なので，SO_2 は酸化剤，H_2S は還元剤としてはたらいている。

b　左辺　SO_2 の S：$+4$，H_2O_2 の O：-1
　　右辺　H_2SO_4 の S：$+6$，O：-2
　　酸化数変化は，SO_2 の S：$+4 \rightarrow +6$，H_2O_2 の O：$-1 \rightarrow -2$ なので，SO_2 は還元剤，H_2O_2 は酸化剤としてはたらいている。

c　左辺　H_2S の S：-2，H_2O_2 の O：-1
　　右辺　S：0，H_2O の O：-2
　　酸化数変化は，H_2S の S：$-2 \rightarrow 0$，H_2O_2 の O：$-1 \rightarrow -2$ なので，H_2S は還元剤，H_2O_2 は酸化剤としてはたらいている。

　以上より，酸化剤としてはたらいているものは，
　a：SO_2，b：H_2O_2，c：H_2O_2
なので，正解は④である。

$\boxed{105}$ … ④

問6　①　お土産のお菓子の箱に入っているシリカゲルは，水分を吸収することで食品が湿気を帯びることを防いでいる。すなわち，シリカゲルは乾燥剤であり，乾燥防止剤ではないので，この記述は誤り。

②　お茶の成分は酸化されやすいものが多いが，より酸化を受けやすいビタミンCを加えることで，お茶の成分の酸化を遅らせている。よって，この記述は正しい。

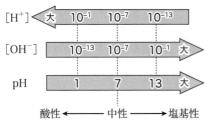

ビタミンC
(アスコルビン酸)

③ 塩化カルシウムは凝固点を下げるはたらき（凝固点降下）があるため，道路の凍結防止剤として用いられる。よって，この記述は正しい。

④ 油で揚げられたスナック菓子には，油が酸素によって劣化するのを防ぐために，袋の中に化学的に不活性な窒素が充填されている。よって，この記述は正しい。

106 … ①

問7 水溶液A～Cの水素イオン濃度は，以下のとおり。

A 塩酸は1価の強酸で，完全に電離していると考えてよいので，水素イオン濃度はモル濃度に等しく 0.025 mol/L である。

B 塩酸と酢酸ナトリウム水溶液はモル濃度と体積が等しいので，混合後は次の反応が過不足なく起こり，酢酸水溶液が生じる。

CH$_3$COONa + HCl → CH$_3$COOH + NaCl

混合により，体積が2倍になるので，生じた酢酸水溶液は 0.025 mol/L である。酢酸は弱酸なので，溶液中の水素イオン濃度は 0.025 mol/L よりもかなり小さい。

C 硫酸は2価の強酸，水酸化ナトリウムは1価の強塩基で，モル濃度と体積は等しいので，混合後の水溶液は酸性である。よって，混合後の水溶液の水素イオン濃度は，

$$\left(0.10 \times \frac{50}{1000} \times 2 - 0.10 \times \frac{50}{1000}\right) \times \frac{1000}{100}$$
$$= 0.050 \, (\text{mol/L})$$

以上より，水素イオン濃度の大きさは，次のようになる。

　　C ＞ A ＞ B

ここで，[H$^+$]，[OH$^-$]，pH の関係は，次の図のようになる。

上図のように，水素イオン濃度が大きいほど，

pH は小さくなるので，pH の大きさは，次のようになる。

　　B ＞ A ＞ C
よって，正解は③である。

107 … ③

問8 a 図2のガスバーナーにおいて，ねじⅠ，Ⅱのうち，上のねじⅠは空気調節ねじで，下のねじⅡはガス調節ねじである。

空気調節ねじ　　コック
ガス調節ねじ　　ガスの元栓

ガスバーナーを使うときには，まず，ガスの元栓を開け，続いてコックを開ける。次にマッチ(またはガスライター)に火をつけ，ガスの出口に炎を近づけ，ガス調節ねじを開けてガスバーナーに点火する。このとき，ガス調節ねじを開けた後にマッチに火をつけると，火がうまくつかなかったときにガスがどんどん広がってしまい危険である。

次にガス調節ねじが動かないようにおさえて，空気調節ねじだけを少しずつあけていく。これにより，供給される酸素が増加し，炎が黄色から青色になり，炎の温度も高くなっていく。

ガスバーナーを消すときは，逆に空気調節ねじ，ガス調節ねじ，コック，元栓の順に閉める。

以上より，空欄アには「Ⅱ」，イには「(い)」，ウには「Ⅰ」が入るので，正解は④である。

108 … ④

b 表1より，ステンレス皿に載せた金属Aの質量は，

　　11.2 － 10.0 ＝ 1.2 (g)

加熱後に生じたAの酸化物の質量は，

　　12.0 － 10.0 ＝ 2.0 (g)

同様に，ステンレス皿に載せた金属Bの質量は，

　　14.0 － 10.0 ＝ 4.0 (g)

加熱後に生じたBの酸化物の質量は，

　　15.0 － 10.0 ＝ 5.0 (g)

この結果より，金属Aは酸化によって，質量が，

$$\frac{2.0}{1.2}=\frac{5.0}{3.0}(倍) \qquad ①$$

になり，金属Bは酸化によって，質量が，

$$\frac{5.0}{4.0}(倍) \qquad ②$$

になる。

　次に混合金属Cについて，ステンレス皿に載せた混合金属Cの質量は，

　　16.8－10.0＝6.8(g)

加熱後に生じた酸化物の質量は，

　　20.0－10.0＝10.0(g)

　ここで，6.8 g の混合金属Cに含まれる金属Aの質量を x(g) とすると，金属Bの質量は $6.8-x$ (g) と表される。混合金属Cの酸化によって，質量が 10.0 g になったことから，Aには①の倍率，Bには②の倍率を適用すると，次の等式が成り立つ。

$$x\times\frac{5.0}{3.0}+(6.8-x)\times\frac{5.0}{4.0}=10.0$$

　これを解くと，$x=3.6$(g) となる。

　　109 … ③

第2問 （酸化還元反応）

　第2問は，水質汚濁を表す指標である COD を題材として，酸化還元反応や実験に関する問題を出題した。共通テストでは，このような実験を題材とした考察問題が出題されるので，問題集等で類題の演習を強化しておこう。

問1　過マンガン酸カリウムは強い酸化作用をもつため，試料水中の塩化物イオンを酸化する。したがって，試料水中から塩化物イオンを除いておかないと，消費される過マンガン酸カリウムの量が増加し，COD の測定値が実際の値よりも大きくなってしまう。

　以上より，正解は③である。

　　110 … ③

問2　表面張力により，細管内の液体の表面がつくる曲面をメニスカスといい，水や水溶液の場合には，下の図 i のような凹型の曲面となり，水銀の場合には図 ii のような凸型の曲面となる。

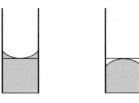

図 i 凹型　　　図 ii 凸型

ホールピペットに水溶液を入れた場合，凹型のメニスカスの下面を標線に合わせる。一方，水銀柱の場合，凸型のメニスカスの上面の目盛りを読み取る。よって，正解は④である。

　　111 … ④

問3　操作Ⅲでは，試料水中の有機物を完全に酸化するため，図1のように，Aを酸化するのに必要な量よりも過剰にBを加えている。よって，過マンガン酸カリウムは残っているので，操作Ⅲ終了後の溶液は過マンガン酸カリウムの色である赤紫色を示す。よって，空欄イには「赤紫色」が入る。

　操作Ⅳでは，残っている過マンガン酸カリウムCを還元するのに必要な量よりも過剰にシュウ酸ナトリウムDを加えている。これにより，溶液中の過マンガン酸カリウムは完全に還元されるので，溶液は無色になる。よって，空欄ウには「無色」が入る。

　操作Ⅴでは，残ったシュウ酸ナトリウムEに過マンガン酸カリウムFを滴下して酸化している。このとき，シュウ酸ナトリウムがすべて酸化されてなくなった後，微量の過マンガン酸カリウムが滴下され，溶液の色が無色から，わずかに赤紫色になったときを滴定の終点としている。よって，空欄エには「淡赤紫色」が入る。

　以上より，イ－赤紫色，ウ－無色，エ－淡赤紫色なので，正解は⑦である。

　　112 … ⑦

問4　操作Ⅳで加えたシュウ酸ナトリウムと操作Ⅲで加えた過マンガン酸カリウムが過不足なく反応することから，操作Ⅳで加えたシュウ酸ナトリウムが放出する電子の物質量と，操作Ⅲで加えた過マンガン酸カリウムが受け取る電子の物質量は等しい。したがって，操作Ⅳで加えた 5.00×10^{-3} mol/L のシュウ酸ナトリウム水溶液の体積を x(mL) とすると，式(2)よりシュウ酸ナトリウム 1 mol は 2 mol の電子を放出し，式(1)より，過マンガン酸カリウム 1 mol は 5 mol の電子を受け取るので，次の等式が成り立つ。

$$5.00\times10^{-3}\times\frac{x}{1000}\times2$$
$$=5.00\times10^{-3}\times\frac{10.0}{1000}\times5$$

　これを解くと，$x=25.0$(mL)

　　113 … ②

問5　a　式(4)の左辺の O_2 中の O の酸化数は 0 で，右辺の H_2O 中の O の酸化数は -2 である。

したがって，O_2 中の O は 1 原子当たり 2 個の電子を受け取り，O_2 は 1 分子当たり $2 \times 2 = 4$ 個の電子を受け取っている。よって，空欄カには 4 が入る。

$$O_2 + \boxed{\text{オ}}\, H^+ + 4e^- \rightarrow \boxed{\text{キ}}\, H_2O$$

両辺の電荷を揃えるために，空欄オには 4 が入る。

$$O_2 + 4H^+ + 4e^- \rightarrow \boxed{\text{キ}}\, H_2O$$

両辺の H と O の数を揃えるために，空欄キには 2 が入る。

$$O_2 + 4H^+ + 4e^- \rightarrow 2H_2O$$

$$\boxed{114} \cdots ④, \quad \boxed{115} \cdots ④, \quad \boxed{116} \cdots ②$$

b 1 mol の $KMnO_4$ と $n\,(mol)$ の O_2 が受け取る電子の物質量が等しいとすると，式(1)と式(4)より，次の等式が成り立つ。

$$1 \times 5 = n \times 4$$

これより，

$$n = \frac{5}{4}\,(mol)$$

$$\boxed{117} \cdots ③$$

問6 問4のように，操作Ⅳで加えた $Na_2C_2O_4$ と操作Ⅲで加えた $KMnO_4$ は過不足なく反応する。したがって，下図の②の物質量と③の物質量は等しい。ここで，問題文の図2のように，① ＋ ② ＝ ③ ＋ ④ が成り立つので，② ＝ ③ のとき，① ＝ ④ である。

有機物が放出した e^- の物質量 ①	操作Ⅳで加えた $Na_2C_2O_4$ が放出した e^- の物質量 ②

── 等しい ──

操作Ⅲで加えた $KMnO_4$ が受け取った e^- の物質量 ③	操作Ⅴで加えた $KMnO_4$ が受け取った e^- の物質量 ④

よって，試料水 100 mL に含まれる有機物を酸化するのに要する $KMnO_4$ の物質量は，操作Ⅴで加えた $KMnO_4$ の物質量に等しい。その値は，

$$KMnO_4 = 5.00 \times 10^{-3} \times \frac{3.60}{1000}\,(mol)$$

問5で求めたように，1 mol の $KMnO_4$ は $\frac{5}{4}$ mol の O_2 に相当するので，試料水 100 mL 中の有機物を酸化するのに要する O_2 の物質量は，

$$O_2 = 5.00 \times 10^{-3} \times \frac{3.60}{1000} \times \frac{5}{4}\,(mol)$$

COD は試料水 1.0 L 中に含まれる有機物を酸化するのに要する O_2（分子量 32.0）の質量（mg）なので，用いた試料水の COD の値は，

$$5.00 \times 10^{-3} \times \frac{3.60}{1000} \times \frac{5}{4} \times \frac{1000}{100} \times 32.0 \times 10^3$$
$$= 7.2\,(mg/L)$$

$$\boxed{118} \cdots ⑦, \quad \boxed{119} \cdots ②$$

問題番号（配点）	設 問	解答番号	正 解	（配点）	自己採点	問題番号（配点）	設 問	解答番号	正 解	（配点）	自己採点
第1問（30）	1	101	2	（各2）		第2問（20）	1	113	2	（各4）	
	2	102	4				2	114	6		
	3	103	3	（3）（完全解）			3	115	2		
		104	0				4	116	1		
	4	105	5	（2）			5	117	3		
	5	106	3	（各3）		自己採点小計					
	6	107	3								
	7	108	3			自己採点合計					
		109	7								
	8	110	4								
	9	111	1								
		112	6								
自己採点小計											

第4回

解　説

第 1 問（物質の構成，物質量，酸・塩基）

出題のねらい

　物質の三態，原子やイオンの構造，周期律，化学結合，塩の液性に関する基礎事項が身についているか確認した。また，計算問題では，物質量や濃度の計算方法を理解しているかを試した。

問1　化学結合には，イオン結合，共有結合，金属結合がある。

　イオン結合は，陽イオンと陰イオンが静電気的な引力（クーロン力）によって引き合ってできる結合である。

　（例）　塩化ナトリウム NaCl

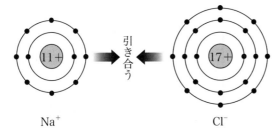

Na$^+$　　　　　　　　　　　Cl$^-$

　共有結合は，原子どうしが価電子を出し合い，互いに共有してつくられる結合である。

　（例）　塩化水素 HCl

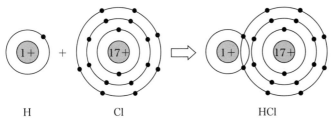

H　　　　　　Cl　　　　　　　　HCl

　金属結合は，自由電子による金属原子どうしの結合である。金属原子の価電子は，特定の原子に所属することなく，すべての原子によって共有されている。このような電子を自由電子と呼ぶ。

　一般に，原子間の結合は金属元素と非金属元素の組合せによって，次の化学結合を形成する。

```
──〈 原子間の結合 〉──
金属元素の原子と非金属元素の原子の結合 ⇨ イオン結合
非金属元素の原子と非金属元素の原子の結合 ⇨ 共有結合
金属元素の原子と金属元素の原子の結合 ⇨ 金属結合
```

①　鉄は，金属元素の鉄の原子どうしが自由電子によって結合し，金属結合を形成している。

②　硫化水素 H$_2$S は，非金属元素の水素の原子と非金属元素の硫黄の原子が価電子を出し合い，共有結合を形成している。

③　金属元素の銀の原子は電子を放出し，銀イオン Ag$^+$ になる。一

☞単原子イオンの電子配置は，原子番号が最も近い貴ガス（希ガス）原子の電子配置と同じ場合が多い。Na$^+$ は Ne，Cl$^-$ は Ar と同じ電子配置である。

☞水素原子はヘリウム原子に，塩素原子はアルゴン原子に似た安定した電子配置になる。

方，非金属元素のフッ素の原子は電子を受け取り，フッ化物イオン F^- になる。フッ化銀 AgF は，Ag^+ と F^- が静電気的な引力で引き合い，イオン結合を形成している。

④　ケイ素 Si は，非金属元素のケイ素の原子どうしが価電子を共有し，共有結合を形成している。

⑤　硝酸カリウム KNO_3 は，カリウムイオン K^+ と硝酸イオン NO_3^- が静電気的な引力で引き合い，イオン結合を形成している。また，硝酸イオン中の窒素原子と酸素原子は，いずれも非金属元素の原子で共有結合で結合している。

$\boxed{101}$ …②

☞ケイ素の構造

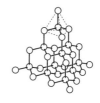

問2　物質の三態に関して次にまとめる。固体から液体への状態変化を融解，液体から気体への状態変化を蒸発，気体から液体への状態変化を凝縮，液体から固体への状態変化を凝固，固体から気体への状態変化を昇華，気体から固体への状態変化を凝華という。

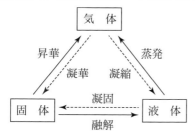

☞気体が直接固体になる状態変化も含めて昇華とよぶ場合がある。

①　上述のように気体から液体への状態変化を凝縮という。よって，この記述は正しい。

②　液体から固体への状態変化では，熱を放出する。よって，この記述は正しい。

③，④　物質を構成する粒子は，その状態（固体，液体，気体）に関わらず常に運動している。このような運動を熱運動という。粒子の熱運動は温度が高くなるほど活発になる。気体状態では，粒子の熱運動が激しく，空間を飛び回っているため，粒子間の距離は大きい。一方，固体状態では，粒子は熱運動しているが，相互の位置が変わらないため，粒子間の距離は小さい。

固体　　　　　液体　　　　　気体

　よって，③の記述は正しく，④の記述は誤り。

⑤　固体，液体，気体の間の変化は，物質の種類は変わらずに状態だけが変化する。このような変化を物理変化という。これに対し，燃焼反応などのように物質が別の物質に変わる変化を化学変化という。よって，この記述は正しい。

$\boxed{102}$ …④

問3 原子 A が 2 価の陽イオン A^{2+} になるとき，電子を 2 個放出する。A^{2+} の電子の数が 23 なので，原子 A の電子の数は，

23 ＋ 2 ＝ 25

原子の電子の数は，陽子の数および原子番号に等しい。また，原子の質量数，中性子の数，陽子の数の間には，次の関係が成り立つ。

(質量数) ＝ (中性子の数) ＋ (陽子の数)

よって，質量数が 55 の A の中性子の数は，

55 － 25 ＝ 30

| 103 |…③，| 104 |…⓪

> ☞原子(電気的に中性)が電子を放出すると，陽イオンになり，電子を受け取ると，陰イオンになる。

問4 **ア**はリチウム Li，**イ**はネオン Ne，**ウ**はマグネシウム Mg，**エ**はリン P，**オ**は塩素 Cl である。

① 周期表の H 以外の 1 族元素をアルカリ金属という。リチウムは 1 族元素であり，アルカリ金属に分類される。よって，この記述は正しい。

② 同じ元素の単体で性質が異なる物質を互いに同素体という。同素体が存在する元素には，炭素 C，酸素 O，硫黄 S，リン P などがある。

炭素：ダイヤモンド，黒鉛，フラーレンなど
酸素：酸素 O$_2$，オゾン O$_3$
硫黄：斜方硫黄，単斜硫黄，ゴム状硫黄など
リン：赤リン，黄リンなど

よって，**エ**のリンには同素体が存在するので，この記述は正しい。

> ☞ダイヤモンドは電気を通さないが，黒鉛は電気を通す。

> ☞赤リンは化学的に安定であるが，黄リンは空気中で自然発火するので，水中に保存する。

③ 1，2，13 ～ 18 族は典型元素，3 ～ 12 族は遷移元素と呼ばれる。**ア**～**オ**の元素はすべて典型元素であるので，この記述は正しい。

> ☞12 族元素を典型元素に含める場合がある。

④ 原子から電子 1 個を取り去り，一価の陽イオンにするのに必要なエネルギーをイオン化エネルギーという。一般に，同周期では右にいくほど，同族では上にいくほどイオン化エネルギーは大きくなる。つまり，周期表の右上の方がイオン化エネルギーが大きくなる。

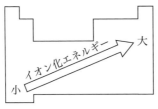

よって，**ア**～**オ**のうち，イオン化エネルギーが最も大きいのは**イ**のネオンなので，この記述は正しい。

⑤ **ア**～**オ**のうち，常温常圧で単体が固体であるものはリチウム，マグネシウム，リンの 3 つである。常温常圧で単体が気体であるものはネオン，塩素の 2 つである。よって，この記述は誤り。

| 105 |…⑤

問5 **ア** 物質量と 0℃，1.013×10^5 Pa における気体の体積の間に

は，次の関係が成り立つ。

$$物質量〔mol〕 = \frac{0℃，1.013 \times 10^5 \, Pa における気体の体積〔L〕}{22.4 \, L/mol}$$

0℃，$1.013 \times 10^5 \, Pa$ における体積が 2.8 L のアンモニアの物質量は，

$$\frac{2.8}{22.4} = 0.125 〔mol〕$$

イ 物質量と物質の質量の間には，次の関係が成り立つ。

$$物質量〔mol〕 = \frac{物質の質量〔g〕}{モル質量〔g/mol〕}$$

5.1 g の酸化アルミニウム Al_2O_3（式量 102）の物質量は，

$$\frac{5.1}{102} = 0.050 〔mol〕$$

☞モル質量は，原子量や分子量，式量の数値に単位 g/mol をつけた量である。

1 mol の Al_2O_3 に含まれる Al^{3+} の物質量は 2 mol，O^{2-} の物質量は 3 mol である。よって，0.050 mol の Al_2O_3 に含まれる O^{2-} の物質量は，

$$0.050 \times 3 = 0.15 〔mol〕$$

ウ 物質量と物質を構成する単位粒子の数の間には，次の関係が成り立つ。

$$物質量〔mol〕 = \frac{物質を構成する単位粒子の数}{アボガドロ定数〔/mol〕}$$

1 mol のメタン CH_4 に含まれる炭素原子は 1 mol，水素原子は 4 mol である。アボガドロ定数は $6.0 \times 10^{23}/mol$ なので，1.8×10^{23} 個の水素原子を含むメタンの物質量は，

$$\frac{1.8 \times 10^{23}}{6.0 \times 10^{23}} \times \frac{1}{4} = 0.075 〔mol〕$$

よって，**ア～ウ**の下線部の数値を大きい順に並べると，**イ＞ア＞ウ**となるので，**③**が正解である。

$\boxed{106} \cdots ③$

問6 ア 正塩の水溶液の液性について次にまとめる。

〈 正塩の液性 〉		
正塩の構成	水溶液の液性	例
強酸＋強塩基	中性	NaCl，Na_2SO_4，KNO_3
強酸＋弱塩基	酸性	NH_4Cl，$CuSO_4$
弱酸＋強塩基	塩基性	CH_3COONa，Na_2CO_3

酢酸ナトリウム CH_3COONa は，弱酸の酢酸 CH_3COOH と強塩基の水酸化ナトリウム NaOH からなる塩なので，水溶液の液性は塩基性を示す。

☞塩の分類
正塩：酸の H も塩基の OH も残っていない塩
酸性塩（水素塩）：酸の H が残っている塩
塩基性塩：塩基の OH が残っている塩

【発展】酢酸ナトリウムは水溶液中で，次のようにほぼ完全に電離する。

$$CH_3COONa \longrightarrow CH_3COO^- + Na^+$$

生じた酢酸イオンの一部は，次のように水と反応して酢酸分子となる。

$$CH_3COO^- + H_2O \rightleftharpoons CH_3COOH + OH^-$$

　その結果，水酸化物イオン OH^- が水素イオン H^+ より多くなるため，水溶液は塩基性を示す。このように弱酸の塩から生じたイオンが水と反応してもとの弱酸を生じる変化を，塩の加水分解という。

☞塩の加水分解は，**オ**の NH_4Cl のような弱塩基の塩でも起こる。

イ　塩化カリウム KCl は，強酸の塩化水素 HCl と強塩基の水酸化カリウム KOH からなる塩なので，水溶液は中性を示す。

ウ　炭酸ナトリウム Na_2CO_3 は，弱酸の炭酸 H_2CO_3 と強塩基の水酸化ナトリウム $NaOH$ からなる塩なので，水溶液は塩基性を示す。

エ　硫酸水素ナトリウム $NaHSO_4$ は水溶液中で，次のように電離する。

$$NaHSO_4 \longrightarrow Na^+ + H^+ + SO_4^{2-}$$

水素イオンが生じるので，水溶液は酸性を示す。

☞硫酸水素ナトリウムは酸性塩である。

オ　塩化アンモニウム NH_4Cl は，強酸の塩化水素 HCl と弱塩基のアンモニア NH_3 からなる塩なので，水溶液は酸性を示す。

　【発展】塩化アンモニウムは水溶液中で，次のようにほぼ完全に電離する。

$$NH_4Cl \longrightarrow NH_4^+ + Cl^-$$

　生じたアンモニウムイオンの一部は，次のように水と反応してアンモニア分子となる。

$$NH_4^+ + H_2O \rightleftharpoons NH_3 + H_3O^+$$

　その結果，オキソニウムイオン H_3O^+（水素イオン H^+）が水酸化物イオン OH^- より多くなるため，水溶液は酸性を示す。

　以上より，塩の水溶液が酸性を示すものは，**エ**，**オ**である。

$$\boxed{107}\cdots③$$

問7　**ア**　水 V〔mL〕の質量は，V〔g〕である。この水に w〔g〕の X を溶かしたので，溶液の質量は，

$$w + V \text{〔g〕}$$

溶液の密度は d〔g/cm³〕なので，その体積は，

$$\frac{w+V}{d} \text{〔mL〕}$$

☞水の密度は 1.0 g/cm³ である。

☞体積〔mL〕
$$= \frac{\text{質量〔g〕}}{\text{密度〔g/cm}^3\text{〕}}$$

イ　モル濃度は，次のように求められる。

$$\text{モル濃度〔mol/L〕} = \frac{\text{溶質の物質量〔mol〕}}{\text{溶液の体積〔L〕}}$$

X のモル質量は M〔g/mol〕なので，w〔g〕の X の物質量は，

$$\frac{w}{M} \text{〔mol〕}$$

溶液のモル濃度は，

$$\frac{w}{M} \times \frac{1}{\dfrac{w+V}{d} \times 10^{-3}} = \frac{1000dw}{M(w+V)} \text{〔mol/L〕}$$

$$\boxed{108}\cdots③, \quad \boxed{109}\cdots⑦$$

問8　水溶液中における酸や塩基の電離の程度は，電離度で表される。

$$電離度 = \frac{電離した酸（塩基）の物質量〔mol〕（または濃度）}{溶解した酸（塩基）の物質量〔mol〕（または濃度）}$$

一価の弱酸 HA は，次のように電離する。

$$HA \rightleftarrows A^- + H^+ \tag{1}$$

HA の水溶液の pH が 3.0 であることから，水素イオン濃度は 1.0×10^{-3} mol/L となる。式(1)より，A^- と H^+ の物質量は等しいので，A^- のモル濃度も 1.0×10^{-3} mol/L となり，電離した HA は 1.0×10^{-3} mol/L となる。溶解した HA のモル濃度は 0.10 mol/L なので，HA の電離度 α は，

$$\alpha = \frac{1.0 \times 10^{-3}}{0.10} = 1.0 \times 10^{-2}$$

$\boxed{110}\cdots④$

☞水素イオン濃度$[H^+] = 1.0 \times 10^{-n}$〔mol/L〕のとき，pH $= n$ となる。

問9 亜鉛に塩酸を加えると，次のように水素が発生する。

$$Zn + 2\,HCl \longrightarrow ZnCl_2 + H_2$$

条件を変える前の亜鉛と塩酸が過不足なく反応したときの反応した亜鉛の物質量を n〔mol〕とすると，反応した塩酸中の塩化水素の物質量は $2n$〔mol〕，発生した水素の物質量は n〔mol〕となる。

ア 条件を変える前，亜鉛と過不足なく反応したときの塩酸のモル濃度を c〔mol/L〕，体積を V〔L〕とすると，塩酸のモル濃度を 2 倍にしたときの塩酸のモル濃度は $2c$〔mol/L〕と表せる。亜鉛と過不足なく反応するのに必要な $2c$〔mol/L〕の塩酸の体積を x〔L〕とすると，条件を変える前と後で亜鉛と過不足なく反応する塩化水素の物質量は同じであるので，次の等式が成り立つ。

$$c \times V = 2c \times x \qquad x = \frac{1}{2}V〔L〕$$

このように塩酸のモル濃度を 2 倍にすると，亜鉛と過不足なく反応するときに加えた塩酸の体積は，条件を変える前の半分になる。

塩酸のモル濃度を 2 倍にしても亜鉛の量は n〔mol〕で変わらないので，発生する水素の物質量は n〔mol〕となり，その体積は条件を変える前と変わらない。よって，グラフは①となる。

イ 亜鉛の質量を 2 倍にする，つまり亜鉛の物質量を 2 倍にすると，亜鉛と過不足なく反応する塩酸中の塩化水素の物質量も 2 倍になる。条件を変える前，亜鉛と過不足なく反応したときの塩酸のモル濃度を c〔mol/L〕，体積を V〔L〕とする。また，条件を変えた後の亜鉛と過不足なく反応するのに必要な塩酸の体積を x〔L〕とすると，条件を変える前と後で次の等式が成り立つ。

$$c \times V \times 2 = c \times x \qquad x = 2V〔L〕$$

このように亜鉛の質量を 2 倍にすると，過不足なく反応するときに加えた塩酸の体積は，条件を変える前の 2 倍となる。

亜鉛の物質量が $2n$〔mol〕となるので，発生する水素の物質量は $2n$〔mol〕となり，その体積は条件を変える前の 2 倍となる。よって，グラフは⑥となる。

$\boxed{111}\cdots①,\quad\boxed{112}\cdots⑥$

第2問 (酸化・還元)

出題のねらい

過マンガン酸カリウムとクエン酸の酸化還元滴定を題材にして，酸化剤と還元剤の量的関係を正しく把握できているかを試した。また，滴定器具の使い方，終点における溶液の色の変化に関する知識の習得度を試した。

問1 酸化数の決め方について次にまとめる。

――〈 酸化数の決め方 〉――

単体 ⇨ 0 化合物 ⇨ 総和0

単原子イオン ⇨ 価数

多原子イオン ⇨ 総和が価数に等しい

化合物中では

アルカリ金属＝＋1 アルカリ土類金属＝＋2

水素＝＋1(NaH などでは－1)

酸素＝－2(H_2O_2 などでは－1)

過マンガン酸イオン MnO_4^- の Mn の酸化数を x とすると，多原子イオンの酸化数の総和は価数に等しいので，次式が成り立つ。

$$x + (-2) \times 4 = -1$$

これを解くと，$x = +7$

マンガン(II)イオン Mn^{2+} は単原子イオンなので，Mn の酸化数は価数に等しく，＋2となる。

よって，マンガン原子の酸化数は＋7から＋2に変化しているので，5減る。

$\boxed{113}\cdots②$

問2 化学反応では，原子の種類や原子の数は変化しないので，反応式の左辺と右辺で各元素の原子の数はそれぞれ等しくなる。

クエン酸のイオン反応式は次のように表される。

$$C_6H_8O_7 + a\,H_2O \longrightarrow b\,CO_2 + c\,H^+ + c\,e^- \qquad (2)$$

式(2)の左辺の $C_6H_8O_7$ の係数は1である。右辺に炭素原子は CO_2 にしか含まれていないので，係数 b は6となる。

$$C_6H_8O_7 + a\,H_2O \longrightarrow 6\,CO_2 + c\,H^+ + c\,e^- \qquad (3)$$

式(3)の右辺の酸素原子は12である。左辺に酸素原子は $C_6H_8O_7$ と H_2O に含まれるので，係数 a は $12-7=5$ となる。

$$C_6H_8O_7 + 5\,H_2O \longrightarrow 6\,CO_2 + c\,H^+ + c\,e^- \qquad (4)$$

式(4)の左辺の水素原子は $8+10=18$ であるので，係数 c は18となる。なお，両辺の電荷は等しいので，電子 e^- の係数も18となる。

$$C_6H_8O_7 + 5\,H_2O \longrightarrow 6\,CO_2 + 18\,H^+ + 18\,e^- \qquad (5)$$

【別　解】

酸化剤と還元剤のイオン反応式のつくり方は次のとおり。

① 酸化数の変化した物質を書く。

② 酸化数の変化に相当する分の電子 e^- を書き加える。

③　両辺の電荷を合わせるように，水素イオン H^+ を書き加える。

④　両辺の酸素原子の数を揃えるように，水 H_2O を書き加える。

これにならい，クエン酸のイオン反応式を立てる。

①　$C_6H_8O_7 \longrightarrow 6\,CO_2$

②　$C_6H_8O_7$ の C の酸化数は $+1$，CO_2 の C の酸化数は $+4$ である。酸化数は 3 増加し，炭素数は 6 なので，電子 e^- は 18 放出されている。

$$C_6H_8O_7 \longrightarrow 6\,CO_2 + 18\,e^-$$

③　$C_6H_8O_7 \longrightarrow 6\,CO_2 + 18\,H^+ + 18\,e^-$

④　酸素原子の数が左辺で 7，右辺で 12 なので，左辺に $5\,H_2O$ を加える。

$$C_6H_8O_7 + 5\,H_2O \longrightarrow 6\,CO_2 + 18\,H^+ + 18\,e^-$$

$\boxed{114}\cdots⑥$

☞ $C_6H_8O_7$ の C の酸化数を x とする。
$x \times 6 + (+1) \times 8 + (-2) \times 7 = 0$
これを解くと，$x = +1$
CO_2 の C の酸化数を y とする。
$y + (-2) \times 2 = 0$
これを解くと，$y = +4$

問3　滴定器具を次にまとめる。

〈 滴定などで用いる実験器具 〉

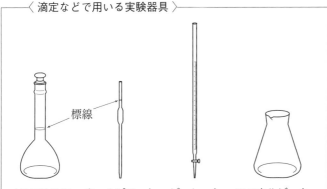

標線

メスフラスコ　ホールピペット　ビュレット　コニカルビーカー

・メスフラスコ　一定の体積の溶液を正確につくるのに用いる。表示されている体積は標線まで入っている溶液の体積である。最終的に純水で希釈するので，洗浄後，内部が純水でぬれたまま使用しても構わない。

・ホールピペット　一定体積の溶液を正確にはかりとるのに用いる。表示されている体積は標線まで入れた溶液を外に出したときの体積である。内部が純水でぬれたまま使用すると，溶液の濃度が薄くなるので，ぬれたまま使用できない。洗浄後，すぐに使用する場合は，使用する溶液で数回すすぐ（共洗いする）必要がある。

・ビュレット　溶液を少量ずつ滴下するのに用いる。目盛りは上からつけてあり，目盛りの差が出した溶液の体積である。内部が純水でぬれたまま使用すると，溶液の濃度が薄くなるので，ぬれたまま使用できない。洗浄後，すぐに使用する場合は，使用する溶液で共洗いする必要がある。

・コニカルビーカー　受け器では溶液中の溶質の濃度は問題ではなく，物質量だけが問題なので，洗浄後，純水でぬれたまま使用しても構わない。

☞ メスフラスコ，ホールピペット，ビュレットは加熱乾燥してはならない。加熱してしまうと，ガラスの膨張により体積が変わってしまうからである。

コニカルビーカー(**イ**)は中に入れる溶質の物質量だけが問題なので，水でぬれたまま使用しても構わない。一方，ホールピペット(**ア**)とビュレット(**ウ**)は，内部が水にぬれたまま使用すると，溶液の濃度が薄くなってしまうので，中に入れる溶液で内部をすすぐ必要がある。

$\boxed{115}\cdots ②$

問4 過マンガン酸イオンのイオン反応式は次のように表される。

$$\mathrm{MnO_4^- + 8\,H^+ + 5\,e^- \longrightarrow Mn^{2+} + 4\,H_2O} \qquad (1)$$

$\mathrm{MnO_4^-}$ は赤紫色，$\mathrm{Mn^{2+}}$ はほぼ無色である。クエン酸水溶液に過マンガン酸カリウム水溶液を滴下していくと，終点に達する前までは $\mathrm{MnO_4^-}$ がクエン酸と反応して $\mathrm{Mn^{2+}}$ に変化する。そのため，コニカルビーカー内の溶液は過マンガン酸カリウム水溶液を滴下した瞬間は赤紫色を呈するが，振り混ぜると，無色になる。コニカルビーカー内のクエン酸がなくなると，$\mathrm{MnO_4^-}$ は $\mathrm{Mn^{2+}}$ に変化できなくなるため，過不足なく反応した後，$\mathrm{MnO_4^-}$ がわずかに残ると，コニカルビーカー内の溶液は薄い赤紫色を呈する。このときを終点とする。

$\boxed{116}\cdots ①$

問5 終点では，次の関係が成り立つ。

(酸化剤が受け取る電子の物質量)＝(還元剤が放出する電子の物質量)

クエン酸水溶液のモル濃度を x〔mol/L〕とする。このクエン酸水溶液 10 mL に 1.0×10^{-2} mol/L の過マンガン酸カリウム水溶液を滴下していくと，終点までに 27 mL を要したことから，式(1)と(5)の係数比より，電子の物質量について次式が成り立つ。

$$1.0 \times 10^{-2} \times \frac{27}{1000} \times 5 = x \times \frac{10}{1000} \times 18$$

これを解くと，$x = 7.5 \times 10^{-3}$〔mol/L〕

【**別 解**】

式(1)と(5)を電子 $\mathrm{e^-}$ を消去するように足し合わせると，式(1)×18＋式(5)×5 より，

$$\mathrm{18\,MnO_4^- + 144\,H^+ + 90\,e^- \rightarrow 18\,Mn^{2+} + 72\,H_2O}$$
$$\underline{+)\ \ \mathrm{5\,C_6H_8O_7 + 25\,H_2O \rightarrow 30\,CO_2 + 90\,H^+ + 90\,e^-}}$$
$$\mathrm{18\,MnO_4^- + 5\,C_6H_8O_7 + 54\,H^+}$$
$$\mathrm{\rightarrow 18\,Mn^{2+} + 30\,CO_2 + 47\,H_2O}$$

よって，係数比より次の関係が成り立つ。

$$1.0 \times 10^{-2} \times \frac{27}{1000} : x \times \frac{10}{1000} = 18 : 5$$

これを解くと，$x = 7.5 \times 10^{-3}$〔mol/L〕

なお，反応全体の化学反応式は，次のように得られる。まず $\mathrm{MnO_4^-}$ を $\mathrm{KMnO_4}$ にするために両辺に $18\,\mathrm{K^+}$ を足す。次に $\mathrm{H^+}$ を $\mathrm{H_2SO_4}$ にするために両辺に $27\,\mathrm{SO_4^{2-}}$ を足す。最後に右辺のイオン $18\,\mathrm{Mn^{2+}}$，$18\,\mathrm{K^+}$，$27\,\mathrm{SO_4^{2-}}$ を化合物にすると，$18\,\mathrm{MnSO_4}$ と $9\,\mathrm{K_2SO_4}$ になる。

☞過マンガン酸カリウム水溶液を用いた酸化還元滴定では，イオンの色の変化を利用するため，中和滴定で用いるような指示薬を加える必要はない。

☞クエン酸水溶液中のクエン酸の物質量が立式に必要であり，加えた純水や硫酸水溶液の体積は立式に関係しない。

$18 \text{ KMnO}_4 + 5 \text{ C}_6\text{H}_8\text{O}_7 + 27 \text{ H}_2\text{SO}_4$

$\longrightarrow 18 \text{ MnSO}_4 + 9 \text{ K}_2\text{SO}_4 + 30 \text{ CO}_2 + 47 \text{ H}_2\text{O}$

$\boxed{117} \cdots ③$

問題番号 (配点)	設　問	解　答 番　号	正　解	配　点	自己採点	問題番号 (配点)	設　問	解　答 番　号	正　解	配　点	自己採点
第1問 (30)	1	1	3	（2）		第2問 (20)	1	11	4		
	2	2	4	（各3）			2	12	6	（各3）	
	3	3	7					13	2		
	4	4	1					14 〜 15	1−5	（3＊）	
	5	5	3								
	6	6	4				3	16	5	（各2）	
	7	7	2					17	3		
	8	8	2					18	3	（4）	
	9	9	1				自己採点小計				
	10	10	2	（4）							
	自己採点小計										

(注)
1　＊は，全部正解の場合のみ点を与える。
2　−(ハイフン)でつながれた正解は，順序を問わない。

自己採点合計 [　　　　]

解　説

第1問 （物質の構成，物質の変化）

問1 ①リチウム Li，②ベリリウム Be は常温・常圧で固体の金属，③塩素 Cl_2 は常温・常圧で気体，④ヨウ素 I_2 は常温・常圧で固体である。

$\boxed{1}$ … ③

問2 ①　アルカリ金属は，炎色反応により互いに区別できる。よって，この記述は正しい。なお，主な炎色反応は以下の通り。

Li	Na	K	Ca	Sr	Ba	Cu
赤	黄	赤紫	橙赤	深赤	黄緑	青緑

アルカリ金属（1族）　　アルカリ土類金属（2族）

②　第4周期までの典型元素の原子において，最外殻電子の数は族番号の一の位の数に一致する。また，18族である貴ガスについては価電子は0とするが，その他については最外殻電子の数＝価電子の数となる。これより，2族元素の原子の価電子の数は2である。よって，この記述は正しい。

③　第4周期までの典型元素について，電気陰性度は貴ガスを除き，周期表で右上にある元素ほど大きく，フッ素 F が最大である。これより，17族元素で電気陰性度を比べると，原子番号の小さい元素ほど大きくなる。よって，この記述は正しい。

④　貴ガス元素の原子の最外殻電子について，第1周期のヘリウム He は2個，第2周期のネオン Ne，第3周期のアルゴン Ar，第4周期のクリプトン Kr は8個である。よって，この記述は誤り。

$\boxed{2}$ … ④

問3 ア　海水を蒸留して淡水を得る際，海水を加熱して沸騰させるので，水が液体から気体に状態変化(蒸発)する。また，その水蒸気を冷却することで淡水が得られる。このとき，水が気体から液体に状態変化(凝縮)する。

イ　降ってきた雪を手で受け止めると水になるのは，水が固体から液体に状態変化(融解)するためである。

ウ　ドライアイスは二酸化炭素 CO_2 の固体で，この塊を室温で放置すると小さくなるのは，二酸化炭素が固体から気体に状態変化(昇華)するためである。

$\boxed{3}$ … ⑦

問4 ①　二次電池は，充電により繰り返し利用できる電池で，鉛蓄電池やリチウムイオン電池などがある。一方，一次電池は，充電できない電池で，マンガン乾電池やアルカリマンガン乾電池などがある。よって，この記述は正しい。

②　燃料電池は，水素などの燃料と酸素などの酸化剤を外部から供給し，化学エネルギーを電気エネルギーとして取り出す装置であり，高温の気体を利用しているのではない。よって，この記述は誤り。

③　電池において，正極では電子が流れ込んで還元反応が起こり，負極では電子を放出して酸化反応が起こる。よって，この記述は誤り。

④　鉛蓄電池の電解質には，希硫酸が用いられている。よって，この記述は誤り。なお，負極には鉛 Pb，正極には酸化鉛(IV)PbO_2 が用いられる。

$\boxed{4}$ … ①

問5 ①　ケイ素 Si の結晶は，ダイヤモンドの炭素原子を同じように，次のようにケイ素原子が正四面体構造を形成しながら配列している。よって，この記述は正しい。

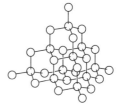

ケイ素の結晶構造

②　ケイ素は非金属元素である。よって，この記述は正しい。

③　ケイ素は半導体の性質を示すが，二酸化ケイ素 SiO_2 の結晶は半導体の性質を示さない。よって，この記述は誤り。

④　二酸化ケイ素の結晶では，次のようにケイ素原子と酸素原子が交互に共有結合している。よって，この記述は正しい。

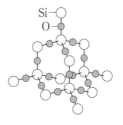

二酸化ケイ素の結晶構造

$\boxed{5}$ … ③

問6 ア アンモニア NH_3 は刺激臭の気体であるので不適。

イ 酸素 O_2 は助燃性があり，酸素が入っている容器の中に火の付いた線香を入れると激しく燃えるので不適。

ウ 同じ温度・圧力の気体の密度は気体の分子量に比例する。空気の平均分子量は，空気が窒素 N_2（分子量28）と酸素 O_2（分子量32）の混合気体であり，その物質量比が4：1とすると，

$$28 \times \frac{4}{5} + 32 \times \frac{1}{5} = 28.8$$

となる。ここで，窒素 N_2 の分子量は28，アルゴン Ar の分子量は40なので，空気より分子量が大きいアルゴンが正解となる。

$$\boxed{6} \cdots ④$$

問7 メタン CH_4 が完全燃焼するときの化学反応式は次のように表せる。

$$CH_4 + 2O_2 \rightarrow CO_2 + 2H_2O$$

よって，18gの水（分子量18）が生成するときに生じる二酸化炭素 CO_2（分子量44）は，化学反応式の量的関係より，

$$\frac{18}{18} \times \frac{1}{2} \times 44 = 22 = 22 〔g〕$$

$$\boxed{7} \cdots ②$$

問8 ① ブレンステッド・ローリーの定義では，H^+ を与える物質を酸，H^+ を受け取る物質を塩基と定義する。したがって，例えばアンモニアが水に溶解するときに起こる反応

$$NH_3 + H_2O \rightarrow NH_4^+ + OH^-$$

において，水は H^+ をアンモニアに与えているため酸である。一方，塩化水素が水に溶解するときに起こる反応

$$HCl + H_2O \rightarrow Cl^- + H_3O^+$$

において，水は H^+ を塩化水素から受け取っているため塩基である。このように，水は反応する相手によって酸としてはたらいたり，塩基としてはたらいたりする。よって，この記述は正しい。

② 中和の量的関係において，酸・塩基の強弱や電離度は影響しないため，酸の価数および物質量が同じ強酸と弱酸では，中和するのに必要な塩基の物質量は等しい。よって，この記述は誤り。

③ 水素イオン濃度 $[H^+]$ を用いると，水溶液のもつ酸性や塩基性の強さを表すことができる。$[H^+] > 1.0 \times 10^{-7}$ mol/L （pH＜7）のとき，その水溶液は酸性を示し，$[H^+] = 1.0 \times 10^{-7}$ mol/L （pH＝7）のとき，その水溶液は中性を示

し，$[H^+] < 1.0 \times 10^{-7}$ mol/L （pH＞7）のとき，その水溶液は塩基性を示す。よって，この記述は正しい。

④ 酸の水溶液を水でいくら薄めても，中性の pH＝7 には近づいても pH の値が7の値を超えることはない。よって，この記述は正しい。

$$\boxed{8} \cdots ②$$

問9 酸化数の決め方は次の通り。
- 単体の原子の酸化数は0
- 化合物において，H の酸化数は原則 +1
  （例外：NaH 中の H は −1）
- 化合物において，O の酸化数は原則 −2
  （例外：H_2O_2 中の O は −1）
- 化合物において，各原子の酸化数の総和は0
- 単原子イオンでは，その原子の酸化数はイオンの価数と一致
- 多原子イオンでは，各原子の酸化数の総和はそのイオンの価数に一致

① S の酸化数を x とすると，次式が成り立つ。
$$x + (-2) \times 4 = -2$$
$$x = +6$$

② N の酸化数を x とすると，次式が成り立つ。
$$+1 + x + (-2) \times 3 = 0$$
$$x = +5$$

③ Mn の酸化数を x とすると，次式が成り立つ。
$$x + (-2) \times 2 = 0$$
$$x = +4$$

④ N の酸化数を x とすると，次式が成り立つ。
$$x + (+1) \times 4 = +1$$
$$x = -3$$

したがって，酸化数が最も大きいものは①である。

$$\boxed{9} \cdots ①$$

問10 アのモル質量は，図1のグラフのアの割合が100％のところを読むと 16 g/mol，イのモル質量は，図1のグラフののアの割合が0％のところを読むと 40 g/mol とわかる。次に，0℃，1.0×10^5 Pa の条件においてアの質量が 0.64 g であったことから，このときのアの物質量は，

$$\frac{0.64}{16} = 4.0 \times 10^{-2} 〔mol〕$$

気体は同温・同圧・同体積であれば含まれる気体の物質量が同じなので，1.36 g の混合気体の物質量も 4.0×10^{-2} mol となる。したがって，この混合気体のモル質量は，

$$\frac{1.36}{4.0 \times 10^{-2}} = 34 〔g/mol〕$$

よって，混合気体のモル質量が 34 g/mol となる点を図1のグラフから読み取ると，求める気体アの物質量の割合は25％とわかる。

$$\boxed{10}\ \cdots\ ②$$

第2問 （空気制御システム）

問1 水の電気分解では，陽極および陰極でそれぞれ次のような反応が起こる。

陽極：$2H_2O \rightarrow O_2+4e^-+4H^+$
陰極：$2H_2O+2e^- \rightarrow H_2+2OH^-$

電子 e^- の係数が同じになるようにまとめると，式(1)が得られる。

$$2H_2O \rightarrow 2H_2+O_2 \qquad (1)$$

① 陽極側では酸素が発生する。よって，この記述は正しい。なお，陽極では酸化反応が起こるので，H_2O が酸化されて O_2 が発生すると考えることもできる。

② 発生する O_2 は水に溶けにくいので，水上置換法で捕集できる。よって，この記述は正しい。

③ 式(1)において，H_2O が酸化も還元もされている（H や O の酸化数が変化している）ため，この反応は酸化還元反応である。よって，この記述は正しい。

④ H_2 と O_2 の分子量はそれぞれ 2.0，32 なので，電気分解で発生する水素と酸素の質量比は，

$2 \times 2.0 : 1 \times 32 = 1 : 8$

よって，この記述は誤り。

$$\boxed{11}\ \cdots\ ④$$

問2 a 式(2)は次の通り。

$$CO_2+4H_2 \rightarrow CH_4+2H_2O \qquad (2)$$

反応物および生成物中の C 原子および O 原子の酸化数をそれぞれ求めると，

CO_2 中の C：$+4$
CO_2 中の O：-2
CH_4 中の C：-4
H_2O 中の O：-2

これより，C 原子は還元され，O 原子は酸化も還元もされないことがわかる。

$$\boxed{12}\ \cdots\ ⑥$$

b ア $CaCO_3$ と HCl を 1 mol ずつ用いて反応すると，反応の量的関係より，$CaCO_3$ が 0.5 mol，HCl が 1 mol 反応し，CO_2 は 0.5 mol 生成する。

イ $(COOH)_2$ と H_2O_2 を 1 mol ずつ用いて反応すると，反応の量的関係より，$(COOH)_2$ と H_2O_2 はいずれも 1 mol 反応し，CO_2 は 2 mol 生成する。

ウ Fe_2O_3 と CO を 1 mol ずつ用いて反応する

と，反応の量的関係より，Fe_2O_3 が 1/3 mol，CO が 1 mol 反応し，CO_2 は 1 mol 生成する。

エ CO と O_2 を 1 mol ずつ用いて反応すると，反応の量的関係より，CO が 1 mol，O_2 が 0.5 mol 反応し，CO_2 は 1 mol 生成する。

よって，CO_2 が最も多く生成するのはイの反応である。

$$\boxed{13}\ \cdots\ ②$$

c 多原子分子が無極性分子かどうかは，構成する原子の種類と分子の形に大きく関係する。CH_3Cl，CH_2Cl_2，$CHCl_3$ はいずれも三角錐形で，C−Cl と C−H の極性も異なるため，分子全体で極性は打ち消されず極性分子となる。CH_4 と CCl_4 は C と結合する原子が 4 つとも同じであり，正四面体形となるため，結合の極性が互いに打ち消され，分子全体では無極性分子となる。

$$\boxed{14},\ \boxed{15}\ \cdots\ ①,\ ⑤$$

問3 a 式(1)より，求める H_2O（分子量 18）の質量は，

$$\frac{3.2 \times 10^3}{32} \times 2 \times 18 \times 10^{-3} = 3.6\ 〔kg〕$$

$$\boxed{16}\ \cdots\ ⑤$$

b 式(2)より，1 mol の CO_2 を使用すると，4 mol の H_2 を使用したところで CO_2 はなくなる。また，このとき，H_2O は 2 mol 生成する。これを満たすグラフは③である。

$$\boxed{17}\ \cdots\ ③$$

c 式(1)より，3.2 kg の O_2 が生成するときに同時に生成する H_2 の物質量は，

$$\frac{3.2 \times 10^3}{32} \times 2 = 2.0 \times 10^2\ 〔mol〕$$

この物質量の H_2 を用いて式(2)の反応を起こすと，得られる H_2O の質量は，

$$2.0 \times 10^2 \times \frac{1}{2} \times 18 \times 10^{-3} = 1.8\ 〔kg〕$$

$$\boxed{18}\ \cdots\ ③$$

生　物　基　礎

第1回 解 答 と 解 説

問題番号 (配点)	設	問	解答番号	正 解	(配点)	自己採点	問題番号 (配点)	設	問	解答番号	正 解	(配点)	自己採点
第1問 (15)	A	1	101	4	(各3)		第3問 (15)	A	1	114	2	(各3)	
		2	102	7					2	115	5		
		3	103	5				B	3	116	6		
	B	4	104	6						117	2		
		5	105	2					4	118	3		
自己採点小計							自己採点小計						

自己採点合計 [　　　　]

問題番号 (配点)	設	問	解答番号	正 解	(配点)	自己採点
第2問 (20)	A	1	106	1	(各2)	
		2	107	2		
		3	108	3	(各3)	
			109	1		
			110	1		
	B	4	111	5	(各2)	
		5	112	8		
		6	113	4	(3)	
自己採点小計						

解 説

第 1 問 （生物と遺伝子）

出 題 の ね ら い

A は生物の共通性と DNA について，B は酵素について基本的な知識と理解を試した。教科書に記載のある知識が身についていれば，設定を把握できる内容なので，大きく失点しないように気を付けてほしい。実験が関わる問題を多く出題したが，実験条件を整理して確実に得点できるようにしよう。

問 1 全ての生物は細胞からなる。細胞の内外は細胞膜によって仕切られているので，①は正しい。また，全ての生物には変化する体外環境に対して，体内環境をある程度一定に保とうとする恒常性（ホメオスタシス）の仕組みが存在する（☞）ので，②は正しい。全ての生物の体内では，絶えず物質の合成や分解などの化学反応が行われており，このような化学反応をまとめて代謝というので，③は正しい。ミトコンドリアは真核生物には存在するが原核生物には存在しないので，④は誤り。全ての生物は，自分と同じ構造を持つ個体をつくり，形質を子孫に伝える遺伝の仕組みを持つので，⑤は正しい。

☞共通テストでは，観察や実験からの出題が多い傾向にある。教科書にある観察や実験などは，実験方法や注意点を確認しておこう。

☞多細胞生物だけでなく，単細胞生物でも細胞膜上のタンパク質の働きなどにより，体内環境を一定に保っている。

〈 原核細胞と真核細胞 〉

○**原核細胞**：核を持たず，DNA が細胞質基質中にある。細胞壁は植物細胞とは異なる物質から構成される。

細胞壁　　　　　　　　　　　　繊毛　　　べん毛
細胞膜
染色体
（DNA を含む）

○**真核細胞**：DNA が核膜に包まれる。ミトコンドリア，葉緑体などの膜でつくられた構造体を持つ。

　　ミトコンドリアと葉緑体は独自の DNA を持ち，細胞内共生説の根拠になっている。

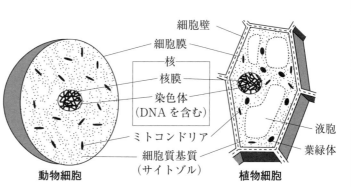

細胞壁
細胞膜
核
核膜
染色体
（DNA を含む）
ミトコンドリア
細胞質基質
（サイトゾル）
液胞
葉緑体
動物細胞　　　　　　　　　　　　　**植物細胞**

$\boxed{101}$ …④

問 2 設問文より，DNA は 10 塩基対で 3.4 nm である。この生物の細胞 1 個当たりに含まれる DNA の総塩基数は，6.0×10^{10} 塩基であり，塩基対数は総塩基数の半分である。よって，DNA の長さの合計は

$$\{(6.0 \times 10^{10} \div 2) \div 10\} \times 3.4 \times 10^{-9} = 10.2$$

となる。したがって，選択肢のうちで最も適当なものは10 m である。

102 …⑦

問3　設問文に示されている DNA の**半保存的複製**(☞)の仕組みにしたがって考えていく。まず，DNA 中の窒素がほぼ全て ^{15}N になった大腸菌を ^{14}N のみを含む培地で1回分裂させると，片方のヌクレオチド鎖中の窒素が ^{15}N であり，もう一方のヌクレオチド鎖中の窒素は ^{14}N である DNA がつくられる。ゆえに，^{15}N のみからなる DNA と ^{14}N のみからなる DNA の中間の重さになる。2回分裂後は同様に考えると，中間の重さの DNA と，^{14}N のみからなる DNA がおよそ1:1の比で生じる。

☞**半保存的複製**
　2本鎖の片方のヌクレオチド鎖を鋳型とし新しいヌクレオチド鎖を合成する DNA の複製方法。メセルソンとスタールにより証明された。

解答のポイント

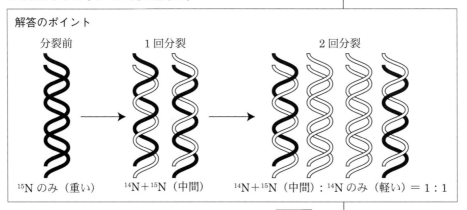

分裂前　　　　　　1回分裂　　　　　　　　　2回分裂

^{15}N のみ（重い）　^{14}N＋^{15}N（中間）　^{14}N＋^{15}N（中間）：^{14}N のみ（軽い）＝1:1

---

103 …⑤

問4　酵素は生体内で化学反応の進行を円滑にする触媒としての役割を持つ。酵素自体の構造が化学反応の前後で変わることはなく，再利用できるので，ⓐは誤り。酵素には，特定の物質のみに作用する基質特異性(☞)があるため，いくつかの化学反応が連続して進行する代謝において，それぞれの化学反応には異なる酵素が働いている。例えば，ミトコンドリアでは呼吸に関わる酵素が，葉緑体では光合成に関わる酵素が働き，呼吸に関わる酵素は葉緑体には存在せず，逆も同様である。つまり，生体内の特定の場所で特有の化学反応を触媒する酵素の多くは，特定の場所にだけ存在しているので，ⓑは正しい。細胞内で働く酵素には上記の呼吸や光合成に関わる酵素のほか，DNA の複製に関わる酵素などがある。細胞外に分泌されて働く酵素には消化酵素などがある。よって，ⓒは正しい。

☞**発展事項：基質特異性**
　酵素が作用する物質のことを基質という。酵素の主成分はタンパク質であり，タンパク質が独自の立体構造を持つことにより，特定の基質のみと反応する。このような酵素の性質を基質特異性という。

104 …⑥

問5　会話文から，寒天の主成分が炭水化物で，ゼラチンの主成分がタンパク質であることが分かる。容器 C と容器 D を比較すると，寒天ではゼリーが固まったが，ゼラチンではゼリーが固まらなかった。したがって，キウイが持つ酵素はタンパク質を分解すると考えられる。次に，容器 A と容器 C を比較すると，イチゴではゼラチンが固まったことから，少なくともキウイが持つタンパク

質分解酵素はイチゴには含まれていないと考えられる。

$$\boxed{105}\cdots ②$$

第2問 (体内環境の維持)

出題のねらい

Aは生体防御と免疫について，Bは心臓の拍動について基本的な知識と実験からの考察問題を出題した。問3と問6はどちらも複数の実験を組合せて考える必要がある問題を出題したので，この機会に条件整理の練習をしてもらいたい。なお，問4の心臓における血液の循環経路については，教科書に記載の図を確認しながら自分で模式図をかけるようにしておくとよいだろう。

問1 物理的な防御では，消化管や呼吸器の内部は体外環境にさらされているため，病原体が付着しにくいように，常に湿った粘膜で覆われていることがあげられる。よって，①は誤り。気管の内部は粘膜で覆われているとともに，繊毛の運動によって鼻や口の方向に流れをつくり，病原体の侵入を防いでいる。よって，②は正しい。また，皮膚の最外層は角質層であり，表皮の内側から新しい細胞が再生して入れ替わることにより，病原体の侵入を防いでいる。よって，③は正しい。化学的な防御では，弱酸性の涙やだ液，汗を体外に分泌し，病原体が表皮上で増殖することを防いでいる。よって，④は正しい。これらの分泌液の中には，細菌の細胞壁を分解するリゾチームや，細菌の細胞膜を破壊するディフェンシンなどのタンパク質が含まれている。よって，⑤は正しい。

$$\boxed{106}\cdots ①$$

問2 物理的な防御，化学的な防御を通り抜けて体内に侵入した病原体に対しては，免疫による防御が働く。マクロファージや好中球は食作用により病原体を排除する。食作用で排除されなかった病原体に対しては，リンパ球が働く。リンパ球のうち，B細胞は骨髄で分化し，**体液性免疫**(☞)の中心となる細胞である。T細胞は，骨髄で生産されたのち胸腺に移動して分化し，**細胞性免疫**(☞)の中心となる細胞である。

$$\boxed{107}\cdots ②$$

問3 表1の結果より，系統Pと系統Rは，系統Qの皮膚片を移植した際に拒絶反応を起こしているため，正常な免疫の仕組みを持っている。一方で，系統Qは系統Pと系統Rのどちらの皮膚片を移植しても生着している。この結果と設問文の「1系統は免疫不全であるが，ほかの2系統は正常な免疫の仕組みを持つ」ことから，系統Qが免疫不全，系統Pと系統Rが正常な免疫の仕組みを持つと分かる。また，系統Pと系統Rは互いに移植した皮膚片が生着していることから，どちらも同じ自己物質を持っている。次に，F_1マウスについては，「いずれも両親が持つ自己物質の両方を持っている」ので，マウスAは系統Pと系統Qの自己物質

☞**体液性免疫**

　B細胞から分化した抗体産生細胞(形質細胞)が，抗原を特異的に認識する抗体を放出することにより抗原を排除する免疫の仕組み。

☞**細胞性免疫**

　細菌やウイルスに感染したり，がん化した自己の細胞に対して，抗体を介さずリンパ球が直接排除する免疫の仕組み。

を持つ。したがって，移植1では系統PのマウスはマウスAが持つ系統Qの自己物質に反応するため皮膚片は脱落する。脱落までの期間は表1で差がないことから，約10日で脱落したと考えられる。移植2では，マウスBも同様に系統Qと系統Rの自己物質を持つが，系統Qは免疫不全のため，皮膚片は生着する。移植3では，系統Pと系統Rの自己物質はどちらも同じなので，マウスCと系統Rが持つ自己物質は変わらない。よって系統RにマウスCの皮膚片を移植すると，皮膚片は生着する。なお，免疫記憶は一度侵入した抗原の情報を保持した記憶細胞ができることであり，初めての移植である本実験では記憶細胞は存在しない。また，免疫寛容は自己の細胞に免疫が働かない仕組みであり，表1より同じ自己物質を持つ皮膚片は生着する。よって，②・④はどの移植の結果にも当てはまらない。

☞それぞれの系統が持つ自己物質をX，Yとすると，
　　系統P，系統R → X
　　系統Q → Y
となる。したがって，F_1マウスが持つ自己物質は，
　　マウスA → XとY
　　マウスB → XとY
　　マウスC → X
である。

108	…③
109	…①
110	…①

問4　ヒトの心臓の右心房の上側には，洞房結節(ペースメーカー)と呼ばれる場所があり，自律的に電気的な信号を発生して心臓の拍動のリズムをつくっている。この心臓の拍動により，血液が全身に循環する。このときの血液の循環経路は，(大静脈→)右心房→右心室→肺動脈→肺静脈→左心房→左心室(→大動脈)である。

〈 ヒトの心臓の構造 〉

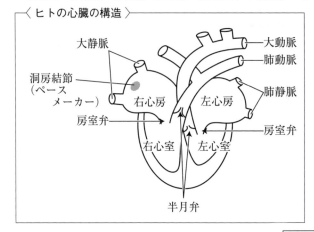

| 111 | …⑤ |

問5　自律神経系は交感神経と副交感神経に分けられ，多くの場合一方の神経が接続している器官の働きを促進し，もう一方の神経が働きを抑制する。胃や腸のぜん動運動は，交感神経の働きで抑制され，副交感神経の働きで促進される。よって，ⓒは誤り。瞳孔においては，交感神経の働きで瞳孔が拡大し，副交感神経の働きで縮小する。よって，ⓓは正しい。また，立毛筋には副交感神経は分布していないので，ⓐは誤り。副交感神経の働きですい臓から分泌されるインスリンが肝臓に作用するとグリコーゲンの合成が促進される。よって，ⓑは正しい。

〈 自律神経の作用 〉

交感神経	器官（働き）	副交感神経
拡大	瞳孔	縮小
促進	心臓（拍動）	抑制
上昇	血圧	低下
拡張	気管支	収縮
抑制	胃・腸（ぜん動）	促進
グルカゴンの分泌	すい臓	インスリンの分泌
アドレナリンの分泌	副腎髄質	分布しない
抑制	ぼうこう（排尿）	促進
収縮	立毛筋	分布しない
汗の分泌促進	汗腺	分布しない
収縮	皮膚の血管	分布しない
激しい活動時に働く。「闘争と逃走」とも言われ，エネルギーを消費する。	その他（一般的な作用）	休息時などリラックスしているときに働く。エネルギーを貯蔵する。

112 …⑧

問6　この実験において，取り出した心臓に交感神経が接続しているかどうかが分からず判断できないので，①は誤り。また，**実験2**と**実験3**における心臓Ⅱと心臓Ⅳは副交感神経がなくても拍動し，その拍動のリズムが変化しているため，②，③は誤り。一連の実験から，心臓Ⅰや心臓Ⅲに接続している副交感神経が電気刺激を受けることによって放出された物質が，リンガー液を介して心臓Ⅱや心臓Ⅳの拍動のリズムを調節していると考えられる。また，副交感神経の電気刺激であることから，その調節は拍動の抑制であると考えられる。よって，④は正しく，⑤は誤り。

113 …④

第3問 (生態系とバイオーム)

出 題 の ね ら い

　Aはイエローストーン国立公園をモデルとした生態系の変化について，Bはバイオームに関して基本的な知識に基づく考察問題を出題した。問3のグラフは初見で戸惑ったかもしれないが，見慣れないグラフには必ず読解のために必要な情報が問題中に書かれている。問題を解く上で必要な情報は確実に読みとれるようにグラフや文章を読む練習をしてほしい。

問1　下線部(a)にあるように，生態系には変化を受けてもある一定の範囲に戻ろうとする復元力（レジリエンス）という働きがある。例えば森林の一部が伐採や山火事などによって大規模に破壊され

たとき，土壌中の種子や地下茎などから再び遷移が起こり，元と同じような森林に戻る現象が見られる。このことを**二次遷移**（☞）という。また，河川に一時的に排水が流れ込んだりするなど，水質が変化したとき，河川の微生物による**自然浄化**（☞）により，汚染物質の量が減少する。よって，ⓐは誤りで，ⓑは正しい。もともと存在しなかった植物を持ち込み，その植物が草原中に広まっていることは，元の状態に戻ったとは言えないので，ⓒは誤り。

$\boxed{114}$ …②

問2 図1から，オオカミが主に捕食していたのはシカである。コヨーテはシカを捕食していないので，オオカミの絶滅により，シカの個体数が増加すると考えられる。よって，①は誤り。また，オオカミの絶滅によりウサギの数が増えることで，キツネが捕食するウサギの数が増加する。よって，②は誤り。ウサギの数の増加はキツネやコヨーテの数の変化を引きおこすため，オオカミが直接捕食していないビーバーの数も変化すると考えられる。よって，③は誤り。餌資源が増えたコヨーテの個体数は増えると考えられ，コヨーテの増加はキツネの個体数を減少させると考えられる。よって，④は誤り。シカの主な捕食者がいなくなったことと，植物食性動物の数が増加したことから，植物の現存量は減少したと考えられる。よって，⑤は正しい。

$\boxed{115}$ …⑤

問3 図4のような，横軸に各月の平均降水量，縦軸に月平均気温をとり，折れ線グラフで示したものをハイサーグラフという。また，図3の地点Pは照葉樹林，地点Qは夏緑樹林である。**バイオームと優占する植物種**（☞）を考えると，照葉樹林の代表種はスダジイやタブノキ，夏緑樹林の代表種はブナやナラなので，地点Pが④または⑥，地点Qが②または③となる。図4ⓓ，ⓕ，ⓖのグラフは一年を通して気温が高く，年平均気温が20℃を超えている。よって，照葉樹林は④のⓖではなく，⑥のⓘと分かる。同様に，夏緑樹林は③のⓕではなく，②のⓔと分かる。図4ⓗのグラフは，年平均気温はおよそ17℃であるが，気温が高いところで折れ線グラフが縦軸に接している。これは夏季にほとんど雨が降らないことを示している。

なお，図4はⓓがインド中央部（雨緑樹林），ⓔが日本の本州東北地方（夏緑樹林），ⓕがアフリカ大陸中央部（サバンナ），ⓖがブラジル中央部（熱帯多雨林），ⓗがアフリカ大陸南西部海岸（硬葉樹林），ⓘがニュージーランド北部（照葉樹林）の気候である。次ページの〈世界のバイオームと気候〉を参考に，バイオームと気候を対応づけてほしい。

$\boxed{116}$ …⑥

$\boxed{117}$ …②

☞**二次遷移**

　既に土壌が形成されている場所から始まる遷移のこと。また，一次遷移は噴火直後などの土壌が無い場所から始まる遷移のことである。

☞**自然浄化**

　河川などに有機物などの物質が流れ込んだ際，水中の微生物などの働きによって流入した物質の量が減少すること。

☞**バイオームと優占する植物種**

バイオーム	植物種例
熱帯多雨林・亜熱帯多雨林	フタバガキ，ヘゴ
雨緑樹林	チーク，コクタン
照葉樹林	スダジイ，タブノキ
夏緑樹林	ブナ，ナラ
針葉樹林	モミ，トウヒ
硬葉樹林	コルクガシ，オリーブ
サバンナ	アカシア，イネ科草本
ステップ	イネ科草本
砂漠	サボテン
ツンドラ	地衣類，コケ類

〈 世界のバイオームと気候 〉

折れ線グラフは気温を，棒グラフは降水量を表す。

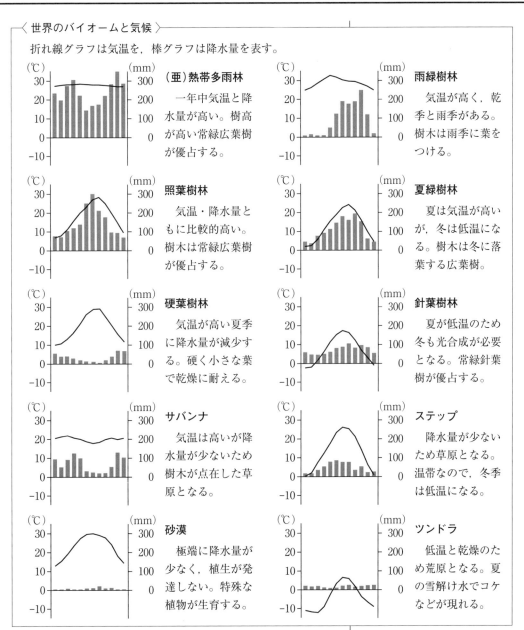

問4　まず，地点Pで優占する樹種は常緑広葉樹，地点Qで優占する樹種は落葉広葉樹である。地点Pは地点Qに比べて緯度が低く，年間を通して温暖であり，冬の日照時間が長い。このような環境では，冬でも光合成による同化量が呼吸による消費量を上回ると考えられるので，一年中葉をつけている。葉を一年中使うため，厚みがある葉をつけることで単位面積当たりの光合成量を増加させている。また，葉の組織やクチクラ層を厚くすることで乾燥などに対する耐性や物理的な強度を上げ，葉の寿命を長くしている。

118 …③

問題番号(配点)	設問		解答番号	正 解	(配点)	自己採点	問題番号(配点)	設問		解答番号	正 解	(配点)	自己採点
第1問(17)	A	1	101	5	(各3)		第3問(16)	A	1	113	4	(3)	
		2	102	3					2	114	4	(2)	
		3	103	6	(4)				3	115	3	(各3)	
	B	4	104	1	(各2)			B	4	116	1		
		5	105	1					5	117	3		
		6	106	2	(3)				6	118	2	(2)	
			自己採点小計							自己採点小計			
第2問(17)	A	1	107	2	(各3)								
		2	108	1									
		3	109	5									
	B	4	110	5	(2)								
		5	111	4	(各3)								
		6	112	6									
			自己採点小計										

自己採点合計 [　　　　]

解　説

第 1 問（生物と遺伝子）

出 題 の ね ら い

　Aでは代謝について，Bでは遺伝情報の発現，だ腺染色体について出題した。問1・問4・問5のように，教科書に記載されている基本的な知識が問われる問題で失点しないように気を付けたい。問2はATPに関する計算問題であり，設問文中で与えられた数値から，計算に必要な数値を見極める必要があった。問3では，近年の共通テストで頻出の対照実験に関する考察問題を出題した。

問1　① 選択肢後半「同化は一部の真核生物のみが行う」について，同化の代表例である光合成について考えるだけでも，シアノバクテリアなど光合成を行う原核生物が存在するので，明らかに誤り。また，光合成を行わない生物も同化を行っており，例えば有機物を食事から得ている動物は，餌から消化・吸収したアミノ酸を材料に体内でタンパク質を合成するが，これも同化である。同化には光合成や窒素同化のような無機物を用いる反応だけでなく，単純な有機物から複雑な有機物を合成する反応も含まれること，そして，全ての生物が同化と異化の両方を行うことを再確認しよう。

② 誤り。同化は無機物などの単純な物質から有機物などの複雑な物質を合成する反応であり，エネルギーを吸収して進行する。一方，異化は複雑な物質を単純な物質に分解する過程でエネルギーを放出する。選択肢の記述はエネルギーの「吸収」と「放出」が逆である。

③ 誤り。酵素は「核酸」ではなく「タンパク質」でできている。全ての生物が代謝を行うため，酵素も真核生物・原核生物問わず全ての生物が持っている。

④ 誤り。消化酵素であるペプシンやトリプシンなど，細胞外に分泌されてから働く酵素もある。タンパク質でできている酵素は熱やpHの変化に影響を受けるため，酵素が高温や強酸にさらされた場合には「構造が変化（＝変性という）」して「働きを失う（＝失活という）」現象がみられる。

⑤ 正しい。酵素は，自身は反応の前後で変化することなく，特定の化学反応を繰り返し触媒することができる。よって，少量でも時間をかければ多くの反応を促進することができる。酵素の量によって最終的な反応の量は変わらないが，酵素の量が多いとそれだけ反応速度が上がる。

$\boxed{101}$ ···⑤

問2　与えられた情報を整理すると次の通り。

☞ **シアノバクテリア**

　ユレモやネンジュモなど，光合成を行う原核生物。原始的な真核生物に細胞内共生することにより，細胞小器官の葉緑体になったと考えられている。

☞ **核酸**

DNAやRNAのこと。

☞　タンパク質の変性や失活は『生物』の学習範囲だが，『生物基礎』でも実験・観察と関連させて出題されることがあるので，この機に知っておくとよい。

　ATPは消費と再生を何度も繰り返している。したがって，細胞1個当たりのATPの総消費量(0.83 ng/日・個)は，細胞1個に含まれるATP(0.00084 ng/個)が1日かけて消費された総量であり，そのぶん再生が繰り返されたと考えることができる。したがって，細胞1個当たりのATPの総消費量(0.83 ng/日・個)を，細胞1個当たりのATPの含量(0.00084 ng/個)で割ることで，1日当たりのATPの再生回数を求めることができる。

　0.83〔ng/日・個〕÷0.00084〔ng/個〕＝988.095… ≒ 990〔回/日〕
なお，本設問では使わなかった生物Xが持つ細胞の総数(4.0×10^6個)と，細胞1個当たりのATPの総消費量(0.83 ng/日・個)を掛け合わせれば，生物Xのからだ全体における1日当たりのATPの総消費量を求めることができる。

　　0.83〔ng/日・個〕 × 4.0×10^6〔個〕 ＝3.32×10^6〔ng/日〕
　　　　　　　　　　　　　　　　　　≒3.3〔mg/日〕

| 102 |…③

問3　光合成に関する対照実験を考案する問題である。近年の共通テストでは頻出の内容なので，しっかりと解答のポイントを習得しておきたい。

☞**対照実験**

　結果を検証するための比較対象を設定した実験。比較する要因のみを変化させた実験を行う。

| 103 |…⑥

問4 ① 正しい。遺伝子として働くのはゲノム DNA の一部の領域のみであり，ヒトでは全ゲノム DNA の 1.5%ほどである。

②・③ どちらも誤り。個体を形成するほとんどの細胞は，それぞれ分化した状態であっても全て同じ遺伝子を保有している。それでも細胞の種類ごとに形や働きが異なるのは，分化の際に発現する遺伝子の組合せがそれぞれ異なるためである。したがって，同一人物において皮膚の細胞と心臓の細胞を比較した際，核にある遺伝子の塩基配列は同じだが，細胞質にある mRNA の種類は異なる。

④ 誤り。全ての生物が，遺伝子として DNA を持っており，RNA を遺伝子として利用しているものは原核生物にも真核生物にもいない。

⑤ 誤り。ゲノムの大きさ(塩基対数)も遺伝子数も生物の種類ごとに異なる。例えば，ヒトのゲノムの大きさは約 30 億塩基対，遺伝子数は約 2 万個であるが，大腸菌のゲノムの大きさは約 400 万塩基対，遺伝子数は約 4400 個である。

104 …①

☞ 様々な生物のゲノムの塩基対数と遺伝子数

	ゲノムの総塩基対数	遺伝子数
大腸菌	400 万	4400
酵母	1300 万	6200
ショウジョウバエ	1億8000万	13700
ヒト	30 億	20500

問5 遺伝子が働くとき，まずは，DNA が持つ遺伝情報が ア転写によって mRNA の塩基配列として写し取られ，その後，mRNA の塩基配列が イ翻訳によってタンパク質のアミノ酸配列に変換される。このように，遺伝情報を持つ DNA の塩基配列(遺伝子)が mRNA に転写されたり，タンパク質に翻訳されたりすることを遺伝子の発現という。

遺伝情報は，原則として DNA → RNA →タンパク質へと一方向に伝達される。この遺伝情報の流れに関する原則はセントラルドグマと呼ばれる。

105 …①

問6 ショウジョウバエの幼虫のだ腺細胞に含まれるだ腺染色体は巨大染色体であるため，通常の染色体と比べて遺伝子の発現が非常にダイナミックに行われる。したがって，遺伝子の発現の様子が顕微鏡下で観察しやすい。だ腺染色体では，遺伝子が発現された部分でパフと呼ばれるふくらみが現れる。パフでは転写が活発に行われているため，この部分には大量の mRNA が存在する。

① 正しい。発生時期の異なる幼虫ではパフの位置が異なっており，発現する遺伝子の種類が変わる様子を直接的に観察できる，興味深い例である。パフの位置の変化は『生物基礎』としては発展事項となるが，発生の進行や細胞の分化に伴って発現する遺伝子が変化することは知識としておさえておきたい。

☞だ腺染色体

ショウジョウバエやユスリカの幼虫のだ腺細胞に含まれる巨大染色体。核分裂せずに DNA の複製のみが繰り返された結果，普通の細胞の染色体の 100 〜 150 倍もの大きさになる。

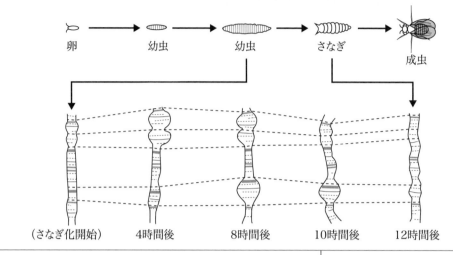

発展事項　発生の進行とパフの位置

　卵からふ化した幼虫がさなぎになるにつれて，パフ(転写が活発に行われているところ)の位置が変化する。これは，発生が進むにつれて働く遺伝子の種類が変化することを示している。

卵　　　幼虫　　　幼虫　　　さなぎ　　　成虫

(さなぎ化開始)　4時間後　8時間後　10時間後　12時間後

---

②　誤り。ピロニンはパフにある mRNA を赤色に，メチルグリーンはしま状の部分にある DNA を青緑色に染色するので，選択肢の記述は「赤色」と「青緑色」が逆になっている。

③　正しい。だ腺染色体には，決まった位置に多数の横縞模様があり，遺伝子の位置を知る目安になる。

④　正しい。ウラシル(U)は RNA には存在するが，DNA には存在しない塩基である。したがって，だ腺細胞に与えられた標識ウラシルは RNA の中に取り込まれるため，RNA を大量に含むパフの部分で標識が検出される。

106 …②

第2問 (体内環境の維持)

出題のねらい

　A は血液について，B は腎臓について出題した。問2と問3では，ヒロコさんとカオリさんの会話文に沿って，血液凝固の仕組みを実験から読み解く必要があった。問1と問4は，基本的な事項を扱っている知識問題であり，これらで失点しないように注意したい。問5では，表のデータから各血しょう成分の性質を考察していく必要があった。問6はグラフ選択問題であり，糖尿病と腎臓の働きの関係を理解しているかを試した。

問1　①　誤り。血液全体の重量に対する血しょう成分の割合は約55％，血球成分の割合は約45％である。したがって，血しょう成分と血球成分の重量パーセントの比はおよそ2：1ではなく，11：9である。

②　正しい。組織液は，毛細血管から血液成分がしみ出て，組織の細胞間を流れる体液である。白血球の一種であるリンパ球な

☞ **ヒトの体液**

・**血液**…血管内を流れる体液

・**組織液**…組織や細胞を浸す体液

・**リンパ液**…リンパ管内を流れる体液

どは，血管内から組織液中にしみ出て，リンパ管に入ってリンパ液の成分になることがある。

③　誤り。血球は骨髄中にある造血幹細胞からつくられる。脊髄でつくられるわけではない。

④　誤り。古くなった赤血球はひ臓や肝臓で破壊される。すい臓で破壊されるわけではない。

⑤　誤り。ヒトの血球のうち，核を持つものは白血球のみである。赤血球や血小板は核を持たない。

---〈 ヒトの血液の成分 〉---

ヒトの血液の組成は，有形成分である血球が全体の約45%を占め，液体成分である血しょうが残りの約55%を占める。

・**赤血球**

呼吸色素であるヘモグロビン(Hb)という色素タンパク質を含み，酸素の運搬を行う。ヒトなどのほ乳類のものは無核で円盤状(鳥類や両生類などのものは有核で楕円形)。直径6〜9 μm。

・**白血球**

呼吸色素を持たない有核の細胞で，リンパ球など様々な種類がある。細菌などの異物の処理(食作用)など，免疫反応に関係する。直径8〜20 μm(リンパ球は小形)。

・**血小板**

骨髄中の大形の巨核球の細胞質の断片からできている。無核，不定形の小片で，血液凝固に関係する。直径2〜4 μm。

・**血しょう**

弱アルカリ性(pH＝7.3)で，水が約90%を占め，残りの約10%はタンパク質，糖，脂肪などの有機物や無機塩類などからなる。

$\boxed{107}$…②

問2　ア　塩化カルシウム水溶液を加えなかった**処理1**では血液凝固がみられなかったのに対して，加えた**処理2**では血液凝固がみられたことから，塩化カルシウム水溶液には血液の凝固を促進する性質があることが分かる。

ブタの血液の処理に用いたクエン酸ナトリウムには，血液凝固に必要な Ca^{2+} を除去する働きがある。塩化カルシウムを加えることによって除去された Ca^{2+} が補充され，血液凝固が可能になったのである。

イ　**処理3**において，ガラス棒に絡みついた繊維状の物質は**フィブリン**である。フィブリンは赤血球などの血球に絡みつくことで血ぺいをつくる凝固因子である。トロンビンは，フィブリノーゲンを繊維状のフィブリンに変える酵素である。

ウ　血栓などにより血液の通り道が塞がれ，心臓の細胞に酸素が行き届かなくなることによって，心臓が働かなくなる病気を心筋梗塞という。心筋梗塞の原因の一つして，線溶がうまく機能しなくなることが挙げられる。がんは，遺伝子の異常によって

☞線溶
傷口や血管が完全に修復された後，血ぺいを分解する反応。

細胞が増殖し続けることが原因で生じる病気である。

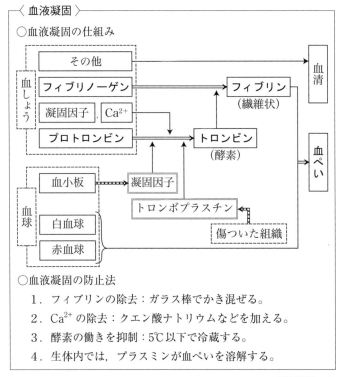

〈 血液凝固 〉

○血液凝固の仕組み

○血液凝固の防止法

1. フィブリンの除去：ガラス棒でかき混ぜる。

2. Ca^{2+} の除去：クエン酸ナトリウムなどを加える。

3. 酵素の働きを抑制：5℃以下で冷蔵する。

4. 生体内では，プラスミンが血ぺいを溶解する。

$\boxed{108}\cdots①$

問3　ⓐ・ⓑ　ⓐは誤りで，ⓑは正しい。**処理4**において，ブタの血液を遠心分離した後に生じた上澄みに塩化カルシウム水溶液を加えることによってフィブリンが生じたことから（フィブリンが生じたかどうかは，**処理3**の結果について言及しているヒロコさんとカオリさんの会話文から判断できる），フィブリンはブタの血液の上澄みの液体部分に由来することを導き出すことができる。また，**処理4**の結果からは，フィブリンが血液の有形成分に由来することを導き出すことができない。

ⓒ　正しい。**処理4**においてフィブリンが生じたのは，塩化カルシウム水溶液中の成分が，血液の上澄みに存在するフィブリンの由来成分と何かしらの反応を起こしたためであると考えられる。

ⓓ　誤り。**処理3**と**処理4**では血の塊（血ぺい）がみられなかった。したがって，**処理3**と**処理4**の結果から，フィブリンが血球と混ざり合って塊をつくる性質を持つということを導き出すことができない。しかし，**問2**の**イ**の解説の通り，フィブリンが赤血球などの血球に絡みつくことで血ぺいをつくるという事実は学習したであろう。とはいえ，あくまで本問は「会話文と**処理3**・**処理4**の結果のみ」から判断する考察問題であり，科学的に正しい事柄であったとしても，実験結果から導き出すことができない事柄を本問の正解にすることはできない。共通テストで，このような読解力や考察力を試す問題が出題される可能性もあるので，注意しよう。

☞　**イ**はフィブリンなので，由来する成分とはフィブリノーゲンのことである。

109 …⑤

問4 ① 正しい。腎臓には約 100 万個のネフロン(腎単位)が存在
し，ネフロンには腎小体(マルピーギ小体)と細尿管(腎細管)が
含まれる。

② 正しい。腎小体は皮質にしか存在しないが，細尿管は曲がり
くねった形状を持つため，皮質と髄質の両方に存在する。腎臓
の構造図をしっかりと頭に叩き込んでおきたい。

③ 正しい。腎動脈には，心臓から送り込まれた老廃物を多く含
んだ血液が含まれている。腎動脈からの血しょうは，糸球体か
らボーマンのうへろ過されて原尿となる。

④ 正しい。細尿管では水以外の成分(グルコースやナトリウムイ
オン，カリウムイオンなど)も再吸収されるが，集合管ではおも
に水が再吸収される。

⑤ 誤り。尿素は，肝臓において，アミノ酸が分解される過程で生
じるアンモニアからつくられる。腎臓でつくられるわけではない。

〈 腎臓のネフロンの構造と機能 〉

○ネフロンの構造

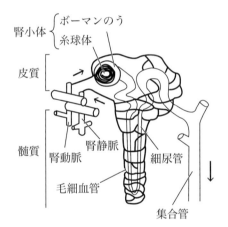

○腎臓の機能：ろ過と再吸収により尿を生成する

 1．ろ過
　　腎臓に入った血液は，糸球体でろ過(糸球体の毛細血管壁には小孔があり，これを通過する
　ものと通過しないものがある)されてボーマンのうに入り，原尿となる。
　・ろ過される…水，グルコース，無機塩類，老廃物(尿素)など
　・ろ過されない…タンパク質，血球

 2．再吸収
　　原尿中のグルコースや水，無機塩類などの各種物質は，細尿管を通過する間に毛細血管へと
　再吸収される。細尿管を通過した原尿は集合管に送られ，ここでさらに水が再吸収されて，尿
　となる。
　・100％再吸収……グルコース
　・90％以上再吸収……水，無機塩類
　・50％程度再吸収……老廃物(尿素)

110 …⑤

問5　本問では水の再吸収率が分かるデータがないことに注意して，表1から分かることを考えていこう。

①・②　どちらも誤り。表1において，タンパク質の血しょう中濃度が7%であるのに対して，原尿中および尿中濃度が0%なのは，タンパク質が糸球体からボーマンのうへ全くろ過されないからである。ろ過される場合は血しょう中と原尿中の濃度が一致する。

③・④　③は誤りで，④は正しい。表1において，ナトリウムイオンの血しょう中および原尿中濃度は0.32%，尿中濃度は0.35%である。このように両者で濃度があまり変わらないのは，ナトリウムイオンが水とほぼ同じ割合で移動しているからである。したがって，ナトリウムイオンの再吸収率は水の再吸収率と同程度であることが分かる。

⑤・⑥　どちらも誤り。表1において，尿素の血しょう中および原尿中濃度は0.03%，尿中濃度は2.0%である。このように原尿中濃度に対して尿中濃度が高い値を示すのは，尿素があまり再吸収されていない，もしくは全く再吸収されていないからであるが，このデータだけではどちらであるか判断できない。なお，実際は尿素も一部が再吸収されている。

| 111 |…④

問6　次のような手順で考えていくとよい。

> **解答のポイント**
> 本問のようなグラフ選択問題では，少しでもミスを減らすために，題意に基づかないグラフを選択肢から確実に外していくとよい。
> 題意1：設問文より「原尿中のグルコース量がある一定の値になるまでは，グルコースは全て再吸収されるため尿中に排出されない」
> 　　　　→点線(グルコースの尿中への排出量)のグラフは途中から出現するはず
> 　　　　→①，③，⑤，⑦を選択肢から外す
> 題意2：設問文より「その値以上になると，再吸収しきれなかったグルコースが尿中に排出される」
> 　　　　→実線(グルコースの再吸収量)のグラフは頭打ちになるはず
> 　　　　→②，④を選択肢から外す
> 題意3：以上より，原尿中のグルコース量がある一定の値以上になると，原尿中のグルコース量と比例して尿中へ排出されるグルコース量も増えていくと考えられる。
> 　　　　→点線のグラフは頭打ちになっていないはず
> 　　　　→⑧を選択肢から外す
> 残った⑥が正解となる。

| 112 |…⑥

☞「水の再吸収率が分かるデータ」とは次のようなデータである。
・単位時間当たりの原尿量と尿量
・イヌリン(全く再吸収されない物質)を注射した後の原尿中と尿中のイヌリン濃度，または濃縮率

第3問 （多様性と生態系）

出題のねらい

Aでは植生の遷移について，Bでは生態系のバランスと外来生物について出題した。問1・問6は，教科書に記載のある基本的な事項を扱った知識問題であった。問2・問3では，教科書内容の理解をもとに，大学キャンパス内の森林環境などをヒストグラムから分析していく必要があった。問4・問5は，身近なところから生態系のバランスを乱す原因について考える問題とした。

問1　①・③　どちらも誤り。一次遷移の初期段階では土壌は形成されておらず，植物も存在しないが，この段階で先駆植物（パイオニア植物）が定着することで，土壌の形成が始まる。したがって，土壌が発達する前にはすでに植物が進入している。

②　誤り。地下の母岩が露出した場所では土壌や植物が存在しないため，このような場所から始まる遷移は，二次遷移ではなく一次遷移である。

④　正しい。先駆植物（パイオニア植物）が定着することで土壌中の保水力や栄養分が増え，他の植物も進入することができるようになる。

⑤　誤り。遷移の初期に出現する植物の果実や種子は小さくて軽く風によって運ばれやすいため，他の生物が存在しない場所にも進入して先駆植物になることができる。一方，後期に出現する植物の果実や種子は大きくて重い。

☞ 一次遷移と二次遷移

噴火直後などの土壌がない場所から始まる遷移を一次遷移，既に土壌が形成されている場所から始まる遷移を二次遷移という。

〈 遷移に伴う変化 〉

		遷移初期	遷移後期
植　物	種子の分散能	高　い	低　い
	階層構造	単　純	複　雑
	強光下での成長速度	大きい	小さい
環　境	土　壌	未発達	発　達
	栄養塩類	少ない	多　い
	地表部に届く光の強さ	強　い	弱　い

113 …④

問2　資料1より，この森林区画には胸高直径が25 cm 以上の高木が比較的多く存在していることが分かる。また，会話文中に「林冠を形成していると推測できる」とある。したがって，この森林の林床へ届く光は少なく，森林内の環境は比較的暗いと考えられる。また，この環境では低木の陽生植物が育つことができず，林床の植物種数は限られていることが推察される。資料1で胸高直径0～5 cm 以下の樹木の本数が極端に多いことから，林床の植物種数も多いと考えてしまった受験生もいただろうが，ここでは，高木の数に準じて考えていくのが妥当である。

114 …④

問3　資料2で調査した木(コーヒーのシミで名称が見えなくなった木)を便宜上，樹木Xとする。資料2より，この森林区画では，胸高直径が25 cm以上の樹木Xが45本ほど存在していることが分かる。資料1において，胸高直径が25 cm以上の樹木が65本ほど存在していることから考慮すると，樹木Xはこの森林区画の優占種ₐであると推察される。また，資料2において，胸高直径が5 cm以下の幼木がほとんどみられないことから，樹木Xでは，高木ばかりが成長して幼木の成長が妨げられていることが読み取れる。したがって，樹木Xはこの森林で遷移が進んだ後ₓはほとんどみられなくなることが推察される。樹木Xのような，遷移の途中で消失する高木の樹木はₑアカマツやコナラ，クヌギなどの陽樹であると考えられる。

$\boxed{115}$ …③

〈遷移の流れ(植物例は日本の暖温帯)〉

| 裸地・荒原 → 草原 → 低木林 → 陽樹林 → 混交林 → 陰樹林 |

① 裸地・荒原：土壌がないため，保水力が弱く栄養塩類が乏しい。先駆植物(パイオニア植物)が進入し，土壌形成が始まる。
　　植物例：地衣類，コケ植物
② 草原：種子の散布力が大きい草本が進入する。徐々に腐植土が堆積して，土壌の保水力が増し，栄養塩類が増える。
　　植物例：ススキ・チガヤ・ヨモギ・イタドリ
③ 低木林：陽樹の低木が進入し，生育する。
　　植物例：ヤマツツジ・オオバヤシャブシ
④ 陽樹林：強光下での生育に適した陽樹が成長し，林が形成される。
　　植物例：アカマツ・クロマツ
⑤ 混交林：林床の照度が低下し，光補償点の高い陽樹の幼木は生育しにくくなるが，光補償点の低い陰樹の幼木は生育する。
　　植物例：アカマツ・スダジイ・アラカシ
⑥ 極相林：陽樹が枯れ，陰樹のみの森林になる。陰樹林は安定的に維持され極相(クライマックス)となる。
　　植物例：スダジイ・アラカシ・タブノキ・クスノキ

問4　① 埋め立てなどにより干潟の面積は増大しているのではなく減少しているので，誤り。干潟が減少すると栄養塩類や有機物が川からそのまま内湾に流れ込み，富栄養化(③)を進行させることになる。
② 正しい。温室効果ガスの増加は地球温暖化をもたらし，生態系に大きな影響をおよぼす。例えば北極の氷が溶けることによるホッキョクグマの生息地の減少や，サンゴから共生藻が離れることによるサンゴの白化現象などが報告されている。
③ 正しい。湖や海に多量の栄養塩類が流入して富栄養化が起こると，植物プランクトンが異常に増殖して海では赤潮を，湖ではアオコ(水の華)を発生させることがある。異常に増殖した植物プランクトンが水中の光を遮って植物の生育を阻害したり，

☞干潟
川から流れてきた栄養塩類や有機物を浄化する作用が高い。

☞温室効果ガス
地表から放射される熱を吸収して地表に再放射することで地表の温度を上昇させる，二酸化炭素やメタン，フロンなど。

魚介類のえらを塞いで窒息死させたりするだけでなく，植物プランクトンの多量の死骸を分解するために多量の酸素が使われて水中の酸素が欠乏するため，生物の大量死を招くこともある。

④ 正しい。かつて農薬として使用された DDT が生物濃縮によって鳥類の体内で高濃度に蓄積されると，その鳥類の卵の殻がもろくなることがある。1960 年代のアメリカやイギリスでは，DDT の生物濃縮が原因でワシなどの猛禽類の卵が割れやすくなり，個体数を激減させた。

116 …①

問5 ① 外来生物とは，人間活動によって本来の生息場所から別の場所へもちこまれ定着した生物のことなので，誤り。

② 自然状態では交雑することのない外来生物と在来生物が交雑すると，在来生物がもつ遺伝的な特性が失われることになる(遺伝的攪乱)ので，問題にならないとは言えない。よって，誤り。

③ 正しい。他の生息場所からもちこまれた生物が全て定着して外来生物になるわけではない。はじめにもちこまれる個体数はごく少数であることが多いので，天敵がいたり餌がなかったりすると，あっという間に全滅してしまうだろう。外来生物が在来生物よりも増殖するためには，生息場所や餌を奪い合う競争相手がいない(少ない)ことや繁殖力があることなども条件となるのだが，都市化などにより生態系のバランスが崩れていてると隙ができて侵入しやすくなる。

④ 外来生物であっても駆除には慎重になる必要がある。例えば特定外来生物として指定されているウシガエルは，国内への導入から長い年月が経過しているため生態系の中で何らかの重要な役割を果たすようになっている場合が多い。ウシガエルが主な高次消費者となっている池沼でウシガエルの駆除を行うと，ウシガエルに捕食されていたアメリカザリガニなどの低次消費者が増加し，ヒシなどの生産者が食い尽くされてしまうことがある。生産者の激減はその生態系に含まれる生物の絶滅にもつながる。このように，直接的な被食－捕食の関係にない生物どうしも，何らかの影響を与え合うことがあり，これを間接効果という。

117 …③

問6 動物では，オオクチバス，ブルーギル，ウシガエル，アライグマ，フイリマングースなどが特定外来生物に指定されている。②のアホウドリは，羽毛をとるために乱獲されて個体数が激減した絶滅危惧種である。種の保存法によって保護され，販売や譲渡，捕獲が禁止されている。伊豆諸島の鳥島では，1981 年には 170 羽にまで減っていたアホウドリの保護活動が行われ，2014 年には 3500 羽を超えるまでの増殖に成功している。

118 …②

☞ **生物濃縮**
生物に取り込まれた体内で分解・排出されにくい物質が，取り込んだときよりも体内で高濃度に蓄積される現象。

第3回　解 答 と 解 説

問題番号(配点)	設問	解答番号	正解	(配点)	自己採点	問題番号(配点)	設問	解答番号	正解	(配点)	自己採点
第1問(15)	A	1	101	1	(各3)		第3問(17)	A	1	112	3	(2)	
		2	102	8					2	113	5	(各3)	
	B	3	103	3					3	114	6		
		4	104	4					4	115	2		
		5	105	6				B	5	116	6		
自己採点小計									6	117	1		

自己採点小計（第3問）

問題番号(配点)	設問	解答番号	正解	(配点)	自己採点
第2問(18)	A	1	106	4	(各3)	
		2	107	3		
		3	108	2		
	B	4	109	6		
		5	110	5		
		6	111	2		
自己採点小計						

自己採点合計 ☐

解　説

第1問 (生物と遺伝子)

　Aでは細胞の構造や代謝について，Bでは細胞周期とDNAの構造や複製についての知識の定着を試した。問3では細胞周期の計算問題を出題したが，細胞周期の時間だけでなく，誤差が生じる理由に関しても考える必要のある問題とし，思考力を試した。問われている内容をよく確認し，ミスのないようにしてほしい。

問1　ネンジュモはシアノバクテリアの一種で，原核生物である。葉緑体などの細胞小器官は持たないが，細胞中に光合成色素や光合成に必要な酵素を持ち，光合成を行うことができるので，①は正しい。植物細胞はミトコンドリアを持つので，②は誤り。ヒトの座骨神経細胞(約1m)やニワトリの卵細胞(約2.5 cm)など，肉眼で確認できる細胞は多く存在するので，③は誤り。大腸菌は原核生物であり，ミトコンドリアなどの細胞小器官は持たないので，④は誤り。なお，原核生物も呼吸に必要な酵素は持つので，呼吸を行うことはできる。動物の細胞は細胞壁を持たないので，⑤は誤り。ヒトの赤血球など，分化の過程で核が失われ，DNAを持たなくなる細胞も存在するので，⑥は誤り。

$\boxed{101}\cdots$ ①

問2　「このような反応の例として，植物の葉緑体で行われるものがあり」という記述から，$\boxed{\text{ア}}$ は光合成などの同化であるとわかる。同化の過程では有機物が「合成」される。光合成の過程では，光エネルギーを利用したATPの合成と，そのATPを分解して得られるエネルギーを利用した有機物の合成が行われるので，$\boxed{\text{イ}}$ は「合成と分解」である。ATP分子は分子内のリン酸どうしの高エネルギーリン酸結合にエネルギーを貯蔵するので，$\boxed{\text{ウ}}$ は「リン酸どうし」である。

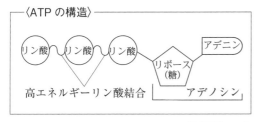

〈ATPの構造〉

リン酸─リン酸─リン酸─リボース(糖)─アデニン

高エネルギーリン酸結合　　アデノシン

$\boxed{102}\cdots$ ⑧

問3　細胞周期の各期に要する時間の比は，観察された各期の細胞数の比と一致すると考えてよ

い。よって，まず480個の細胞が全て細胞周期にあるとするとき，細胞周期の時間を x 時間とすると，

　20個：480個＝分裂期の時間：細胞周期

となる。これを解くと，

$$x=\frac{480\times0.5}{20}=12\,(時間)$$

となり，細胞周期は12時間と推測値を求めることができる。しかし，実際には480個の細胞に細胞周期から外れたものが含まれていた。ここで，y 個の細胞が細胞周期から外れていたとし，実際の細胞周期の理論値を x' 時間とすると，

$$x'=\frac{(480-y)\times0.5}{20}=12-\frac{y}{40}\,(時間)$$

となるので，理論値は推測値よりも短い値となる。「最初に求めた値(12時間)が実際よりも長いか短いか」ではなく，「最初に求めた値(12時間)と比べ，実際の細胞周期は長いか短いか」と問われているので，④を選んでしまわないように気を付けよう。

$\boxed{103}\cdots$ ③

問4　DNAの塩基の割合はシャルガフの規則に従い，GとCの割合，AとTの割合がそれぞれ等しい。Aの割合が20%なので，Tも20%，GとCは30%ずつとわかる。また，片方の鎖(X鎖)の21%がGとされている。もう一方の鎖(Y鎖)のGの割合を g %とすると，X鎖の21%とY鎖の g %の合計は，2本のヌクレオチド鎖全体の30%となる。これらの21%や g %は，X鎖とY鎖をそれぞれ100%とした割合であるので，

$30=\dfrac{21+g}{2}$ が成り立つ。これを解くと，$g=39$ と求めることができる。

$\boxed{104}\cdots$ ④

問5　もとの古いヌクレオチド(□)が重く，新しいヌクレオチド(■)が通常の重さということなので，それに従って@〜©の複製後のDNAの重さを考えよう。@の全保存的複製では，1分子は□のみ，もう1分子は■のみで構成されているので，重いDNAと通常のDNAが1：1になるため，全て中間の重さになったという結果とは矛盾する。一方，⑥の半保存的複製と©の分散的複製では，□と■が半分ずつ含まれたDNAが2分子できるので，全て中間の重さになったという結果と矛盾しない。よって，否定されないものは⑥と©になる。実際のDNAの複製様式は分散的複製ではなく半保存的複製だ

が，それは通常の重さのヌクレオチドだけを与え，もう一度分裂させると確認することができる。

105 … ⑥

第2問 (生物の体内環境の維持)

Aでは体液の濃度調節について，Bでは免疫について出題した。問2ではカニの体液濃度調節について出題したが，カニはヒトとは異なり主に水中で生活しているので，常に外液と体液の間で水の出入りが起こる可能性があることを理解しておこう。免疫については，インフルエンザやアレルギーについて出題した。インフルエンザは強毒性の新型インフルエンザの発生が予想され，対策が必要であるとされている。入試問題としても引き続き免疫の範囲は問われやすいと考えられるので，この機会に理解を深めておいてほしい。

問1　アルブミンはタンパク質なのでろ過されることはないため，①は正しい。尿素は糸球体からボーマンのうへ移行するが，細尿管や集合管で，水とともにある程度再吸収される。尿素は老廃物なので積極的に再吸収されることはなく，その再吸収率は水の再吸収率(99%程度)より低い。よって，②は正しい。グルコースは腎小体でろ過され，細尿管で全て再吸収されるので，③は正しい。水の再吸収率は体内の水分量に応じて変化し，それにともなって物質の濃縮率も変化するので，④は誤り。全く再吸収されない物質の濃縮率は，原尿の体積を尿の体積で

割った値と等しくなるので，⑤は正しい。

106 … ④

問2　水中で生活している無脊椎動物の場合，体液の濃度調節を行っていない生物もいる。その場合，外液と体液の濃度は等しくなる。本問の河口に生息するミドリガニも，海水中ではそのような状態にあると考えてよい。しかし，河口に生息していると，降雨後に多量の淡水が流れてくるため，外液が低濃度になっていく。このとき，何の調節もしないでいると体液の濃度はどんどん低下し，生存が危ぶまれるような状態になりかねない。そこで，ミドリガニは外液よりも体液をやや高濃度の状態に保つような調節を行っている。具体的には，体内の水を排出し，体外から塩類を取り込んでいる。

107 … ③

問3　バソプレシンは体液の濃度が高くなったとき，腎臓の集合管での水の再吸収を促進し，尿量を減少させるとともに体液の濃度を低下させるホルモンである。図1からは，健康なマウスでは血液中の塩類濃度が増加すると，バソプレシン濃度も高くなることが読み取れる。一方，マウスPでは，健康なマウスよりもバソプレシンが過剰に分泌されていることが読み取れる。このような状態でも多尿であるということは，マウスPはバソプレシンに対する感受性が低下していると考えられるため，「バソプレシン受容体の機能阻害」という処置を受けているのではないかと推測される。一方で，マウスQではバソプレシンがほとんど分泌されていない。

―〈カニの体液の濃度調節〉―

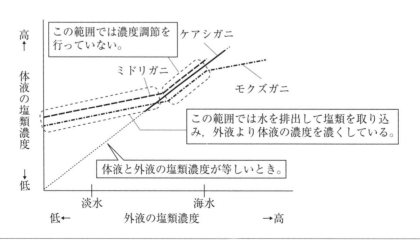

外洋に生息するカニ(ケアシガニ)は体液の濃度調節を行わないが，河口に生息するカニ(ミドリガニ)や海と川を行き来するカニ(モクズガニ)は，外液の塩類濃度に依存して体液の濃度調節を行う。

バソプレシンは視床下部の神経分泌細胞で合成された後，脳下垂体後葉まで伸びた神経分泌細胞の内部を通って運ばれ，脳下垂体後葉において血液中に分泌される。マウス Q は，この働きが阻害されていると考えられるので，「視床下部の神経分泌細胞の破壊」という処置を受けている可能性が高い。なお，「視床下部と脳下垂体の間の血管の切除」を行った場合，視床下部から脳下垂体前葉へ各種の放出ホルモンが運ばれなくなる。バソプレシンの分泌には放出ホルモンが関わっていないので，このような処置をしても多尿にはならないと考えられる。

〈視床下部と脳下垂体〉

脳下垂体後葉へは，視床下部の神経分泌細胞の一部が軸索という長い突起を伸ばしており，合成されたバソプレシンは小胞に包まれた状態で輸送される。そして，この神経分泌細胞の軸索末端からホルモンが分泌される。

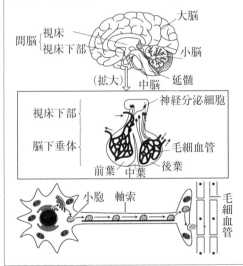

$\boxed{108}$ … ②

問4　会話文より，ワクチンには A 型インフルエンザウイルスについて 2 種類の亜型の成分が含まれるとされている。一方，A 型インフルエンザウイルスは 16 種類の H タンパク質と 9 種類の N タンパク質を持っており，その組合せによって亜型が決まるということなので，亜型は全部で $16 \times 9 = 144$ 種類存在することになる。よって，144 種類の A 型インフルエンザの出現確率が種類によらず等しいとしたとき，ワクチンに含まれる 2 種類が，流行する 1 つの亜型と一致する確率は，$\dfrac{2}{144} = \dfrac{1}{72}$ となる。この確率

だけを見ると，ワクチンを接種しても流行するインフルエンザを予防できないことが多くなるように思えるが，「南半球での流行状況から，次のシーズンに北半球で流行する亜型を予想」してワクチンを製造していることもあり，ワクチン中のインフルエンザの亜型と流行するインフルエンザの亜型が一致する確率は上述のものよりは高いと考えられる。また，A 型インフルエンザウイルスは突然変異を起こしやすく，同じ亜型でも異なる株を生じやすい。株が異なると H タンパク質や N タンパク質にわずかな違いが生じるため，免疫記憶が役に立たなくなってしまうことも考えられる。

$\boxed{109}$ … ⑥

問5　ワクチンには弱毒化したウイルスや細菌をそのまま用いているものや，病原体の一部だけを用いているものなどがある。前者を生ワクチン，後者を不活化ワクチンというが，それぞれ効果が異なる。生ワクチンには BCG（結核のワクチン）などがあるが，これは体液中に浮遊しているものが B 細胞によって認識されるだけでなく，接種されたヒトの細胞内に侵入するので，感染細胞からキラー T 細胞に提示され認識される。一方，不活化ワクチンには，本問のインフルエンザワクチンなどがあげられる。不活化ワクチンは，B 細胞によって認識されるものの，接種されたヒトの細胞内に侵入する力は持っていないため，感染細胞からキラー T 細胞に提示されることはない。よって，生ワクチンでは体液性免疫と細胞性免疫の両方が誘導されるのに対し，不活化ワクチンでは細胞性免疫が誘導されにくく，ワクチンの効果が低くなると考えられている。

解答のポイント
　B 細胞と T 細胞では抗原の認識のしかたに違いがあることを確認しよう。
・B 細胞：体液中の異物と直接結合して認識する。
・キラー T 細胞：感染細胞や樹状細胞からの提示を受けて認識する。

$\boxed{110}$ … ⑤

問6　花粉症などのアレルギーは適応免疫（獲得免疫）の過剰な反応によって引き起こされる。よって，自然免疫に働く好中球を抑制しても改善を期待できないが，適応免疫を開始させる樹状細胞や，適応免疫で働くキラー T 細胞や B

細胞を活性化させるヘルパーT細胞を抑制することができれば，症状が改善される可能性がある。

111 … ②

第3問 (生物の多様性と生態系)

Aでは生態系のバランスについて，キーストーン種や生物濃縮に関する理解を試す内容を，Bでは植生の遷移やバイオームについて出題した。

問1 図1の生物の集団では，紅藻や植物プランクトンが生産者，ヒザラガイ，カサガイ，フジツボ，イガイ，カメノテが一次消費者，イボニシが二次消費者である。ヒトデは二次消費者でもあり，三次消費者でもある。被食者と捕食者の関係が直線的に連なっている様子は**食物連鎖**と呼ばれるが，実際のつながりは図1のように網の目状になっており，**食物網**と呼ばれる。

112 … ③

問2 図1の生物の集団からヒトデを取り除き続ける実験は，ペインという人物が行ったもので，ヒトデによる捕食を免れたイガイが増殖して岩の表面を覆いつくし，最後にはイガイ以外の生物がほぼ消失してしまうという結果になった。この場合，ヒトデが生態系のバランスを保つのに重要な種であったということになり，キーストーン種と呼ばれる。問題文中の「正の影響」「負の影響」という表現は，「ヒトデによる捕食が減ったという正の影響」という部分から，「正」が増殖に有利，「負」が増殖に不利な影響であると判断できるだろう。イボニシにとってイガイの増殖がイの増加をもたらしたとあるので，イには「食物」がふさわしいと考えられ，食物の増加は増殖に有利なことなので，ウには「正」がふさわしいと考えられる。

113 … ⑤

問3 DDT(ジクロロジフェニルトリクロロエタン)は殺虫剤として利用された化学物質で，水や食物を介して生物の体内に入り込むと，分解されにくく排出もされにくい性質から体内に蓄積し，環境中よりも生物体内で高濃度になる現象が見られる。これを生物濃縮という。このような物質には，DDT以外にも，絶縁油として使用されたPCB(ポリ塩化ビフェニル)や，工場の排水に含まれ公害病の原因ともなったメチル水銀などの有機水銀がある。現在ではこれらの物質の合成，排出は厳しく規制されているが，過去に環境中に排出されたものは分解されずに

海底や土壌中に残留しているし，人類が水銀を利用する限り，有機水銀の流出を完全に止めることはできない。各個人がこのような物質の危険性を認識したうえで，国や地域の枠を超えた全世界での連携によって，被害を抑え込む努力を続けていかなくてはならないだろう。

114 … ⑥

問4 年平均気温が0℃程度でも，ある程度の降水量があれば針葉樹林が形成されるので，①は誤り。日本国内の標高700m以下の地域は，ほぼ全ての地域で森林を形成するのに十分な降水量があり，気温も極端に低くはないので，人間による開発がなければ森林が形成されうると考えられる。よって，②は正しい。草原のバイオームには，熱帯のサバンナだけでなく温帯のステップも存在するので，③は誤り。草原のバイオームのうち，サバンナではアカシアなどの樹木が見られることも多いので，④は誤り。荒原のバイオームが形成される地域の特徴は，極端に気温が低いか，極端に降水量が少ないかであるので，⑤は誤り。荒原のバイオームであっても，サボテンやトウダイグサ，コケ植物やコケモモなどの植物が見られることもあるので，⑥は誤り。

115 … ②

問5 火山の噴火で生じた場所のように植物が全く見られない場所では，太陽光が地表まで届くので地表は明るく，土壌がないので保水力はなく，湿度も低くなる。また，日中は直射日光によって地表が温められて気温が高くなりやすいが，地表を覆うものがないので，夜間は放射によって熱が失われやすく，気温が低くなる。遷移が進行して多くの植物が地表を覆うようになり，土壌も厚くなってくると，地表は暗くなり，湿度が高くなる。また，昼夜の気温の変動幅は小さくなっていく。

116 … ⑥

問6 P種とQ種が生育している森林は，遷移が始まってから200年近くが経過しているとされている。下線部(b)から，火山の噴火後から極相に達するまで1000年以上の年月がかかるとあるので，この森林はまだ極相に達していない。また，図2よりこの森林は幹の直径が異なる2種が混在している。さらに，リード文には，P種，Q種ともに樹高が最大で15mに達する高木であるとされているため，陽樹林から陰樹林への遷移段階，つまり陽樹と陰樹が混在している状態ではないかと考えられる。陽樹と陰樹が

混在した混交林では，林床が暗いため陽樹の幼木が生育できず，陰樹の幼木ばかりが生育していると考えられる。図2より，P種は幹の直径の小さい個体が多い。よって，幼木が多いと考えられ，陰樹であると推定される。一方，Q種は幹の直径の大きい個体が多いので，樹齢がP種よりも高いと考えられるため，陽樹であると推測される。選択肢にあるタブノキ，アカマツ，

オオバヤシャブシのうち，タブノキは遷移の後期に見られる陰樹，アカマツとオオバヤシャブシは遷移の初期に見られる陽樹である。このうち，オオバヤシャブシは低木であり，樹高は最大でも 10 m 程度にしかならない。以上より，P種がタブノキ，Q種がアカマツということになる。

117 … ①

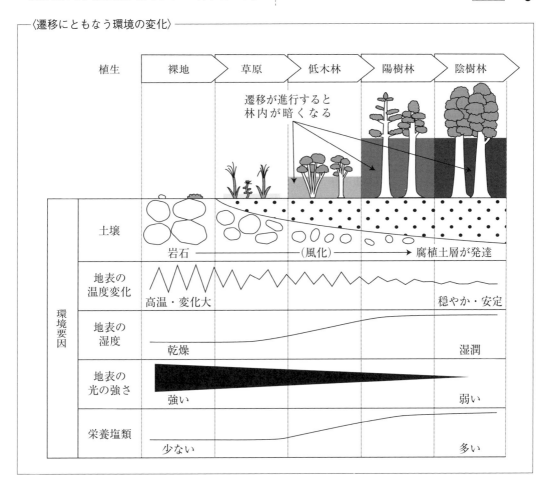

━ 109 ━

問題番号 (配点)	設	問	解答番号	正 解	(配点)	自己採点
第1問 (17)	A	1	101	4	(2)	
		2	102	2	(各3)	
		3	103	3		
	B	4	104	6		
		5	105	2		
			106	8		
自己採点小計						
第2問 (18)	A	1	107	1	(各3)	
		2	108	3		
		3	109	2		
	B	4	110	1		
			111	1		
		5	112	4		
自己採点小計						

問題番号 (配点)	設	問	解答番号	正 解	(配点)	自己採点
第3問 (15)	A	1	113	3	(各3)	
		2	114	6		
		3	115	4		
	B	4	116	5		
		5	117	5		
自己採点小計						

自己採点合計

解　説

第1問 （生物と遺伝子）

出題のねらい

Aでは，酵素についての知識をもとに，実験結果を考察させた。Bでは，細胞周期についての理解と，グラフの読み取りや，計算力を試した。

問1 触媒は，化学反応に必要な活性化エネルギーを下げることで，反応を促進するはたらきをもつ。反応の前後で触媒自体は変化せず，繰り返し同じ化学反応を促進することができる。触媒には無機触媒と酵素がある。生物体内で起こる化学反応を代謝といい，代謝を触媒しているのが酵素である。酵素の本体はタンパク質で，その立体構造に合致する物質（基質）にしか作用できないため，1種類の酵素が促進する化学反応は1種類である。酵素は，細胞内ではたらくものが多いが，消化酵素のように，細胞外に分泌されてはたらくものもある。

> **発展事項　酵素の性質**
> 　酵素の本体はタンパク質であり，タンパク質は高温になると立体構造が変化（変性）して，その機能を失う。そのため，あらかじめ肝臓片を加熱してから同様の実験を行うと，酸素の発生が見られない。一方，無機触媒である酸化マンガン（Ⅳ）は熱に強く，高温であるほど反応速度が大きくなる。
> 　酵素には最適温度と最適pHがあり，酵素のはたらく場所の環境で最もよく作用できるようになっている。

101 …④

問2 試験管Ⅰは対照実験とよばれるものである。石英砂はあらかじめ酵素活性がないとわかっている物質で，石英砂に過酸化水素水を加えても気泡の発生が見られないことから，この気泡の発生は酵素作用によるものであるということが確認できる。

102 …②

問3 問1でも説明したように，酵素は反応の前後で変化せず，繰り返し同じ反応を促進することができる。よって，気泡の発生がとまったのは，酵素によって，過酸化水素がすべて分解されてしまったせいである。したがって，過酸化水素水を追加すれば，再び気泡の発生が見られる。一方，肝臓片を追加し，酵素の量を増やしても，酵素の基質となる過酸化水素はないため，気泡の発生は起こらない。

103 …③

問4 ヒトの体細胞のゲノムは2組あること，そしてゲノム1つあたり30億塩基対であることから，60億塩基対，すなわち120億

塩基が複製されるのに10時間かかるということがわかる。

$$\frac{3\times10^9\times2\times2}{10\times60}=2\times10^7\,(塩基／分)$$

なお，今回は設問文中にヒトゲノムDNAの塩基対数は約30億塩基対であるということを与えたが，この数値は覚えておこう。

☞ヒトゲノム

・塩基対数：約30億塩基対
・遺伝子数：約20000個

$\boxed{104}$ …⑥

問5 図1は，体細胞分裂時のDNA量の変化を表したもので，S期にDNAが合成されて，S期終了時にDNA量はG_1期の2倍となること，そして2倍になったDNA量はM期が終わるまでそのままであるということが読み取れる。よって，図2において，DNA量の相対値が2〜4の間にある細胞は，間期のS期にあり，DNAが合成されている途中のものであると考えられる。また，DNA量の相対値が4の細胞はG_2期からM期の間にあると考えられる。

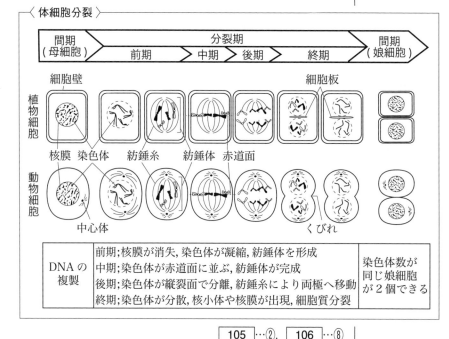

〈体細胞分裂〉

$\boxed{105}$ …②，$\boxed{106}$ …⑧

第2問 (生物の体内環境)

出題のねらい

Aは腎臓の構造と尿形成のしくみについての理解を試した。苦手な受験生も多いと思われる濃縮率の計算問題も出題した。**B**は適応免疫のしくみについての知識と，拒絶反応についての実験考察問題を出題した。

問1・2 腎臓の機能単位はネフロン(腎単位)であり，1つの腎臓は約100万個のネフロンからなる。ネフロンは腎小体(マルピーギ小体)と細尿管(腎細管)からなる。腎小体は，糸球体とボーマンのう

をあわせたものである。

腎臓に入った血液は糸球体でろ過されてボーマンのうに入り，原尿となる。糸球体の毛細血管壁には小孔があり，この小孔を通過できない大きな分子はろ過されない。具体的には，血球やタンパク質である。

原尿は細尿管を通過し，その間に各種物質が再吸収される。健康なヒトであれば，グルコースは 100 ％再吸収される。また，水や無機塩類は 90 ％以上，尿素も 50 ％程度が再吸収され，再吸収されなかった分が老廃物として排出される。細尿管を通過した原尿は集合管へと送られ，ここでさらに水が吸収されて尿となる。よって，細尿管・集合管を経た尿には，グルコースとタンパク質は含まれていない。

尿は腎うへ集められ，輸尿管を通ってぼうこうで一時的に蓄えられたのち，体外に排出される。

$$\boxed{107} \cdots ①, \quad \boxed{108} \cdots ③$$

問3 イヌリンは，腎臓でろ過された後，再吸収されないため，原尿中と尿中の物質量が等しい。このような物質の濃縮率と尿量から原尿量を求めることができる。

まず，イヌリンから濃縮率を求める。

$$濃縮率 = \frac{イヌリンの尿中の濃度}{イヌリンの血しょう中の濃度} = \frac{12}{0.1} = 120$$

設問文より，1分間あたり尿が 1 mL 形成されるので，1時間で形成される尿は 60 mL であることから，原尿量は，60 mL × 120 ＝ 7200 mL である。原尿および尿の密度が 1 g/mL であることから，原尿中の K^+ の量は

$$7200 (\text{mL}) \times 1 (\text{g/mL}) \times \frac{0.02}{100} = 1.44 (\text{g})$$

また，尿中の K^+ の量は

$$60 (\text{mL}) \times 1 (\text{g/mL}) \times \frac{0.15}{100} = 0.09 (\text{g})$$

この差が，再吸収された量なので，1.44 (g) － 0.09 (g) ＝ 1.35 (g)

$$\boxed{109} \cdots ②$$

問4 実験1〜3より，A系統マウスとB系統マウスは正常な拒絶反応を示すのに対し，C系統マウスは拒絶反応を示さない，免疫不全のマウスであることがわかる。

実験4では，A系統のマウス(MHC を A/A とする)とB系統のマウス(MHC を B/B とする)を交配しているので，生じた F_1 マウスの MHC は A/B と表せる。この F_1 マウスに MHC が A/A のA系統マウスの皮膚片を移植すると，F_1 マウス自身も Aという MHC を発現しているため，異物とみなされず，皮膚片は生着すると考えられる。

実験5では，C系統マウスにあらかじめB系統マウスの血清を注射しているが，拒絶反応において主要な役割を果たすキラーT

☞**血糖濃度と糖尿病**

健康なヒトでは血糖濃度は約 0.1 ％であるが，高血糖になると，細尿管でのグルコースの再吸収が間に合わず，尿中にグルコースが排出される糖尿病となる。糖尿病は，糖尿自体ではなく，高血糖により引き起こされる血管障害などの合併症が問題となる。

☞**尿素**

タンパク質の分解により生じた有毒なアンモニアは，肝臓の尿素回路で毒性の低い尿素へと変えられる。

細胞は血清中には含まれないので，C系統マウスはA系統マウスの皮膚片に拒絶反応を示さず，生着すると考えられる。

$$\boxed{110} \cdots ①, \boxed{111} \cdots ①$$

問5　自然免疫で排除しきれなかった異物を，特異的に排除する免疫を適応(獲得)免疫という。適応免疫は，B細胞由来の抗体により異物を排除する体液性免疫と，キラーT細胞が直接細胞を傷害する細胞性免疫に分けられる。

体液性免疫では，樹状細胞の抗原提示により活性化したヘルパーT細胞がB細胞を活性化し，B細胞は増殖して抗体産生細胞(形質細胞)へと分化して抗体を産生・放出する。

〈 体液性免疫 〉

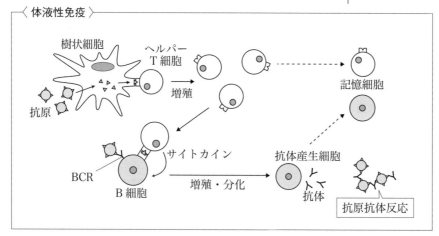

細胞性免疫では，樹状細胞の抗原提示により，ヘルパーT細胞やキラーT細胞が活性化され，キラーT細胞は感染細胞やがん細胞を直接攻撃し，排除する。

〈 細胞性免疫 〉

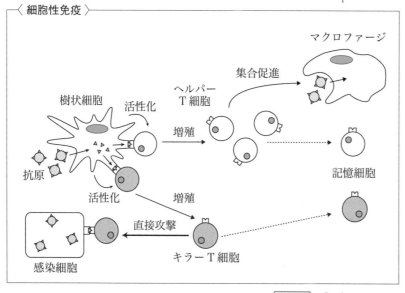

$$\boxed{112} \cdots ④$$

第3問 (生物の多様性・生態系)

出 題 の ね ら い

A では日本と世界のバイオームの分布についての知識を試した。B では生態系の成り立ちとその保全について，知識を試し，河川の浄化作用についての考察問題を出題した。

問1 日本は南北に長いため，緯度に応じて様々なバイオームが分布する。このような水平方向の分布を水平分布という。沖縄から九州南端は亜熱帯多雨林，九州から関東までの低地には照葉樹林，東北地方から北海道南部には夏緑樹林，北海道東北部の亜寒帯地域には針葉樹林が分布している。

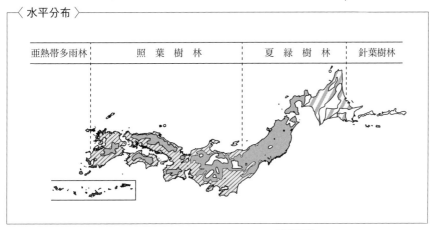

〈 水平分布 〉

亜熱帯多雨林　　照 葉 樹 林　　夏 緑 樹 林　　針葉樹林

113 …③

問2 年平均気温が同じような地域では，年降水量の違いによってバイオームが異なる。熱帯地域では，年降水量が少ない方から砂漠，サバンナ，雨緑樹林，熱帯多雨林へと変化する。また，年降水量が十分ある地域では，年平均気温が高い方から熱帯多雨林，亜熱帯多雨林，照葉樹林，夏緑樹林，針葉樹林へと変化する。各バイオームで見られる代表的な植物種もよく問われるので，環境とバイオームの関係とあわせて覚えておきたい。

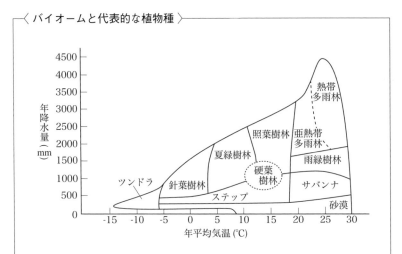

〈 バイオームと代表的な植物種 〉

	バイオーム	代表的な植物種
森	熱帯多雨林	フタバガキ, つる植物, 着生植物
	亜熱帯多雨林	ビロウ, ヘゴ, アコウ, ガジュマル
	雨緑樹林	チーク
	照葉樹林	カシ, シイ, クスノキ, タブノキ
	硬葉樹林	オリーブ, コルクガシ, ゲッケイジュ
林	夏緑樹林	ミズナラ, ブナ
	針葉樹林	トウヒ, エゾマツ, トドマツ, シラビソ
草原	サバンナ	イネ科の草本, 少数の木本
	ステップ	イネ科の草本
荒原	砂漠	多肉植物(サボテン類)
	ツンドラ	地衣類, コケ植物

114 ⋯⑥

問3 極端な低温条件下では, 分解者の活動が抑制され, 生物の遺体や排出物に含まれる有機物が分解されず, 土壌中に蓄積してい

く。

① 有機物の分解が進まないと，栄養塩類がつくられないので，土壌中の栄養塩類は極端に少なくなる。よって，誤り。

② 植物は有機物ではなく，分解者によって有機物から合成された栄養塩類を吸収するので，誤り。

③ ツンドラには，トナカイのような大型の哺乳類は見られるが，両生類，爬虫類はほとんど見られない。よって，誤り。特に，恒温動物においては，寒冷地に生息するものは，温暖地の同属の仲間よりも体が大きい。これは，熱産生量が動物の細胞数，すなわち体積に比例し，体の大きい方が体温を保持しやすいからである。これをベルクマンの規則という。

$\boxed{115}\cdots④$

問4 非生物的環境と生物群集をあわせて生態系といい，非生物的環境が生物群集へ影響を与えることを作用，生物群集が非生物的環境に影響を与えることを環境形成作用（反作用）という。例えば，緑色植物の光合成速度は光の強さや二酸化炭素濃度に依存する（作用）。一方，緑色植物は光合成を行い，二酸化炭素を吸収し，酸素を放出することで気体の濃度を変えたり，葉を茂らせることで林床の環境を暗くしたりする（環境形成作用）。

絶滅種や絶滅のおそれのある生物種を把握するため，その生物の絶滅の危険度によってリストアップしたものをレッドリストという。レッドリストに基づいて，その生物の分布や生息状況をより具体的にまとめたものをレッドデータブックという。

$\boxed{116}\cdots⑤$

問5 生活排水に含まれる多量の有機物は分解者によって分解される。このとき，タンパク質などの有機窒素化合物が分解されると NH_4^+ が生じる。NH_4^+ は，硝化（細）菌のはたらきにより NO_3^- に変換され藻類などに取りこまれる。つまり，最初に増加している A が NH_4^+，次に増加している B が NO_3^- である。有機物の分解には酸素が消費されるため，生活排水流入地点から溶存酸素量は減少する。しかし，下流に行くにしたがい，有機物の分解がすすみ，消費される酸素が少なくなること，また藻類の光合成により酸素が合成されることから，溶存酸素は増加していく。よって，C が溶存酸素である。BOD（生化学的酸素要求量）は水の汚れを表す指標であり，排水流入地点で最も高く下流に行くにしたがい減少するため，A ～ C いずれも該当しない。

このように，自然界では，湖沼や河川，海に流入した有機物は微生物のはたらきにより分解・除去される。これを自然浄化という。自然浄化の範囲を超えて有機物が流入すると，水質汚染を引き起こす。

$\boxed{117}\cdots⑤$

☞栄養塩類

生物の遺体や排出物が分解者（細菌類や菌類）によって分解されて生じる無機物のうち，植物に吸収され，利用されるもの。窒素化合物やリン酸化合物など。

☞硝化（細）菌

生態系の窒素循環において，生物の遺体・排出物の分解や，窒素固定細菌の窒素固定により生じた NH_4^+ を NO_3^- にする硝化を行う細菌。亜硝酸菌は NH_4^+ を NO_2^- に，硝酸菌は NO_2^- を NO_3^- にする。

解 答 と 解 説

問題番号 (配点)	設 問	解 答 番 号	正 解	(配点)	自己採点	問題番号 (配点)	設 問	解 答 番 号	正 解	(配点)	自己採点
第1問 (17)	A	1	1	5	（3）		第3問 (15)	A	1	12	4	（各3）	
		2	2	2	（各4）				2	13	5		
		3	3	4					3	14	3		
	B	4	4	1	（各3）			B	4	15	2		
		5	5	4					5	16	1		
自己採点小計							自己採点小計					
第2問 (18)	A	1	6	4	（各3）							
		2	7	5								
		3	8	3								
	B	4	9	5								
		5	10	2								
		6	11	3								
自己採点小計												

自己採点合計 [   ]

解　説

第1問　(細胞と遺伝子の働き)

　A は細胞や遺伝子についての基本的な知識に基づく問題，B は細胞周期のグラフをもとに，外的な要因で細胞周期が変化することについての考察問題が出題された。考察問題は発展的な題材が扱われていたが，教科書の知識があれば十分に考察できる。落ち着いてグラフを比較し，考察に必要なポイントを確認しておこう。

問1　原核細胞と真核細胞に共通する特徴とは，全ての生物に共通する特徴である。生物は細胞膜で外界と区切られ，必要な物質は細胞膜を介して出入りする。よって，④は正しい。また，代謝の仕組みを持ち，ATP や酵素を用いて様々な化学反応を行っている。このうち，単純な物質から複雑な物質を合成する反応を同化，複雑な物質を単純な物質に分解する反応を異化といい，生物は同化と異化の両方を行う。よって，①〜③は正しい。一方，ミトコンドリアや葉緑体は原核細胞にはなく真核細胞のみに含まれる構造である。これらは原核細胞である好気性細菌やシアノバクテリアが原始的な真核細胞に細胞内共生することで獲得されたものだと考えられている。よって，⑤は誤り。

$$\boxed{1}\cdots⑤$$

問2　遺伝子やゲノム，DNA の違いに気をつけながら，選択肢の正誤を判断しよう。

① シャルガフの規則にしたがうと，DNA 中の A(アデニン)と T(チミン)，G(グアニン)と C(シトシン)の数がそれぞれ等しい。よって，誤り。

② RNA に転写され，タンパク質に翻訳されるのは，ゲノムの一部にある遺伝子の領域のみである。よって，正しい。

③ 同一個体の体細胞は全て同じゲノムを持ち，異なる遺伝子が発現することで様々な器官に分化する。よって，誤り。

④ 単細胞生物の分裂は体細胞分裂と同様に，元と同じ DNA が複製されてそれぞれの個体に分配される。よって，誤り。

⑤ 体細胞はゲノムを2セット，卵や精子はゲノムを1セット持つ。つまり，卵や精子は遺伝子の量は体細胞の半分になるものの，全種類の遺伝子を持っている。よって，誤り。

$$\boxed{2}\cdots②$$

問3　エイブリーの実験をなぞる実験考察問題で

ある。エイブリーの実験を知らなくても，「S 型菌の遺伝物質を取り込んだ一部の R 型菌で S 型菌への形質転換が起こり」とあることから，形質転換には遺伝物質である DNA が必要であることが分かる。S 型菌の抽出液のうち，DNA を分解する酵素で処理したものには DNA が含まれていないため，ⓒでは形質転換が起こらないが，タンパク質や RNA を分解する酵素では DNA は分解されないため，ⓐ，ⓑで形質転換が起こると考えられる。

$$\boxed{3}\cdots④$$

問4　細胞周期のそれぞれの時期で，細胞1個当たりの DNA 量がどの程度であるかを確認しよう。間期の G_1 期(DNA 合成準備期)の DNA 量を1とすると，S 期(DNA 合成期)には DNA 量が2倍になり，G_2 期(分裂準備期)および M 期(分裂期)の DNA 量は2倍のまま進む。そして M 期の終期に起こる細胞質分裂と同時に半減し，G_1 期と同量に戻る。図2で紫外線の照射を行った時期は，細胞分裂で DNA 量が半減した直後なので G_1 期に相当する。

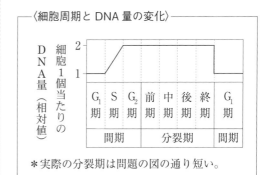

〈細胞周期と DNA 量の変化〉

＊実際の分裂期は問題の図の通り短い。

$$\boxed{4}\cdots①$$

問5　図3より，化合物 Z を加えた後に DNA 量が倍加していることから，G_1 期と S 期は問題なく進行していることが分かる。また，図4より，DNA 量が倍加した後の26時間後に凝縮した染色体が観察されていることから，G_2 期や分裂前期(染色体の凝縮)も問題なく進行していると分かる。一方で，40時間後の細胞でも凝縮した染色体が細胞内にあり，分裂中期(染色体の赤道面への整列)や分裂後期(染色体の両極への移動)への移行が見られないことから，化合物 Z によって染色体の分配が阻害されたことが読み取れる。

$$\boxed{5}\cdots④$$

第2問 (ヒトの体内環境の維持)

　Aは血液の構成成分や役割についての総合的な知識問題，Bは人体模型を題材に腎臓の働きや構造に関する理解が試される問題が出題された。図中から正しいものを選択する問題では，単純に用語を覚えるだけでなく，その用語が何を表しているのかのイメージを持つと良いだろう。

問1 ① 血液は，有形成分の血球と，液体成分の血しょうからなる。よって，誤り。血清とは，血液が凝固した際にできる塊（血ぺい）の上澄みのことで，血しょうから血液凝固に必要な成分（フィブリノーゲン）を除いたものである。

② 血球のうち，最も数が多いのは赤血球である。よって，誤り。

③ 血しょうの構成成分のうち，大部分は水（約90%）であり，その他の溶存成分で最も多いのはタンパク質（約7%）である。無機塩類が占めるのは血しょうの約0.9%に過ぎない。よって，誤り。

④ 酸素は赤血球中に含まれるヘモグロビンに結合して運搬される。よって，正しい。

⑤ 白血球は免疫を担う血球であり，老廃物の運搬は行わない。老廃物は主に血しょうに溶けて運搬される。よって，誤り。

6 … ④

問2 血管が傷ついたときに傷口を塞ぐ働きを持つ血液凝固は，血小板が傷口に集まる（ⓒ）ことで始まる。傷口に集まった血小板が出す因子や血液中のCa^{2+}，その他の凝固因子の作用により，血液中のプロトロンビンがトロンビンに変化する。次いで，トロンビンがフィブリノーゲンを繊維状のフィブリンに変換し（ⓐ），フィブリンが血球を絡め取って血ぺいをつくる（ⓑ）。この血ぺいによって傷口が塞がれる。

7 … ⑤

問3 傷口では，問2の仕組みにより，血ぺいが形成され，傷口を塞ぐ。よって，②は誤り。このとき，傷口が塞がれる前に侵入した病原体は，免疫の仕組みで排除される。免疫では，まず，自然免疫が働き，傷口に集まったマクロファージなどの白血球が病原体を取り込み，排除する。よって，①は誤りで，③は正しい。ナチュラルキラー（NK）細胞は病原体を直接攻撃するのではなく，感染細胞やがん細胞などの異常な細胞を攻撃する。よって，④は誤り。自然免疫で排除しきれない場合，病原体を取り込んだ樹状細胞が近くのリンパ節に移動して病原体の情報をヘルパーT細胞やキラーT細胞に伝える（抗原提示）。抗原提示を受けたキラーT細胞は病原体に感染した細胞を攻撃して破壊する。また，ヘルパーT細胞は同じ抗原を認識するB細胞を活性化する。活性化したB細胞は抗体産生細胞（形質細胞）に分化し，抗体を産生・放出する。よって，⑤は誤り。

8 … ③

問4 血管の構造には，動脈は筋肉層が発達して血管壁が厚い，静脈は血管壁が薄く逆流を防ぐ弁があるという特徴を持つ。動脈が厚い血管壁を持つのは，心臓から拍出される血液の血圧に耐えるためであり，毛細血管を通過した静脈血は血圧が低いので，血管壁が厚い必要はない。よって，静脈は管$_ア$Bである。また，腎臓は腹部背側に1対，図1では「部位$_イ$Y」の文字と同じくらいの位置にある。

9 … ⑤

問5 管Cは輸尿管であり，腎臓でのろ過と再吸収の過程を経て生成された尿が通る。ろ過の過程では，糸球体の膜を通過できない血球やタンパク質を除き，尿素などの老廃物，グルコースや無機塩類など様々な成分がろ過される。健康なヒトでは，原尿のうちグルコースは100%再吸収される。無機塩類や尿素は一部が再吸収されることにより体液の濃度が一定に保たれるが，不要な分は尿中に排出される。よって，管Cを通る尿に存在する物質はⓓとⓕである。

> **発展事項　アミノ酸のろ過と再吸収**
> アミノ酸がタンパク質の構造単位であることから，ろ過されないと判断したかもしれない。しかし実際は，個々のアミノ酸は小さな分子であるためグルコースと同様にろ過された後，100%再吸収される。

10 … ②

問6 ブタの腎臓は，ヒトの腎臓と構造や大きさがよく似ているということなので，ヒトの腎臓の構造をそのまま反映できる。墨汁中の黒い成分は微粒子が結合したタンパク質であるため，糸球体ではろ過されず，糸球体が黒く染まる。腎臓は皮質，髄質，腎うの3つの部分からなるが，このうち，糸球体があるのは皮質である。髄質には細尿管（腎細管）が，腎うには集合管の先が伸び，原尿や尿が多く通るが，墨汁を含む血液の量は少なく，ほとんど黒く染まらない。

〈腎臓の構造〉

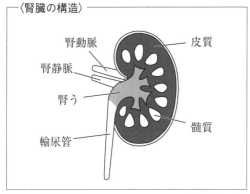

腎動脈
腎静脈
腎う
輸尿管
皮質
髄質

11 … ③

第3問 （生物の多様性と生態系）

　Aは日本のバイオームと遷移，管理について，知識問題とグラフの解析問題が，Bは外来生物の影響と管理について知識に基づく読解問題が出題された。グラフの解析は，慌てずに選択肢を検討していけば正答にたどり着ける。外来生物に関しては定義が与えられているので，問題文を丁寧に読めば迷わずに解けるだろう。

問1　日本は年降水量が十分に多いため，高山や砂浜などの一部を除いて森林のバイオームが成立する。その分布は主に年平均気温によって決まり，南から北に向かって亜熱帯多雨林，照葉樹林，夏緑樹林，針葉樹林が形成される。標高が高くなるにつれて気温が下がるため，この植生の変化は標高に沿っても見られる。針葉樹林も形成できなくなり，それ以上は森林が見られなくなる標高を森林限界という。北海道では本州中部よりも気温が低いため，より低い標高でも気温が低下し，森林ができなくなる。

〈気候とバイオーム〉

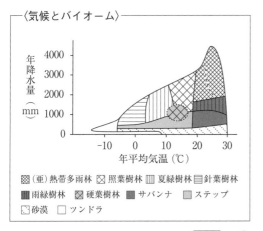

年降水量（mm）

年平均気温（℃）

▨（亜）熱帯多雨林　▧照葉樹林　▥夏緑樹林　▤針葉樹林
▨雨緑樹林　▨硬葉樹林　■サバンナ　▨ステップ
▨砂漠　□ツンドラ

12 … ④

問2　湖沼から始まる湿性遷移では，初めは植物プランクトンが生産者となる。動物プランクトンは光合成を行うことができないので，生産者にはならない。よって，ⓑは誤り。植物プランクトンの枯死体が水底に堆積すると，利用できる養分が増えるほか，水深が浅くなることで水底付近まで光が届くようになり，植物体全体が水中にある沈水植物が優占する。その後，植物体全体が水面に浮かぶ浮葉植物が増えると，沈水植物は光を利用できなくなり，数を減らしていく。これらの植物の枯死体が堆積し，ある程度水深が浅くなると，水底に根を張り，植物体を空中まで伸ばす抽水植物が生育できるようになる。すると，浮葉植物も光を利用しにくくなり，数を減らしていく。このように遷移の進行にしたがって水深が変化し，それに応じて植生が変化する。よって，ⓐは正しい。その後遷移が進むと，湖沼は次第に草原となり，陸上における乾性遷移と同じく，気温や降水量によって森林となることもある。よって，ⓒは正しい。

解答のポイント　湿性遷移

段階1
植物プランクトンが主な生産者となる。
底は暗く，光合成ができない。

段階2
プランクトンの枯死体により，底が浅くなり有機物も増える。
沈水植物が主な生産者となる。

段階3
さらに底が浅くなり，有機物も増える。
浮葉植物が増え，水中は暗い。

段階4
さらに底が浅くなる。
抽水植物が主な生産者となる。

段階5
湖沼が無くなり，湿原や草原になる。
以降は陸上の遷移と同様の過程をたどる。

13 … ⑤

問3　グラフを読み取り，選択肢の割合を検討していこう。

① 全ての植物における希少な草本の種数の割合は，火入れと刈取りの両方を毎年行う区域Ⅱでは，3.8÷28≒0.14 となる。一方で，火入れと刈取りのどちらかのみを毎年行う区域Ⅲ，区域Ⅳでは，それぞれ 5÷25＝0.2，4÷25＝0.16 となり，火入れと刈取りの両方を毎年行う方が割合が小さい。よって，誤り。

② 火入れを毎年行う区域Ⅳでは，全ての植物は平均 25 種，希少な草本は平均 4 種である。一方，管理を放棄した区域Ⅴでは，全ての植物は平均 22.5 種，希少な草本は平均 4.5 種であり，全ての植物の種数は減っている。よって，誤り。

③ 伝統的管理を行う区域Ⅰでは，全ての植物は平均 36 種，希少な草本は平均 8.3 種である。一方，火入れと刈取りを毎年行う区域Ⅱでは，全ての植物は平均 28 種，希少な草本は平均 3.8 種であり，どちらも伝統的管理を行う方が多い。よって，正しい。

④ 管理を放棄する区域Ⅴでは，全ての植物における希少な草本の割合は，4.5÷22.5＝0.2，伝統的管理を行う区域Ⅰでは，8.3÷36≒0.23 であり，伝統的管理を行う方が大きい。よって，誤り。

14 … ③

問4　リード文に「人間活動によって本来の生息場所から別の場所に移動させられ，その地域に棲み着いた生物」を外来生物ということが示されている。この記述をもとに選択肢を読んでいこう。

① アジア原産のクズが北米に持ち込まれているので，このクズは外来生物となる。

② 人工的に育てたサクラマスを本来の生息地に戻しているが，異なる生息地の生物を持ち込んでいるわけではないので外来生物とはいえない。

③ イタチは本来の生息場所である本州から，異なる場所である島に移動している。このように，同じ国内でも本来の生息場所ではない場所に移動させれば外来生物であり，同じ国内での外来生物を特に国内外来種という。

④ メダカ自体はもとの生息地に戻っているため外来生物ではないが，メダカに感染していた細菌は外国から持ち込まれたものであり，外来生物である。

15 … ②

問5　外来生物が生態系に与える影響は，外来生物の個体数が多い方が強くなると考えられる。外来生物を根絶できない場合，定期的に除去して常に個体数を低く抑えることで，外来生物の影響を小さくすることができる。よって，①は正しい。外来生物として生態系に影響を与える生物は，家畜か否かとは関係がない。家畜は，本来生息していない場所で飼育されることが多く，生態系に放たれると，生態系を破壊しながら数を増やす可能性がある。一部の島で，家畜のヤギが野生化し，島の植生を破壊しているなど，家畜が外来生物となる例も多い。また，ペットとして飼われている生物も広義には家畜に含まれる。ペットとして持ち込まれたアライグマやアカミミガメ（ミドリガメ），近年はネコなどが外来生物として問題となっている。よって，②は誤り。生態系は様々な生物が食物連鎖などの相互作用で繋がっている。外来生物と餌をめぐって競争する別の種を新たに導入すると，餌となる生物はより減少し，絶滅に近づく可能性も考えられる。また，外来生物が侵入する前から，餌となる生物と相互作用を持っていた生物も，個体数が減ったことによる影響を受けることが考えられる。このような影響は次第に広がり，生態系のバランスが回復できない程度まで進行することがある。よって，③は誤り。新たに外来生物が見つかったとき，見つかった直後は数が少ないことも多く，根絶できる可能性が高い。しかし，一度増殖すると，個体数が増えたことで，駆除したときに捕獲しきれないものが生じ，駆除を逃れたものが再び増殖することになる。一度このような状態になると，根絶することが難しくなる。よって，④は誤り。なお，発展的な内容であるが，生物の増加速度は個体数が多い方が速い。

16 … ①

地 学 基 礎

第1回　解　答　と　解　説

問題番号(配点)	設問		解答番号	正解	(配点)	自己採点	問題番号(配点)	設問	解答番号	正解	(配点)	自己採点
第1問(20)	A	1	101	1	(各3)		第3問(10)	1	110	4	(各3)	
		2	102	3				2	111	3		
		3	103	4	(4)			3	112	1	(4)	
	B	4	104	6	(各3)		自己採点小計					
		5	105	2			第4問(10)	1	113	4	(各3)	
		6	106	1	(4)			2	114	4		
自己採点小計								3	115	2	(4)	
第2問(10)		1	107	1	(3)		自己採点小計					
		2	108	2	(4)							
		3	109	4	(3)		自己採点合計					
自己採点小計												

解 説

第1問 (地 球)

A (地球と火星)

問1　ア　地球の表面(海面上)での平均気圧である1気圧は約1013 hPaであり，火星表面の大気圧約6.1 hPaの

$$\frac{1013}{6.1}=166≒1.7×10^2〔倍〕$$

なので，現在の火星表面の大気圧は，地球の大気圧の約170分の1倍である。

イ　大気の温室効果は，地表から放射された赤外線を吸収して暖められた大気が，吸収したエネルギーの一部を赤外線として地表に向けて再放射することで，地表付近の温度が高くなる現象である。大気に含まれている水蒸気や二酸化炭素，メタンなどの気体成分は，地表から放射される赤外線を吸収しやすい性質をもっており，大気の温室効果を強めるため，温室効果ガスとよばれる。

101 … ①

問2　それぞれの選択肢を確認する。

① 誤りである。原始海洋は，原始大気に含まれていた水蒸気が凝結し，雨となって地表に降って形成されたものである。

　地球は約46億年前に，原始太陽系円盤の中で微惑星がたがいに衝突・合体をくり返すことで誕生した。原始大気は，微惑星に含まれていた揮発性成分が放出されて形成され，水蒸気と二酸化炭素を主成分としていたために，温室効果が強かった。微惑星の衝突熱と原始大気の温室効果で地球表面の温度が上昇すると，岩石がとけてマグマとなって地球全体を覆い，マグマオーシャンが形成された。

　マグマオーシャンの中では，微惑星に含まれていた重い金属成分が沈んで，マグマオーシャンの底からさらに下へと沈み込んでいき，下の層の岩石成分と金属成分は代わりに浮かび上がって，マグマオーシャンに取り込まれることをくり返した。こうして，地球の内部では金属成分の核と岩石成分のマントルの二層構造が形成された。

　その後，微惑星の衝突頻度が低下したことで，高温だった地球表面の温度が徐々に低下していき，原始大気中の水蒸気が凝結して雨となって原始海洋が形成され，冷えたマグマオーシャンの表面には原始地殻が形成された。

② 誤りである。石炭は，古生代中頃に植物が陸上に進出して以降に，植物の遺骸が地中に埋没してできたものである。原始海洋が形成されたときに原始大気から海洋に吸収された二酸化炭素は，海水中のカルシウムと結びついて，炭酸カルシウムとして海底に沈殿して石灰岩となった。

③ 正しい内容である。溶岩が水中を流れて冷え固まったことを示す枕状溶岩や，水中での堆積作用を示す堆積岩は，当時の地球に液体の水が存在していたこと，すなわち，原始海洋がすでに誕生していたことを示す証拠となる。グリーンランド南部からカナダ北部にかけて，約40億〜38億年前の枕状溶岩や礫岩や石灰岩起源の変成岩などが見つかっており，この時代までにすでに原始海洋が誕生していた証拠となっている。

④ 誤りである。原始海洋の誕生直後には，酸素を発生する光合成を行う生物がまだ出現していなかったため，大気中に大量の酸素が放出されることもなかった。

　酸素を発生する光合成を最初に行った生物は，原核生物のシアノバクテリアである。シアノバクテリアは遅くとも太古代(始生代)末の約27億年前までには出現していたが，シアノバクテリアが放出した酸素は最初は海水中の鉄イオンを酸化・沈殿させて縞状鉄鉱層をつくるのに使われていたため，大気中で酸素が急激に増加したのは，原生代初期の全球凍結が起こった約23億〜22億年前頃だと考えられている。

102 … ③

問3　問題文より，惑星表面の重力はその惑星の質量に比例し，半径の2乗に反比例するとみなせることが示されている。半径が地球の約0.5倍である火星の表面での重力が，地球表面の約0.4倍なので，火星の質量を地球の質量のx倍とすると，

$$0.4=\frac{x}{0.5^2}$$

より

$$x=0.4×0.5^2=0.4×0.25=0.1〔倍〕$$

となる。すなわち，火星の質量は地球の質量の約0.1倍である。

　平均密度は質量を体積で割ることで求めることができ，地球と火星を完全な球として扱うならば，球の体積は半径の3乗に比例するので，

火星の平均密度は地球の平均密度の

$$\frac{0.1}{0.5^3}=\frac{0.1}{0.125}=0.8 \text{〔倍〕}$$

である。

$$\boxed{103} \cdots \text{④}$$

問4　次の図は，火山地形と火山を形成したマグマの粘性との関係を示したものである。

火山岩名		玄武岩	安山岩	デイサイト 流紋岩
深成岩名	かんらん岩	斑れい岩	閃緑岩	花こう岩
化学組成による岩石の分類	超苦鉄質岩	苦鉄質岩	中間質岩	ケイ長質岩
SiO₂量		約45質量% 約52質量% 約66質量% 少ない ←――――――→ 多 い		
マグマの性質		高温 (約1200℃) ←―― 温度 ――→ 低温 (約900℃)		
		低い (流れやすい) ←―― 粘 性 ――→ 高 い (流れにくい)		
噴火のしかた		穏やか 溶岩流 ←――――→ 爆発的 火砕流		
火山地形		盾状火山 キラウェアなど 成層火山 富士山など 溶岩台地 デカン高原など		溶岩ドーム (溶岩円頂丘) 昭和新山など

盾状火山は，粘性が小さい玄武岩質マグマの噴火でつくられる。SiO₂含有量が少ない玄武岩質マグマの噴火は，溶岩流の流出を中心としたおだやかな活動が中心となり，ゆるい傾斜をもつ盾状火山を形成する。

溶岩ドーム（溶岩円頂丘）は，粘性が大きい流紋岩質マグマの噴火でつくられる。溶岩ドームはときに崩壊して，火山砕屑物と火山ガスが混合した火砕流を起こすこともある。

成層火山は，安山岩質マグマを中心としたさまざまな性質のマグマの噴火によってつくられる。マグマの温度やSiO₂含有量の変化によって，噴火ごとにマグマの粘性が変化し，火山砕屑物の放出や火砕流をともなう粘性の大きいマグマによる爆発的な噴火と，溶岩流をともなう粘性の小さいマグマによるおだやかな噴火をくり返して，火山砕屑物と溶岩が交互に積み重なると成層火山ができる。

表1に挙げられた地球の火山のうち，日本の富士山は玄武岩質～安山岩質のマグマの活動でできた成層火山，日本の昭和新山は流紋岩質マグマの火山活動でできた溶岩ドーム（溶岩円頂丘），ハワイのマウナ・ロアは玄武岩質マグマの火山活動でできた盾状火山である。ここで，表

1に挙げられた地球の火山3つと火星のオリンポス山の傾斜を比較してみる。

次の図のように，山の高さをすそ野の半径（直径の半分）で割ると，山の斜面の平均の傾斜角θに対するtanθが求まり，tanθが大きいほど傾斜が急な火山地形となる。

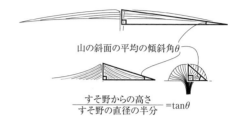

$$\frac{\text{すそ野からの高さ}}{\text{すそ野の直径の半分}}=\tan\theta$$

オリンポス山の高さをすそ野の半径（直径の半分）で割ると，

$$\frac{27\times10^3}{600\div2\times10^3}=0.0900 \text{〔倍〕}$$

であり，同様に日本の富士山は，

$$\frac{3700}{40\div2\times10^3}=0.185 \text{〔倍〕}$$

日本の昭和新山は，

$$\frac{170}{300\div2}=1.133 \text{〔倍〕}$$

ハワイのマウナ・ロアは，

$$\frac{4200}{90\div2\times10^3}=0.0933 \text{〔倍〕}$$

となるので，オリンポス山の傾斜は，表1の火山ではマウナ・ロアの傾斜に近く，tanθが小さいゆるやかな傾斜である。また，傾斜だけでなく火山自体の大きさも，マウナ・ロアが最もオリンポス山に近い。よって，オリンポス山はマウナ・ロア同様に，大量に噴出した玄武岩質マグマがゆるやかな斜面をつくることでできた盾状火山だと考えられる。

マウナ・ロアは，ハワイのホットスポットでの玄武岩質マグマの活動でできた盾状火山である。オリンポス山も火星のホットスポットでできた盾状火山であり，形成時にはすでに火星のプレートがほとんど動いていなかったため，火口がホットスポットの上からほとんど動かずに玄武岩質マグマの噴出をくり返し，巨大な山体を形成したと考えられている。

次の図は，火成岩の分類と構成鉱物を示したものであり，玄武岩質マグマが地表で急冷されてできる玄武岩の主な構成鉱物は，斜長石，かんらん石，輝石である。

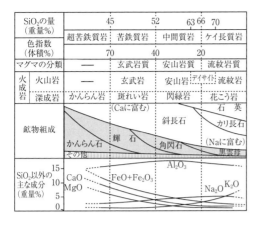

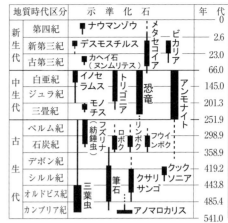

・太線は特に繁栄した時期を示している（×百万年前）

なお，問題の表1は傾斜の比較のみが目的なので，マウナ・ロアの海面上に出た部分のみの高さとすそ野の直径を用いているが，太平洋の海底をすそ野とみなすと，すそ野からの高さは約10000 m，すそ野の直径は約200 kmもある。マウナ・ロアはオリンポス山には及ばないものの，地球で最大の体積をもつ火山である。

104 … ⑥

B（地層と岩石）

問5 　ウ 　次の図は，主な示準化石の示す年代をまとめたものである。泥岩層から見つかったフズリナ（紡錘虫）は，古生代石炭紀〜ペルム紀に繁栄した有孔虫である。また，砂岩層から見つかったカヘイ石（ヌンムリテス）は，新生代の古第三紀に繁栄した有孔虫である。

礫岩層は，泥岩層と砂岩層の侵食面の上に不整合に堆積しているので，泥岩層や砂岩層よりも新しい。よって，礫岩層から見つかる可能性があるのは，フズリナが生息していた古生代石炭紀〜ペルム紀や，カヘイ石（ヌンムリテス）が繁栄していた新生代の古第三紀よりも新しい時代の示準化石である。

選択肢の示準化石のうち，ビカリアは新生代新第三紀の温暖な汽水域（河口など，淡水と海水が入り混じっている水域）に繁栄した巻き貝であり，モノチスは中生代の三畳紀に繁栄した二枚貝である。よって，礫岩層から見つかる可能性があるのはビカリアの化石である。

　エ 　泥岩が接触変成作用を受けてできる変成岩はホルンフェルスである。デイサイトは別名を石英安山岩ともいう，安山岩と流紋岩の中間のSiO_2含有量をもつ火山岩であり，接触変成岩ではない。

105 … ②

問6 　それぞれの文を確認する。

a 　正しい内容である。新生代のカヘイ石（ヌンムリテス）は古生代のフズリナよりも新しい時代の示準化石なので，砂岩層は泥岩層よりも後に堆積したとわかる。よって，泥岩層と砂岩層の境界面は，先に堆積した泥岩層が侵食を受けた後に，その上に新しい砂岩層が不整合に重なって堆積したことになり，現在は泥岩層の方が上側にあるのは，褶曲を受けて泥岩層と砂岩層の上下が逆転したためだと考えられる。すなわち，不整合面である泥岩層と砂岩層の境界面付近の砂岩層には，次の図のように，古い泥岩層が侵食を受けてできた礫（基底礫岩）が含まれている可能性がある。

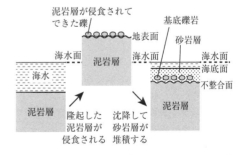

b 　正しい内容である。安山岩は貫入した泥岩層に接触変成作用をもたらしているが，礫岩層に切られているので，形成順序は，泥岩層→安山岩→礫岩層である。一方で，砂岩層は

aで解説したように，泥岩層が侵食を受けた後に不整合に堆積しており，礫岩層は砂岩層が泥岩層とともに侵食を受けた後に不整合に堆積しているので，形成順序は，泥岩層→砂岩層→礫岩層である。

安山岩と砂岩層の新旧関係については，仮に砂岩層が安山岩の貫入で接触変成作用を受けていたり，あるいは砂岩層に安山岩が侵食された礫が含まれたりしていればはっきりするが，図1の崖では砂岩層は安山岩と接しておらず，新旧を判別できない。よって，安山岩が泥岩層に貫入した時代は，砂岩層が堆積した時代よりも古い可能性も新しい可能性も両方ありうる。

106 … ①

第2問 (積乱雲と雷と霰)

問1　積乱雲は，豊富な水蒸気を含む大気が強い上昇気流で持ち上げられることで発生・発達する。積乱雲の発生・発達には，地表付近の大気が水蒸気を豊富に含んでいて，なおかつ上昇気流が発生しやすいことが必要である。高温の大気ほど密度が小さいので，地表付近の大気が暖かく，上空の大気が冷たいほど上昇気流が発生しやすい。

冬季の日本付近では，北西の大陸にシベリア高気圧が，東の海上に低気圧が発達する西高東低の気圧配置となるため，大陸から日本列島に向かって冷たく乾いた北西の季節風が強く吹く。日本海には黒潮から分かれて北上する暖流(対馬海流)が流れており，水温が高い。そのため，北西から吹く季節風が日本海を越えるときには，冷たく乾いた大気へと暖かい海水からの蒸発がさかんに起こり，水蒸気が海面から大気へと大量に供給される。このとき海面付近の大気は，海水と接する部分が暖められるだけでなく，海面から蒸発した水蒸気が凝結して雲をつくることで放出される潜熱によっても暖められる。上空には北西から吹く季節風の冷たい空気があるため，暖かい海面付近から冷たい上空に向かって上昇気流が発生し，積雲が発生する。この状態は北西の季節風が本州に上陸するまで続くため，本州の日本海側沿岸部に到達する頃には，積雲はさらに成長して積乱雲になる。こうして本州日本海側の沿岸部では，積乱雲の強い上昇気流のなかで衝突をくり返す氷の粒と水の粒のあいだで電荷の偏りが生じ，雷がさかん

に発生する。

なお，本州上陸後は日本海からの熱と水蒸気の供給が途絶えて積乱雲の成長は止まるが，脊梁山脈にぶつかると斜面を上昇し，山脈の日本海側に大量の降雪をもたらす。

107 … ①

問2　問題文の下線部にあるように，積乱雲内部で霰となる氷の粒の成長は，氷の粒が周囲の水蒸気を取り込んで成長していることから，水蒸気(気体)が水(液体)を経ずに直接氷(固体)になる凝華(昇華)である。(かつては気体→固体の「昇華」を固体→気体との区別のため「昇華(凝結)」ともいったが，気体→液体の「凝縮」を気象分野では「凝結」というので，混同を避けて気体→固体は「凝華(昇華)」が一般的になった。)

以下，それぞれの選択肢を確認する。

① つららは，建物の軒下や岩場などで，雪解け水がたれ落ちる途中で凍ることをくり返して，柱状の氷が形成されたものである。つららは液体の水→固体の氷として成長するので，霰となる氷の粒の成長とは異なる。

② きっちりと閉まっていない冷凍庫内部の壁面についた霜は，扉のすき間から入ってきた外気の水蒸気を取り込んで成長する。すなわち，冷凍庫の霜は霰となる氷の粒と同様に，気体の水蒸気→固体の氷として成長する。

なお，冷凍庫の中で氷がとけて水滴ができると，冷凍庫の霜は水滴から蒸発した水蒸気を取り込んでさらに成長する。積乱雲の中でも同様に，水の粒から蒸発した水蒸気が氷の粒をさらに成長させていると考えられる。

③ 霜柱は，地中の水分が凍結膨張して地表付近の土を持ち上げて柱状に成長したものである。霜柱は液体の水→固体の氷として成長するので，霰となる氷の粒の成長とは異なる。

④ オホーツク海の海氷は，冬季にシベリア高気圧から吹く冷たい季節風によって海面付近の海水が凍ったものである。海氷は液体の水→固体の氷として成長するので，霰となる氷の粒の成長とは異なる。

108 … ②

問3　次の図は，温帯低気圧の構造を示したものである。日本付近では一般的に，温帯低気圧の中心から見て東側で暖気が北側の寒気の上にはい上がって温暖前線が形成され，西側で寒気が南側の暖気の下にもぐり込んで寒冷前線が形成される。温暖前線付近では乱層雲によって広範囲に弱い雨がもたらされるのに対して，寒冷前

線付近では積乱雲によってせまい範囲に強い雨がもたらされ，ときには雷をともなうこともある。

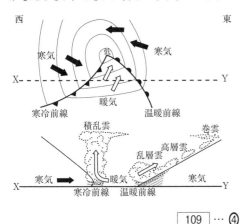

$\boxed{109}$ … ④

第3問 (宇宙の広がり)

問1　$\boxed{\text{ア}}$　太陽と地球の平均距離を1天文単位という。1天文単位は約1億5000万km，すなわち約1.5億kmである。地球は半径1天文単位の円軌道で太陽のまわりを公転しているとみなせる。

　$\boxed{\text{イ}}$　太陽から放たれた光は，1天文単位，すなわち約1.5億kmの距離を30万km/sの速さで地球まで進んでくる。1分は60秒なので，光が太陽から地球まで進むのに要する時間は，およそ

$$\frac{1.5\times10^{8}}{30\times10^{4}\times60}=\frac{500}{60}=8.33\fallingdotseq8〔分〕$$

である。

$\boxed{110}$ … ④

問2　宇宙は，すべての物質が1点に集まった非常に高密度で高温の状態から爆発的に膨張することで始まったと考えられており，これをビッグバンモデルという。誕生直後の宇宙で陽子（水素原子核）と中性子が生まれ，宇宙誕生から約3分後までには，陽子の一部と中性子が結合することでヘリウム原子核が形成された。誕生から間もない宇宙の高温下では，これらの水素とヘリウムの原子核が電子と結合せずにばらばらの状態で存在し，光は自由に運動する電子にくり返し衝突するため直進出来ない状態だった。

　宇宙誕生から約38万年後には，膨張した宇宙の温度が約3000 Kまで冷えたことで，水素原子核（陽子）とヘリウム原子核は電子と結合し，それぞれ電気的に中性な水素原子とヘリウム原子となった。このとき，宇宙空間を飛び回る電子が原子核と結合して減少したことで，宇宙では光が電子に散乱されずに遠くまで直進できるようになった。この現象を宇宙の晴れ上がりという。遠くの宇宙を観測したときに見える最も古い光は，約3000 Kまで冷えた宇宙から放たれて宇宙のあらゆる方向からほぼ同じ強さでやってくる光である。これは宇宙背景放射とよばれており，宇宙背景放射のわずかなゆらぎの観測から宇宙誕生の手がかりを得ることができる。

　なお，初期の宇宙には，宇宙誕生時の超高エネルギーによって生まれた光が豊富に存在していた。恒星や銀河が誕生するのは宇宙誕生から数億年後以降であり，宇宙の晴れ上がりより後の時代である。

　また，次の図は，宇宙の始まりの光が妨げられずに地球まで進んで来るのにかかるはずの距離を基準（宇宙の大きさが1である）としたときの，宇宙の大きさの時間変化を示したものである。誕生直後の宇宙は急激に膨張し，その膨張速度は光よりも速かったが，その後に急激に減速した時期がある。

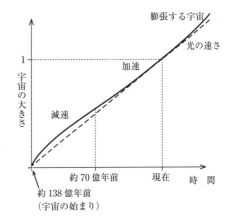

　仮に光が電子に散乱されずに遠くまで直進できたならば，次の図のように，宇宙膨張が減速して遠ざかる速度が遅くなった地球に光が追いつくので，誕生直後の宇宙も現在の地球から観測可能だったはずである。よって，誕生直後の宇宙の膨張速度が光よりも速かったことは，現在の地球で誕生直後の宇宙の光を観測できない理由にはならない。

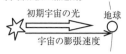

〔宇宙膨張の加速期〕

初期宇宙の光 　地球
宇宙の膨張速度

〔宇宙膨張の減速期を経た現在〕

初期宇宙の光 　地球
宇宙の膨張速度

111 … ③

問3　問題文にあるように，1年間に光が進む距離が1光年なので，銀河の距離を示す光年の数値を，現在から過去の地球へとさかのぼった年数に読みかえればよい。以下，それぞれの選択肢を確認する。

① 正しい内容である。現在の人類である新人（ホモ・サピエンス）が旧人から進化してアフリカで出現したのは，現在観測している小マゼラン雲の光が放たれた約20万年前頃（教科書によっては約30〜20万年前や約20〜15万年前と記載されている）である。

② 誤りである。化石として知られる最古の二足歩行をした人類は，約700万年前の新生代新第三紀のアフリカの地層から発見された初期の猿人であるサヘラントロプス・チャデンシスである。

現在観測しているアンドロメダ銀河（M31）の光が放たれた約230万年前頃の地球では，猿人から進化した原人のホモ・ハビリスが出現している。

③ 誤りである。地球の気候がきわめて寒冷な氷期と比較的温暖な間氷期を数万年周期でくり返すようになったのは約260万年前に始まる新生代第四紀以降のことであり，氷期と間氷期のくり返す周期が約10万年周期になったのは約70万年前以降のことである。

現在観測しているおおぐま座M101の光が放たれた約2270万年前頃の地球は新生代新第三紀の初期にあたり，寒冷化の兆しはあるものの現在よりもずっと温暖な気候で，氷期は存在しなかった。

④ 誤りである。陸上で恐竜や裸子植物が，海洋でアンモナイトや二枚貝類が繁栄していた中生代は，約2億5000万年前から約6600万年前までの時代である。アンモナイトや恐竜は，中生代末の約6600万年前に起きた巨大隕石の衝突にともなう地球規模の環境変動によって絶滅した。

現在観測しているおとめ座M60の光が放たれた約5670万年前頃の地球は新生代古第三紀の初期にあたり，中生代に繁栄していた恐竜と裸子植物に代わって，哺乳類と被子植物の多様化が進み，繁栄を迎えようとしつつあった。

112 … ①

第4問 （九州の火山と災害）

問1　次の図は，日本付近の活火山の分布と，日本付近のプレートの分布と運動を示したものである。日本のようなプレートの沈み込み帯では，火山は海溝から100〜300 kmほど離れた大陸側に分布し，これより海溝側には分布しない。このような，火山の分布で海溝側に見られる限界線を，火山前線（火山フロント）という。

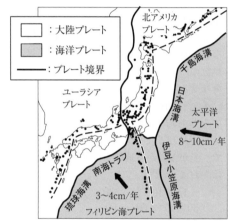

・：活火山　---：火山前線（火山フロント）

九州の南東には南海トラフや琉球海溝があり，フィリピン海プレートがユーラシアプレートの下に沈み込んでいる。雲仙岳も阿蘇山も，このプレートの沈み込みにともなってできた火山であり，南海トラフや琉球海溝に平行な火山前線の大陸側に分布する火山である。

113 … ④

問2　火砕流は，軽石や火山灰，溶岩の破片や山体の破片などの火山砕屑物が，高温の火山ガスと混合し，高速で山の斜面を流れ下る現象である。以下，それぞれの選択肢を確認する。

① 誤りである。火砕流の一般的な温度が数百℃程度なのに対して，溶岩が固まらずに溶岩流として流動するためには1000℃前後の高温が必要である。

② 誤りである。火砕流が30 m/sを越える速

さ(時速にすると約 100 km/h 以上)にしばしば達するのに対して，一般的な溶岩流の速さは，盾状火山のゆるやかな傾斜で 0.2～4 m/s 程度(時速にすると 1～15 km/h 程度)と人の歩く速さくらいで，急傾斜を流れてようやく 10 m/s(時速 36 km)に届く程度である。

③ 誤りである。溶岩ドーム(溶岩円頂丘)の崩壊で火砕流が起きることがあるので，火砕流は溶岩ドームをつくる火山活動で起こりやすい。1991 年の雲仙岳の火砕流も溶岩ドームの崩壊によるものである。

　溶岩ドームをつくるマグマは粘性が大きいため，マグマに溶け込んでいた水蒸気や二酸化炭素などの揮発性成分が抜けにくく，気泡としてマグマが冷えた溶岩や火山砕屑物の内部に閉じ込められてしまう。溶岩ドームが崩壊するときに，閉じこめられていた揮発性成分が圧力の低下で急激に発泡すると火山ガスが大量に生じ，溶岩ドームの破片でできた火山砕屑物と火山ガスが混合したまま高速で斜面を流れ下ることで火砕流となる。

④ 正しい内容である。火山泥流は，火山砕屑物が大量の水と混合して流れ下る現象である。火砕流で運ばれて堆積した火山砕屑物が，川の流れをせき止めたり，雨水や雪解け水などと混合したりすることで，火山泥流を引き起こすことがある。

　　　　　　　　114 … ④

問3　それぞれの文を確認する。

a　正しい内容である。離れた地域の地層どうしが同じ時代の地層であるかを確かめることを地層の対比といい，地層の対比に有効な地層を鍵層という。鍵層に適している地層の特徴で最も重要なものは，特定の期間のみに堆積したことで時代を特定できることと，広範囲に堆積したことで離れた地域の地層と対比できることの 2 つである。

　地表を流れ下る火砕流の堆積物は，大気中を浮遊して広がる火山灰とは異なり，通常は斜面の下方の限られた範囲にしか堆積しない。しかし，約 9 万年前の阿蘇山の噴火による火砕流堆積物は，九州北部の大部分に加えて本州の山口県までの広範囲にわたって非常に短い時間で堆積しているので，このような大規模な噴火による火砕流堆積物ならば，限られた時代について離れた地域の地層と対比することができるという鍵層の条件を十分に満たしている。

b　誤りである。陸上で堆積した火山灰層も，海底で堆積した火山灰層も，約 9 万年前の阿蘇山の噴火で放出された同じ火山灰ならば大気中を浮遊する時間は限られているので，陸上の火山灰層も海底の火山灰層も，ほぼ同時に堆積した同一の鍵層として用いることができる。

　　　　　　　　115 … ②

問題番号 (配点)	設問		解答番号	正解	(配点)	自己採点	問題番号 (配点)	設問	解答番号	正解	(配点)	自己採点
第1問 (20)	A	1	101	2	(各4)		第3問 (10)	1	110	1	(3)	
		2	102	1				2	111	5	(4)	
		3	103	4	(各3)			3	112	2	(3)	
	B	4	104	2			自己採点小計					
		5	105	4			第4問 (10)	1	113	3	(4)	
	C	6	106	3				2	114	4	(各3)	
自己採点小計								3	115	3		
第2問 (10)		1	107	4	(3)		自己採点小計					
		2	108	3	(4)							
		3	109	1	(3)		自己採点合計					
自己採点小計												

解 説

第1問 (地 球)

出題のねらい

　Aでは地球の活動を題材に，問1は海嶺やトランスフォーム断層とプレート境界についての読図を，問2は初期微動継続時間からの震源距離の推測を，問3は断層や地震についての基本的な知識を問う出題とした。海嶺や地震について理解が不十分な箇所はしっかりと復習しよう。Bでは岩石と鉱物を題材に，問4では火山岩の斑状組織の形成過程について，問5では深成岩の等粒状組織における自形と他形について問う出題とした。斑状組織の石基と斑晶も，等粒状組織の自形と他形も，結晶のできる順序の違いで何が起こるかを把握しよう。Cの問6は地球の歴史上のできごとを問う出題とした。生物の進化は，各時代の地球環境の変化とともに覚えよう。

A　(地球の活動)

問1　それぞれの文を確認する。

　a　正しい内容である。海洋底は海嶺で形成されて，プレートの運動とともに海嶺軸から離れていく。海洋底の拡大速度がほぼ一定なので，海嶺でつくられた海洋底の年齢は海嶺軸からの距離にほぼ比例するはずである。次の図のように，地点C，Dの海嶺軸Yからの距離は，地点Bの海嶺軸Xからの距離とほぼ同じなので，地点B〜Dの海洋底の年齢はほぼ同じである。一方で，地点Aの海嶺軸Xからの距離は地点Bの海嶺軸Xからの距離の約3倍なので，地点Aの海洋底の年齢は，地点Bの海洋底の約3倍古いことになる。

☞海洋底の拡大
・海洋底は海嶺でつくられ，海洋プレートの運動とともに海嶺軸から両側に離れていく
・海洋底の拡大速度(プレートの運動速度)が一定ならば，海洋底の年齢は海嶺軸からの距離に比例して，海嶺軸から遠いほど古くなる

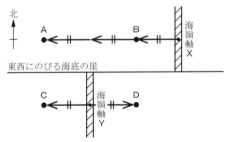

　b　誤りである。次の図は，問題の図1の海底の地形をやや南側から立体的に見たものである。地点A〜Cは海嶺軸X，Yの西側のプレートの上に，地点Dは海嶺軸X，Yの東側のプレートの上にあるので，地点Aと地点Cは同じプレートの上にある。

　海嶺軸X，Yの西側のプレートは海嶺軸から西向きに離れていき，海嶺軸X，Yの東側のプレートは海嶺軸から東向きに離れていく。東西にずれた海嶺軸Xと海嶺軸Yのあいだは，東向きに進むプレートと西向きに進むプレートがすれ違うプレート境界であるトランスフォーム断層になっている。

☞トランスフォーム断層
・プレートどうしがすれ違う境界
・ずれた海嶺軸のあいだや，ずれた海溝のあいだにできる

海洋底は，海嶺軸 X，Y で生産された直後に最も高く（水深が浅く），海嶺軸 X，Y から離れるにつれて低く（水深が深く）なっていく。トランスフォーム断層の東西への延長線上で，海嶺軸 X よりも東側と海嶺軸 Y よりも西側は，海嶺軸からの距離が異なるために海洋底の高さに違いが生じている断裂帯である。

断裂帯をはさむ海洋底（海洋プレート）が同じ方向に動いていることから，断裂帯は異なるプレートどうしの境界ではなく，プレートの内部にできた割れ目であり，海嶺軸 X と海嶺軸 Y にはさまれた部分のみがトランスフォーム断層であることに注意する。

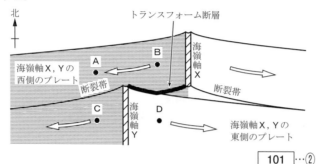

北

トランスフォーム断層

海嶺軸 X，Y の西側のプレート

断裂帯

海嶺軸 X

断裂帯

海嶺軸 Y

海嶺軸 X，Y の東側のプレート

A
B
C
D

| 101 |…②

問2　P波は観測点に最初に到達する地震波であり，S波はその次に観測点に到達する地震波である。観測点にP波が到達してからS波が到達するまでの時間である初期微動継続時間（PS時）は，観測点が震源から遠いほど長くなる傾向がある。海嶺軸付近では，地殻の厚さの変化やマグマの発生などでP波とS波の速度にばらつきができ，完全な比例関係にはならないが，震源からの距離が長いほど初期微動継続時間が長くなる傾向には変わりがない。

各地点における初期微動継続時間を計算すると，
・地点A　14時58分56秒－14時58分40秒＝16秒
・地点B　14時58分25秒－14時58分20秒＝5秒
・地点C　14時59分6秒－14時58分47秒＝19秒
・地点D　14時58分43秒－14時58分32秒＝11秒
となり，震源からの距離は，

地点C＞地点A＞地点D＞地点B

となる。よって，この地震は地点Cから遠く地点Bに近い，次の図のような海嶺軸Xの近くの震源で発生したと考えられる。

なお，もしも震源が海嶺軸Yの近くならば，地点Aと地点B，あるいは地点Cと地点Dは海嶺軸Yからほぼ等しい距離にあるので，地点Aと地点Bで観測される初期微動継続時間はほぼ同じ長さになり，地点Cと地点Dで観測される初期微動継続時間もほぼ同じ長さになるはずである。

☞地震波と震源距離
・P波とS波の速度が一定ならば，震源からの距離 D と初期微動継続時間 T について，比例定数 k を用いて

$$D = kT$$

が成り立つ（大森公式）
・P波とS波の速度が一定でなければ完全な比例関係にはならないが，おおよそ D が長いほど T が長くなる傾向は成り立つ

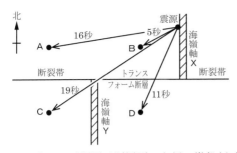

☞各点へのP波の到達時刻順
　だけでも震源の方向はわかる
　ので正答できるが，各点の初
　期微動継続時間からは震源の
　位置も推定できる

　次の左図のように，正断層は断層面の上側の岩盤（上盤）が下側
の岩盤（下盤）に対して下方向にずれた断層であり，水平方向に
引っ張る力が岩盤に加わってできる。一方で，逆断層は次の右図
のように，上盤が下盤に対して上方向にずれた断層であり，水平
方向に圧縮する力が岩盤に加わってできる。

　プレートが拡大する境界である海嶺軸付近では，海洋プレート
が海嶺軸から離れていくことによって，海底の岩盤には水平方向
に引っ張る力がはたらく。そのため，海嶺軸付近には正断層が多
く形成される。

☞正断層
・上盤が下盤に対して下方に落
　ちた断層
・水平方向に引っ張る力が岩盤
　に加わってできる

☞海嶺軸付近の断層
・水平方向に引っ張る力が岩盤
　に加わってできる正断層が多
　い

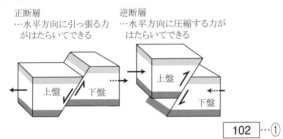

正断層
…水平方向に引っ張る力
　がはたらいてできる

逆断層
…水平方向に圧縮する力が
　はたらいてできる

| 102 |…①

問3　それぞれの選択肢を確認する。
① 誤りである。活断層は，過去数十万年間に活動をくり返して
　おり，今後も活動する可能性が高いと考えられる断層である。
　　なお，地震によって震源断層の一部が地表にまで達している
　断層は，地震断層（地表地震断層）とよばれる。活断層のなかに
　は，地震断層（地表地震断層）ではない活断層も存在する。

② 誤りである。リソスフェアは，地殻とマントル最上部からな
　るかたい岩石層で，複数枚のプレートに分かれて固体地球の表
　層を水平方向に運動している部分である。また，アセノスフェ
　アは，リソスフェアの下にあるやわらかくて流動しやすい岩石
　層である。
　　断層による岩盤の破壊は，岩石が流動するほどやわらかいア
　セノスフェアでは起こらず，岩石がかたいリソスフェアでのみ
　起こる。そのため，地震の震源となりうるのは，プレートの内
　部か，プレートどうしの境界にかぎられる。次の左図のように，
　震源の深さが100 kmよりも浅い地震はプレートが拡大する境
　界，収束する境界，すれ違う境界のすべてのプレート境界に多
　く発生している。しかし，次の右図のように，震源の深さが
　100 kmよりも深い地震が発生しているのは，リソスフェアが
　100 km以上の深さに達するような，プレートが収束する境界（沈

☞活断層
・過去数十万年間に活動をくり
　返している証拠があることか
　ら，今後も活動する可能性が
　高いと考えられる断層

☞リソスフェア
・地殻とマントル最上部からな
　るかたい岩石層
・固体地球の表層を複数枚のプ
　レートに分かれて水平方向に
　運動している

☞アセノスフェア
・リソスフェアの下にあるやわ
　らかくて流動しやすい岩石層
・断層による岩盤の破壊（地震）
　は起こらない

み込む境界または衝突する境界)に限られている。

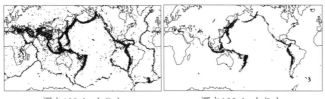

深さ100 kmよりも 浅い震源の分布	深さ100 kmよりも 深い震源の分布

③ 誤りである。地震はある程度近い場所で一定期間内に連続的に発生することが多く，そのなかで最も大きい地震を本震といい，本震の後に引き続き起こる地震を余震という。本震より前に起こる地震は前震といい，本震の後に起こる余震とは区別する。

なお，余震の多くは本震の震源断層面沿いで発生するため，余震の震源分布から本震の震源断層の広がりを知ることができる。ただし，どの地震が本震であるかは，一連の地震活動が終了した後でなければわからない。2016年の熊本地震のように，後から規模がさらに大きい地震が発生して本震となり，先に発生していた地震は本震ではなく前震だったという扱いになる可能性もあるため，近年は気象庁などによる地震発生後の情報の発表において，「余震」への注意ではなく「同程度の地震」への注意を呼びかける傾向がある。

④ 正しい内容である。上盤が下盤に対して上方向にずれた逆断層では，本来下位にあった古い地層が断層面をはさんで新しい地層の上側に接することがある。たとえば次の図では，地層累重の法則にしたがって古い時代から新しい時代へと1→2→3→4→5→6→7の順に下位から上位へと重なり合った地層が，逆断層によってずらされることで，逆断層の断層面をはさんで，古い時代3の地層が新しい時代6の地層の上側に接している。

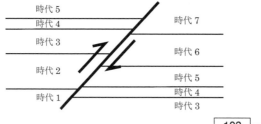

時代5
時代4
時代3
時代2
時代1

時代7
時代6
時代5
時代4
時代3

103 …④

B （岩石と鉱物）

問4 火成岩は，その岩石組織の違いによって深成岩と火山岩に分類でき，安山岩は火山岩である。火山岩は，マグマが地下の浅い場所に貫入したり地表に噴出したりして急に冷え固まってできた岩石であり，液体のマグマのまま地表付近まで上昇した部分が急冷されて細かい結晶やガラスの集まり(石基)として固結し，地下の深いところですでに大きく成長した結晶(斑晶)を取り囲んでいる斑状組織を示す。

☞余震
・最も大きい地震(本震)のあとに引き続いて起こる地震
・余震の震源分布から本震の震源断層の広がりがわかる

☞地層累重の法則
・整合または不整合に重なり合った地層では，形成時に下位にあった地層は上位にあった地層よりも古い
・断層をはさんで接する地層どうしや，褶曲によって形成時と上下が逆転した地層では，見た目の上下関係から地層の新旧は判断できないことに注意する

☞火山岩
・マグマが地下の浅い場所で急冷してできた岩石
・地下の深部で大きく成長した結晶(斑晶)を，地表付近でマグマが急冷してできた細かい結晶やガラスの集まり(石基)が取り囲む，斑状組織を示す

104 …②

問5　花こう岩のような深成岩は，マグマが地下の深い場所でゆっ
くり冷え固まってできた岩石であり，すべての結晶が十分に成長
して，大きさのほぼそろった粗粒の結晶がたがいにすき間なく接
している等粒状組織を示す。深成岩の等粒状組織では，マグマか
ら先に晶出する鉱物は結晶面本来の形で囲まれた自形となるが，
後から晶出する鉱物は，他の鉱物のすき間を埋めるように成長し，
結晶面本来の形で囲まれていない他形となる。

　　石英が花こう岩中で六角柱状の水晶にならないのは，石英が晶
出する順序の遅い鉱物であり，他の結晶のすき間を埋める他形と
なるからである。石英が水晶として六角柱状の自形をとることが
できるのは，岩石中の割れ目などの周囲の鉱物に成長を邪魔され
ない空間で，SiO_2 成分が溶け込んだ熱水から晶出する場合などに
限られる。

105 …④

☞深成岩
・マグマが地下深部でゆっくり
　冷えてできた岩石
・粗粒の結晶がたがいにすき間
　なく接している等粒状組織を
　示す
・先に晶出する鉱物は結晶本来
　の形（自形）となるが，後から
　晶出する鉱物は，他の鉱物の
　すき間を埋めるように成長し
　た形（他形）となる

C　（地球の歴史）
問6　それぞれの選択肢を確認する。
　①　誤りである。かたい殻や骨格をもつアノマロカリスやハルキ
　　ゲニアなどの生物を数多く含む澄江動物群やバージェス動物群
　　が出現したのは，古生代初めのカンブリア紀である。原生代以
　　前の先カンブリア時代には，かたい殻や骨格をもつ生物はほと
　　んどいなかった。
　②　誤りである。シアノバクテリアは，少なくとも太古代（始生代）
　　末の約 27 億年前までには酸素発生型の光合成を始めていた。そ
　　の証拠に，シアノバクテリアの遺骸が積み重なってできるスト
　　ロマトライトという層状の岩石が，約 27 億年前の地層から見つ
　　かっている。縞状鉄鉱層は，シアノバクテリアの光合成で海水
　　中に放出された酸素が，海水中に溶けていた鉄のイオンと結合
　　して，海底に堆積してできた酸化鉄の地層であり，原生代初め
　　の約 25 億年前～約 20 億年前にさかんに形成された。
　③　正しい内容である。中生代の陸上では，ジュラ紀に恐竜から
　　分岐した鳥類が出現し，白亜紀初めまでには花を咲かせる被子
　　植物が出現した。また，海洋ではアンモナイトが繁栄し，トリ
　　ゴニアやイノセラムスなどの二枚貝類も繁栄した。
　④　誤りである。新生代第四紀の氷期には，極付近の氷床が間氷
　　期よりも拡大するが，氷床の拡大はせいぜい中緯度までであり，
　　原生代の全球凍結のように赤道付近まで地球表面のほぼ全体が
　　氷に覆われたりはしていない。

106 …③

☞地質時代の区分

地質時代区分		年代(百万年前)
新生代	第四紀	2.6
	新第三紀	23
	古第三紀	66
中生代	白亜紀	145
	ジュラ紀	201
	三畳紀(トリアス紀)	252
古生代	ペルム紀(二畳紀)	299
	石炭紀	359
	デボン紀	419
	シルル紀	444
	オルドビス紀	485
	カンブリア紀	541
原生代		2500
太古代(始生代)		4000
冥王代		4600

☞全球凍結
・地球表面のほぼ全体が氷に覆
　われる現象
・原生代の初期（約 23 億～ 22 億
　年前）と後期（約 7.5 億～ 6 億
　年前）に起こった

第2問 (大気と海洋の構造)

出題のねらい

　第2問は大気と海洋の構造を題材に，問1では大気圏の各層に存在する大気の質量比の計算を，問2では気温の高度変化の主な原因を，問3では海洋の各層の性質を問う問題を出題した。大気海洋分野に関する基本的な知識を身につけたうえで理解を深め，計算問題にも対応できるようにしておこう。

問1　各高度における気圧は，その上に存在する大気の重さに比例する。次の図のように，地表(対流圏の下端)の気圧 1013 hPa は，地表より上(対流圏〜熱圏)にある地球大気全体の重さに比例する。同様に，対流圏界面(対流圏と成層圏の境界)の気圧 220 hPa は，対流圏界面より上(成層圏〜熱圏)にある大気の重さに比例し，成層圏界面(成層圏と中間圏の境界)の気圧 0.80 hPa は，成層圏界面より上(中間圏〜熱圏)にある大気の重さに比例する。

　成層圏にある大気の重さは，対流圏界面の気圧 220 hPa から成層圏界面の気圧 0.80 hPa を引いた値に比例するので，成層圏の大気が地球全体の大気に占める質量比は，

$$\frac{220 - 0.80}{1013} \times 100 = 21.6 \fallingdotseq 22 \, (\%)$$

と計算できる。

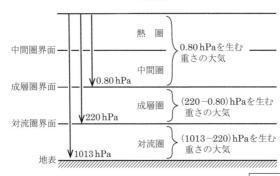

107 …④

問2　地球大気の高度による温度分布は次の図のようになっている。地球の大気は，地表付近と成層圏界面と熱圏上部が高温に，対流圏界面と中間圏界面が低温になっている。大気が高温になっている高度にはそれぞれ，大気を暖めている熱源がある。以上をふまえて，それぞれの選択肢を確認する。

☞気圧
・その上に存在する大気の重さによる圧力

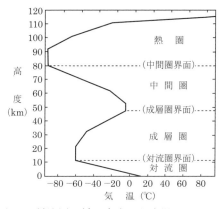

① 誤りである。対流圏が低い高度ほど高温になっている主な原因は，高温の地球内部から伝わる熱ではなく，太陽放射によって暖められた地表による大気の加熱である。

地表を暖める太陽放射のエネルギーの影響は，地球内部から地表へと伝わる熱のエネルギーの影響よりもはるかに大きい。太陽放射のエネルギーの影響が小さいならば，対流圏下層の緯度による温度差はほとんど生じないはずである。次の図のように，地表の単位面積あたりに入射する太陽放射のエネルギーが低緯度ほど大きくなることで，対流圏下層は低緯度で高温に，高緯度で低温になっている。

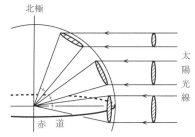

②・③ 成層圏が高い高度ほど高温になっていることと，中間圏が低い高度ほど高温になっていることの主な原因は，成層圏の大気中のオゾンが太陽放射の紫外線を吸収して成層圏の大気を加熱することで，成層圏界面が高温になり，中間圏の大気が下層から暖められているためである。よって，②は誤りであり，③は正しい内容である。

④ 誤りである。熱圏が高い高度ほど高温になっている主な原因は，熱圏の大気中の窒素や酸素が太陽放射のX線や紫外線を吸収して大気を加熱しているためである。可視光線は，地球大気の成分にはほとんど吸収されずに地表まで届き，地表を暖めることで対流圏の下層を高温にしている。

108 …③

問3 それぞれの選択肢を確認する。

① 正しい内容である。表層混合層は，海面の最も近くにある，水深による水温の変化が小さい層である。表層混合層の海水は，太陽放射で暖められて風や波によってよく混合されることで，

☞対流圏の気温
・太陽放射（主に可視光線）を吸収して暖められた地表が，対流圏下層の大気を加熱している

☞成層圏の気温
・オゾンが太陽放射の紫外線を吸収して大気を加熱することで，高い高度ほど高温になっている

☞熱圏の気温
・窒素や酸素が太陽放射のX線や紫外線を吸収して大気を加熱することで，高い高度ほど高温になっている

水温が比較的高く，上下の温度差も小さくなっている。

　表層混合層の水温は，対流圏下層の気温と同様に，太陽高度の季節変化の影響を強く受ける。中緯度地域は，太陽高度の季節変化による夏季と冬季の海面付近の水温の変化が大きいため，1年間での表層混合層の水温変化も，赤道付近よりも大きい。

② 誤りである。表層混合層の水温は高温で季節変化が大きく，深層の水温は低温で一年中ほぼ一定である。高温の表層混合層と低温の深層の間をつなぐ領域である水温躍層（主水温躍層）の水温は，水深が深くなるにつれて急激に低くなるが，季節による水温の時間変化は表層混合層の水温の変化を受けて起こるので，表層混合層よりも夏季と冬季の水温差は小さい。

③ 誤りである。深層は海底付近の低温で高密度な海水の層であり，深層の水温は緯度や季節によらず，約1〜3℃で一定となっている。

④ 誤りである。深層の海水は海面付近の風による影響を受けての運動はしないが，水温や塩分の違いによる海水の密度差で運動している。

　海水は，水温が低く塩分が高いほど密度が高くなり，海水の密度差によって鉛直方向の循環が生じる。北極や南極周辺で海水が凍るときに，塩類は氷に取り込まれずに周囲の海水に蓄積するので，結氷から取り残された海水の塩分は高くなっていき，低温・高塩分のために高密度になる。この海水は密度差によって海洋深部に沈み込んでいき，約1000〜2000年かけて非常にゆっくりと深層を流れた後に，再び表層に戻る。このような深層の海水の大循環を深層循環という。

| 109 |…①

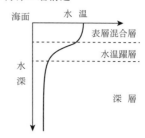

☞海洋の層構造

☞深層循環
・北極や南極周辺で結氷に取り残された海水が低温・高塩分になって深層へと沈み込み，約1000〜2000年かけて深層を流れて再び表層に戻る

第3問 （太陽系の惑星）

出題のねらい

第3問は太陽系の惑星の分類を題材に，問1では個々の惑星の特徴について，問2では地球型惑星と木星型惑星の物理的性質について，問3では巨大ガス惑星と巨大氷惑星の分類について出題した。各惑星の特徴と分類について，ポイントをおさえて確認しておこう。

問1 ┃ ア ┃・┃ イ ┃ 地球以外の地球型惑星で「二酸化炭素が主成分の大気をもつ」のは金星と火星である。形成直後の地球型惑星はすべて二酸化炭素を主成分とする大気をもっていたが，地球では原始大気中の二酸化炭素の大部分が，海中での沈殿や生物活動などで石灰岩や有機物を形成するために使われ，大気中から減少したと考えられている。

　水星は地球と比べて半径が4割未満，質量が約18分の1という太陽系最小の惑星であり，表面での重力が小さいために，大気を引きつける力が弱い。さらに，太陽から至近距離にあるために，吹きつける強い太陽風の影響を強く受ける。そのため，水星は大気をほとんどもたず，希薄な気体成分がわずかに観測されるとしても，太陽からもたらされる水素やヘリウム，表面の岩石から放出される酸素やナトリウム，マグネシウムなどであり，それらの気体成分もすぐに宇宙空間に吹き飛ばされてしまい，つねに入れかわっている。

┃ ウ ┃・┃ エ ┃ 木星と土星を除いた木星型惑星は天王星と海王星であり，天王星と海王星のうち，「自転軸が他の惑星に対して横倒し」なのは天王星である。

　太陽系のほとんどの惑星は，自転軸の方向は公転面にほぼ垂直で，地球と同じ向きに自転している。しかし，金星は自転軸の方向は公転面にほぼ垂直だが，地球とは逆向きに自転している。また，天王星の自転軸は公転面に垂直な方向から約90°傾いており，他の惑星の自転軸に対して横倒しの状態で自転している。

┃ 110 ┃…①

問2 それぞれの分岐を確認する。

┃ あ ┃ 次の表は，太陽系の惑星の物理的性質をまとめたものである。この表をもとに，「はい」が地球以外の地球型惑星（水星，金星，火星）に，「いいえ」が木星型惑星（木星，土星，天王星，海王星）になるような分岐を探せばよい。

　自転周期に着目すると，地球は地球型惑星で最も自転周期が短く，木星型惑星の自転周期はさらに短いことがわかる。よって，**c**の「自転周期が地球より長い」に対して，「はい」の地球以外の地球型惑星，「いいえ」の木星型惑星を分類できる。

　地球型惑星の自転周期は細かい知識だが，**a**の「半径が地球より大きい」に対する「はい」が地球型惑星ではなく木星型惑星に

☞金星の大気
・二酸化炭素を主成分とする約90気圧の厚い大気
・強い温室効果で金星の表面温度を約460℃にしている

☞火星の大気
・二酸化炭素を主成分とする約0.006気圧の薄い大気
・温室効果があまりはたらかないので，火星の表面温度は−143〜27℃程度しかない

☞水星の大気
・重力が小さく，強い太陽風で飛ばされるので，ほとんど大気をもたない

☞太陽系の惑星の自転軸
・金星（逆向き）と天王星（横倒し）以外は地球とほぼ同じ向き

☞太陽系惑星の平均密度
・地球が最も高い（約5.5 g/cm³）
・土星が最も低い（約0.7 g/cm³）

なってしまうことと，bの「平均密度が地球より高い」について
は太陽系で最も平均密度が高い惑星が地球であることを知ってい
れば，消去法でcが最も適当だと導ける。

惑星名	赤道半径 (km)	質量 (地球=1)	平均密度 (g/cm³)	自転周期 (日)	偏平率
水星	2440	0.055	5.43	58.65	0.0006未満
金星	6052	0.815	5.24	243.02(逆)	0.0002未満
地球	6378	1	5.51	0.997	約0.003
火星	3396	0.107	3.93	1.026	約0.005
木星	71492	317.83	1.33	0.414	約0.06
土星	60268	95.16	0.69	0.444	約0.1
天王星	25559	14.54	1.27	0.718	約0.02
海王星	24764	17.15	1.64	0.671	約0.02

　　い　　「はい」が金星に，「いいえ」が火星になるような分岐を
探せばよい。

　金星は二酸化炭素を主成分とした厚い大気による温室効果が強
くはたらくことで，平均表面温度が約460℃に達している。一方
で火星の表面温度は，夏の昼側では約27℃，冬の夜側では
−143℃と温度変化が大きく，平均すると約−50℃である。地球
の平均表面温度は約15℃なので，dの「平均表面温度が地球より
高い」に対して，「はい」が金星に，「いいえ」が火星になる。

　なお，地球型惑星のうち水星と金星は衛星をもたず，地球の衛
星は月1つだけであり，複数の衛星をもつのは，フォボスとダイ
モスという2つの衛星をもつ火星のみである。

111 …⑤

問3　　オ　・　カ　　木星型惑星の大気の主成分は水素とヘリウ
ムである。これは星間ガスや太陽大気の主成分でもあり，木星型
惑星の大気が太陽と同様に，星間ガスを材料にしてつくられたこ
とを意味している。

　　キ　・　ク　　天王星や海王星の内部の氷の層は，水だけでな
くメタンやアンモニアも凍ってできている。天王星と海王星が青
みがかった色をしているのは，赤い色の光を吸収しやすい性質を
もつメタンが大気中に1〜2％程度含まれているためである。

112 …②

☞地球型惑星の特徴
・岩石（固体）の表面をもつ
・質量と半径が小さい
　（地球以下）
・平均密度が高い
・自転周期が長い
　（地球以上）

☞木星型惑星の大気
・水素とヘリウムが主成分

☞天王星と海王星の大気
・赤い色の光を吸収しやすいメ
　タンを含み，青みがかった色
　をしている

第4問 (高　潮)

出題のねらい

第4問は，バングラデシュでの高潮災害とその対策を題材に出題した。問1では熱帯低気圧の風向きと高潮の原因についての知識を用いた読図問題を，問2では災害対策についての考察問題を，問3では熱帯低気圧と大気や水蒸気の循環について出題した。この分野では，教科書の知識を暗記するだけでなく，日頃から身の回りの地学的事象に関心をもって情報を収集し，考察していることが重要である。

問1　北半球の低気圧では，地表付近の風は低気圧の中心に向かって反時計回りに吹き込む。バングラデシュに上陸するサイクロンは，台風と同様に北半球の熱帯低気圧であり，地表付近の風は反時計回りなので，サイクロンの周囲の風の向きは，サイクロンの東側で南から北に向かって吹き，サイクロンの西側で北から南に向かって吹く。

　　高潮は，熱帯低気圧が近づいた沿岸部で海面が異常に高くなる現象である。高潮の主な原因は，気圧の低下による海面の吸い上げと，風による海水の吹き寄せである。バングラデシュは，北インド洋ベンガル湾の最奥部に位置するため，南から北に向かって強い風が吹くときには大量の海水が吹き寄せられて，高潮による海面の上昇量も大きくなる。このような北向きの強い風がバングラデシュ周辺に吹くのは，問題の図1の**A**のように，サイクロンがバングラデシュの西側を北上する進路をとるときである。

：サイクロン周辺の地表を吹く風の向き

113 …③

☞台風
・北太平洋西部の強い熱帯低気圧

☞サイクロン
・アラビア湾やベンガル湾，北インド洋，南太平洋などの強い熱帯低気圧

☞高潮の原因
・気圧の低下による海面の吸い上げ
・強風による陸側への海水の吹き寄せ

☞低気圧のまわりの地表付近を吹く風は，北半球では反時計回り，南半球では時計回りに吹く

問2　災害による被害を防ぐための情報発信に大切なのは，つねに最大限の警報を発することではなく，可能なかぎり正確に予測した想定される被害に応じて適切な警報を発することである。災害からの避難行動は，市民に対して多かれ少なかれ生活上のリスクを負わせる行為であり，たび重なる過大な警報発信は防災意識の低下にもつながる。

　　2007年9月にインドネシアのスマトラ島沖で発生した地震では，発令された津波警報が空振りに終わり，避難中に盗難による被害を受けた住民が，直後の2007年11月にバングラデシュに上陸し

たサイクロンによる高潮への警報を信じずに，避難指示にしたがわずに被害の拡大につながった事例も見られた。

　一方で，海水の浸入を防ぐ堤防の設置や，風の勢いを弱めたり堤防の土砂流出を防いだりするマングローブなどの防風林や砂防林の設置，地域ごとの浸水可能性の評価を可視化するハザードマップの作成，避難所の場所を高台や堤防の陸側などにしたり，床面を数mの高さにまで上げたりした避難シェルターの設置など，高潮へのさまざまな対策が実を結んだことで，過去数十年間でのバングラデシュでの高潮による人的被害は着実に減少している。

　次の表は，バングラデシュに大きな高潮被害をもたらした主なサイクロンの概略と，バングラデシュ国内のサイクロン避難シェルター設置数，およびサイクロンによる死者数の推移である。

・ハザードマップ
・将来発生するおそれのある災害による被害の想定範囲を示した地図
・災害の危険性の確認や周知，災害時の対応や避難の計画，防災対策の検討に用いられる

バングラデシュに大きな高潮被害を出した主なサイクロン	1970 Bhola Cyclone	1991 Bangladesh Cyclone	Cyclone Sidr
上陸した日付	1970年11月12日	1991年4月29日	2007年11月15日
最低気圧	966 hPa	918 hPa	944 hPa
最大風速	67 m/s	72 m/s	75 m/s
避難シェルター設置数	51ヶ所	383ヶ所	1637ヶ所
死者数	30〜50万人	138866人	4275人

$\boxed{114}$ …④

問3　それぞれの文を確認する。

a　誤りである。北半球の貿易風は北東から南西に向かって吹く。一方で，サイクロンが発生しやすい夏季のインド洋では，海から陸に向かって吹く季節風(モンスーン)が南西から北東に向かって吹く。貿易風と季節風が逆向きに吹くため，インド洋を北上するサイクロンの進路は台風の進路と比べて複雑である。

b　正しい内容である。熱帯低気圧は，低緯度の海面から蒸発した水蒸気を大量に含んでいる。海面から水が蒸発して水蒸気になるときには周囲から潜熱を吸収し，北上した熱帯低気圧が雨を降らせるときには大気中に潜熱が放出される。こうして，熱帯低気圧は潜熱を低緯度側から高緯度側へと運んでいる。

$\boxed{115}$ …③

・貿易風
・低緯度の地表付近を亜熱帯高圧帯から熱帯収束帯に向かって吹く風
・北半球では北東から南西に向かって吹く

・潜熱
・物質の状態変化にともなって吸収または放出される熱
・水が蒸発して水蒸気になるときは周囲から潜熱を吸収し，水蒸気が凝結して水になるときには周囲に潜熱を放出する

解 答 と 解 説

問題番号(配点)	設	問	解答番号	正 解	(配点)	自己採点	問題番号(配点)	設	問	解答番号	正 解	(配点)	自己採点
第1問(20)	A	1	101	2	(3)		第3問(10)	A	1	110	4	(3)	
		2	102	4	(4)				2	111	2	(4)	
		3	103	3	(各3)			B	3	112	1	(3)	
	B	4	104	1			自己採点小計						
		5	105	5	(4)		第4問(10)		1	113	3	(各3)	
	C	6	106	3	(3)				2	114	3		
自己採点小計									3	115	3	(4)	
第2問(10)		1	107	3	(各3)		自己採点小計						
		2	108	2									
		3	109	4	(4)		自己採点合計						
自己採点小計													

解　説

第1問 (地　球)

出題のねらい

Aでは地球の緯度と経度を題材に，問1は地球の形と子午線（経線）の弧長の関係を問う問題を，問2は南中時刻の差から2地点の経度差と距離を計算する問題を，問3は緯度（子午線（経線）の長さ）と経度（緯線の長さ）を測定する難易度の違いについての考察問題を出題した。問3では問2の計算過程をふまえての思考力と考察力が問われている。Bでは地層と地質構造を題材に，問4では続成作用と級化層理（級化構造）について，問5では傾斜不整合と逆断層について出題した。露頭での観察事実からの地層や地質構造の成り立ちの推測に慣れておこう。Cの問6は片麻岩について出題した。主な変成岩の名称と形成過程を確認しておこう。

A　（地球の緯度と経度）

問1　緯度は天体の位置を基準にして求めるので，緯度差1°は，地球の中心に対する角度ではなく，その地点における水平面，あるいは鉛直線を基準に求める。よって，地球表面の曲がり具合が子午線（経線）方向に急であるほど，短い距離で1°の緯度差が生じる。

　地球の形が赤道方向に膨らんだ回転楕円体に近ければ，次の左図のように，地球の南北断面に現れる子午線（経線）の曲がり具合は極付近ほどゆるやかなので，緯度差1°あたりの子午線（経線）の長さは高緯度ほど長くなるはずである。一方で，地球の形が極方向に膨らんだ回転楕円体に近ければ，次の右図のように，地球の南北断面に現れる子午線（経線）の曲がり具合は赤道付近ほどゆるやかなので，緯度差1°あたりの子午線（経線）の長さは低緯度ほど長くなるはずである。

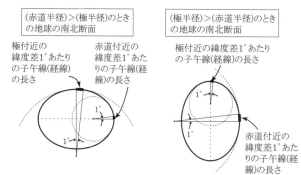

| (赤道半径)＞(極半径)のときの地球の南北断面 | (極半径)＞(赤道半径)のときの地球の南北断面 |

極付近の緯度差1°あたりの子午線（経線）の長さ　　赤道付近の緯度差1°あたりの子午線（経線）の長さ

極付近の緯度差1°あたりの子午線（経線）の長さ　　赤道付近の緯度差1°あたりの子午線（経線）の長さ

　フランス学士院は，地球の形状が赤道方向に膨らんでいるか，それとも極方向に膨らんでいるかの論争に決着をつけるため，1736年から1739年にかけて，南アメリカ西海岸の赤道付近にあるペルー（現在のエクアドル）とスカンジナビア半島北部の北極圏にあるラップランドにそれぞれ測量隊を送った。その結果，極付

☞緯度と天体の位置
・緯度 θ は，北極星の高度 θ や，春分（秋分）の日の太陽の南中高度 $90° － \theta$ から求められる

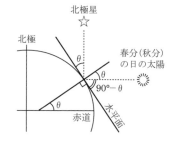

☞緯度差1°あたりの子午線（経線）の長さは
　極側＞赤道側
⇔子午線（経線）の曲がり具合が極付近ほどゆるやか
⇔赤道半径＞極半径

近のラップランドにおける緯度差 1°に対する子午線(経線)の長さの方が，赤道付近のペルー(現在のエクアドル)よりも長いことが明らかになった。すなわち，地球は赤道半径の方が極半径よりも長く，地球の形が赤道方向に膨らんだ回転楕円体に近いことが示された。

$$\boxed{101} \cdots ②$$

問2 B公園は，東経 135°の子午線(経線)上にある A 公園よりも，

12 時 00 分－11 時 52 分＝8 分

だけ早く太陽が南中している。地球は西から東に向かって自転しているので，太陽が南中するのは東側の地点ほど早い。地球は太陽に対して 1 日(＝24×60〔分〕)で 360°自転するので，8 分間で地球は太陽に対して

$$360 \times \frac{8}{24 \times 60} = 2 \, (°)$$

自転する。よって，次の図のように，B公園は東経 135°の A 公園よりも経度差 2°だけ東側の，東経 137°の子午線(経線)上にあると考えられる。A 公園と B 公園の東西距離を x〔km〕とすると，この距離は経度差 2°に相当する北緯 35°の緯線の長さである。

☞東西距離(緯線の長さ)
⇔経度差
⇔太陽や恒星の南中時刻の差

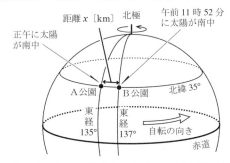

実際の地球は球よりも赤道方向に膨らんだ回転楕円体に近いが，地球楕円体の偏平率は約 298 分の 1 と非常に小さいので，地球を球として扱って計算しても正しい選択肢を選ぶのに支障はない。

次の図のように地球を赤道 1 周の長さが 40000 km の球とみなして赤道半径を R とすると，北緯 35°の緯線の半径は赤道半径 R の $\cos 35°$〔倍〕なので，北緯 35°の緯線 1 周の長さは

$$40000 \times \cos 35° \, (km)$$

である。

☞地球楕円体
・地球の形と大きさに最も近い回転楕円体
・赤道半径 6378.137 km
・極半径 6356.752 km

☞偏平率
・楕円や回転楕円体のつぶれ具合を示す値
・地球楕円体の偏平率は，

$$\frac{赤道半径 - 極半径}{赤道半径}$$
$$= \frac{6378.137 - 6357.752}{6378.137}$$
$$= \frac{1}{298.2572} \doteqdot \frac{1}{298}$$

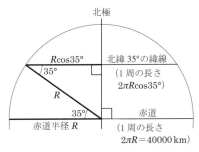

問題文に $\cos 35° = 0.82$ が与えられているので，北緯 35°の緯線上で経度差 2°に相当する A 公園と B 公園の東西距離は，

$$40000 \times 0.82 \times \frac{2}{360} = 182 \fallingdotseq 180 \ (\text{km})$$

である。

$\boxed{102} \cdots ④$

問3 南北方向にのびる子午線（経線）の長さを測定する方法を確認して，東西方向にのびる緯線の長さの測定との難易度の違いがどこで生じるかを考えてみる。

同一子午線（経線）上の2地点間の距離と太陽の南中高度差を用いて地球の大きさを最初に測定したのは，紀元前230年頃のエラトステネスである。エラトステネスは，アレクサンドリアで夏至の日の太陽の南中高度が82.8°で真上から太陽がずれているのに，アレクサンドリアからほぼ真南にあるシエネにおける夏至の日の太陽の南中高度は90°である（夏至の日の正午に太陽の光が深い井戸の底を明るく照らす）ことを知った。エラトステネスはこれを，大地が丸みをおびているためだと考えた。

ここで地球の子午線（経線）1周の長さを X km とすると，太陽の南中高度差7.2°と2地点間の距離約900 km は次の図のような位置関係になって，

アレキサンドリアとシエネを通る子午線（経線）の1周の長さがXkm

X km : 900 km = 360° : 7.2°

が成り立つ。この比例関係を用いてエラトステネスは，地球の子午線（経線）1周の長さを

$$X = \frac{900 \times 360}{7.2} = 4.5 \times 10^4 \ (\text{km})$$

と計算した。アレクサンドリアとシエネが実際には完全な南北方向にはならんでいないことなど，いくつかの誤差が重なって実際の長さ約40000 km よりも長い値となったが，それでも当時としては驚異的な精度である。

エラトステネスの測定法は，

（子午線（経線）1周の長さ）：（南北にならんだ2地点の距離）
＝360°：（2地点間の緯度差）

という比例関係を用いており，2地点間の緯度差は，2地点における太陽の南中高度差から求めている。すなわち，南北方向にのびる子午線（経線）の長さを求めるために正確な測定が必要なのは，

　　・南北にならんだ2地点の決定
　　・2地点間の距離
　　・2地点における太陽の南中高度差

の3つである。

☞エラトステネス
・太陽の南中高度差を用いて，地球の大きさを最初に測定した人物
・ギリシャ人だが，当時の地中海世界最高の研究機関であるエジプトのアレクサンドリア図書館の館長職を，紀元前230年頃に務めていた

☞南北距離（経線の長さ）
　⇔緯度差
　⇔太陽や恒星の南中高度の差

☞南北方向にならんだ2地点では，太陽が同時に南中するので，観測時刻が同時であることの証明がしやすい

これに対して問 2 では,

(北緯 35° の緯線 1 周の長さ):(東西にならんだ 2 地点の距離)
＝360°:(2 地点間の経度差)

という比例関係を用いている。この 2 地点間の経度差は,南中時刻の差である 8 分間に太陽が地球に対して西側に 2° 動いたことから導ける。あるいは,A 公園で太陽が南中した時刻に B 公園で見える太陽は,南中する位置から 2° 西側にずれている,ともいえる。すなわち,A 公園と B 公園の経度差 2° と距離 180 km は次の図のような位置関係になる。

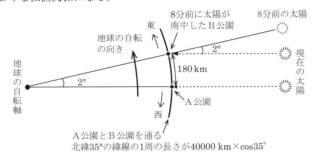

ここで正確な測定が必要なのは,

・東西にならんだ 2 地点の決定
・2 地点間の距離
・2 地点における太陽の南中時刻の差
　または,同時刻の 2 地点から太陽が見える角度の差

の 3 つである。

　これら 3 つの要素の測定について,東西方向と南北方向の違いによって難易度差が生じるかどうかを考えながら,それぞれの選択肢を確認する。

① よほど倍率が高く視野がせまい望遠鏡を用いないかぎり,太陽や恒星が動く東西方向と,それと直角な南北方向とで位置の測定精度に影響はない。また,太陽については望遠鏡なしでも,太陽光がつくる影を用いた太陽の位置測定も可能である。

② 方位磁針は南北方向をさすが,南北方向から 90° ずれた東西方向を示す文字盤さえ用意すれば,方位磁針によって東西方向を確認することは難しくはない。

③ 同一の子午線(経線)上にならんだ 2 地点では同時に太陽や恒星が南中するので,観測時刻が同時であることの証明が簡単であり,同じ日の 2 地点における太陽や恒星の南中高度の差は,そのまま 2 地点の緯度差となる。

　これに対して,同一の緯線上にならんだ 2 地点では太陽や恒星が南中する時刻が異なるので,太陽や恒星が 2 地点で同じ方向に見える時刻の差か,あるいは,同じ時刻に 2 地点で太陽や恒星が見える方向の差を求める必要がある。しかし,たとえば問 2 における B 公園での太陽の南中時刻午前 11 時 52 分は,A 公園の位置する東経 135° での太陽の見え方を基準に定められた,日本国内共通で用いられる時刻である。

☞東西方向にならんだ 2 地点では,観測時刻が同時であることの証明や,観測時刻の差の計測が難しい

←太陽や恒星の位置によって定まる時刻は,「その経度における時刻」である

2地点で同時に用いる時刻が定められていなかった時代における「太陽の南中時刻を正午とする」のように，各地点（経度）での太陽や恒星の見え方を基準とした時刻の定め方では，「A公園でもB公園でもそれぞれの地点（経度）における正午に太陽が南中した」ことしかわからず，2地点の経度差を計算できない。

2地点での観測時刻の差，あるいは，2地点での観測時刻が同時であることを示すためには，異なる経度でも同じ時を刻む時計が必要である。遠洋航行がさかんになった15世紀以降，経度の測定精度の不足による海難事故が多発した。16世紀には太陽や恒星の位置ではなく，木星の衛星や月などの位置を用いて経度を測定する方法が開発されたが，船上での観測精度や計算の手間などに困難があった。18世紀初めの1712年には，経度の正確な測定法にイギリス議会が懸賞金をかけることになり，この懸賞金を目的としたイギリスの時計職人ジョン・ハリソンが1年に30秒しか狂わない時計を開発した。ハリソンの時計開発をきっかけとして，18世紀後半には時計の刻む時刻の精度が飛躍的に向上し，現在地の経度や，2地点間の経度の差，すなわち，東西方向にのびる緯線の長さを高い精度で測定できるようになった。

☞太陽や恒星の位置によらずに正確に時を刻む時計が開発されたことで，経度の測定精度が著しく向上した

④ 海上で船などを用いて距離を測定するならば東西方向に吹く風の影響を受けるが，陸上で測定するかぎり，東西方向と南北方向で測定される距離にいちじるしい精度の差が生じることはない。

<u>103</u> …③

B （地層と地質構造）

問4 　オ　 未固結の堆積物がかたい堆積岩になる過程を続成作用という。続成作用には，上に堆積したものの重みによって堆積物が圧縮され，脱水して粒子どうしが密着する作用と，水に溶けていた炭酸カルシウムなどを主成分とする新しい鉱物が堆積物の粒子間に形成され，粒子どうしが結合したりする作用とがある。問題の図1の砂礫層Aは，堆積した時代が泥岩層Bや砂岩層Cに比べて新しいために続成作用が進んでおらず，泥岩層Bや砂岩層Cのようにかたく固結せずにやわらかいままだと考えられる。

なお，風化は地表に露出する岩石が物理的に破壊されたり化学的に分解されたりすることである。

　カ　 1枚の地層の内部で，構成粒子の直径が下位から上位に向かってしだいに小さくなっていく堆積構造を級化構造（級化層理）という。

級化構造（級化層理）は次の図のように，さまざまな直径の砂や泥が混ざった状態で水中に沈んでいくときに，直径の大きい粒子ほど先に沈んで下位に，直径の小さい粒子ほど後から沈んで上位に堆積することで形成される。図1の砂岩層Cの下側は，砂の粒子の直径が粗く（大きく）なっていくことから堆積したときも下位であり，砂岩層Cの上下が堆積当時と現在で逆転していないとわかる。

☞続成作用
・未固結の堆積物がかたい堆積岩になる過程
・上に堆積したものの重みで堆積物が圧縮され，粒子どうしが密着
・すき間にできた鉱物が粒子同士を結合

☞風化
・地表に露出する岩石が破壊されたり分解されたりすること

☞級化構造（級化層理）
・1枚の地層の内部で，構成粒子の直径が下位から上位に向かってしだいに小さくなっていく堆積構造
・粒径の小さい側が堆積時の上位

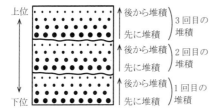

級化構造（級化層理）

上位 ← 後から堆積／先に堆積〉3回目の堆積
← 後から堆積／先に堆積〉2回目の堆積
下位 ← 後から堆積／先に堆積〉1回目の堆積

なお，クロスラミナ（斜交葉理）は，1枚の地層の内部の細かい縞模様（葉理）が，層理や別の葉理と斜めに交わっている堆積構造である。クロスラミナ（斜交葉理）は水の流れがある場所で形成される堆積構造であり，次の図のように，クロスラミナ（斜交葉理）を用いて堆積当時の水流の方向やその変化を推定することができる。また，下位の古い葉理が上位の新しい葉理に切られていることを地層の上下判定に用いることもできる。

☞ クロスラミナ（斜交葉理）
・1枚の地層の内部の細かい縞模様（葉理）が層理や別の葉理と斜交している堆積構造
・切っている葉理の方が上位

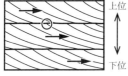
流れが一定方向のときにできるクロスラミナ（斜交葉理）

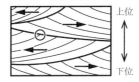
流れの方向が変化するときにできるクロスラミナ（斜交葉理）

→ ：堆積したときの水の流れの方向
○ ：下位の葉理が上位の葉理に切られている部分の例

104 …①

問5 砂礫層Aの最下部にある泥岩層Bが侵食されてできた礫と，泥岩層Bの最下部にある砂岩層Cが侵食されてできた礫はともに，下位の地層が堆積してから上位の地層が堆積するまでのあいだに，下位の地層が陸化・侵食を受けて堆積が中断したことを示す基底礫岩である。基底礫岩は，上下の地層が堆積の中断をはさんで不連続に堆積した（不整合に重なり合っている）証拠である。

　砂礫層Aと泥岩層B，泥岩層Bと砂岩層Cの層理面は平行ではないので，堆積の中断期間に下位の地層が地殻変動によって傾いたり褶曲したりして，上位の地層が下位の地層と平行に重ならなかった傾斜不整合である。問題の図1では，下位の泥岩層Bは上位の砂礫層Aよりも西に傾き，下位の砂岩層Cは上位の泥岩層Bよりもさらに西に傾いている。地層は水平に堆積するので，次の図のように，下位の古い地層が西に傾きながら陸化して侵食を受けた後に，上位の新しい地層が水平に堆積することをくり返したと考えられる(b)。

☞ 基底礫岩
・下位の層が侵食されてできた礫が上位の層の堆積時に取り込まれたもの
・不整合の証拠

☞ 不整合
・陸化・侵食などによる堆積の中断をはさんで，不連続に接する地層どうしの関係
・上下の地層の形成年代に隔たりがある
・平行に接する場合の関係を平行不整合，そうでない場合の関係を傾斜不整合という

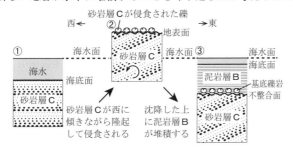

泥岩層Bと砂岩層Cがずれながらこすれ合った痕跡が見られることから，境界面Fは断層であり，ずれの方向が水平方向ではなく鉛直方向であることから，横ずれ断層ではなく正断層または逆断層である。断層Fは西に傾いており，泥岩層Bと砂岩層Cの境界面(不整合面)の位置を断層Fの東西で比べると，断層面の西側の上盤が東側の下盤に対して上方にずれているので，断層Fは逆断層である(d)。

逆断層は，東西方向の圧縮力が地盤に加わってできる。さらに，次の図のように褶曲によって地盤が西に傾いた部分がこの崖だと考えると，逆断層である断層Fの形成だけでなく，傾斜不整合の形成をはさんでこの地域の地盤が西に傾いた動きも，東西方向の圧縮力によって説明できる。

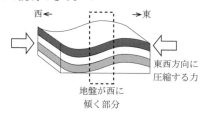

西← →東

東西方向に圧縮する力

地盤が西に傾く部分

105 …⑤

C （片麻岩）

問6 片麻岩は，高温低圧型の広域変成作用によってできる変成岩である。以下，それぞれの選択肢を確認する。

① 誤りである。マグマは岩石がとけて液体になったものであり，元の岩石がとけて液体になったマグマが固結してできるのは変成岩ではなく火成岩である。変成岩は，岩石が地下の高い温度や高い圧力にさらされることで，岩石が固体のまま，岩石中の鉱物の種類や組織，化学組成の一部などが変化(再結晶)して別の岩石(変成岩)へと変化したものである。

② 誤りである。泥岩や砂岩などがマグマの貫入による接触変成作用を受けてできるのはホルンフェルスである。接触変成作用は，貫入した高温のマグマの熱によって，マグマに接している数十〜数百mのせまい範囲の岩石が受ける変成作用である。

　　ホルンフェルスはかたくて緻密な岩石であり，元となった岩石によらず，割ると方向性をもたない貝殻状の割れ目ができる。泥岩からできたホルンフェルスは黒っぽい暗い色を，砂岩からできたホルンフェルスはそれより明るい灰色や灰褐色を示すことが多い。

③ 正しい内容である。片麻岩は，島弧や陸弧の火山帯の地下で上昇するマグマによって周囲より温度が高い場所で起こる，高温低圧型の広域変成作用でできる。

　　日本列島などの造山帯には，沈み込んだプレートに沿った地下深部の高い圧力が加わる場所と，その陸側にある島弧や陸弧の火山帯の地下数kmの周囲より高い温度になる場所が，それぞれ幅数十km，長さ数百km以上の帯状に広がってできる。次

☞断層の種類

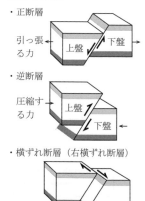

・正断層

引っ張る力　上盤　下盤

・逆断層

圧縮する力　上盤　下盤

・横ずれ断層（右横ずれ断層）

☞変成作用

・地下の高温や高圧にさらされた岩石が，固体のままで鉱物の種類や組織，化学組成の一部などが変化(再結晶)して変成岩になる作用

☞接触変成作用

・貫入した高温のマグマの熱によって，マグマから数十〜数百mのせまい範囲の岩石が受ける変成作用

・泥岩や砂岩などが接触変成作用を受けるとホルンフェルスになる

☞広域変成作用

・造山帯の地下の，高い温度や圧力が加わる，幅数十km，長さ数百km以上の帯状の領域で起こる変成作用

・沈み込んだプレート沿いの高い圧力で片岩(結晶片岩)が，火山帯の地下の高い温度で片麻岩ができる

の図のように，沈み込んだプレート沿いの地下深部では低温高
圧型の広域変成作用によって片岩（結晶片岩）ができ，火山帯の
地下数kmでは高温低圧型の広域変成作用によって片麻岩がで
きる。

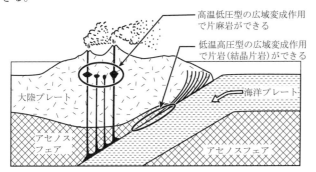

なお，片麻岩は次の左図のように粗粒の結晶が一方向になら
び，有色鉱物の集まった黒っぽい部分と無色鉱物の集まった
白っぽい部分が交互に配列した縞模様がしばしば見られるのが
特徴である。これに対して，片岩（結晶片岩）は次の右図のよう
に，板状や柱状の鉱物の細かい結晶が一定の面状に配列した片
理という岩石組織が特徴である。

無色鉱物と有色鉱物の　　　柱状や片状の結晶が
縞状構造　　　　　　　　　一定方向に配列

片麻岩　　　　　　　　片岩（結晶片岩）

④　誤りである。海嶺やホットスポットなどで，水中に噴出して
流れ出した玄武岩質マグマが冷え固まってできるのは枕状溶岩
である。粘性の小さい玄武岩質マグマが水中を流れながら表面
が急冷されて，内部から未固結のマグマが噴出して流れ出すこ
とをくり返すことで，円筒状の枕が積み重なったような枕状溶
岩ができる。

106 …③

☞枕状溶岩
・粘性の小さい玄武岩質マグマ
　が水中を流れながら冷え固ま
　ることをくり返してできる，
　円筒状の枕が積み重なったよ
　うな溶岩

第2問 （水と大気）

出題のねらい

　　第2問は水と大気を題材に，問1では地球表層に存在する水の分布を，問2では水の蒸発と降水にともなう潜熱の出入りを，問3では飽和水蒸気圧と露点の計算問題を出題した。基本的な知識を身につけたうえで理解を深め，計算問題にも対応できるようにしておこう。

問1　次の表は，地球表層に存在する水の分布を示したものである。地球表層に存在する水の約97%は海水として存在する。また，陸地に存在する水で最も多くを占めるのは雪氷(氷河，氷床，積雪)で，その大半が南極大陸とグリーンランドに氷床として存在している。

☞海水は地球表層に存在する水の約97%を占める

		量 (10^3 km³)	百分率 (%)
海洋	海　　　　水	1338000	96.538
陸地	雪　　　　氷	24064	1.736
	地　下　水	23400	1.688
	永　久　凍　土	300	0.022
	湖　沼　水	192	0.014
	土　壌　の　水　分	17	0.0012
	河　川　水	2	0.00014
	生物の体内の水分	1	0.00007
大気	水蒸気・雲	13	0.00094

☞陸地に存在する水の最も多くを占めるのは，氷床や氷河，積雪などの雪氷である

$\boxed{107}$ …③

問2　それぞれの文を確認する。

　a　正しい内容である。潜熱は，物質の状態変化にともなって吸収または放出される熱である。液体の水が蒸発して気体の水蒸気へと状態変化するためには，周囲から潜熱を吸収する必要がある。よって，海面から水が蒸発して水蒸気になるときには，水は周囲の海水から潜熱を吸収する。

　b　誤りである。気体の水蒸気は，大気中で凝結して液体の雨水となるときに周囲の大気に潜熱を放出する。水蒸気が凝結してできた雨水が地表に降っても，液体のままで状態変化しない水が地表へと潜熱を放出することはない。

☞潜熱
・物質の状態変化にともなって吸収または放出される熱

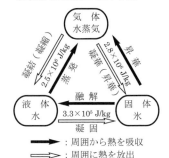

$\boxed{108}$ …②

問3　大気がこれ以上の水蒸気を含むことができない状態を飽和といい，飽和した大気 1 m³ あたりに含まれる水蒸気量を飽和水蒸気量という。また，飽和した大気に含まれる水蒸気の圧力を飽和水蒸気圧という。飽和水蒸気圧は，その温度の大気がとれる水蒸気圧の最大値である。

　　大気中に含まれる水蒸気の割合を相対湿度といい，

$$\frac{\text{水蒸気量}}{\text{飽和水蒸気量}} \times 100 \, [\%] \quad \text{または} \quad \frac{\text{水蒸気圧}}{\text{飽和水蒸気圧}} \times 100 \, [\%]$$

と表すことができ，この式を変形すると，大気中に含まれる水蒸気の圧力は，

☞飽和水蒸気圧
・その温度の大気がとれる水蒸気圧の最大値
・$\dfrac{\text{水蒸気圧}}{\text{飽和水蒸気圧}} \times 100$
　 ＝相対湿度 [%]

$$水蒸気圧 = 飽和水蒸気圧 \times \frac{相対湿度}{100}$$

となる。

空気塊が冷却されて飽和したとき，水蒸気圧は飽和水蒸気圧と等しくなっているはずである。表1より，1気圧における23℃の空気塊の飽和水蒸気圧は 28.1 hPa であり，相対湿度が69%なので，この空気塊の水蒸気圧は，

$$28.1 \times \frac{69}{100} = 19.38 \, 〔hPa〕$$

であり，この水蒸気圧は 17℃の空気塊の飽和水蒸気圧 19.4 hPa に近いので，この空気塊に含まれる水蒸気が凝結し始める露点は約17℃である。

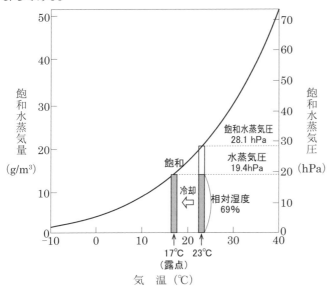

$\boxed{109}$ …④

☞露点
・大気を冷やしていったとき，大気中の水蒸気が飽和して凝結し始める温度
・露点では大気中の水蒸気が飽和しているので，
　水蒸気圧 = 飽和水蒸気圧

第3問 （太陽と地球の誕生）

出題のねらい

第3問のAでは太陽の誕生を題材に，問1では宇宙と太陽の元素組成と年齢について，問2では原始星について，Bでは地球の誕生を題材に，問3では地球などの惑星の材料となった微惑星について出題した。宇宙の誕生，太陽の誕生，地球の誕生という流れを，太陽や地球の材料となった物質も含めて確認しておこう。

A （太陽の誕生）

問1 | ア | 太陽の材料となった星間物質の主成分は，原子数比で約92％の水素と約8％のヘリウムである。

宇宙に存在する水素とヘリウムの原子核の大部分は，宇宙の誕生直後の数分間に形成されたものである。誕生から間もない宇宙の高温下では，水素とヘリウムの原子核は電子と結合せずにばらばらの状態で存在し，光は自由に運動する電子にくり返し衝突するため直進できない状態だった。宇宙の誕生から約38万年後に宇宙の温度が約3000 Kまで冷えたことで，水素とヘリウムの原子核は電子と結合し，それぞれ電気的に中性な水素原子とヘリウム原子となった。このとき，宇宙空間を飛び回る電子が原子核と結合して減少したことで，宇宙では光が電子に散乱されずに遠くまで直進できるようになった。この現象を宇宙の晴れ上がりという。

| イ | 宇宙は約138億年前に，太陽は約46億年前に誕生したと考えられているので，太陽が誕生したのは，宇宙の誕生から

138 － 46 ＝ 92 ≒ 90〔億年後〕

である。

| 110 |···④

問2 それぞれの選択肢を確認する。

① 誤りである。原始星は，星間物質の密度が高い部分が，自らの重力で収縮することで誕生する。星間物質が収縮するとき内部の温度は上昇していく。原始星は，自らの重力で収縮し続けることによる温度上昇で輝いている。

② 正しい内容である。周囲から集まった星間物質が原始星を形成するとき，そのまわりを取り巻く星間物質は回転する円盤を形成する。これを原始惑星系円盤という。可視光線は星間物質に吸収されやすいので，星間物質が集まって回転する円盤の内部で輝く原始星は，可視光線では観測しにくい。そのため，円盤の外から原始星を観測するときには，星間物質に吸収されにくい赤外線を用いる。

③ 誤りである。原始星内部では核融合反応は起こっていない。原始星は，自らの重力で収縮し続けることにともなう内部の温度上昇によって輝く。原始星は収縮にともなって，重力による位置エネルギーが解放されて熱エネルギーに変わり，内部の温度が上昇していく。

☞太陽や宇宙の元素組成
・水素が約92％
・ヘリウムが約8％
・その他の元素は約0.1％

☞宇宙の晴れ上がり
・宇宙誕生から約38万年後に，宇宙を満たしていた電子が水素やヘリウムの原子核と結びついて原子となり，光が自由に直進できるようになった現象

☞宇宙の誕生
　・約138億年前
☞太陽の誕生
　・約46億年前

☞原始星
・星間物質の密度が高い部分が重力で収縮して誕生する
・収縮にともなう温度上昇で輝く
・周囲を円盤状に取り巻く星間物質（原始惑星系円盤）は可視光線では見通しにくいため，円盤内部の原始星は赤外線で観測する
・中心部の温度が1000万 K以上に達すると，水素の核融合反応で輝く主系列星へと進化する

— 156 —

④　誤りである。星の中心部で水素の核融合反応が起こるには，1000万K以上の温度が必要である。収縮する原始星の内部の温度が上昇していき，中心部の温度が1000万K以上になると，水素の原子核どうしが激しく衝突して，4個の水素原子核が1個のヘリウム原子核に変わる核融合反応が起こるようになり，原始星は水素の核融合反応のエネルギーで輝く主系列星へと進化する。

111 …②

B　（地球の誕生）

問3　　ウ　　原始星段階の太陽（原始太陽）のまわりに形成された原始惑星系円盤（原始太陽系円盤）の内部では，星間物質に含まれる固体微粒子が円盤とともに回転しながら円盤の回転面に集まっていき，薄い面の上に集まった固体微粒子が衝突・合体をくり返すことで，直径1〜10km程度の小さな天体が無数に形成された。これを微惑星といい，回転する円盤の内部で微惑星がさらに衝突・合体をくり返すことで原始惑星が形成された。

なお，小惑星は，惑星にまで成長できずに太陽のまわりを公転している小天体のうち，岩石を主体とする小天体の総称である。小惑星の多くは，地球型惑星のうち最も外側を公転する火星と，木星型惑星のうち最も内側を公転する木星との間の軌道を公転している。最大の小惑星であるセレス（ケレス）の直径は約1000kmだが，多くの小惑星の直径は数十km程度である。

　エ　　原始惑星系円盤（原始太陽系円盤）の内部で固体微粒子が集まって微惑星が形成されるとき，太陽に近い領域では水（H_2O）が固体の氷になることができず，岩石主体の微惑星を材料として地球型惑星が形成されたと考えられている。一方で，太陽から遠い領域では水（H_2O）が固体の氷になることができたため，岩石主体の微惑星だけではなく氷主体の微惑星も材料として，大質量の木星型惑星が形成されたと考えられている。

112 …①

☞微惑星
・原始地球などの原始惑星の材料となった，直径1〜10km程度の小さな天体
・原始惑星系円盤（原始太陽系円盤）の円盤面に星間物質中の固体微粒子が集まってできた
・太陽の近くでは岩石主体の微惑星を材料に地球型惑星が，太陽から遠くでは氷主体の微惑星を材料に木星型惑星ができたと考えられている

第 4 問 （気候変動と海洋）

　第 4 問は，パナマ地峡の陸化と第四紀の寒冷化を題材に出題した。問 1 では氷期と間氷期がくり返すようになった時期と時代の名称を，問 2 では大気の大循環と雪氷面積の拡大による地球のエネルギー収支の変化を，問 3 では海水の性質を出題した。問題文で述べられている内容は難しいが，設問で問われているのは基本的な知識なので，確実に得点できるように基礎固めをしっかりしよう。

問 1　 **ア** ・ **ウ** 　地球の寒冷化が進んだことで，氷床が拡大する寒冷な時代（氷期）と氷床が縮小する比較的温暖な時代（間氷期）の周期的なくり返しが顕著になった時代は新生代第四紀である。新生代第四紀の前の時代は新生代新第三紀である。

　 イ 　新生代新第三紀が終わって新生代第四紀が始まったのは約 260 万年前である。なお，パナマ地峡の陸化は正確には約 270 万年前だが，このパナマ地峡の陸化をきっかけとして地球の寒冷化が進み，氷期に北アメリカ大陸やヨーロッパやアジアなどの北半球高緯度を氷床が広く覆うようになったと考えられている。

113 …③

問 2　 **エ** 　赤道付近の大西洋やパナマ地峡を東から西に向かって吹くのは貿易風である。貿易風は，緯度 20°〜30° の亜熱帯高圧帯から赤道付近の熱帯収束帯に向かって地表付近を吹く風であり，地球の自転の影響によって，北半球では北東から南西に向かって，南半球では南東から北西に向かって吹く。熱帯収束帯で収束した貿易風は，赤道付近を東から西に向かって吹く風となり，海面付近の海水を西へと運び，海面から蒸発した水蒸気を西へと運びながら収束することで上昇気流となり，熱帯収束帯に雲をつくり雨を降らせる。

　 オ 　氷床や氷河，積雪や海氷などの雪氷は太陽放射をよく反射するので，雪氷に覆われていない地表に比べて太陽放射の反射率が高い。地表を覆う雪氷の面積が拡大すると，地表での太陽放射エネルギーの反射率が高くなり，地表に吸収される太陽放射エネルギーが減少して，地球の寒冷化が進む。

114 …③

問 3　それぞれの文を確認する。

a　誤りである。海水に含まれる塩類の濃度を表す塩分は，海水に対する塩類の重量比の千分率‰（パーミル；百分率（%）の 1/10）で表す。あるいは，海水 1 kg に溶けている塩類のグラム数といいかえることもできる。35‰ の海水 1 kg には，塩化ナトリウム（NaCl）や塩化マグネシウム（$MgCl_2$）などの塩類が計 35 g 含まれている。

　なお，世界全体の海洋の平均的な塩分が約 35‰ なのに対して，亜熱帯高圧帯の塩分は高く，熱帯収束帯や中高緯度の塩分は低

☞地質時代の区分

地質時代区分		年代（百万年前）
新生代	第四紀	
		2.6
	新第三紀	
		23
	古第三紀	
		66
中生代	白亜紀	
		145
	ジュラ紀	
		201
	三畳紀	
		252
古生代	ペルム紀	
		299
	石炭紀	
		359
	デボン紀	
		419
	シルル紀	
		444
	オルドビス紀	
		485
	カンブリア紀	
		541
原生代		
		2500
太古代（始生代）		
		4000
冥王代		
		4600

☞貿易風

・亜熱帯高圧帯から熱帯収束帯に向かって地表付近を吹く風

・北半球では北東から南西に向かって，南半球では南東から北西に向かって，赤道付近では東から西に向かって吹く

☞塩分

・海水に含まれる塩類の濃度を表す量

・重量比の千分率‰（パーミル），あるいは，1 kg の海水に溶けている塩類のグラム数

・海洋全体の平均で約 35‰

い。北大西洋を北上するメキシコ湾流の塩分は，亜熱帯高圧帯では約37‰もある。温帯低気圧による降水や河川水などによって，グリーンランド沖でのメキシコ湾流の塩分は35‰程度まで下がるが，海面からの蒸発が少ない極域の海水としてはこれでもかなり高い。北太平洋亜寒帯（ベーリング海峡付近）の塩分は34‰程度であり，北極海の塩分は約30‰しかない。

b　正しい内容である。海水は，温度が低く，塩分が高いほど高密度になる。海氷ができるときには，海水中の水だけが凍結して氷になって塩類は追い出されるので，結氷に取り残された周囲の海水に塩類が濃集し，低温・高塩分で密度が大きい海水が形成される。

　冬季の北大西洋西岸では，乾燥した冷たい季節風が海面付近を強く吹くので，メキシコ湾流が北上するニューヨークやカナダの沖合では，冬季には海面から大気へと水蒸気がさかんに蒸発し，海水は大気によって急速に冷やされる。グリーンランド沖に運ばれたメキシコ湾流の海水は4〜10℃程度まで冷やされており，ここでも海面付近を吹く風によって冷やされ海氷がさかんに形成され，結氷に取り残された低温・高塩分の海水が密度差によって深層へと沈み込んでいく。深層へと沈み込んだ海水は，次の図のように平均して1000〜2000年かけて世界の海洋深層を流れ，北太平洋やインド洋などで再び海面付近に戻る。

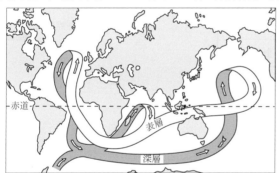

　なお，海水に溶けている塩類には，海水が結氷する温度を下げるはたらきがある。一般に，水溶液に溶けている溶質には，溶媒の凝固点を下げるはたらきがある。これを凝固点降下といい，世界で平均的な35‰の海水では凝固点が約−1.8℃まで下がっている。河川水や海氷の融解水などの供給が多い北極海の表層では，海水の塩分は約30‰と低く，平均的な海水よりも凍結しやすい。しかし，冬季に海氷の凍結に取り残される海水の塩分も低めであり，深層には低温で高塩分の海水が分布するので，深層への沈み込みは起こらない。

115 …③

問題番号(配点)	設問	解答番号	正解	(配点)	自己採点	問題番号(配点)	設問	解答番号	正解	(配点)	自己採点
第1問 (20)	A 1	101	4	(各3)		第3問 (10)	1	110	5	(4)	
	A 2	102	1				2	111	5	(各3)	
	A 3	103	1				3	112	2		
	4	104	4	(4)		自己採点小計					
	B 5	105	3	(3)		第4問 (10)	A 1	113	4	(各3)	
	B 6	106	2	(4)			A 2	114	2		
自己採点小計							B 3	115	2	(4)	
第2問 (10)	1	107	4	(3)		自己採点小計					
	2	108	2	(4)							
	3	109	1	(3)							
自己採点小計											

自己採点合計 ☐

解説

第1問 (地球)

A (地球の活動)

問1 　ア　 地球の表層は，地殻とマントル最上部を合わせたかたくて流動しにくい岩石層に覆われており，これをリソスフェアという。また，リソスフェアの下のやわらかく流動しやすい岩石層をアセノスフェアという。リソスフェアは複数のプレートに分かれて，アセノスフェアの上を水平方向に移動している。

　イ　 核は，地球内部の深さ約2900 kmから地球の中心にかけて存在する，主に金属で構成される層である。地球の半径は約6400 kmなので，核の半径は約

6400−2900＝3500〔km〕

である。

　101　… ④

問2 　ウ・エ　 ヒマラヤ山脈は，インド大陸がアジア大陸に衝突することで形成された大山脈である。大陸プレートどうしが衝突するプレート境界では，密度の小さい大陸地殻が沈み込むことができないため，地殻が大規模に隆起して大山脈が形成される。

　アンデス山脈は，南アメリカ大陸西岸のペルー・チリ海溝で，海洋プレート(ナスカプレート)が大陸プレート(南アメリカプレート)の下に沈み込むことでできた山脈である。海溝は海洋プレートが大陸プレートの下に沈み込むプレート境界であり，海溝の陸側には，日本のような島弧やアンデス山脈のような陸弧が形成さ

れることが多い。

　オ　 海嶺は，プレートが拡大する境界にできる海底の大山脈である。プレートが収束する境界にできる山脈は，海溝の陸側にできる島弧や陸弧か，大陸プレートどうしが衝突してできる陸上の大山脈である。

　102　… ①

問3 それぞれの選択肢を確認する。

① 正しい内容である。ホットスポットは，地下のマントル深部にマグマの供給源があり，火山活動が起こっている場所である。ホットスポットでは，粘性の低い玄武岩質マグマによる火山活動が活発である。

② 誤りである。海嶺では，拡大するプレートのすき間を埋めるように高温のマントル物質が上昇しており，その一部がとけてマグマとなっている。海嶺では粘性の低い玄武岩質マグマによる火山活動が活発であり，海底で冷え固まることで枕状溶岩を形成している。

③ 誤りである。マグマには，水(H_2O)や二酸化炭素(CO_2)などの揮発性成分が含まれており，マグマの温度が下がると溶けきれなくなった揮発性成分が気体になる。SiO_2に乏しく粘性が低いマグマからは気体成分が抜けやすく，噴火は穏やかになりやすい。一方，SiO_2に富む粘性の高いマグマからは気体成分が抜けにくく，マグマ中に残った気泡が圧力の低下にともなって急激に膨張して，爆発的な噴火を起こしやすい。

④ 誤りである。火砕流は，高温の火山ガスが火山砕屑物と入り混じった状態で高速で斜面を流れ下る現象である。日本では，1991年の

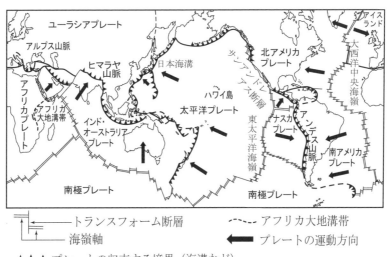

雲仙普賢岳の火砕流で多くの被害が出たことで、その危険性が広く知られるようになった。火砕流をともなう噴火を起こしやすいのは、粘性の高い流紋岩質マグマや安山岩質マグマである。

火山岩名	玄武岩		安山岩	デイサイト 流紋岩
深成岩名	かんらん岩	斑れい岩	閃緑岩	花こう岩
化学組成による岩石の分類	超苦鉄質岩	苦鉄質岩	中間質岩	ケイ長質岩
SiO₂量	約45質量% 約52質量% 約66質量% 少ない ⟵――――――――⟶ 多 い			
マグマの性質	高温（約1200℃） ⟵温度⟶ 低温（約900℃） 低い（流れやすい）⟵粘性⟶高い（流れにくい）			
噴火のしかた	穏やか 溶岩流 ⟵――――――⟶ 爆発的 火砕流			
火山地形	盾状火山 キラウエアなど 成層火山 溶岩台地 富士山など デカン高原など		溶岩円頂丘（溶岩ドーム） 昭和新山など	

103 … ①

問4 それぞれの選択肢を確認する。

① 誤りである。次の表は、SiO₂ の量によるマグマと火成岩の分類を示したものである。SiO₂ を46％含むマグマＡは玄武岩質マグマに分類され、SiO₂ を68％含むマグマＢは流紋岩質マグマに分類される。

SiO₂の量（重量%）	45	52	63 66	70
色指数（体積%）	超苦鉄質岩	苦鉄質岩 70	中間質岩 40	ケイ長質岩 20
マグマの分類	―	玄武岩質	安山岩質	流紋岩質
火成岩 火山岩	―	玄武岩	安山岩 デイサイト	流紋岩
火成岩 深成岩	かんらん岩	斑れい岩	閃緑岩	花こう岩
鉱物組成	かんらん石 輝石 その他	(Caに富む) 斜長石 角閃石	石英 カリ長石 (Naに富む) 黒雲母	
SiO₂以外の主な成分（重量%）	CaO MgO	Al₂O₃ FeO+Fe₂O₃	Na₂O K₂O	

② 誤りである。盾状火山や溶岩台地は、広い範囲に流れ出した溶岩流が積み重なってできる傾斜の緩やかな火山地形であり、SiO₂ に乏しく粘性の低い玄武岩質マグマの活動で形成される。マグマＢは、SiO₂ に富む粘性の高い流紋岩質マグマなので、地表に噴出すると溶岩ドーム（溶岩円頂丘）などを形成する。

③ 誤りである。マグマＡとマグマＢが5：1で混合したマグマに含まれる SiO₂ 量は、

$$\frac{46.0 \times 5 + 68.0 \times 1}{5+1} = \frac{298.0}{6} = 49.6 \text{〔％〕}$$

である。SiO₂ 量が52％未満のこの混合マグマは、玄武岩質マグマに分類される。

④ 正しい内容である。K₂O は一般に、SiO₂ に富むマグマほど多く含まれるので、マグマＡよりもマグマＢに多く含まれると考えられる。

104 … ④

B（地球と生命の歴史）

問5 カ シアノバクテリアのように細胞の中に核をもたない生物を原核生物といい、ヒトのように細胞の中に核をもつ生物を真核生物という。化石として知られる最古の真核生物は、原生代前半の約20億年前の地層から発見されている。一方で、化石として知られる最古の生物は原核生物であり、約35億年前のオーストラリアの地層から発見されている。

キ オーストラリアなどの約6億年前の原生代末の地層から発見された、ディキンソニアなどの数cm～数十cm程度の大型の多細胞生物を含む化石群をエディアカラ生物群という。

ク カナダの約5億年前の古生代カンブリア紀の地層から発見された、アノマロカリスや三葉虫などのかたい殻や骨格をもつ無脊椎動物を含む化石群をバージェス動物群という。

105 … ③

問6 それぞれの文を確認する。

a 正しい内容である。形成直後の地球表面は1500℃以上の高温であり、岩石がとけてできたマグマオーシャンに覆われていた。地球の表面温度がある程度低下すると、大気中の水蒸気が凝結して原始海洋が形成され、原始大気の主成分であった二酸化炭素（CO₂）の大部分は原始海洋に吸収された。海水に溶け込んだ二酸化炭素は、海水中に含まれていたカルシウムと結合して炭酸カルシウム（CaCO₃）となり、海底に沈殿して石灰岩となった。海洋への吸収によって大気中の二酸化炭素濃度が低下したことで、大気の温室効果が弱まり、地球の表面温度はさらに低下した。

b 誤りである。生物が陸上に進出したのは古生代である。生物に有害な紫外線を吸収するオゾン層の形成には、大気中の酸素が必要である。しかし、先カンブリア時代原生代末の大気中の酸素濃度は、生物が陸上に進出できる濃度のオゾン層を形成するには十分ではな

かったと考えられる。生物の光合成によって放出された酸素は，海水中の鉄分の酸化などにも消費されるため，海水中や大気中で酸素が増加するには長い時間がかかり，生物が陸上に進出するのに十分な濃度のオゾン層が形成されたのは古生代であった。

106 … ②

第2問 （大気の循環）

問1　ア　赤道付近の熱帯収束帯で暖められて上昇した空気は，対流圏の上層を高緯度に向かって流れ，緯度 20°〜30° の亜熱帯高圧帯で下降気流となり，その一部が貿易風として地表付近を赤道に向かって流れる。このような低緯度における大気の循環をハドレー循環という。ハドレー循環は，熱帯収束帯で暖められた大気を亜熱帯高圧帯へと運ぶことで，熱を低緯度から高緯度へと輸送している。

　イ・ウ　次の図は，地球上における降水量と蒸発量の緯度分布を示したものである。亜熱帯高圧帯では蒸発量が降水量より多く，熱帯収束帯では降水量が蒸発量より多い。亜熱帯高圧帯では，海や陸からの水の蒸発によって大気にさかんに水蒸気が供給され，貿易風は大量の水蒸気を含んだ大気を赤道付近へと運び，熱帯収束帯で上昇した大気中の水蒸気は凝結し，雨を降らせる。すなわち，大気中の水蒸気は，低緯度地域では亜熱帯高圧帯から熱帯収束帯へと運ばれている。

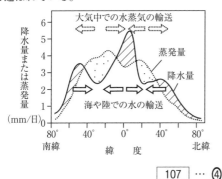

107 … ④

問2　亜熱帯高圧帯から熱帯収束帯に向かって吹く貿易風は，地球の自転の影響を受けて，北半球では北東から南西に向かって吹く北東貿易風となり，南半球では南東から北西に向かって吹く南東貿易風となる。

108 … ②

問3　それぞれの選択肢を確認する。
① 誤りである。偏西風は，対流圏の下層でも上層でも，西から東に向かって吹く西風である。

② 正しい内容である。偏西風は，緯度 30°〜40° の高度約 12 km の圏界面付近で最も強く吹く。この偏西風の中でも特に強い流れをジェット気流という。ジェット気流の吹く位置は，夏には高緯度側に，冬には低緯度側に移動する。

③ 正しい内容である。対流圏上層における偏西風の特に強い流れであるジェット気流の風速は夏よりも冬に大きく，風速が 100 m/s に達することもある。

④ 正しい内容である。対流圏上層の偏西風は南北に蛇行しながら吹くことで，北半球で北上する（南半球で南下する）ときには低緯度側で暖められた大気を高緯度側へと運び，北半球で南下する（南半球で北上する）ときには高緯度側で冷やされた大気を低緯度側へと運んでいる。また，蛇行する偏西風にともなって発生する温帯低気圧や移動性高気圧のまわりには風が渦を巻いて吹くため，熱が低緯度側から高緯度側へと運ばれる。

109 … ①

第3問 （太陽）

問1　地球大気の上端で，太陽光に対して直角な 1 m² の平面に 1 秒間に入射する太陽放射エネルギーは約 1.37×10^3 W/m²，すなわち約 1370 W/m² であり，これを太陽定数という。太陽定数は，太陽と地球の距離（1 天文単位）だけ離れた平面に直角に入射する太陽放射の，単位面積・単位時間あたりのエネルギーの大きさである。

　問題文にあるように，太陽から放射されるエネルギーはどの方向にも均一の強さで放射されることから，次の図のように，太陽の表面全体から放射されるエネルギーは，半径が 1 天文単位の球面に均一に分配される。よって，次の図のように，半径の長さが太陽と地球の距離（1 天文単位）r と等しい球の表面積 $4\pi r^2$ を太陽定数 I に掛けることで，太陽の表面全体から 1 秒間に放射されるエネルギーの総量 E を求めることができる。

　なお，$E = 4\pi r^2 \times I$ に $\pi = 3.1$，$r = 1.5 \times 10^{11}$ m，$I = 1.37 \times 10^3$ W/m² を代入すると，太陽の表面全体から 1 秒間に放射されるエネルギーの総量は，

$$E = 4 \times 3.1 \times (1.5 \times 10^{11})^2 \times 1.37 \times 10^3$$
$$= 3.82 \times 10^{26}$$
$$\fallingdotseq 3.8 \times 10^{26} \ \text{〔W〕}$$

となる。このエネルギー量は，2022年の1年間における世界の電力消費量の約150億倍に相当する。

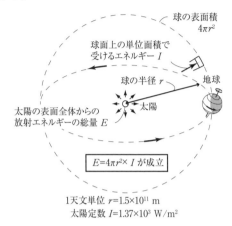

球の表面積 $4\pi r^2$

球面上の単位面積で受けるエネルギー I

球の半径 r

地球

太陽の表面全体からの放射エネルギーの総量 E

太陽

$E = 4\pi r^2 \times I$ が成立

1天文単位 $r = 1.5 \times 10^{11}$ m
太陽定数 $I = 1.37 \times 10^3$ W/m^2

110 ⋯ ⑤

問2 光球の平均温度が約5800Kであるのに対して，黒点は周囲の光球よりも温度が低く，約4000Kである。コロナの温度は100万K以上であり，最も高温である。なお，彩層の温度は数千〜1万K程度であり，平均温度は光球より高いがコロナより低い。

111 ⋯ ⑤

問3 それぞれの選択肢を確認する。
① 誤りである。宇宙は約138億年前に誕生したので，太陽が誕生した約46億年前には，宇宙の誕生から約92億年経過している。
② 正しい内容である。太陽は約46億年前に，星間物質の密度の高い部分(星間雲)が重力で収縮することで誕生した。この段階の恒星を原始星という。原始星は，星間物質が自らの重力で収縮することで解放されるエネルギーによる内部温度の上昇によって輝く。原始星を取り巻く星間物質が原始星から放射される可視光線をさえぎるため，原始星は，星間物質に吸収されにくい赤外線を用いて観測する。
③ 誤りである。現在の太陽は，4個の水素原子核が1個のヘリウム原子核に変わる核融合反応をエネルギー源として輝く主系列星である。
④ 誤りである。太陽の内部で水素原子核がヘリウム原子核に変わる核融合反応が起こ

ためには，太陽の中心部が1000万K以上の高温になることが必要である。現在の太陽中心部の温度は約1600万Kであり，太陽が原始星として誕生してから数千万年後には，中心部の温度が1000万Kに達して主系列星に進化したと考えられている。

112 ⋯ ②

第4問 （地震災害，地球環境）

A （地震災害）

問1 それぞれの選択肢を確認する。
①・② 誤りである。地震の規模を示す量であるマグニチュードは，1つの地震に対して1つの値しかもたない。同一の地震において，マグニチュードがゆれの強さを示す震度のように，震源に近づくほど大きくなったり，やわらかい地盤で大きくなったりすることはない。
③ 誤りである。マグニチュードの値は，地震で放出されたエネルギーの大きさと一定の関係をもつ。マグニチュードは，2大きくなるごとに地震のエネルギーが1000倍になるように定められているので，マグニチュードが1大きくなるごとに，地震のエネルギーは$10\sqrt{10}$倍，すなわち約32倍になる。よって，マグニチュードが5大きくなるごとに，地震のエネルギーは
$$1000 \times 1000 \times 10\sqrt{10} \fallingdotseq 3.2 \times 10^7 \ \text{〔倍〕}$$
になる。
④ 正しい内容である。気象庁では，マグニチュードを素早く測定する方法として，標準の地震計で記録された短周期振動の最大振幅を，震央から一定距離における値に換算して地震のエネルギーを見積もる方法を用いている。しかし，マグニチュードが非常に大きくなると長周期のゆれが強くなり，標準的な地震計では最大振幅があまり変化しなくなる。そのため近年では，地震計によるマグニチュードの速報値とは別に，マグニチュードが大きい地震では，岩盤のかたさ・断層の面積・断層のずれの量の積から断層運動のエネルギーを求める方法が広く用いられている。
　すなわち，断層の面積とずれの量の積が大きい地震ほど，マグニチュードも大きくなる傾向がある。ただし，この方法でマグニチュードを求めるためには，地震を起こした断層のずれた範囲全体とそのずれの量を知る

必要があり，マグニチュードが非常に小さい地震や，マグニチュードの値の速報には向かない。

113 … ④

問2 新潟県中越地震の震源の深さは 12 km であり，震央と同じ標高で震央から 10 km 離れた地点で上越新幹線が脱線したので，震源と震央と脱線地点の位置関係は次の図のようになる。

P波はこの地域の地下を 6 km/s で伝わるので，P波が震源から 12 km 離れた震央で観測されるのは，地震発生から

$$\frac{12}{6} = 2 \text{〔秒後〕}$$

である。また，列車の減速が開始されるのは震央にP波が到達してから1秒後なので，地震発生から

$$2 + 1 = 3 \text{〔秒後〕}$$

である。

一方で，震央から 10 km 離れた上越新幹線の脱線地点は，三平方の定理より，震源からの距離が

$$\sqrt{10^2 + 12^2} = \sqrt{244} \text{〔km〕}$$

だとわかる。ここで，

$$15^2 = 225 < 244 < 256 = 16^2$$

より，

$$15 < \sqrt{244} < 16$$

なので，脱線地点の震源距離は 15 km より長く 16 km より短い。

S波はこの地域の地下を 4 km/s で伝わるので，S波が震源から $\sqrt{244}$ km 離れた脱線地点に到達するのは，地震発生から $\frac{\sqrt{244}}{4}$ 秒後であり，

$$3.75 = \frac{15}{4} < \frac{\sqrt{244}}{4} < \frac{16}{4} = 4$$

なので，脱線地点にS波が到達するのは，地震発生から 3.75〜4 秒後である。

列車の減速が開始されるのは地震発生から3秒後なので，脱線位置にS波が到達するのは，列車の減速が開始されてから 0.75〜1 秒経過したときであり，最も適当な選択肢は 0.5 秒以上 1 秒未満である。

実際の脱線事故ではこの問題の設定とは異なり，P波が最初に到達した観測点の位置は震央からややずれていたが，地下をP波とS波が伝わる速さもこの問題の設定よりやや遅いため，実際にS波が脱線位置に到達したのは，この問題同様に列車の減速開始から1秒程度経過したときだったと考えられている。警報システムによってS波到達より1秒程度早く列車の減速を開始できたことで，上越新幹線は脱線する車両を 10 両中 8 両にとどめて，人的被害なく列車を停止させることができた。

114 … ②

B（オゾンホール，酸性雨）

問3 それぞれの選択肢を確認する。

① 誤りである。オゾンは，太陽からの生物に有害な紫外線を吸収する性質がある。オゾン層が破壊されると，太陽からの紫外線が地表に到達する量が増加する。

② 正しい内容である。オゾン層が破壊されてオゾンホールが形成される主な原因は，フロンの大気中への人為的な放出である。オゾンはフロンと直接反応するのではなく，フロンから分離した塩素原子によって分解される。

③ 誤りである。酸性雨は，pH（水素イオン濃度）が 5.6 以下になった雨のことである。酸性雨の主な原因物質は，化石燃料の消費や火山活動で生じる硫黄酸化物と，化学肥料や排気ガスから生じる窒素酸化物である。硫黄酸化物や窒素酸化物が水や酸素と反応してできる硫酸や硝酸が，雨水に取り込まれることで酸性雨になる。自然の雨水も大気中の二酸化炭素を取り込むことで弱い酸性になっているが，二酸化炭素の増加だけでは酸性雨にはならない。

④ 誤りである。液状化現象は，水を多く含んだ砂の層が地震動にゆさぶられて砂の粒子どうしが離れて水中を浮遊し，地盤全体が液体のようにふるまう現象である。

115 … ②

2024 共通テスト本試験　解　答　と　解　説

問題番号 (配点)	設問		解答番号	正解	(配点)	自己採点
第1問 (20)	A	1	1	1	(4)	
	A	2	2	2	(各3)	
	B	3	3	4		
	B	4	4	4	(4)	
	C	5	5	4	(各3)	
	C	6	6	1		
自己採点小計						
第2問 (10)	A	1	7	4	(各3)	
	A	2	8	2		
	B	3	9	2	(4)	
自己採点小計						

問題番号 (配点)	設問		解答番号	正解	(配点)	自己採点
第3問 (10)	A	1	10	4	(4)	
	A	2	11	1	(各3)	
	B	3	12	4		
自己採点小計						
第4問 (10)		1	13	2	(3)	
		2	14	3	(4)	
		3	15	3	(3)	
自己採点小計						

自己採点合計 [　　　]

解　説

第1問 (地　球)

A (地球の構成と活動)

問1　固体地球の表面を覆うリソスフェアの岩盤
は，何枚もの板状に分かれたプレートとしてふ
るまい，直下にあるアセノスフェアの上を水平
方向に動いている。次の図のように，リソス
フェアとアセノスフェアはともに固体の岩石層
であり，流動しにくさ(かたさ)は違うが，マン
トル部分の岩石(構成物質)はほぼ同じである。

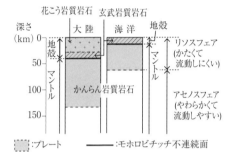

大陸プレートが 100～250 km 程度の厚さを
もつのに対して，海洋プレートの厚さは数十
～100 km 程度である。

海嶺(中央海嶺)で生産された海洋プレートは
海嶺から離れるにつれて冷えていく。海洋プ
レートの上面にある海洋底が海嶺から離れるほ
ど深くなっていくのは，冷えた海洋プレートが
アセノスフェアの上部を取り込んで厚くなると
ともに，冷却による密度増加で重くなり，沈ん
でいくためである。

海嶺から遠く離れた，海洋プレートが地球内
部に沈み込む寸前の海溝付近では，海洋プレー
トの厚さが 100 km に達する場所もある。

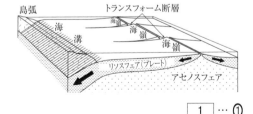

$\boxed{1}$ … ①

問2　S 波の速度は 4 km/s なので，紀伊半島浅
部の震源から 200 km 離れた大阪市に S 波が到
着するのは，地震発生から

$$\frac{200}{4}=50〔秒後〕$$

である。緊急地震速報は地震発生の 15 秒後に

出されたので，大阪市に S 波が到着するのは緊
急地震速報の

$$50-15=35〔秒後〕$$

である。

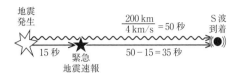

$\boxed{2}$ … ②

B (火成岩と造岩鉱物)

問3　それぞれの選択肢を確認する。

① 誤りである。鉱物は，原子が規則正しく配
列した結晶である。主要な造岩鉱物はいずれ
もケイ酸塩鉱物であり，次の図のように，
SiO_4 四面体が立体的に規則正しく配列した
結晶構造が特徴である。

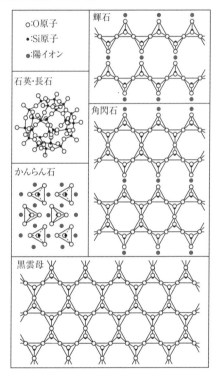

② 誤りである。ガラスは，原子が不規則に配
列している非晶質な固体であり，マグマが急
冷されて結晶をつくる間もなく冷え固まった
ときにできる。

マグマがゆっくり冷え固まってできる深成
岩は，時間をかけて成長した鉱物の粗粒の結
晶のみからなる等粒状組織をつくり，ガラス
は含まれない。これに対して，マグマが急に
冷え固まってできる火山岩の斑状組織では，

噴出前のマグマだまりなどですでに大きく成長していた結晶(斑晶)を，マグマの急冷でできた細かい結晶やガラスからなる石基が取り囲む。

③ 誤りである。次の図は，火成岩の分類と構成鉱物を示したものである。安山岩と閃緑岩はともに中間質岩であり，元となったマグマの化学組成は同じだが，安山岩が斑状組織をもつ火山岩なのに対して，閃緑岩は等粒状組織をもつ深成岩であり，岩石組織が異なる。この岩石組織の違いはマグマの冷え方の違いによるもので，安山岩質の化学組成をもつマグマが急に冷え固まると安山岩ができ，ゆっくり冷え固まると閃緑岩ができる。

SiO_2の量 (重量%)		45	52	63 66	70
色指数 (体積%)	超苦鉄質岩 (超塩基性岩)	苦鉄質岩 (塩基性岩)	中間質岩 (中性岩)	ケイ長質岩 (酸性岩)	
		70	40	20	
マグマの分類	—	玄武岩質	安山岩質	流紋岩質	
火成岩 火山岩	—	玄武岩	安山岩 デイサイト	流紋岩	
火成岩 深成岩	かんらん岩	斑れい岩	閃緑岩	花こう岩	
鉱物組成	かんらん石 輝石 その他	斜長石(Caに富む) 角閃石	黒雲母 斜長石 (Naに富む)	石英 カリ長石	
SiO_2以外の主な成分 (重量%)	CaO MgO	FeO+Fe_2O_3	Al_2O_3	Na_2O K_2O	15 10 5 0

④ 正しい内容である。上の図のように，苦鉄質岩である玄武岩や斑れい岩に含まれる主な鉱物は輝石とCaに富む斜長石であり，かんらん石も含まれていることが多い。

3 … ④

問4 次の図は，火成岩体の産状による分類を示したものである。火成岩の貫入岩体は，大きさや形状などによって次のように分類される。
○岩脈：地層の層理面を横切って貫入した岩体。マグマは地層や岩石の割れ目を押し広げるように貫入するため，岩脈は板状になる。
○岩床：地層の層理面に沿って，あるいは層理面に平行に貫入した層状の岩体。
○底盤(バソリス)：造山帯の地下深くでマグマが大規模に冷え固まった深成岩の貫入岩体。特に花こう岩によく見られる産状である。

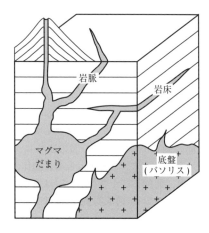

よって，問題の図1のAが岩脈，Bが岩床，Cが底盤(バソリス)である。

4 … ④

C (生命と地球の進化)
問5 ウ 先カンブリア時代に現れて酸素分子 O_2 を最初につくった光合成生物は，原核生物のシアノバクテリアである。シアノバクテリアの遺骸が層状に堆積すると，ストロマトライトという岩石ができる。最古のストロマトライトが約27億年前の地層から見つかっていることから，シアノバクテリアは少なくとも先カンブリア時代の太古代(始生代)後期までには出現していたと考えられる。シアノバクテリアの光合成によってつくられた酸素は海水中の鉄を酸化し，約25億～20億年前に縞状鉄鉱層を形成した。

なお，グリパニアは，約19億年前の縞状鉄鉱層から発見されている，長さ数cmのリボン状をした化石である。このグリパニアは，最初期の真核生物の候補の一つだと考えられている。最初期の真核生物の候補としてはグリパニア以外に，約21億年前のガボンの地層から発見されている直径十数cmの偏平な化石がある。

エ 古生代後半の石炭紀からペルム紀にかけては，シダ植物が大型化して大森林を形成した時代である。この時代のシダ植物は，大気中の二酸化炭素を吸収して酸素を放出する光合成をさかんに行い，その遺骸が分解されずに大量に湿地に埋没し，地層中に石炭として残された。そのため，光合成によって大気中から吸収される二酸化炭素が，有機物の分解によって大気中に放出される二酸化炭素よりも多くなったことで，大気中では酸素濃度が増加し，二酸化炭素濃度が低下した。

古生代の後半には裸子植物が出現し，中生代

の前半には裸子植物のソテツ類やイチョウ類が繁栄した。中生代の後半には被子植物が出現し，新生代古第三紀に多様化した。

$$\boxed{5} \cdots ④$$

問6　次の表は，地質時代の区分を示したものである。原生代は，先カンブリア時代の25億年前から約5.4億年前までの時代である。

地質時代区分			年代(百万年前)
顕生代	新生代	第四紀	2.6
		新第三紀	23
		古第三紀	66
	中生代	白亜紀	145
		ジュラ紀	201
		三畳紀	252
	古生代	ペルム紀	299
		石炭紀	359
		デボン紀	419
		シルル紀	444
		オルドビス紀	485
		カンブリア紀	541
先カンブリア時代		原生代	2500
		太古代(始生代)	4000
		冥王代	4600

以下，それぞれの選択肢を確認する。

① 正しい内容である。地球規模の寒冷化によって，赤道付近を含めた地球表面のほぼ全体が氷に覆われる現象を全球凍結という。全球凍結は，少なくとも原生代の初期(約23億〜22億年前)と後期(約7.5億〜6億年前)の複数回起こっていたことが，当時の地層に残された氷河堆積物などからわかっている。

② 誤りである。マグマオーシャンとは，地球表面の岩石がとけてマグマとなり，地球全体を覆った状態である。地球表層がマグマオーシャンで覆われたのは冥王代である。

　地球は約46億年前に，微惑星がたがいに衝突・合体をくり返すことで形成された。微惑星の衝突で発生した熱が地球の温度を上昇させたうえに，微惑星に含まれていた水蒸気や二酸化炭素などのガス成分が強い温室効果をもたらしたために地球表面の温度がさらに上昇した。こうして，地球表面の岩石はとけてマグマとなり，マグマオーシャンとなって地球全体をおおった。

③ 誤りである。多細胞生物の爆発的な多様化が起こったのは，原生代末期の約5.8億年前である。この時代には，ディキンソニアなどに代表される，大型で偏平なやわらかい体をもつ多細胞生物が多く含まれるエディアカラ生物群が出現した。

④ 誤りである。原始的な魚類が登場したのは，顕生代の古生代カンブリア紀である。カンブリア紀の地層からは，バージェス動物群のハイコウイクチスや，澄江動物群のミロクンミンギアなど，無顎類とよばれる原始的な魚類の化石が発見されている。これらの無顎類は，最初期の脊索動物から進化した，最も原始的な脊椎動物の系統だと考えられている。

$$\boxed{6} \cdots ①$$

第2問　(大気と海洋)

A　(台風と地上天気図)

問1　台風は，北太平洋西部の海上で発生する熱帯低気圧のうち，10分間の平均風速の最大値が34ノット(約17 m/s)を超えたものである。台風が主に発生する北緯5〜25°付近の低緯度海域では，貿易風に流されながら高緯度側へと向かうことで，台風は北西向きに進む。

　次の図は，問題の図1のa〜dにおける台風の中心位置と中心気圧を示したものである。日本に上陸する台風の一般的な進路は，次の図の矢印のように，日本の南海上で北西に進んでいた台風がゆるくカーブを描いて，日本列島付近を北東に進むというものである。よって，日付の順序はd→c→b→aと推測できる。夏の後半から秋にかけて北太平洋高気圧の勢力が弱まりながら南下すると，台風は北太平洋高気圧の西の縁を回って北上し，中緯度に入ると偏西風に流されて進路を北東に変え，日本に接近・上陸する。

　また，台風が中緯度付近では基本的に高緯度側に向かって北上することから，図1のa〜d

における台風の中心位置を低緯度側から順にならべても正答できる。

なお，台風の中心気圧がd→c→b→aの時間経過とともに高くなっているのは，水温の高い海域を離れたことで水蒸気の供給が少なくなり，時間経過とともに台風の勢力が弱まったためである。ただし，海面水温が異常に高い年には日本近海で台風が再発達することもあるので，時系列の判断材料としては確実性に欠ける。

$\boxed{7}$ … ④

問2　それぞれの選択肢を確認する。

①　正しい内容である。夏の後半から初秋にかけて北太平洋高気圧が弱まると，台風が日本に接近・上陸しやすくなるのに加えて，偏西風の南下にともなって秋雨前線が形成される。

秋雨前線は，梅雨前線と同様に，日本付近に形成される停滞前線である。9月～10月頃には，北側からはアジア大陸東部で強まった高気圧からの寒気が，南側からは弱まった北太平洋高気圧からの暖気がぶつかることで，東西に長い秋雨前線が日本付近に停滞し，日本列島の広い範囲がぐずついた天気になる。

この秋雨前線に南方から台風が近づくと，台風によって運ばれた南の海上からの暖かく湿った空気が大量に流れ込むことで，秋雨前線の活動が活発になって，日本列島の広い範囲に大雨をもたらすことがある。

②　誤りである。台風の進行方向の左側では，台風自体を進行方向に動かす風と反時計回りの風が打ち消し合って，風の勢いが弱まることが多い。これに対して，台風の進行方向の右側では，反時計回りの風が台風自体を進行方向に動かす風と強め合って，風の勢いが強まることが多い。

③　正しい内容である。等圧線の間隔が狭いほど，同じ距離離れた2地点間の気圧差は大きくなるので，風はより強く吹きやすくなる。よって，台風から離れた等圧線の間隔が広い領域よりも，台風の中心近くの等圧線の間隔が狭い領域の方が，風がより強く吹くことが多い。

なお，勢力の強い台風の中心付近には，周囲から吹き込んだ風が上昇する領域よりも内側に，弱い下降気流が生じて雲がなく風が弱い領域ができることがあり，これを台風の目という。ただし，台風の目は内部の気圧差が小さく，目の内部に等圧線が見られないことも多いので，下線部の「台風の中心近くの等圧線の間隔が狭い領域」には当てはまらない。

④　正しい内容である。高潮は，台風などの熱帯低気圧が近づいた沿岸部で，海面が異常に高くなる現象である。高潮が発生するかどうかは，台風の強さに加えて，海岸の地形と台風の進路との位置関係によって決まる。

台風の中心付近の進路に近い沿岸部では，気圧の低下によって海水が吸い上げられて海面が上昇することで高潮が起こる。このとき，風が沖合から沿岸に向かって，特に海水の逃げ場のない湾の奥部に向かって風が強く吹くと，沖合から吹き寄せられた海水が集まることで沿岸部の海面がさらに上昇し，高潮の被害がより大きくなる。

$\boxed{8}$ … ②

B　（海洋の熱収支）

問3　$\boxed{ア}$　物質の状態変化にともなって吸収または放出される熱を潜熱という。次の図のように，水が蒸発して水蒸気になるときには周囲から潜熱を吸収し，水蒸気が凝結して水になるときには周囲に潜熱を放出する。海面から海水が蒸発するときには，周囲の海面から潜熱を吸収して水蒸気になるので，海水の蒸発は海面水温を下げる。

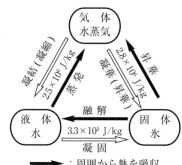

$\boxed{イ}$　地表や大気から放射される地球放射は，太陽から主に放射される可視光線よりも波長の長い赤外線である。地表が陸地でなく海面であっても，地表から放出される電磁波は赤外線である。

なお，天体表面から放射される電磁波の種類は，その表面温度で決まる。地球の大気，陸地表面，海面から放射される電磁波がすべて赤外線になるのは，太陽の表面温度約5800 Kと比べれば，地球の大気や陸地表面や海面はほぼ同じ温度（300 K前後）とみなせるためであり，ほ

ほぼ同じ温度の地表や大気から放射される電磁波の波長はほぼ同じ波長の赤外線になる。

$\boxed{9}$ … ②

第3問 (宇宙)

A (太陽系の誕生と太陽の進化)

問1 約46億年前に太陽系が誕生したときに，中心部で原始太陽を形成した余りの星間物質が，原始太陽のまわりを円盤状に回転してできた星間物質の回転円盤を原始太陽系星雲という。地球などの太陽系の惑星は，この原始太陽系星雲のなかで形成された。

原始太陽系星雲のなかでは，星間物質に含まれる固体微粒子が円盤とともに回転しながら回転面に集まっていった。この薄い面の上に集まった固体微粒子が衝突・合体をくり返すことで，現在の惑星のもととなった直径10km程度の天体(微惑星)が，原始太陽系星雲のなかに多数形成された。これらの微惑星がさらに衝突・合体してより大きな天体になることのくり返しで，原始地球や原始惑星が形成された。

なお，令和4年度以降の教科書では「原始太陽系円盤」という用語で記載されているが，これは令和3年度以前の教科書に「原始太陽系星雲」と記載されているのと同じものである。

$\boxed{10}$ … ④

問2 現在の太陽の進化段階は，4個の水素原子核が1個のヘリウム原子核に変わる核融合反応をエネルギー源として輝く主系列星である。太陽が主系列星として輝いている間には，太陽の内部では，核融合反応によって生成されるヘリウムが少しずつ蓄積していく。

約100億年を主系列星として過ごした後の太陽は，自らの質量の約10％の水素をヘリウムに変えたことで，中心部にヘリウムのみが占める領域(ヘリウム中心核)ができる。このとき，水素の核融合反応が起こる領域が太陽の中心部からその周囲へと移動し，球状のヘリウム中心核を取り囲む水素の層最下部の球殻状の領域で水素の核融合反応が起こるようになる(水素殻燃焼)。水素殻燃焼が始まると，熱源を失った中心部が収縮する一方で，その周囲の外層が膨張とともに表面温度が低下して，太陽は赤色巨星の段階へと進化する。

赤色巨星となった後の太陽は，収縮する中心部の温度が約1億Kを超えるとヘリウムが炭素や酸素に変わる核融合反応が始まるが，中心

部のヘリウムも消費しつくすと内部での核融合反応が止まってしまう。すると，膨張した外層のガスは周囲の宇宙空間に広がっていって失われ，残された中心部は核融合反応というエネルギー源を失ったことで自らの重力によって収縮し始め，やがて半径の非常に小さな白色矮星になる。このとき，周囲に放出された外層のガスが中心部に残された白色矮星に照らされて輝いて，惑星状星雲となる。

白色矮星となった太陽の表面温度は主系列星の段階よりも高温だが，これは赤色巨星から白色矮星に進化するときの重力収縮で生まれたエネルギーの余熱で輝いているだけである。白色矮星となった後の太陽内部では核融合反応が起こらず，重力による収縮が止まって以降は新たなエネルギーを生じないため，白色矮星は長い時間をかけてゆっくりと冷えて暗くなっていく。

$\boxed{11}$ … ①

B (宇宙の構造)

問3 それぞれの選択肢を確認する。

① 火星軌道と木星軌道の間にある小惑星は，地球などの惑星と同様に，原始太陽系星雲の円盤の回転面で微惑星が衝突・合体をくり返して形成されたものである。これらの小惑星は，現在でも地球などの惑星とほぼ同一の面の上で，太陽のまわりを公転している。これは，かつて原始太陽系星雲の円盤面沿いに，微惑星の材料となる星間物質が回転していた痕跡である。

問題の図1に破線で示された大きな弧を描く黄道は，地球から見た太陽が，星々が浮かぶ空(天球)を1年間で1周する通り道である。地球から見た太陽は，太陽から見た地球のちょうど逆方向にあるので，天球上の黄道は，太陽から見た地球の方向が1年間で1周する通り道，すなわち，地球の公転軌道面と天球の交わる円である。

火星軌道と木星軌道の間にある小惑星も地球などの惑星とほぼ同じ公転軌道面上にあることから，地球から見た小惑星は次の図のように，太陽や惑星とともに黄道付近にならぶ帯状の分布を空につくるはずである。しかし，問題の図1の黒丸は，黄道から離れた位置に分布するものがあまりにも多すぎることから，火星軌道と木星軌道の間にある小惑星を示すとは考えにくい。

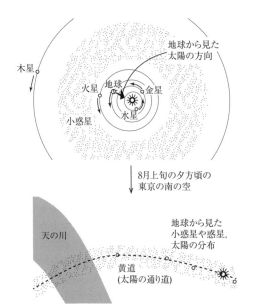

8月上旬の夕方頃の
東京の南の空

天の川

地球から見た
小惑星や惑星,
太陽の分布

黄道
(太陽の通り道)

② · ③ 次の図は，われわれの銀河系の構造を示したものである。銀河系の恒星や星間物質は円盤部に集中して分布しており，天の川は，円盤部の中の地球から見たときに帯状に分布して見える円盤部の星々である。星間雲は，星間物質の密度が周囲よりも高い領域であり，銀河系内では星間物質が多い円盤部に集中して分布する。そのため，銀河系内にある星間雲は問題の図1に灰色の帯状に示された天の川に集中して分布するはずである。

また，太陽から3000光年以内という距離は，円盤部の厚みと同程度か一部はみ出るかという空間スケールなので，太陽から3000光年以内にある恒星の分布は，全天に一様に分布するか，やや天の川の領域に集中して分布するかになるはずである。

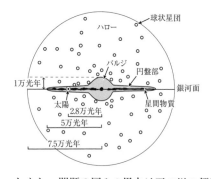

しかし，問題の図1の黒丸は天の川の領域から外れた場所に多く分布し，天の川と重なる領域ではむしろまばらである。このことから，問題の図1の黒丸が，銀河系内にある星

間雲や，太陽から3000光年以内にある恒星を示すとは考えにくい。

④ 次の図は，銀河系の周囲の銀河の分布図に拡大した銀河系の断面図を重ねて，太陽系から見た銀河の分布と銀河系の円盤部の位置関係を模式的に示したものである。

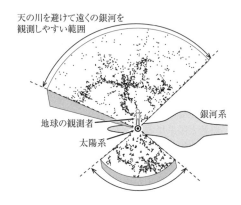

われわれの銀河系は，アンドロメダ銀河などの数十個の銀河とともに，局部銀河群という集まりを形成している。この局部銀河群と同様に，宇宙の銀河は，数個から数十個集まって銀河群を，数百個から数千個集まって銀河団を形成しており，さらに銀河群や銀河団が集まって超銀河団を形成している。

こうした数多くの銀河の分布は一様ではなく，宇宙には銀河のほとんど存在しない直径1億光年程度の丸い泡のような領域（ボイド）が存在しており，このボイドどうしが接する泡の膜面に沿って，超銀河団が壁状やフィラメント状に集まって分布している。これを宇宙の大規模構造という。

問題の図1の右上で，黒丸がフィラメント状の分布をしていることから，問題の図1の黒丸は銀河の分布であると推測できる。また，黒丸の分布が天の川の領域では少なめなのは，地球から見て天の川の方向では，銀河系の円盤部の星間物質にさえぎられて，遠方の銀河が観測しにくいためだと考えられる。

12 … ④

第4問 （火山災害）

問1 ｱ 活火山は，おおむね過去1万年以内に噴火した火山，および，現在活発な噴気活動のある火山と定義されている。

現在の定義では，日本国内には約110の活火山がある。しかし，かつての日本では，噴火を

目撃した人間による歴史記録があるかどうかで，過去1000年以内や過去2000年以内の噴火の有無を活火山の基準としてきた時代があり，当時の定義では日本国内の活火山の数は90にも満たなかった。

20世紀の終わり頃には，2000年以上の休止期間を経て再噴火する火山の事例確認が相次いだことで，国際的には過去1万年以内に噴火した火山を活火山とする基準の方が主流となってきていた。このため，2003年以降は日本国内でも，歴史記録だけでなく地質学的な証拠も含めておおむね過去1万年以内に噴火したことが判明している火山は，すべて活火山に含めることになっている。

イ　火山の爆発的な噴火は，粘性が高く，かつ揮発性（ガス）成分の含有量が多いマグマによって引き起こされやすい。

低温でSiO₂（二酸化ケイ素）成分の含有量が多いマグマほど，マグマの粘性は高くなる。粘性が高いマグマでは，含まれていた水蒸気などの揮発性（ガス）成分がマグマから抜けにくく，マグマ中に気泡として残りやすい。そのため，粘性が高く揮発性（ガス）成分の含有量が多いマグマは，周囲の圧力が急激に低下したときに揮発性（ガス）成分が急激に発泡して，爆発的な噴火を起こしやすい。

ウ　高温の火山ガスと軽石などの火山砕屑物が一団となって，高速で山腹を流れ下る現象を火砕流という。火砕流は，爆発的な噴火を起こしやすい，粘性が高いマグマの火山活動でしばしば発生する。

次の図は，火山噴火によって火口から放出される火山噴出物の分類を示したものである。揮発性（ガス）成分の含有量が多いマグマには，水蒸気や二酸化炭素など，火山ガスのもととなる成分が豊富に溶け込んでいる。

溶岩	マグマが液体のまま地表に流れ出したものと，それが固結したもの。
火山ガス	マグマに溶け込んでいた揮発性成分が気体として抜け出したもの。主成分は水蒸気で，他に二酸化炭素や二酸化硫黄，硫化水素なども含む。
火山砕屑物	マグマの飛沫や山体の破片など，噴火にともなって飛び散った破片状の固体物質の総称。溶岩は含めない。
	大きさによる分類　小←2mm 粒径64mm→大　火山灰／火山礫／火山岩塊
	形と色による分類　揮発性成分の発泡で多孔質になったもののうち，白色のものを軽石，黒色のものをスコリアという。

粘性が低いマグマや，揮発性（ガス）成分の含

有量が少ないマグマは，火山ガスのもととなる成分がマグマのなかに閉じこめられにくいので，ガスの急激な発泡が起こりにくく，液体のままのマグマが地表に溶岩流として流れ出す静穏な噴火を起こしやすい。また，粘性が低いマグマの火山活動では，マグマの飛沫や山体の破片などの火山砕屑物を大量に生じる爆発的な噴火が起こりにくく，高温の火山ガスと火山砕屑物との混合物も生じにくい。

これに対して，粘性が高いマグマが揮発性（ガス）成分の含有量も多い場合，マグマに溶け込んでいた豊富な揮発性（ガス）成分が抜けにくいことと，マグマが火口から遠くに流れにくいことで，マグマが冷えた溶岩や火山砕屑物が火口付近にたまりやすく，その内部に揮発性（ガス）成分が気泡として閉じ込められやすい。

こうして火口をふさいだ溶岩がマグマだまり内部の圧力上昇で破壊されたり，火口付近にできた溶岩ドーム（溶岩円頂丘）が崩壊したりしたときに，内部に閉じこめられていた揮発性（ガス）成分が圧力の低下で急激に発泡することで大量の火山ガスが発生し，溶岩の破片でできた火山砕屑物と混合して高速で斜面を流れ下って火砕流となる。

13 … ②

問2　それぞれの文を確認する。

a　誤りである。元となったマグマの性質によらず，斜長石はほとんどの火成岩に含まれる鉱物なので，斜長石が含まれていることのみからでは，同一の火山からもたらされた火山灰だとは判断できない。特に，輝石を含む火山灰はSiO₂（二酸化ケイ素）成分の含有量が少ない玄武岩質のマグマの火山活動でできたと考えられるのに対して，石英や黒雲母を含む火山灰はSiO₂（二酸化ケイ素）成分の含有量が多い流紋岩質のマグマの火山活動でできたと考えられるので，火山灰層Yの火山灰と火山灰層XやZの火山灰は，異なる火山からもたらされた可能性の方が高い。

b　正しい内容である。この湖の火山灰層は堆積後の侵食を受けていないので，厚い火山灰層ほど，面積あたりに降下した火山灰の体積が多いこと，すなわち，この湖に降った火山灰の量が多いことを反映していると考えられる。

14 … ③

問3　エ　環流（亜熱帯環流）は，西向きに吹く貿易風と東向きに吹く偏西風の影響で，貿易

風帯と偏西風帯にはさまれた亜熱帯の海域を，北半球では時計回り，南半球では反時計回りに流れる海流である。

次の図のように，北太平洋の亜熱帯を時計回りに流れる環流（亜熱帯環流）は，北赤道海流，黒潮，北太平洋海流，カリフォルニア海流で構成されている。また，対馬海流は，九州西方沖で黒潮から分かれて日本海に流入する海流である。

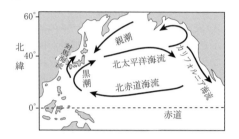

オ　平均速度の比を求められているので，それぞれの区間の距離の比をかかった時間の比で割ればよい。

次の図のように，黒潮がS1〜S2間を流れるのに要した時間は，4月の日数が30日なので，

5月30日－4月1日＝30＋30－1
　　　　　　　　＝59〔日〕

である。一方で，対馬海流がN1〜N2間を流れるのに要した時間は，5月の日数が31日なので

6月24日－5月25日＝24＋31－25
　　　　　　　　＝30〔日〕

であり，この約

$$\frac{59}{30}=1.96 \fallingdotseq 2 〔倍〕$$

の時間をかけて，黒潮はS1〜S2間を流れている。

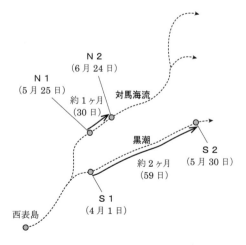

また，次の図のように，対馬海流が流れたN1〜N2間の約4倍の距離（S1〜S2間）を，黒潮は流れている。

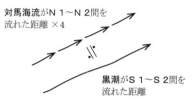

対馬海流がN1〜N2間を
流れた距離 ×4

黒潮がS1〜S2間を
流れた距離

約4倍の距離を約2倍の時間をかけて流れているので，それぞれの区間における黒潮の平均的な速さは，対馬海流の平均的な速さの約

$$\frac{4}{2}=2 〔倍〕$$

である。

15 … ③

受験は
くるしむだけが正解、
とは限らない。

心を、敵にしないで。

SAPIX YOZEMI GROUP 模試 2024/2025 <高3・高卒生対象>

7/13（土）・14（日）	第1回東大入試プレ
7/21（日）	第1回京大入試プレ
8/ 4（日）	九大入試プレ
8/11（日・祝）	第1回大学入学共通テスト入試プレ
8/18（日）	東北大入試プレ
8/18（日）	阪大入試プレ
10/20（日）	早大入試プレ〈代ゼミ・駿台共催〉
11/ 4（月・振）	慶大入試プレ〈代ゼミ・駿台共催〉
11/10（日）	第2回京大入試プレ
11/10（日）	北大入試プレ
11/16（土）・17（日）	第2回東大入試プレ
11/24（日）	第2回大学入学共通テスト入試プレ

実施日は地区により異なる場合があります。詳細は、代々木ゼミナール各校へお問い合わせください。

代々木ゼミナール
代ゼミサテライン予備校

本部校／札幌校／新潟校／名古屋校／
大阪南校／福岡校／仙台教育センター
／代ゼミオンラインコース

あなたの街で代ゼミの授業を

詳細はこちら
X @yozemi_official
LINE @yozemi
www.yozemi.ac.jp
代ゼミ 検索

最寄りの代ゼミサテライン予備校を
検索できます。www.yozemi-sateline.ac